JN099994

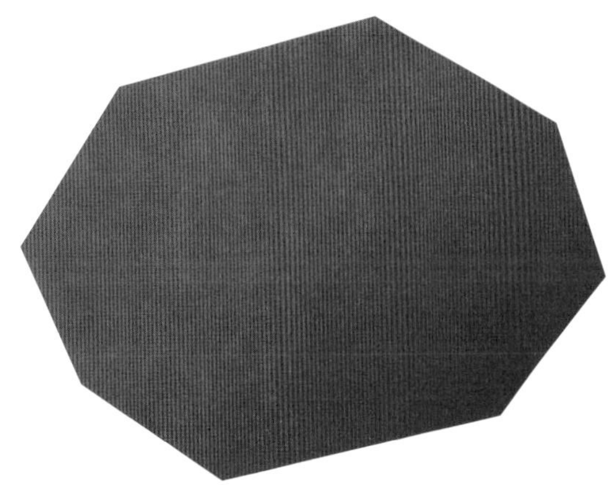

GIMP
パーフェクトガイド

広田正康 著

Perfect Guide

GIMP
Masayasu Hirota

技術評論社

◎サンプルファイルのダウンロードについて

本書の解説に使用している

・サンプルファイル(「.xcf」「.jpg」「.txt」)

を、下記のページよりダウンロードできます。
ダウンロード時は圧縮ファイルの状態なので、展開してから使用してください。

https://gihyo.jp/book/2023/978-4-297-13549-2/support

※サンプルファイルがない解説もあります。

【免責】
本書に記載された内容は、情報の提供のみを目的としています。したがって、本書を用いた運用は、必ずお客様自身の責任と判断によって行ってください。これらの情報の運用の結果、いかなる障害が発生しても、技術評論社および著者はいかなる責任も負いません。
本書記載の情報は、2023年5月現在のものを掲載しております。ご利用時には、変更されている可能性があります。OSやソフトウェアはバージョンアップされる場合があり、本書での説明とは機能内容や画面図などが異なってしまうこともあり得ます。本書ご購入の前に、必ずバージョン番号をご確認ください。OSやソフトウェアのバージョンが異なることを理由とする、本書の返本、交換および返金には応じられませんので、あらかじめご了承ください。
以上の注意事項をご承諾いただいた上で、本書をご利用願います。これらの注意事項に関わる理由に基づく、返金、返本を含む、あらゆる対処を、技術評論社および著者は行いません。あらかじめ、ご承知おきください。

【動作環境】
本書では、GIMP 2.10.34、OSはWindows 11を利用しています。そのほかのバージョンでは利用できない機能や操作方法が異なる場合があります。また、バージョンアップによって、URLが異なったり、機能が変更されている可能性があります。

動作環境に関する上記の内容を理由とした返本、交換、返金には応じられませんので、あらかじめご注意ください。

はじめに

GIMPは世界的に人気のある、無料の画像編集ソフトです。

インターネットで検索すれば国内外問わずGIMPの使い方を解説したページや動画がたくさんあるなか、本書を手にとっていただき、ありがとうございます。

GIMPは、はじめて画像編集をする方に選ばれることが多いのですが、やさしいのはお財布だけで、マニュアルなしで使うには難しいソフトだと思います。

有料ソフトの場合、使いやすさを優先してユーザーの選択肢を絞っていますが、GIMPはカスタマイズできるようにユーザー側に選択を委ねています。これは使い勝手が悪いのではなく、自分でプログラムが書けるような『デキる』人ほど使いやすいソフトなのです。

もしそんなスキルがないと不安に思ってしまったらごめんなさい。私もプログラムは書けません。要するにGIMPは無料でも高レベルの画像編集ができるのです。本書は、GIMPの画像編集に関する基礎を網羅し、スキルに関係なく誰でもGIMPが使えるようにビギナー向けに作成しました。

まずは、本書のサンプルファイルを使って実際に操作しながら画像編集の楽しさを体験してください。そのうちひとつでも多くクリエイティブワークに活用できるものがあれば幸いです。

広田正康

CONTENTS【目次】

CHAPTER 01 画像の準備

CHAPTER 02 選択範囲の作成

CHAPTER 03 レイヤーの操作

CHAPTER 04 ペイントの操作

CHAPTER 05 テキストの入力

CHAPTER 06 色調補正

CHAPTER 07 変形とレタッチ

CHAPTER 08 フィルター加工

CHAPTER 09 パスの操作

CHAPTER 10 保存と出力

CHAPTER

▼

00

THE PERFECT GUIDE FOR GIMP

[GIMPの基本]

01 GIMPをインストールする

GIMPはパッケージ販売をしていません。インターネットで公式サイトかMicrosoft Storeからダウンロードします。本書はバージョン2.10.34に対応した内容で解説します。

GIMPをインストールする

1 ブラウザで公式サイトを開く

Web ブラウザでGIMPの公式サイト（https://www.gimp.org/）を開き、［DOWNLOAD］をクリックします1。

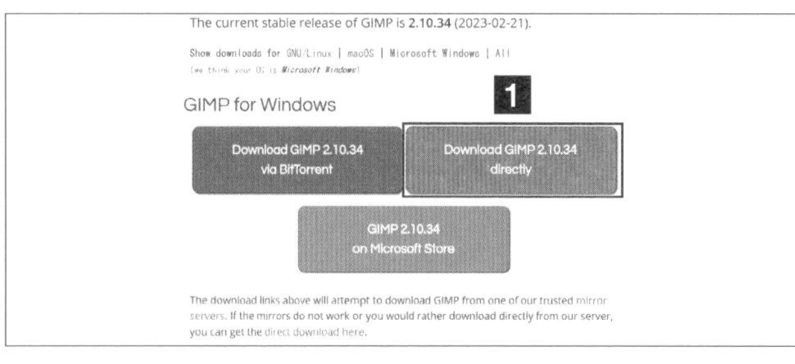

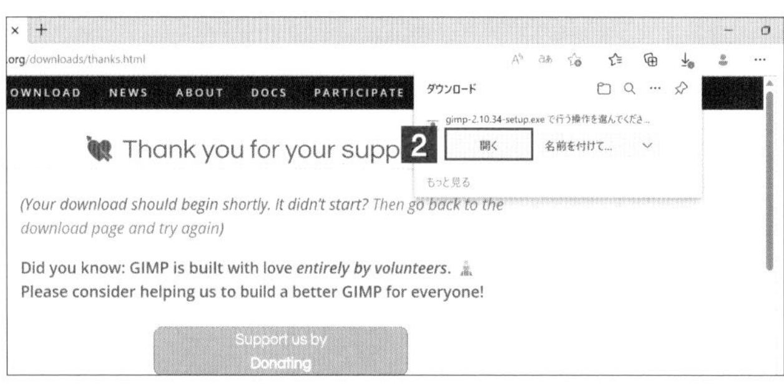

2 GIMPをダウンロードする

現在使用しているPC環境に対応したページが開きます。オレンジのボタン（Download GIMP 2.10.34 directly）をクリックします1。ブラウザがEdgeの場合、［開く］をクリックします2。

CHECK

使用するブラウザにより、GIMPのダウンロードとインストーラーを実行するまでの手順が異なります。ここではWindows 11の標準ブラウザのEdgeで解説しています。

CHECK

Microsoft Storeから直接インストールするときは、青いボタン（GIMP 2.10.34 on Microsoft Store）をクリックして1、［インストール］をクリックします2。

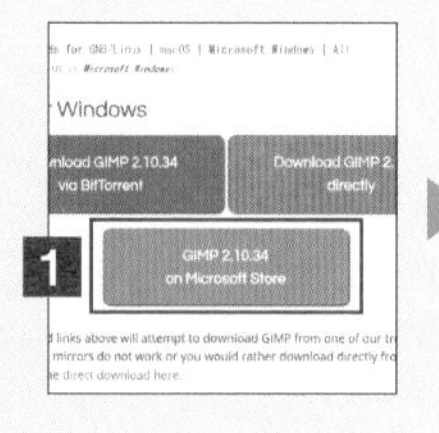

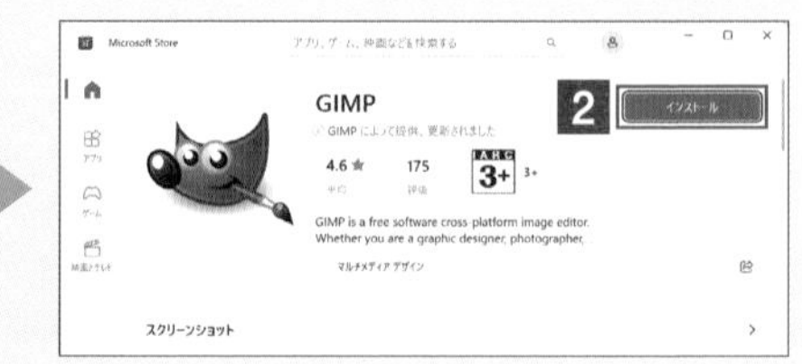

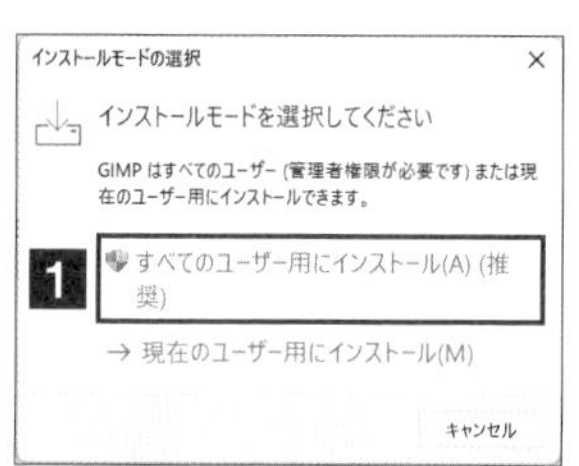

3 使用するユーザーを選択する

[すべてのユーザー用にインストール（推奨）] をクリックします1。

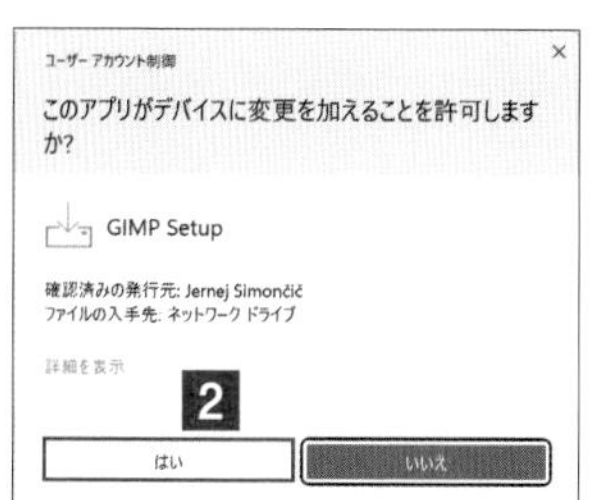

4 デバイスへの変更を許可する

[はい] をクリックします1。

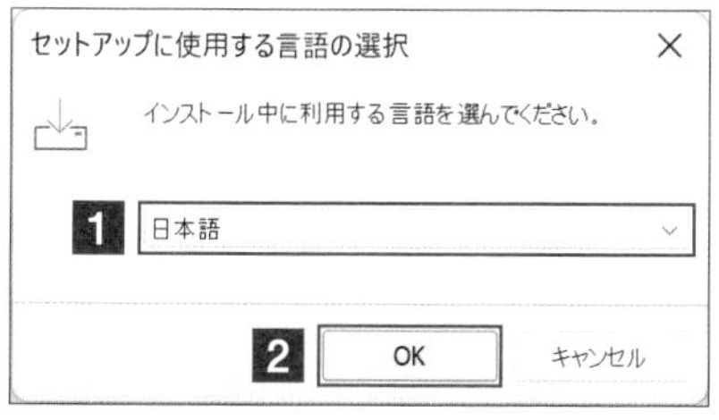

5 使用する言語を選択する

[日本語] を選択して1、[OK] をクリックします2。

6 GIMPをインストールする

[インストール] をクリックします1。インストールが終わるまでしばらく待ち、「セットアップウィザードの完了」が表示されたら、[完了] をクリックします2。

POINT

手順2で [保存] を選択した場合は1、ダウンロードが終了したあとに [ファイルを開く] をクリックします2。

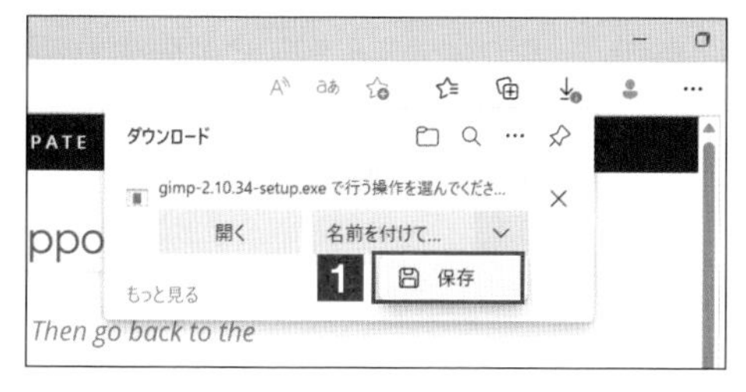

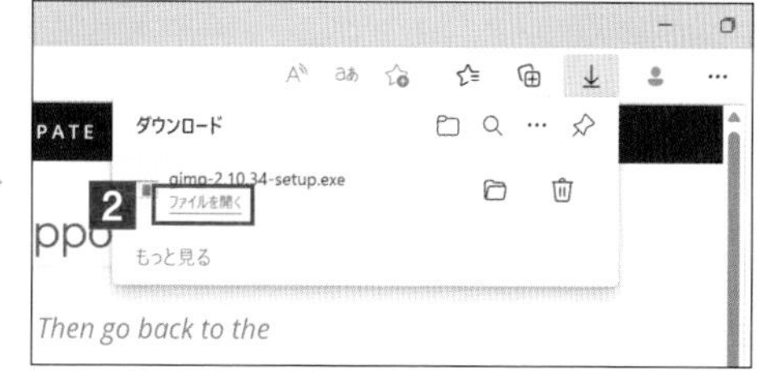

02 GIMPを起動する

GIMPを起動します。Windowsのタスクバーに表示されたGIMPをピン留めしておけば、次回からタスクバーのアイコンをクリックするだけですばやく起動できます。

GIMPを起動する

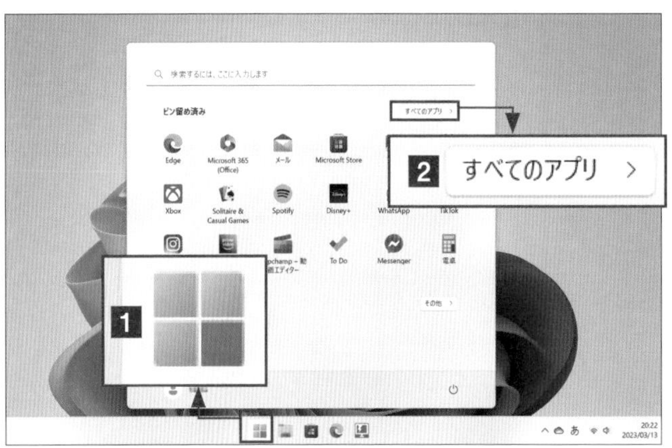

1 すべてのアプリを表示する

スタートボタンをクリックして1、［すべてのアプリ］2をクリックします。

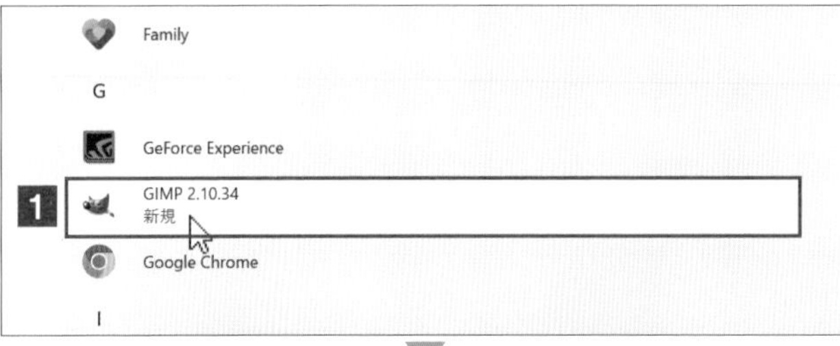

2 GIMPを起動する

［GIMP 2.10.34］をクリックします1。初回の起動は少し時間がかかるので、しばらく待ちます。

CHECK

［すべてのアプリ］画面は、アプリ名が数字→アルファベット→ひらがな→漢字の順番で上から表示されます。

POINT

GIMPを頻繁に使うなら、タスクバーにピン留めしましょう。次回からタスクバーのアイコンをクリックするだけで起動できます。GIMPを起動してタスクバーにGIMPのアイコンが表示されたら、アイコンを右クリックして1、［タスクバーにピン留め］をクリックします2。ピン留めを解除するときは、右クリックして［タスクバーからピン留めを外す］をクリックします。

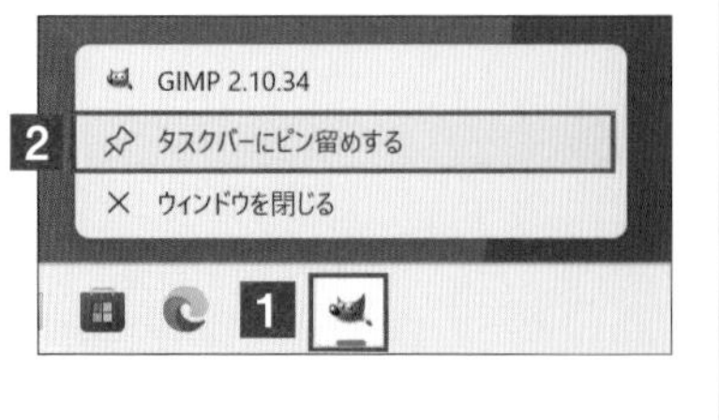

表示を最大化する

最初の起動は表示範囲が狭いので、ウィンドウの表示を最大化して、作業スペースを広くします。最大化したままGIMPを終了すれば、次回から同じ最大化した表示で起動します。

GIMPの表示を最大化する

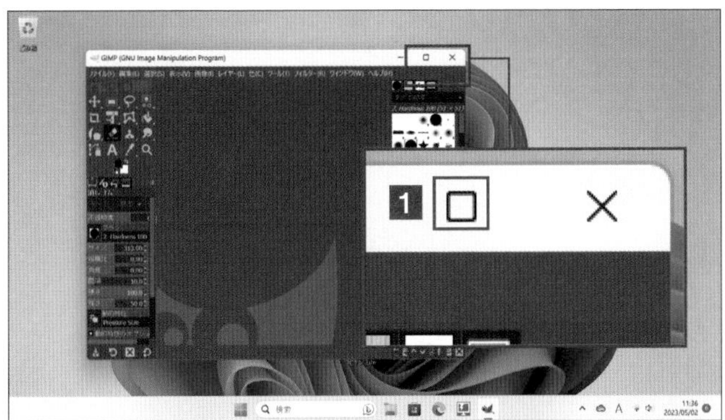

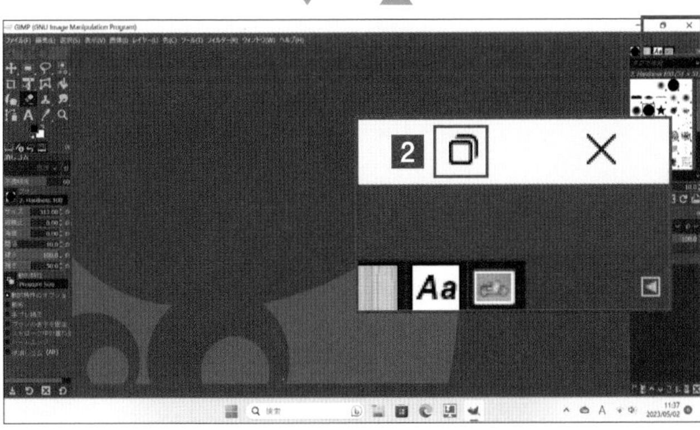

1 ウィンドウを最大化する／元のサイズに戻す

タイトルバーの右にある［最大化］ボタン□をクリックすると1、GIMPが画面いっぱいに表示されます。表示範囲が広くなるので、作業がしやすくなります。元の表示サイズに戻すときは、［元のサイズに戻す］ボタン❐をクリックします2。

CHECK

［表示］メニュー→［フルスクリーン］をクリックしてチェックをつけると、GIMPのタイトルバーとタスクバーが非表示になり、GIMPの作業範囲が最大限まで広くなります。

POINT

タスクバーだけ非表示にして作業範囲を広げることもできます。タスクバーの何も無い部分を右クリックして［タスクバーの設定］をクリックします。［タスクバーの動作］にある［タスクバーを自動的に隠す］にチェックをつけると1、タスクバーの高さ分作業スペースが広くなります。カーソルを下に持っていくと、タスクバーが表示されます。

04 GIMPを終了する

GIMPを終了します。編集した画像を保存していないと、警告ダイアログが表示されます。その場合、終了を取り消して画像を保存してから、もう一度[終了]を実行します。

GIMPを終了する

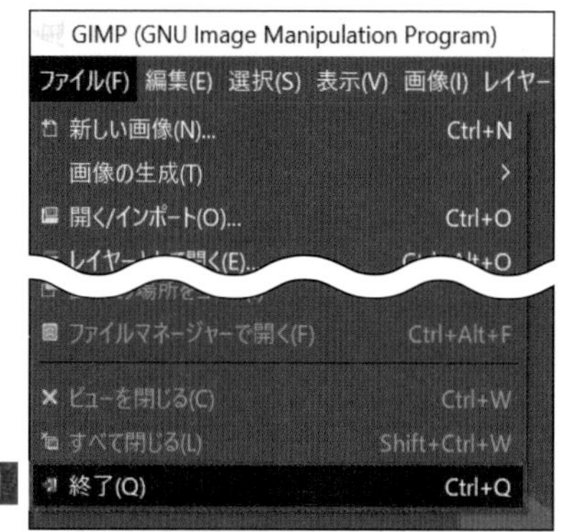

メニューコマンドで終了する

[ファイル]メニュー→[終了]をクリックします1。

POINT

ショートカットキーで操作するときは、Ctrl+Q キーを押します。

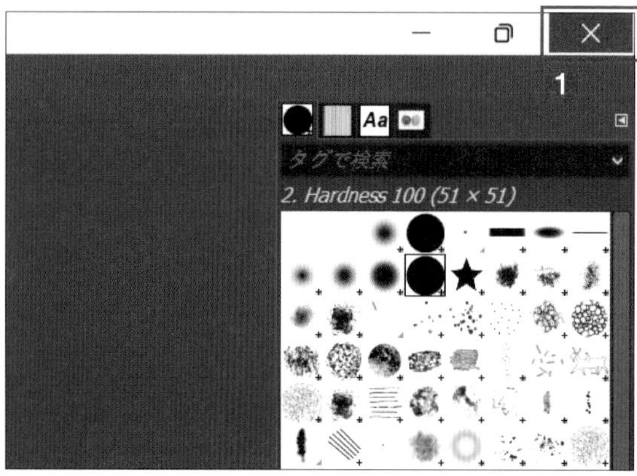

ウィンドウの[閉じる]で終了する

ウィンドウの右上にある[閉じる]ボタン×をクリックします1。

POINT

ショートカットキーで操作するときは、Alt+F4 キーを押します。

POINT

画像を保存する前に［終了］を実行すると、警告ダイアログが表示されます。[保存しない]をクリックすると1、画像を保存しないままGIMPが終了します。[キャンセル］をクリックすると2、［終了］は取り消されるので、画像を保存（338ページ参照）してから、もう一度［終了］を実行します。

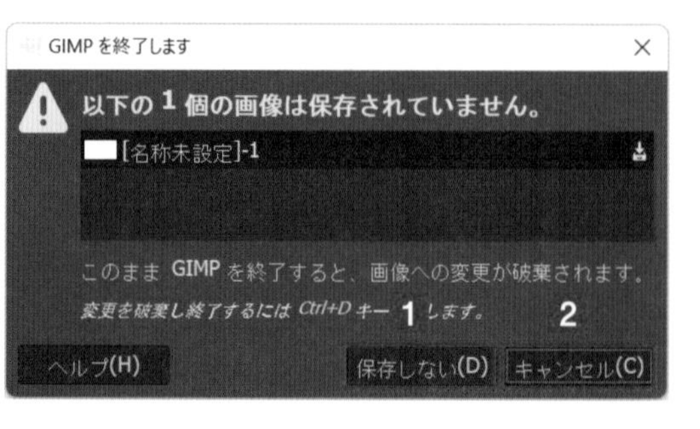

画像を開く

コマンド名の[開く/インポート]は、GIMPで保存したXCF形式の画像を「開く」、ほかの形式の画像は「インポート」してGIMPに表示することを意味しています。

サンプルファイル 0-05.xcf

画像を開く

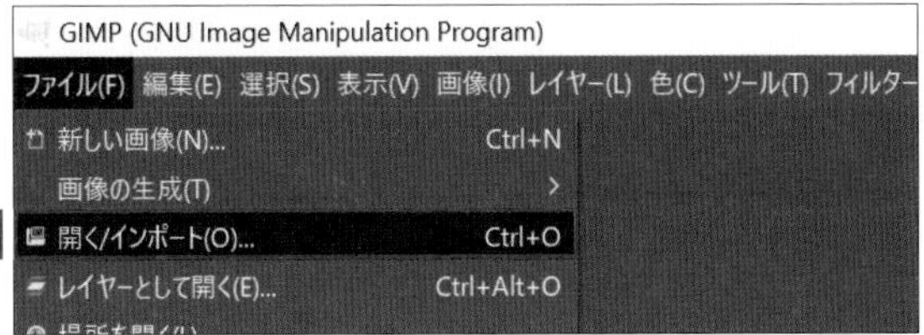

1 [開く/インポート]を実行する

[ファイル]メニュー→[開く/インポート]をクリックします1。[画像ファイルを開く]ダイアログが表示されます。

2 画像ファイルを開く

「GIMP_sample」フォルダの「ch00」フォルダの中にある1、「0-5.xcf」ファイルをクリックしたら2、[開く]をクリックします3。

CHECK

XCFファイルは、ファイルアイコンをダブルクリックすると、GIMPが起動して画像を開きます。

POINT

GIMPのロゴ(ウィルバー君)が表示されたドロップエリアのAかBに画像のファイルアイコンをドロップすると、画像を開く(またはインポートする)ことができます。開いている画像の上にドロップすると、その画像の新しいレイヤーとして重なります。

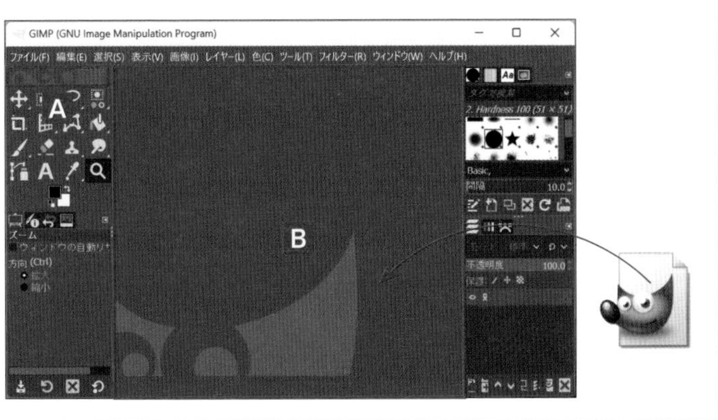

画像をインポートする

初期設定ではインポートする画像にカラープロファイルが埋め込まれている場合、GIMPのカラープロファイルに変換するか、そのまま維持するか確認するダイアログが表示されます。

サンプルファイル 0-06.jpg

画像をインポートする

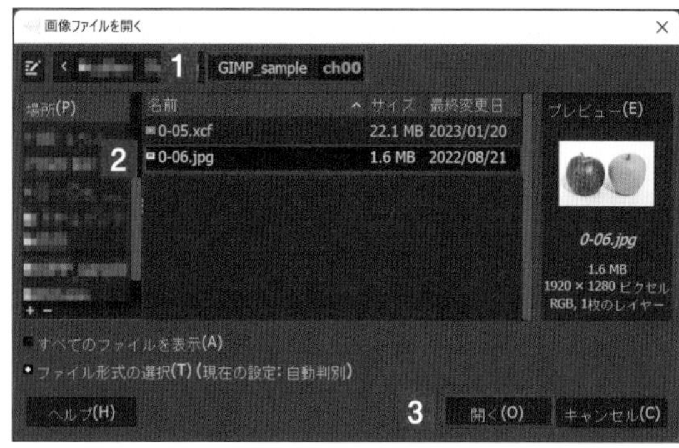

1 XCF形式以外の画像を開く

[ファイル]メニュー→[開く / インポート]をクリックして、[画像ファイルを開く] ダイアログを開きます。「GIMP_sample」フォルダの「ch00」フォルダの中にある1、「0-06.jpg」をクリックしたら2、[開く] をクリックします3。

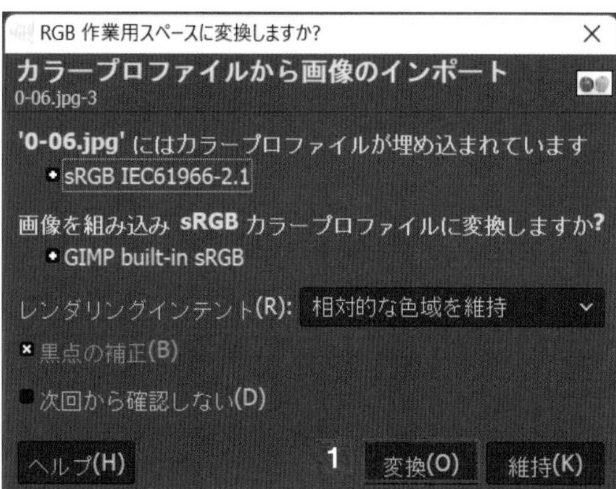

2 カラープロファイルを変換する

[RGB 作業用スペースに変換しますか？] ダイアログが表示されたら、[変換] をクリックします1。

CHECK

インポートする画像に埋め込みプロファイルがない場合、[RGB 作業用スペースに変換しますか？] ダイアログは表示しないで、sRGB（GIMP built-in sRGB）のプロファイルで開きます。

POINT

[GIMP の設定] ダイアログで、[カラーマネジメント] の「ポリシー」にある [ファイルを開くときの挙動] を [どうするか確認] 以外に設定すると1、すぐに画像をインポートすることができます。[GIMP の設定] ダイアログは、[編集] メニュー→ [設定] をクリックして表示します。

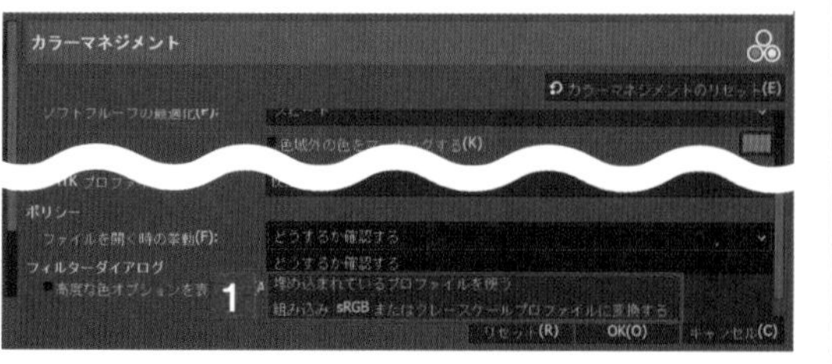

最近開いたファイルを開く

[ファイル]メニューの[最近開いたファイル]と、[ファイル履歴]ダイアログにはGIMPで開いたファイルの履歴が残り、編集作業を中断したファイルをすばやく開くことができます。

最近開いたファイルを開く

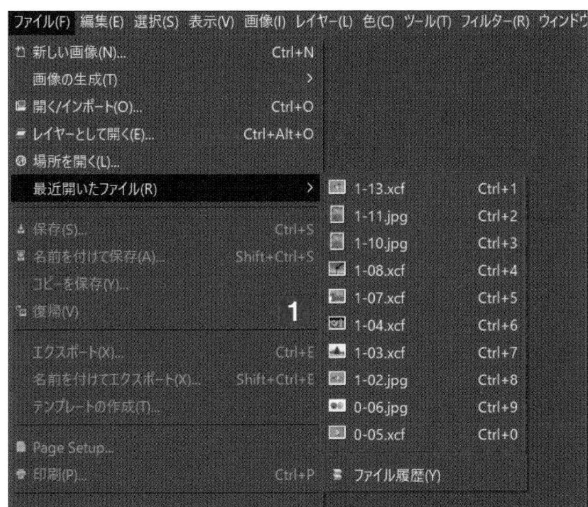

メニューから選んで開く

[ファイル] メニュー→ [最近開いたファイル] のサブメニューに表示されるファイルをクリックします**1**。

POINT

GIMP では、同じファイルを複数開くことができるので注意してください。異なる編集をして保存した場合、最後に保存したウィンドウがファイルに残ります。

[ファイル履歴]ダイアログで開く

[ファイル履歴]ダイアログに表示されているファイルをダブルクリックすると**1**、ファイルが開きます。

POINT

[ファイル履歴] ダイアログが非表示のときは、[ウィンドウ] メニュー→ [ドッキング可能なダイアログ] → [ファイル履歴] をクリックします。

POINT

履歴を削除するには、[ファイル履歴] ダイアログのリストから画像を削除するときは、削除する画像をクリックして**1**、[選択したエントリーを削除] をクリックします**2**。削除したファイル名は [ファイル] メニュー→ [最近開いたファイル] のメニューからも削除されます。

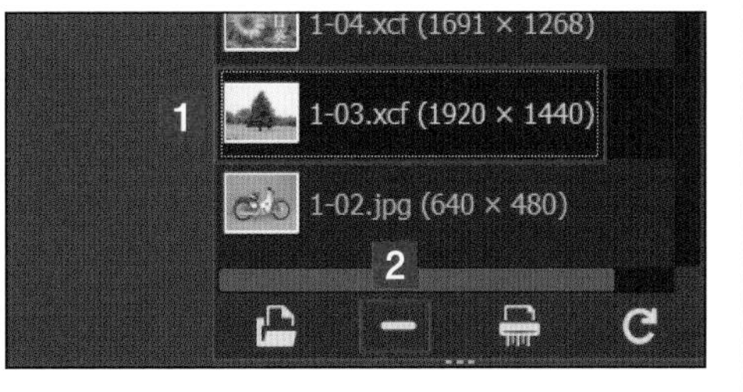

編集する画像を表示してアクティブにする

複数の画像を開いたときは、画像ウィンドウを前面に表示してアクティブ(編集対象)にします。シングルウィンドウモード(025ページ参照)のときは、タブを使った切り替えが便利です。

画像を前面に表示する

タブで画像を前面に表示する

シングルウィンドウモード(025ページ参照)のときは、画像ウィンドウの上にあるタブをクリックすると画像が前面に表示され、アクティブな状態になります。

POINT

[ウィンドウ]メニュー→[タブの位置]で[上][下][左][右]にタブの位置をカスタマイズできます。

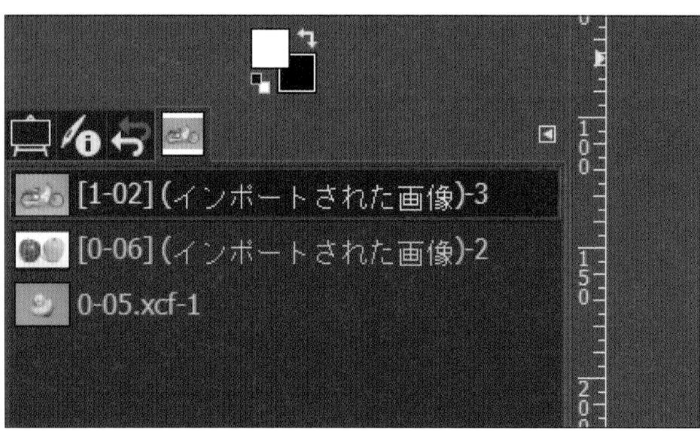

[画像一覧]ダイアログで表示する

[画像一覧]ダイアログに表示されているファイルをダブルクリックすると、画像が表示され、アクティブな状態になります。クリックは画像をアクティブにできますが、前面には表示しません。

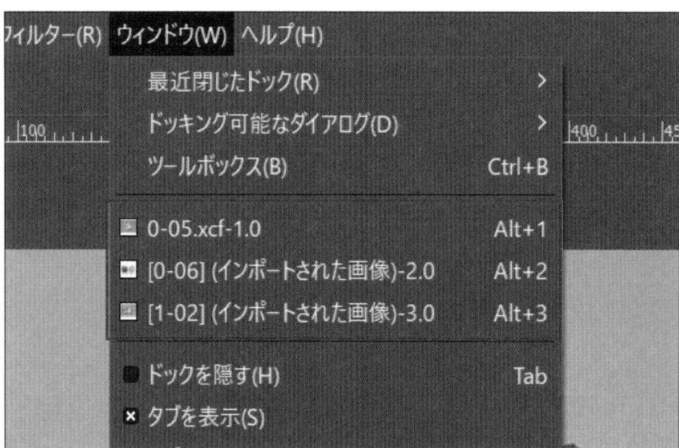

メニューから選択して表示する

[ウィンドウ]メニューに現在開いているファイル名が表示されます。クリックすると、画像が表示され、アクティブな状態になります。右端にあるショートカットキーを押して実行することもできます。

09 画像を閉じる

画像を閉じる操作は、保存（338ページ参照）をした後に行います。保存していない場合、ダイアログが表示されます。ただし画像ファイルを開いただけなら、そのまま閉じることができます。

アクティブな画像を閉じる

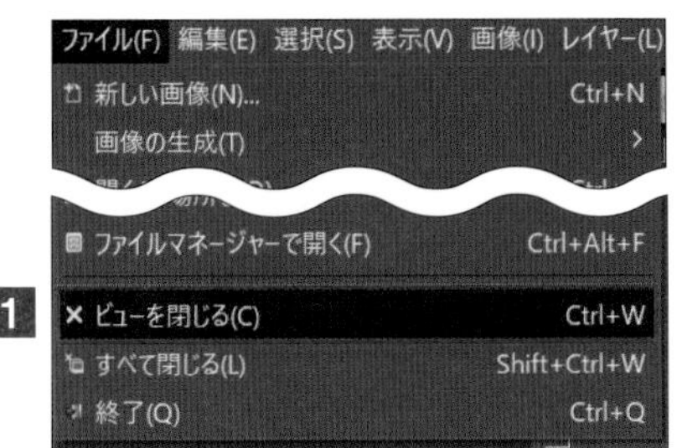

メニューから［閉じる］を実行する

［ファイル］メニュー→［ビューを閉じる］をクリックすると1、アクティブな画像が閉じます。

POINT

ショートカットキーで操作するときは、Ctrl＋Wキーを押します。

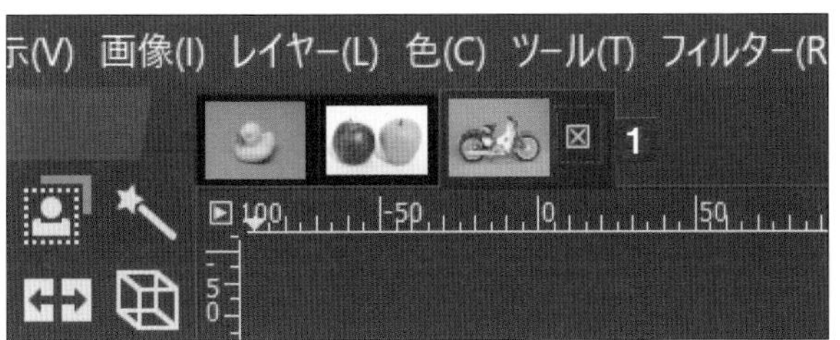

シングルウィンドウモードの場合

シングルウィンドウモードは、タブ横の［閉じる］ボタン☒をクリックすると1、アクティブな画像が閉じます。

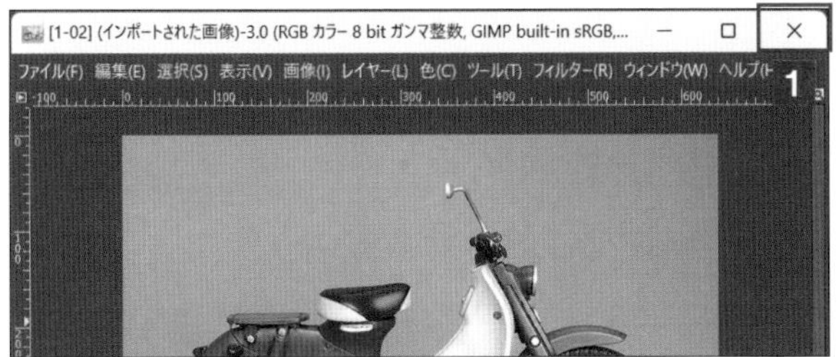

マルチウィンドウモードの場合

マルチウインドウモード（025ページ参照）は、画像ウィンドウの右上にある［閉じる］ボタン☒をクリックすると1、アクティブな画像が閉じます。

POINT

画像を保存する前に［閉じる］を実行すると、警告ダイアログが表示されます。［名前を付けて保存］をクリックすると1、［画像の保存］ダイアログが表示され、画像を保存すれば［閉じる］が実行されます。［保存しない］をクリックすると2、画像を保存しないまま画像が閉じます。［キャンセル］をクリックすると3、［閉じる］は取り消されるので、画像は閉じません。

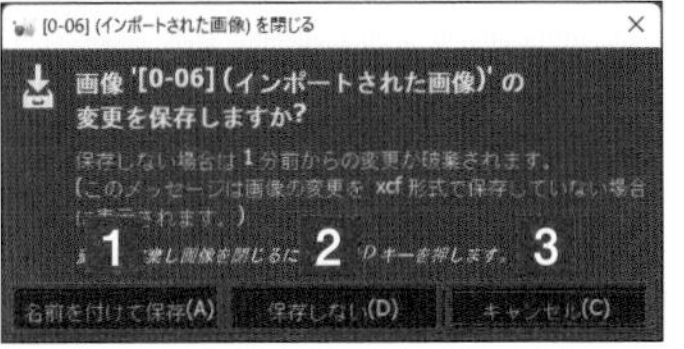

POINT

［ファイル］メニュー→［すべて閉じる］をクリックすると1、開いた画像をすべて閉じます。

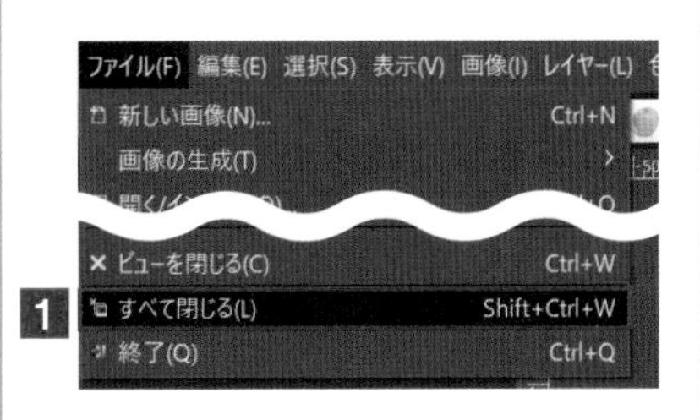

作業スペースの名称を知る

GIMPを起動して画像ファイルを開くと下図の画面になります。ここでは作業スペースの主要部分の名称と役割について解説します。

▶ 作業スペースの名称と役割

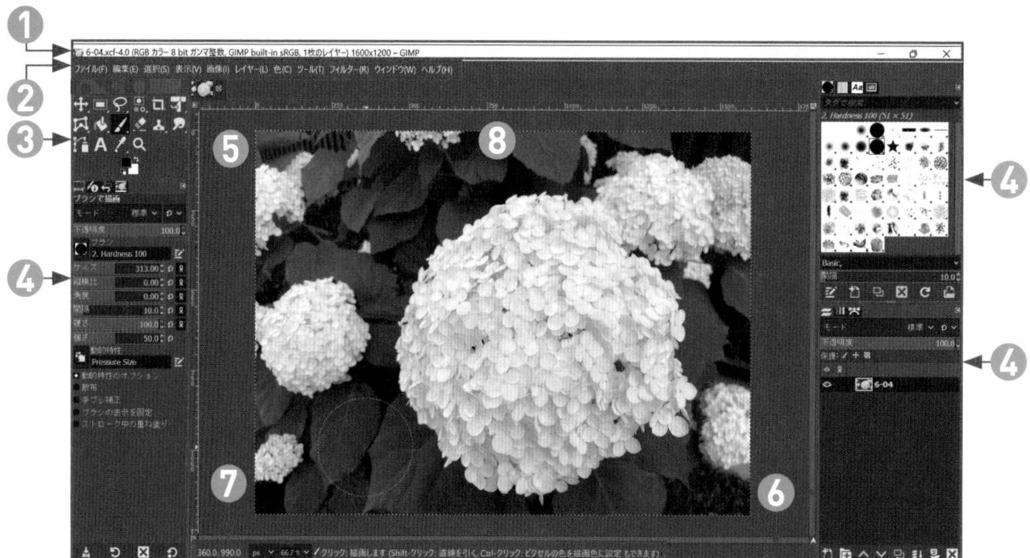

❶ タイトルバー(画像タイトル)

画像の情報が表示されます(056ページ参照)。

❷ メニュー

GIMPを操作する機能や命令をプルダウンメニューから選択して実行します。本書の「[○○]メニュー」の表記はここで選択します。名前の右端にあるショートカットキーを押して実行することもできます。

❸ ツールボックス

マウス操作で編集する道具を選択します。本書の「○○ツール」の表記はここか、[ツール]メニューから選択します。各種ツールの解説は032ページを参照してください。

❹ ダイアログ(ドッキング可能なダイアログ)

[ウィンドウ]メニューの[ドッキング可能なダイアログ]で選択して、ダイアログを表示したままにします。ここにドッキングできないダイアログには、[OK]や[キャンセル]などのボタンがあり、クリックしたあとダイアログが閉じます。

❺ ルーラー

キャンバスの左上を原点として、サイズや座標を測ります。ルーラーにはカーソルの位置を示す三角マークが表示されます。ガイドの作成にも使用します(058ページ参照)。

❻ スクロールバー

ウインドウ内で収まりきらない画像を表示するとき、ドラッグして表画像をスクロールします。

❼ ステータスバー

左からマウスカーソルの座標、ルーラー(定規)の単位、画像表示倍率、ツールのヒントが表示されます。

❽ 画像ウィンドウ

画像を表示するウィンドウです。初期設定では、ツールボックスやダイアログが画像ウィンドウにドッキングしたシングルウィンドウモードで表示しますが、複数のウィンドウに分けて表示するマルチウィンドウモードにも変更できます。

11 シングルウィンドウとマルチウィンドウを切り替える

GIMPのワークスペースは、ツールボックス、ダイアログ、画像ウインドウを一体化したシングルウィンドウか、ウィンドウを分割したマルチウィンドウに切り替えることができます。

ウィンドウ表示のモードを変更する

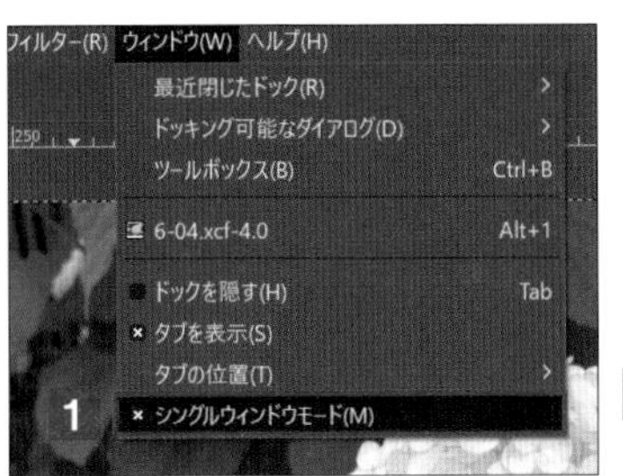

1 シングルウィンドウモードからマルチウィンドウモードに切り替える

［ウィンドウ］メニュー→［シングルウィンドウモード］をクリックしてチェックマークを外すと**1**、マルチウィンドウモードになります**2**。

CHECK

［GIMPの設定］ダイアログの［画像ウィンドウ］のカテゴリにある［ズーム時にウィンドウサイズを変更する］と［キャンバスサイズ変更時にウィンドウサイズも変更する］は、マルチウインドウモードのときに適用できる機能です。

POINT

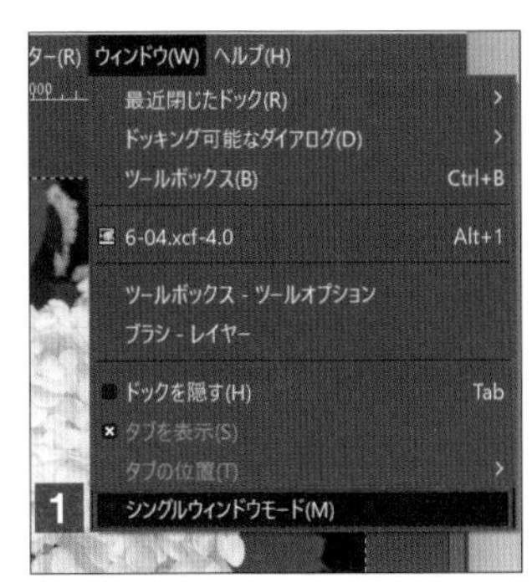

［ウィンドウ］メニュー→［シングルウィンドウモード］をクリックしてチェックマークをつけると**1**、シングルウィンドウモードに戻ります**2**。

インターフェースの明るさを変更する

ユーザーインターフェースの明るさを4種類から選べます。好みの明るさに設定しましょう。初期設定の明るさは、[Dark]の設定です。

明るさのテーマを選択する

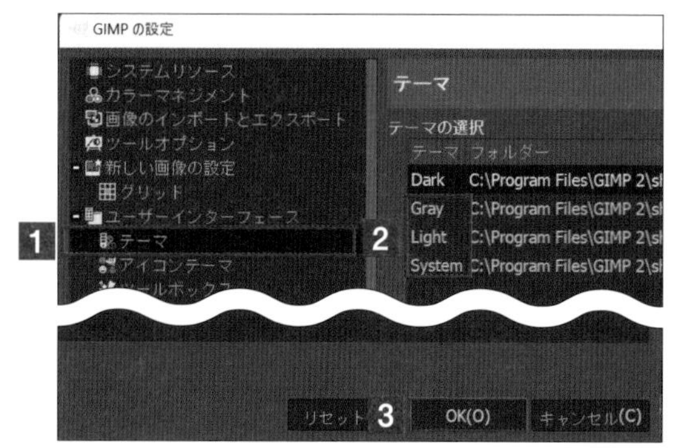

1 ユーザーインターフェースのテーマを選択する

[編集]メニュー→[設定]をクリックして、[GIMPの設定]ダイアログを表示します。[ユーザーインターフェース]のカテゴリーにある[テーマ]をクリックして1、[Dark](初期設定)以外の[Gray][Light][System]のいずれかをクリックすると2、選択したテーマの明るさに変わります。選択したテーマに変更するときは[OK]をクリックします3。

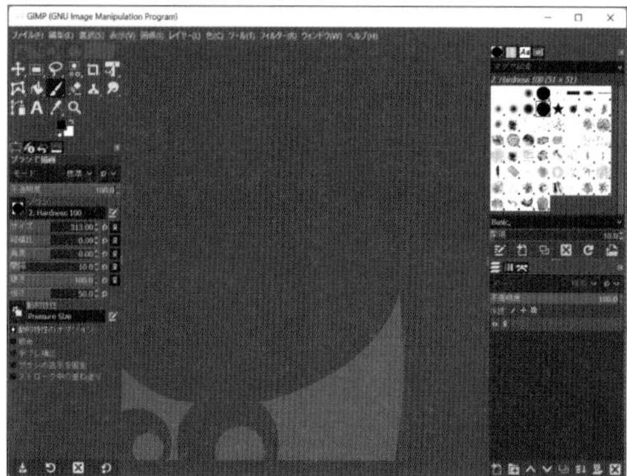
[Dark](GIMPの初期設定)

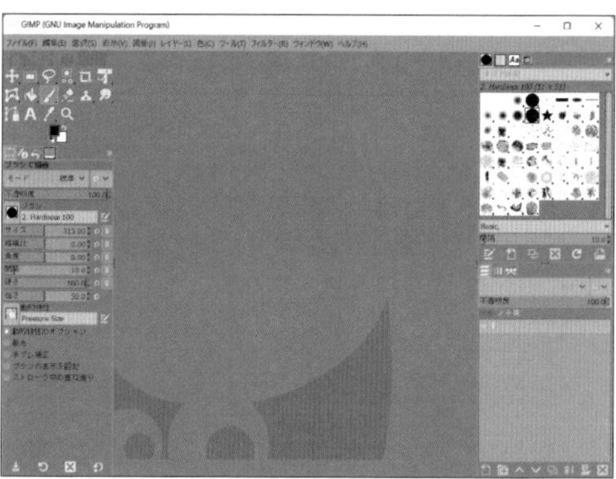
[Gray]

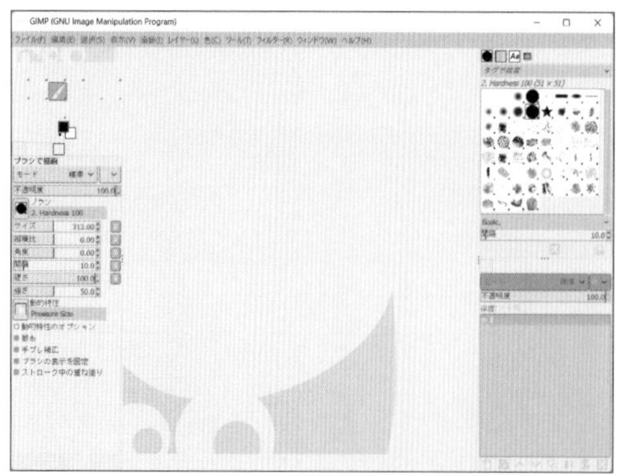
[Light]

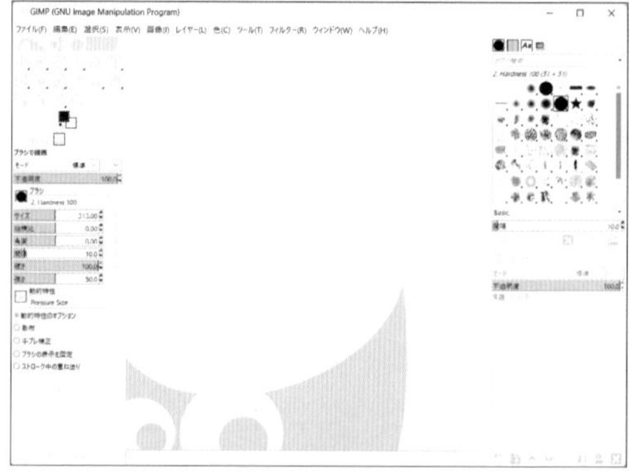
[System](Windows 11の初期設定の場合)

13 アイコンのテーマとサイズを変更する

ツールやダイアログのアイコンは、6種類のデザインと4段階のサイズの組み合わせでカスタマイズできます。見やすいデザインとサイズに設定しましょう。

アイコンのテーマとサイズを変更する

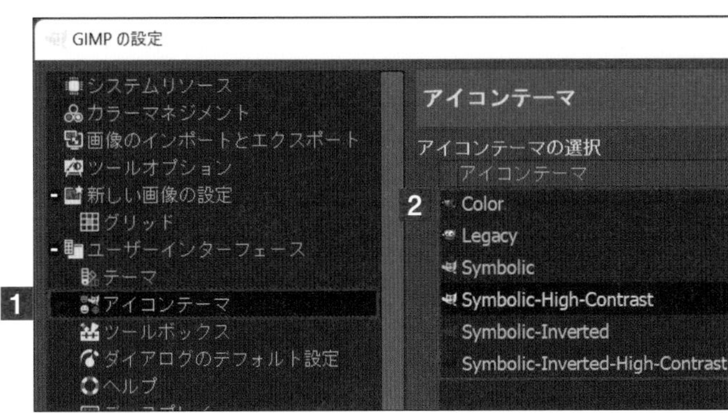

アイコンのテーマを変更する

[編集] メニュー→ [設定] をクリックして、[GIMP の設定] ダイアログを表示します。[ユーザーインターフェース] のカテゴリーにある [アイコンテーマ] をクリックして1、[アイコンテーマの選択] にある6種類あるテーマのいずれかを選びます2。選択したテーマに変更するときは [OK] をクリックします3。

Color

Symbolic

Symbolic-Inverted

ほぼ見えない

Legacy

旧バージョンのデザイン

Symbolic-High-Contrast

Symbolicより明るくて目立つ

Symbolic-Inverted-High-Contrast

うっすら見える

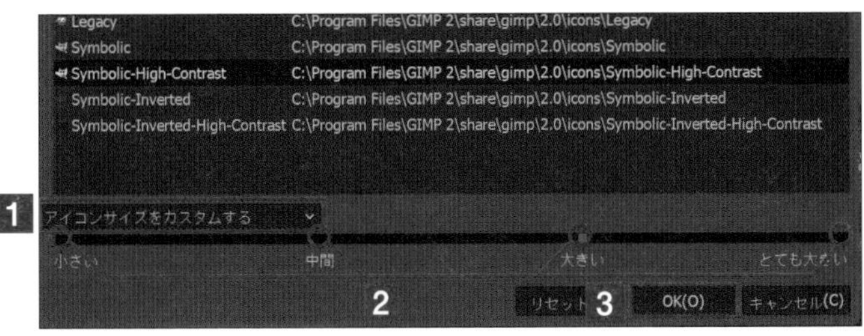

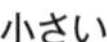

アイコンのサイズを変更する

[アイコンテーマの選択] の下にあるプルダウンリストを [アイコンサイズをカスタムする] に設定して1、[小さい] [中間] [大きい] [とても大きい] の上をクリックしてサイズを選びます2。選択したサイズに変更するときは [OK] をクリックします3。

小さい

中間

大きい

とても大きい

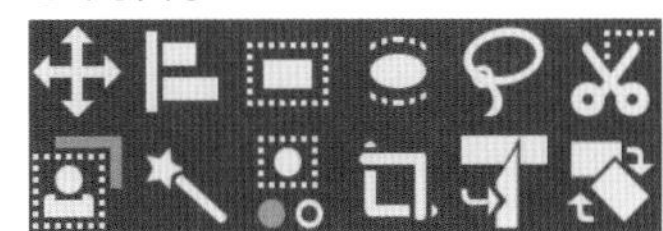

14 グループ化したツールの選択方法を変更する

初期設定ではツールがグループ化されていて、右下に三角の印がついたボタンには隠れたツールがあります。隠れたツールの選択方法が3種類あるので、使いやすい方法に設定しましょう。

グループ化した隠れたツールの選択方法を変更する

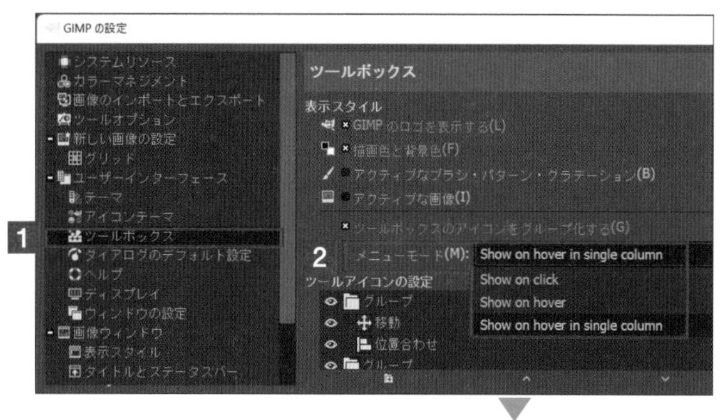

1 ツールボックスのメニューモードを選択する

[編集] メニュー→ [設定] をクリックして、[GIMP の設定] ダイアログを表示します。[ユーザーインターフェース] のカテゴリーにある [ツールボックス] をクリックして1、[表示スタイル] にある [メニューモード] からグループ化したツールの選択方法を選びます2。選択した方法に変更するときは [OK] をクリックします3。

Show on click

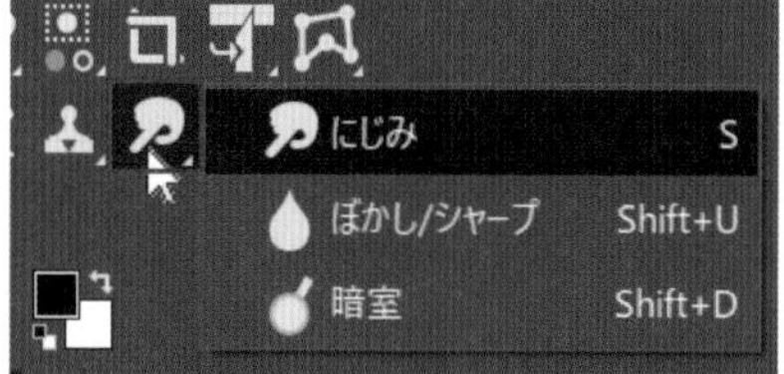

右クリックでメニューを表示

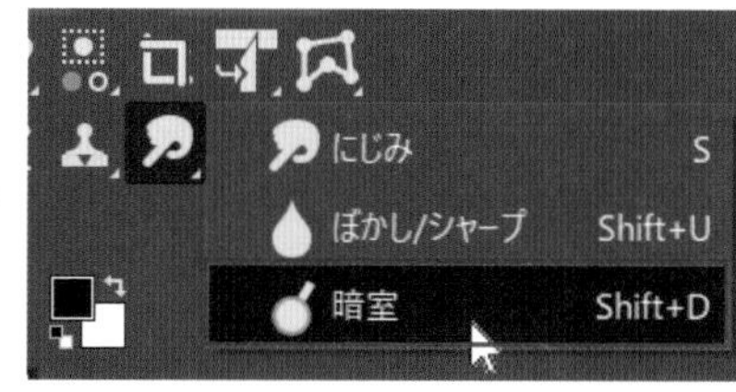

右(または左)クリックして選ぶ

Show on hover

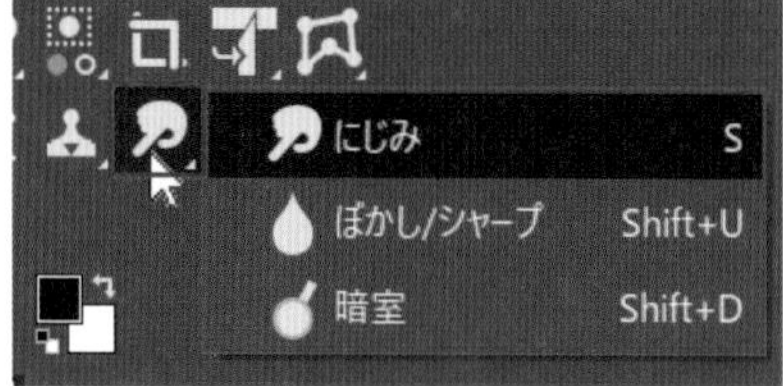

カーソルをアイコンに重ねてメニューを表示

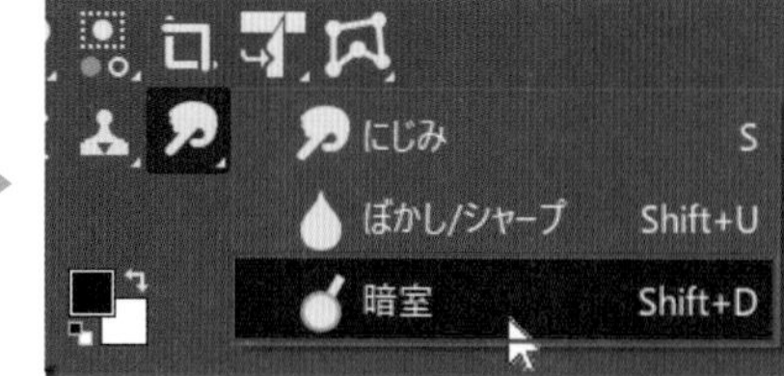

右(または左)クリックして選ぶ

Show on hover in single colum

右(または左)ボタンの長押しでメニューを表示

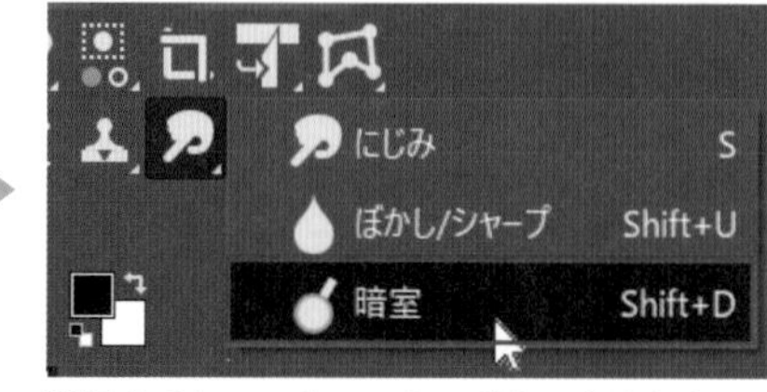

選択するツール上でマウスボタンをはなす。[Show on click]と同じ操作も可能

ツールを全部表示する

グループで隠れたツールがどこにあるのか覚えられないときは、すべてのツールを表示しておきましょう。[レベル]や[トーンカーブ]のコマンドをツールボックスに表示することもできます。

ツールアイコンをグループ化しない

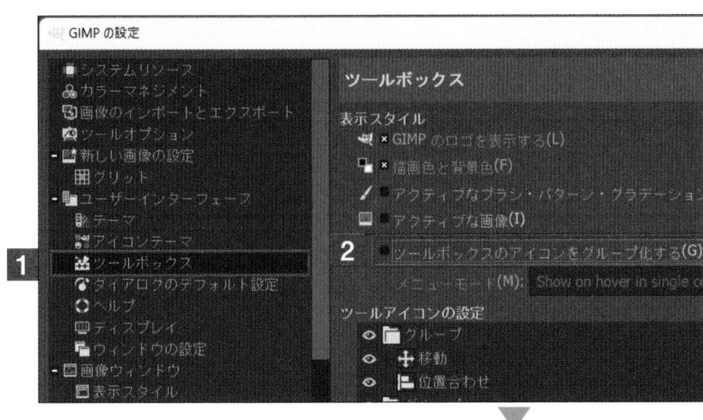

1 ツールボックスのグループ化を解除する

[GIMP の設定] ダイアログの [ユーザーインターフェース] のカテゴリーにある [ツールボックス] をクリックして1、[表示スタイル] にある [ツールボックスのアイコンをグループ化する] のチェックをクリックして外します2。[OK] をクリックします3。

グループ化したツールボックス

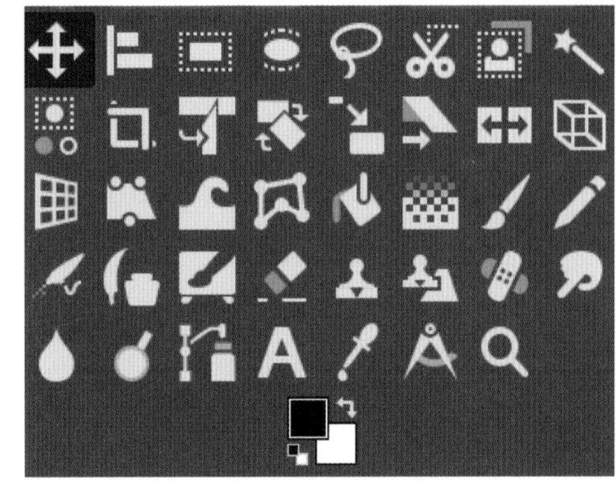

グループ化しないツールボックス

POINT

[明るさ・コントラスト] [しきい値] [レベル] [トーンカーブ] などの画像編集でよく使う編集コマンドをツールボックスに表示することができます。[GIMP の設定] ダイアログの [ツールアイコンの設定] の一番最後にリストがあるので、表示したいコマンドの左をクリックして目アイコンを表示します。これらはツールボックスのアイコンをクリックして1、画像をクリックするとダイアログが表示されます。

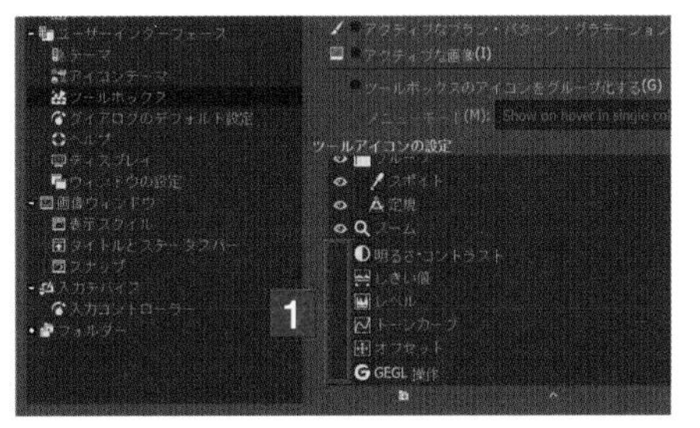

ツールの並び順や表示を変更する

数が多すぎてツールを選択しにくいときは、ツールの並び順を変更したり、あまり使わないツールを非表示にして、使いやすくカスタマイズできます。

ツールボックスをカスタマイズする

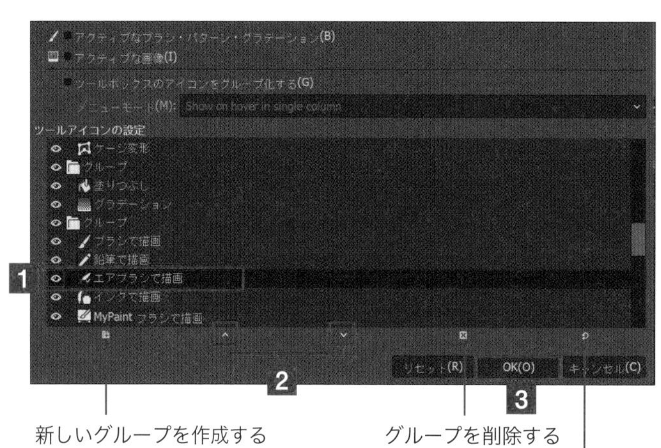

新しいグループを作成する

グループを削除する

ツールアイコンの表示 / 非表示と並び順を初期設定に戻す

ツールの並び順を変更する

［GIMPの設定］ダイアログの［ユーザーインターフェース］のカテゴリーにある［ツールボックス］の［ツールアイコンの設定］で、ツールをクリックして1、⌃や⌄をクリックして順番を入れ替えます2。設定した順番に変更するときは、［OK］をクリックします3。

POINT

直接ドラッグ＆ドロップして移動することもできます。

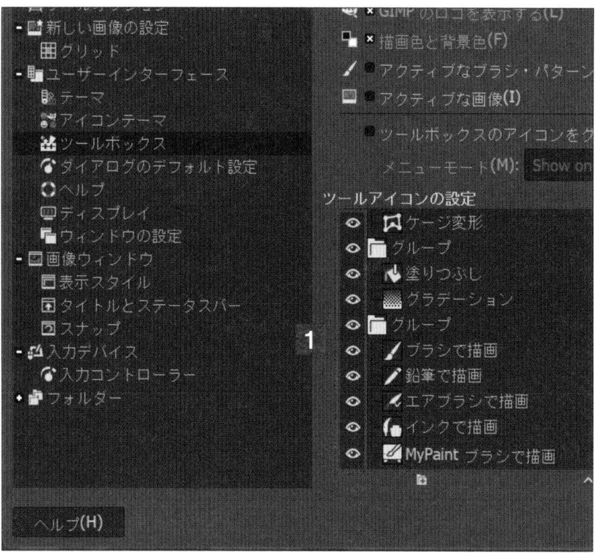

使わないツールを非表示にする

［ツールアイコンの設定］で、ツールまたはグループの目アイコン👁をクリックすると1、ツールボックスから表示が消えます。設定した表示に変更するときは、［OK］をクリックします2。

POINT

ツールを非表示にしても、［ツール］メニューやショートカットキーで選択できます。

ツールボックス以外からツールを選択する

ツールはツールボックス以外からでも選択できます。頻繁に使用するツールのショートカットキーを覚えると効率よく画像編集ができます。

メニューやショートカットキーでツールを選択する

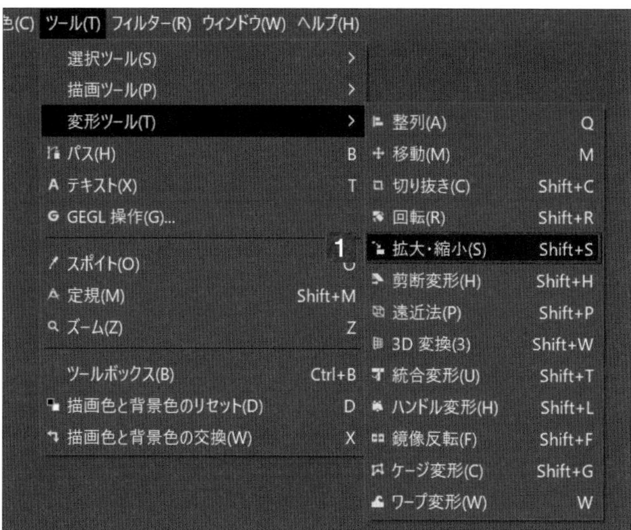

メニューからツールを選択する

[ツール] メニューにあるツールをクリックして1、選択できます。

POINT

画像の上で右クリックして、表示されたメニューからでも選択できます。

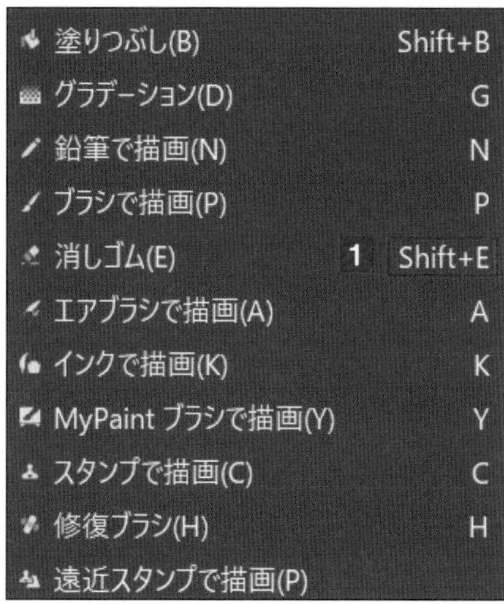

ショートカットキーでツールを選択する

ツールチップやメニューに表示されているショートカットキー1を押して、ツールを選択できます。頻繁に使用するツールのショートカットキーを覚えると効率よく画像編集ができます。

POINT

ショートカットキーは英語（半角英数字）入力モードでキーを押します。

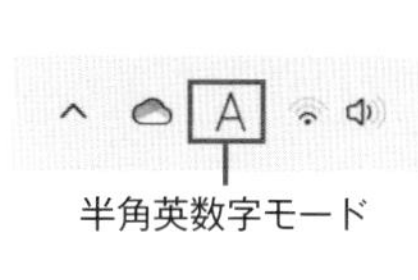

たとえば消しゴムツールを選択する場合、Shift キーとE キーを同時に押す

ツールの役割を知る

ツールボックスには画像を編集する道具がたくさんあります。各ツールの役割を覚えて使い分けましょう。アイコンのデザインを覚えておくと、効率よく選択できます。

ツール一覧

[ツールボックスのアイコンをグループ化する] のチェックを外したとき（029ページ参照）の初期設定の並び順で解説します。ショートカットキーがあるツールには、ツール名の後にキーを表記しています。

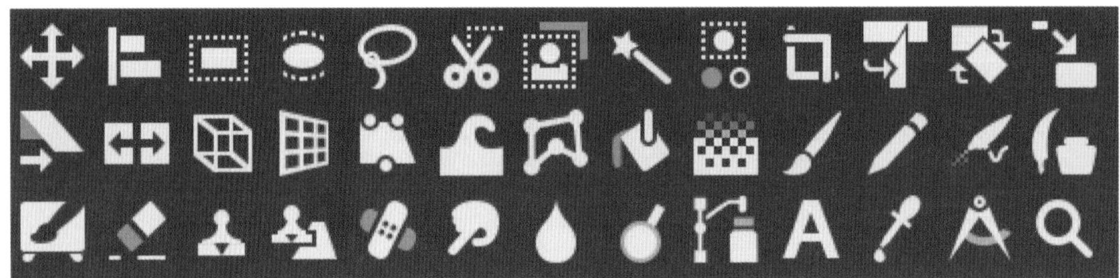

移動 M

レイヤー、選択範囲、またはそのほかのオブジェクトを移動します。[ツールオプション]ダイアログで移動対象を設定します。

整列 Q

選択したレイヤーや、そのほかのオブジェクトを整列します。[ツールオプション]ダイアログで揃え方や並べる間隔などを設定します。120〜122ページ参照。

矩形選択 R

矩形の選択範囲を作成します。[ツールオプション]ダイアログで選択範囲のサイズや境界のぼかしを設定します。077ページ参照。

楕円選択 E

楕円の選択範囲を作成します。[ツールオプション]ダイアログで選択範囲のサイズや境界のぼかしを設定します。078ページ参照。

自由選択 F

ドラッグしてフリーハンドの範囲を作成したり、クリックして直線で囲んだ選択範囲を作成します。[ツールオプション]ダイアログで境界のぼかしを設定します。083ページ参照。

電脳はさみ I

地図のルート検索のように、通過ポイントをクリックすると、ポイント間の境界を自動検出して選択範囲を作成します。[ツールオプション]ダイアログで境界のぼかしを設定します。084ページ参照。

前景抽出選択

おおまかに囲んだ範囲から前景にある被写体の輪郭を自動検出して選択範囲を作成します。選択範囲を確定する前に、うまく検出できなかった部分は自分で修正します。修正に使うブラシのサイズは、[ツールオプション]ダイアログの[ストローク幅]で設定します。085ページ参照。

ファジー選択 U

クリックしたピクセルの近くにある近似色を選んで選択範囲を作成します。選択する範囲の調整は、[ツールオプション]ダイアログの[しきい値]で設定します。087ページ参照。

色域を選択 Shift+O

クリックしたピクセルの近似色を画像全体から選んで選択範囲を作成します。選択する範囲の調整は、[ツールオプション]ダイアログの[しきい値]で設定します。088ページ参照。

切り抜き Shift+C

画像やレイヤーを切り抜きます。[ツールオプション]ダイアログで、切り抜き領域外のデータを破棄するかしないかを設定できます。071、072ページ参照。

統合変形 Shift+T

回転、拡大縮小、せん断、遠近法の複数の変形を一回の操作で適用できます。変形対象(レイヤー、選択範囲、パス)を[ツールオプション]ダイアログで設定します。242～247ページ参照。

回転 Shift+R

レイヤー、選択範囲、パスのいずれかを回転します。変形対象を[ツールオプション]ダイアログで設定します。231ページ参照。

拡大・縮小 Shift+S

レイヤー、選択範囲、パスのいずれかを拡大または縮小します。変形対象を[ツールオプション]ダイアログで設定します。233ページ参照。

剪断変形 Shift+H

レイヤー、選択範囲、パスのいずれかを剪断変形します。変形対象を[ツールオプション]ダイアログで設定します。234ページ参照。

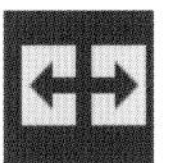

鏡像反転 Shift+F

レイヤー、選択範囲、パスのいずれかを水平または垂直方向に反転します。変形対象を[ツールオプション]ダイアログで設定します。069ページ参照。

遠近法 Shift+P

レイヤー、選択範囲、パスのいずれかに遠近感をつけて変形をします。変形対象を[ツールオプション]ダイアログで設定します。074ページ参照。

3D変形 Shift+W

レイヤー、選択範囲、パスのいずれかを3D空間で回転したような変形をします。変形対象を[ツールオプション]ダイアログで設定します。235ページ参照。

ハンドル変形 Shift+L

レイヤー、選択範囲、パスのいずれかをハンドル操作で変形をします。変形対象を[ツールオプション]ダイアログで設定します。238～241ページ参照。

ワープ変形 W

画像の一部を歪めて変形します。[ツールオプション]ダイアログで歪みのタイプや、変形するエリアのサイズを設定します。248ページ参照。

ケージ変形 Shift+G

変形したい領域を囲み、ケージを移動して変形します。[ツールオプション]ダイアログで変形した領域の差分の処理方法を設定します。251ページ参照。

塗りつぶし Shift+B

対象の範囲を設定した色で塗りつぶします。[ツールオプション]ダイアログで塗りつぶす色(描画色、背景色、パターン)を設定します。150、153、158ページ参照。

グラデーション G

対象の範囲をグラデーションで塗りつぶします。[ツールオプション]ダイアログでグラデーションの形状などを設定します。147ページ参照。

ブラシで描画 P

ブラシの輪郭をアンチエイリアス処理してペイントします。[ツールオプション]ダイアログでブラシの形状やサイズを設定します。

鉛筆で描画 N

ブラシの輪郭をアンチエイリアス処理しないでペイントします。[ツールオプション]ダイアログでブラシの形状やサイズなどを設定します。

エアブラシで描画 N

スプレー塗装のようにペイントします。[ツールオプション]ダイアログで塗装範囲のサイズや塗料を噴出する速度を設定します。140ページ参照。

インクで描画 K

カリグラフィのように線幅に強弱をつけてペイントします。[ツールオプション]ダイアログで線幅が変わる感度を設定します。141ページ参照。

MyPaintブラシで描画 Y

「MyPaint」(オープンソースのペイントソフト)と同じブラシを使ってペイントします。[ツールオプション]ダイアログでブラシやサイズを設定します。142ページ参照。

消しゴム Shift+E

背景色でペイントしたり、レイヤーのピクセルを透明にします。[ツールオプション]ダイアログでブラシの形状やサイズを設定します。151ページ参照。

スタンプで描画 C

画像からコピーしたイメージを使ってペイントします。[ツールオプション]ダイアログでストロークごとにコピー元の位置をどこに設定するか設定します。143、145ページ参照。

遠近スタンプで描画

設定したパースに合わせて、画像からコピーしたイメージを変形してペイントします。[ツールオプション]ダイアログでストロークごとにコピー元の位置をどこに設定するか設定します。254ページ参照。

修復ブラシ H

画像からコピーしたイメージを周辺のイメージと違和感がないように合成してペイントします。[ツールオプション]ダイアログでストロークごとにコピー元の位置をどこに設定するか設定します。252ページ参照。

にじみ S

乾いていない絵具を指で伸ばすようにペイントします。[ツールオプション]ダイアログでどこまで伸ばせるか設定します。258ページ参照。

ぼかし/シャープ Shift+L

ブラシを使ってドラッグしたところをぼかしたり、シャープにします。[ツールオプション]ダイアログでぼかしとシャープを切り替えます。257ページ参照。

暗室 Shift+D

ブラシを使ってドラッグしたところに、覆い焼きや、焼き込みの効果をつけます。[ツールオプション]ダイアログで覆い焼きや、焼き込みを切り替えます。256ページ参照。

POINT

初期設定では、[明るさ・コントラスト][しきい値][レベル][トーンカーブ][オフセット][GEGL操作]のツールアイコンは非表示になっています。これらはメニューから実行できるコマンドなので、頻繁に使用する場合は[GIMPの設定]の[ユーザーインターフェイス]にある[ツールボックス]の[ツールアイコンの設定]で表示に切り替えます(029ページ参照)。

パス E

パスを作成して選択範囲にしたり、塗りつぶしやパスに沿った境界線を描くことができます。パスを作成した後に、[ツールオプション]ダイアログで目的の用途に変換します。CHAPTER 09参照。

テキスト T

再編集可能なテキストレイヤーを作成して、文字を入力します。[ツールオプション]ダイアログでフォントやサイズを設定します。CHAPTER 05参照。

スポイト O

画像から色を抜き出します。[ツールオプション]ダイアログで抜き出した色の送り先を設定します。137ページ参照。

定規 Shift+M

画像内の距離と角度を計測します。レイヤー、選択範囲、パス、画像の傾きを修正できます。[ツールオプション]ダイアログで傾きを修正する対象を設定します。070ページ参照。

ズーム Z

画像の表示倍率を調整します。[ツールオプション]ダイアログでクリックしたとき拡大するか縮小をするか設定します。041ページ参照。

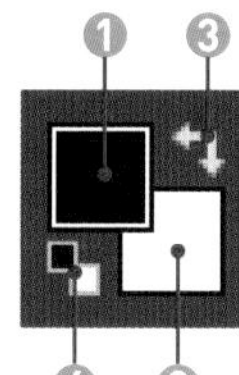

❶ 描画色

クリックするとダイアログが表示され、新しい描画色を設定できます。

❷ 背景色

クリックするとダイアログが表示され、新しい背景色を設定できます。

❸ 描画色と背景色を交換します X

クリックすると、描画色と背景色が入れ替わります。

❹ 描画色に黒背景色に白を設定します D

クリックすると、描画色が黒(#000000)、背景色が白(#ffffff)になります。

POINT

ツールのアイコンをダブルクリックすると、閉じたり隠れていても、すぐに[ツールオプション]ダイアログが表示されます。

ドッキング可能なダイアログの役割を知る

[ウィンドウ]メニューの[ドッキング可能なダイアログ]にあるダイアログの役割をひと通り確認しましょう。アイコンのデザインを覚えておくと、効率よく表示の切り替えができます。

ダイアログ一覧

[ドッキング可能なダイアログ] のサブメニューの並び順で解説します。
●つきは初期設定のワークスペースに表示されるダイアログです。
●つきはタブの見出しが [自動] [現在の状態] [状態と文字] のとき、アイコンの代わりに選択状態に応じてプレビューやアイコンに表示が変わります。

● ツールオプション

選択したツールで適用できる範囲や効果を設定します。選択したツールによって表示されるオプションの内容が異なります。

● デバイスの状態

ツールの種類とペイント属性(描画色、背景色、ブラシ、パターン、グラデーション)をアイコン表示します。マウスは[Core Pointer]と表示され、タブレットがあればその項目も現れます。描画色と背景色以外のアイコンをクリックすると、ダイアログが表示されます。

● レイヤー Ctrl+L

レイヤー分けした画像を階層順に並べて表示します。重なり順を変更したり、編集するレイヤーを選択する操作を行います。

● チャンネル

カラーチャンネルの数は、RGBは3つ、グレースケールとインデックスカラーは1つです。アルファチャンネルを追加すると、ピクセルの透明度を設定できます。

● パス

パスツールで作成したパスオブジェクトを管理します。GIMPはペイント系ツールですがベクター形式のパスオブジェクトでペイントしたり選択範囲を作成することができます。

カラーマップ

画像のカラーモードがインデックスのとき、画像に使用されているピクセルのカラーを一覧表示します。

ヒストグラム

現在表示している画像のピクセルを明るさ順に並べた分布図を表示します。目視ではわかりくい色調の変化を確認できます。

選択範囲エディター

選択した範囲を白く、選択していない範囲を黒く表示します。ダイアログのボタンで選択範囲を操作するコマンドを実行できます。

ナビゲーション

ダイアログに表示されるプレビュー上の枠をドラッグして表示をスクロールできます。ダイアログ下のスライダーとボタンで表示倍率を変更できます。

● 作業履歴

画像に加えた編集が順番に表示されます。方向キーで移動すると、操作の取り消しとやり直しを行うことができます。ひとつひとつ戻らなくても、履歴の画像をクリックして一気に切り替えることもできます。

ピクセル情報

カーソルの位置にあるピクセルの座標とカラーチャンネルの値を表示します。

サンプルポイント

定規の上からCtrlキーを押しながらドラッグして、水平ガイドと垂直ガイドの交点に位置にあるピクセル情報を最大4つ表示できます。

シンメトリー描画

3種類(ミラー、タイリング、マンダラ)のシンメトリー描画の基準となる軸を設定します。

● 描画色/背景色

描画色と背景色をGIMP、CMYK、水彩色、三角形、パレット、スケールの6種類のモードと最近使用したカラー履歴からを選ぶことができます。

●● ブラシ Shift+Ctrl+B

56種類のプリセットのブラシと2種類のクリップボードにあるイメージのブラシを選択できます。新しく作成したブラシは[ブラシエディター]ダイアログでカスタマイズできます。

描画の動的特性

ブラシを動かす速度や筆圧などで、ブラシの特性を変化させる19種類のプリセットからストロークを選択できます。新しい動的特性を作成したストロークは、[動的特性エディター]ダイアログで好みのタッチに設定できます。

● MyPaintブラシ

オープンソースのペイントソフト「MyPaint」と同じ177種類のプリセットからブラシを選択できます。このブラシは、MyPaintブラシで描画ツールで使用できます。

●● パターン Shift+Ctrl+P

58種類のプリセットとクリップボードにあるイメージのパターンを選択できます。オリジナルのパターンを作成して保存できます。

● グラデーション Ctrl+G

描画色と背景色を元にした5種類のグラデーションと、70種類のプリセットからグラデーションを選択できます。[カスタム]と新しく作成したグラデーシションは、グラデーションをダブルクリックすると表示される[グラデーション]エディターで編集できます。

● パレット

40種類のプリセットと、使用したカラーの履歴を記録したパレットを選択できます。ダブルクリックすると[パレットエディター]ダイアログが表示されて、クリックした色が描画色に、Ctrlキー+クリックした色が背景色になります。

●● フォント

テキストに設定するフォントを選択します。

● ツールプリセット

よく使うツールとオプションの設定をセットで登録して、ツール選択とオプション設定が同時にできます。

バッファー

クリップボードなど一時的に保管している画像データがサムネール表示されます。選択して画像に貼りつけることができます。GIMPを終了するとバッファーのデータは消去されます。

●● 画像一覧

GIMPで開いている画像を一覧表示します。ダブルクリックして表示を前面に切り替えることができます。

●● ファイル履歴

最近GIMPで開いたファイルを上から順番に表示します。ダブルクリックすると画像が開きます。

テンプレート

印刷判型、名刺サイズ、トイレットペーパー、CDカバー、Webバナー、映像、モニター、スマートフォンの規格サイズのプリセットが一覧表示され、アイコンをダブルクリックして新しい画像を作成できます。新しいテンプレートを作成して保存できます。

エラーコンソール

GIMPの稼働中に起きたエラーが自動的にここに表示されます。エラーのログはテキストファイルに保存できます。開発者向けの機能です。

ダッシュボード

GIMPのリソース(キャッシュ、スワップ、CPU、メモリ)の使用状況を監視できます。開発者向けの機能です。

隠れたダイアログを表示する

初期設定では、3箇所に配置された複数のダイアログがグループ分けされています。隠れたダイアログの表示方法を覚えましょう。

隠れたダイアログを表示する

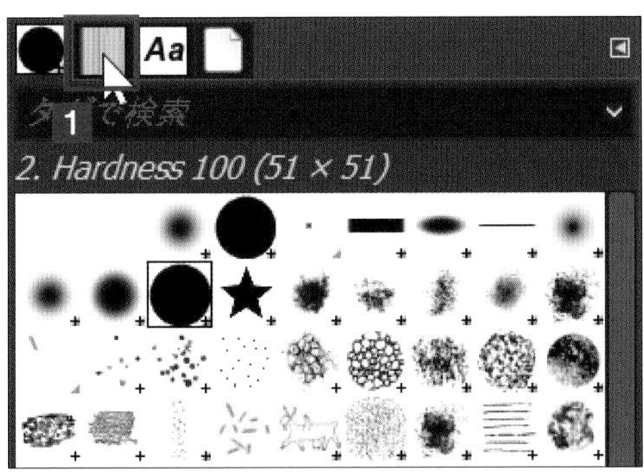

▼

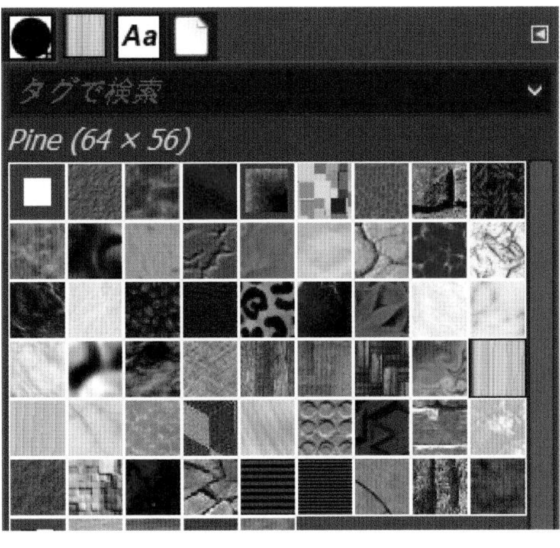

タブをクリックして表示する

表示したいダイアログのタブをクリックします**1**。

POINT

初期設定のタブの見出しは、状況に応じて変化する［自動］に設定されます。例えばブラシやパターンなどは、アイコンではなく選択したプリセットのサムネールが表示されます。タブの表示をカスタマイズするときは、［このタブを設定］をクリックして**1**、［タブの見出し］にある条件を選択します**2**。

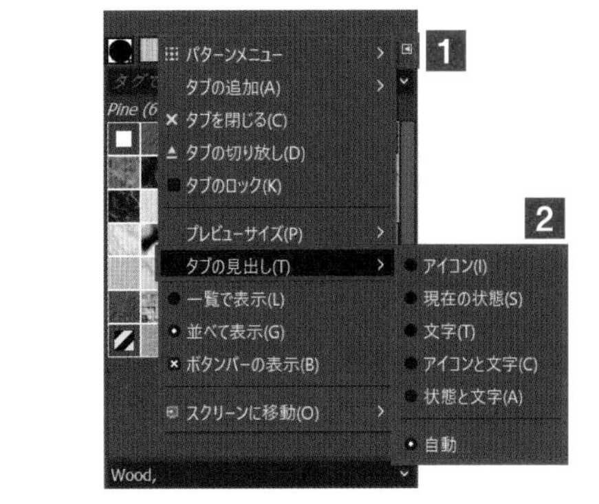

タブを右クリックして表示する

ダイアログのタブの上で右クリックして**1**、表示したいダイアログ名をクリックします**2**。メニューから同じグループのダイアログを選択できます。

21 ダイアログを閉じる／追加表示する

使わないダイアログは閉じてかまいません。閉じているダイアログを表示するときは、グループを選んで使いやすい位置に追加しましょう。

ダイアログを閉じる／追加表示する

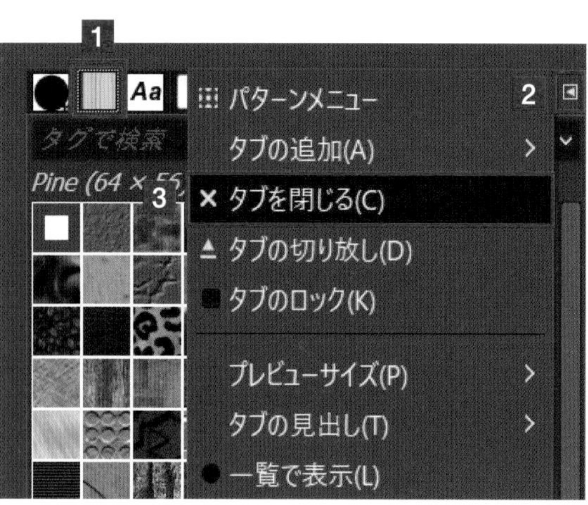

ダイアログを閉じる

閉じるダイアログのタブをクリックします1。［このタブの設定］をクリックして2、［タブを閉じる］をクリックします3。

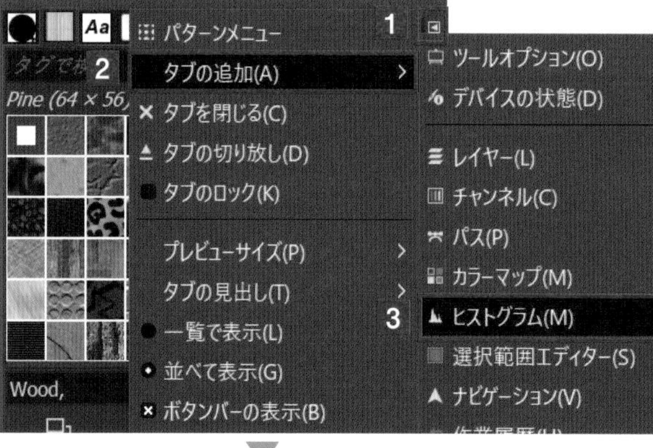

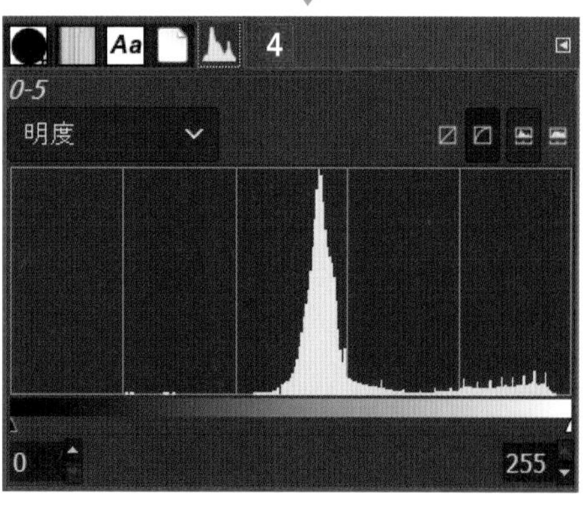

ダイアログを追加する

追加したいグループの［このタブの設定］をクリックして1、［タブの追加］を選び2、追加するダイアログをクリックすると3、ダイアログが追加されます4。

POINT

ダイアログの［このタブの設定］から追加する方法は、同じダイアログを複数追加できます。重複に注意してください。

POINT

［ウィンドウ］メニューで閉じているダイアログを選択すると、初期設定は右上のドックにダイアログが追加されます。

ダイアログを別のグループに移動する

ドッキングしたダイアログは、ドラッグ操作で別のグループに移動できます。使いやすく状況に合わせて自由にレイアウトを変更しましょう。

ドッキングしたダイアログを移動する

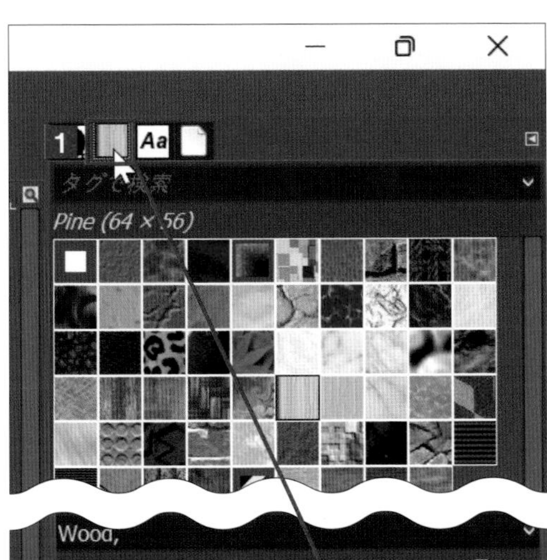

1 タブをドラッグして別のグループに移動する

タブを別のグループのタブまでドラッグします1。カーソルに矢印つきのアイコンが表示されたらマウスボタンをはなします2。ダイアログが移動します3。

矢印つき

矢印なし

CHECK

カーソルに矢印が表示されない位置でマウスボタンをはなすと、[このタブの設定] にある [タブの切り放し] と同じ状態になります。

POINT

ダイアログのグループや画像ウィンドウとの境界にある や をドラッグして、ダイアログの幅や高さを調整できます。

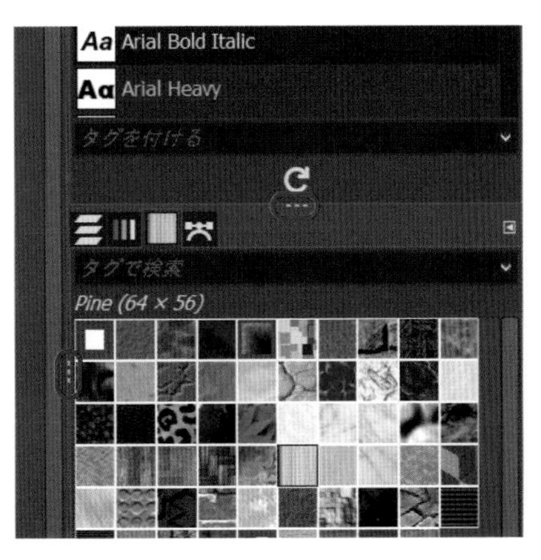

ダイアログのレイアウトを元に戻す

ダイアログのレイアウトは、前回終了したときと同じ状態で起動します。カスタマイズしたダイアログのレイアウトが使いにくいときは、リセットして初期設定に戻すことができます。

ウィンドウの位置をリセットする

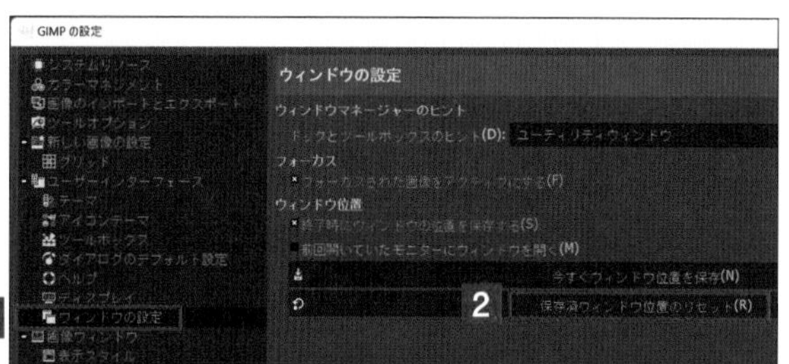

1 ［保存済ウィンドウ位置をリセット］をクリックする

［編集］メニュー→［設定］をクリックして、［GIMPの設定］ダイアログを表示します。［ユーザーインターフェース］のカテゴリーにある［ウィンドウの設定］をクリックして1、［保存済ウィンドウ位置をリセット］をクリックします2。

2 メッセージを確認する

メッセージダイアログの［OK］をクリックして1、［GIMPの設定］ダイアログの［OK］をクリックします2。

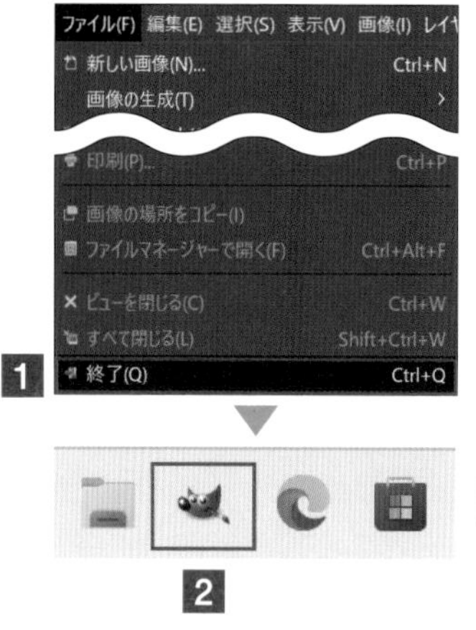

3 GIMPを再起動する

［ファイル］メニュー→［終了］をクリックします1。次にGIMPを起動すると2、ダイアログのレイアウトが初期設定に戻ります3。

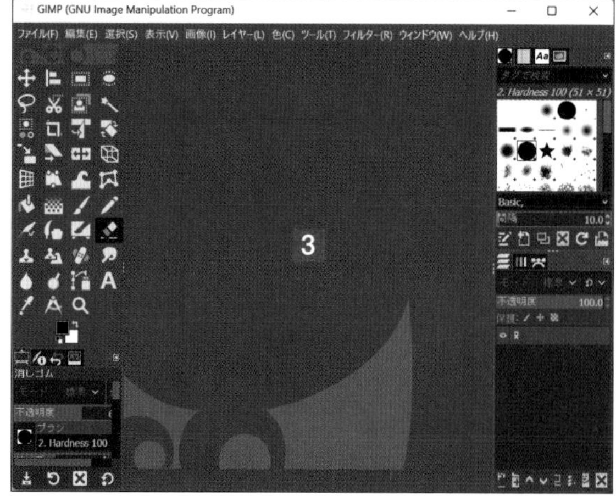

CHECK

［今すぐウィンドウ位置を保存］をクリックすると、現在のカスタマイズしたレイアウトを初期設定として保存できます。

画像の表示倍率を変更する

編集中は画像の表示倍率を頻繁に変更します。操作方法がたくさんあるので、ひと通り試して使いやすい方法を覚えましょう。

画像の表示倍率を変更する

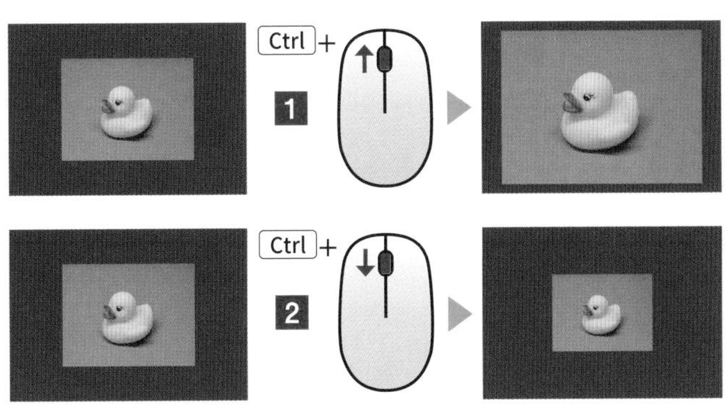

マウスのホイールで変更する

Ctrl キーを押しながらマウスのホイールを上方向に回転すると拡大表示1、下方向に回転すると縮小表示します2。使用しているツールに関係なく操作できるので、おすすめの方法です。

2 クリック

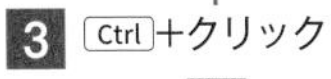

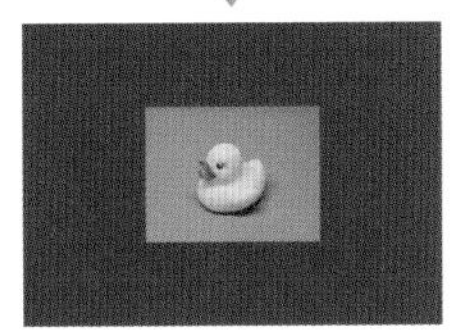

ズームツールで変更する

ズームツール 1でクリックするたびに表示倍率が変わります2。Ctrl キーを押したままクリックすると3、[ツールオプション] ダイアログで設定した [拡大] と [縮小] を切り替えて操作できます。

POINT

初期設定の [ツールオプション] ダイアログは、[拡大] にチェックがついているので1、Ctrl キーを押しながらクリックすると縮小表示になります。

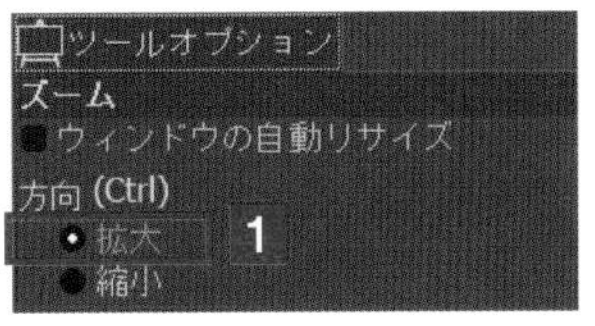

POINT

拡大モードのときは、ドラッグして囲んだ範囲を画像ウィンドウいっぱいに拡大表示します。

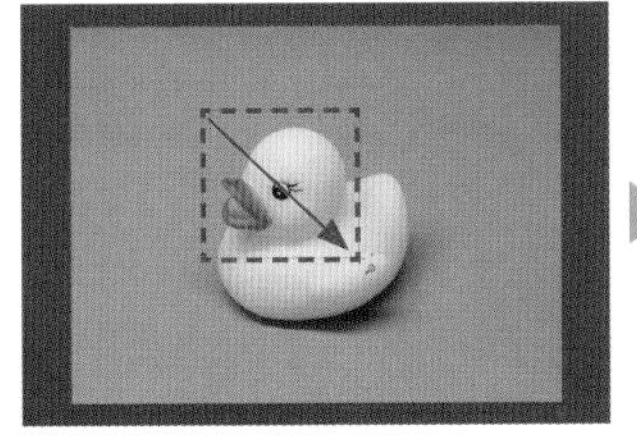

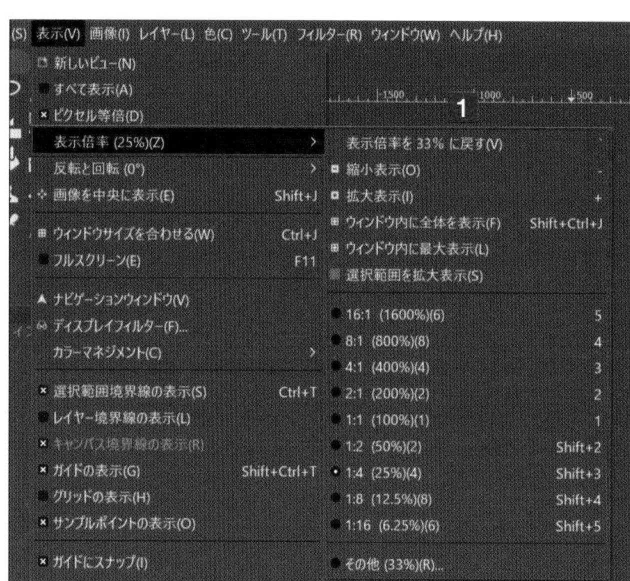

ズームコマンドで変更する

［表示］メニューの［表示倍率］にあるコマンドをクリックします**1**。ショートカットキーを押しても表示倍率を変更できます。特に［ウィンドウ内に全体を表示］のショートカットキー（Shift+Ctrl+J）を覚えておくと、素早く画像全体を確認できるので便利です。

POINT

［ウィンドウ内に最大表示］は、画像ウィンドウに隙間ができないサイズに拡大します。キャンバスと画像ウィンドウの縦横比が異なる場合、一部のイメージが隠れます。

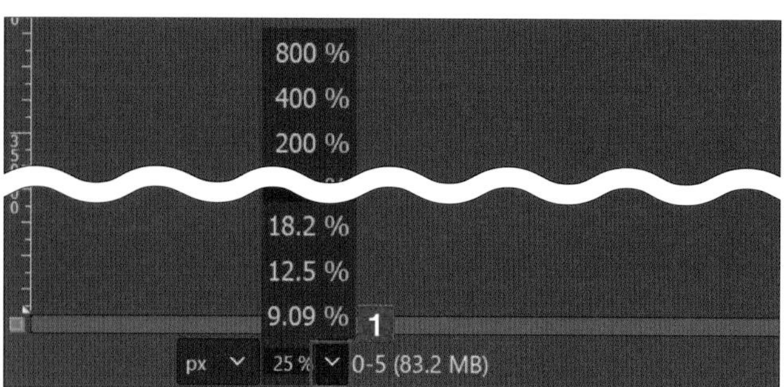

ステータスバーで変更する

ステータスバーの をクリックして**1**、メニューから表示倍率を選びます。メニューに無い倍率はボックスに値を入力して変更できます。

［ナビゲーション］ダイアログで変更する

［ナビゲーション］ダイアログの下にあるスライダーを右に移動すると拡大表示**1**、左に移動すると縮小表示します**2**。下にあるボタンをクリックしても**3**、表示倍率を変更できます。

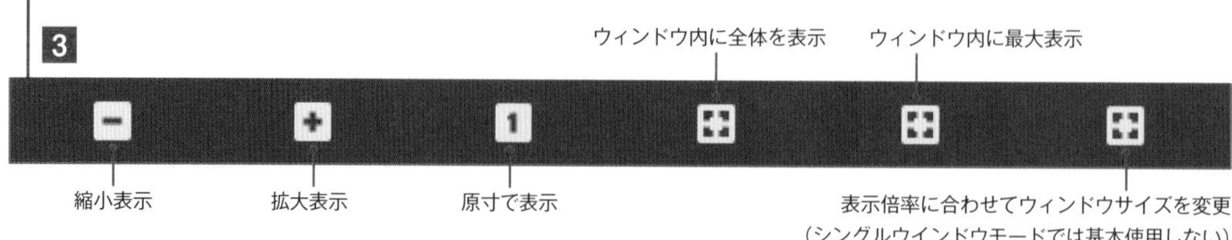

画像の表示をスクロールする

画像を拡大表示して画像ウインドウに入りきらない部分は、画像をスクロールして表示します。操作方法がたくさんあるので、ひと通り試して使いやすい方法を覚えましょう。

画像の表示をスクロールする

マウスの中央ボタンでスクロールする

マウスの中央ボタン（ホイールボタン）を押したままドラッグすると1、スクロールします。

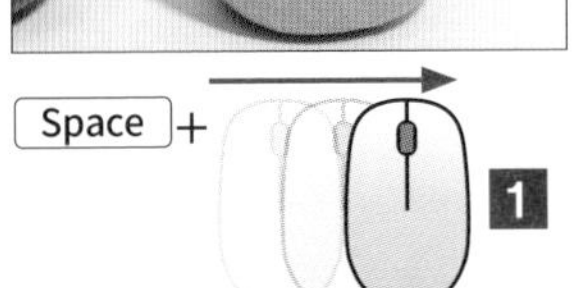

Space キーでスクロールする

Space キーを押したままマウスを動かします1。マウスボタンは何も押しません。テキストの入力中は操作できません。

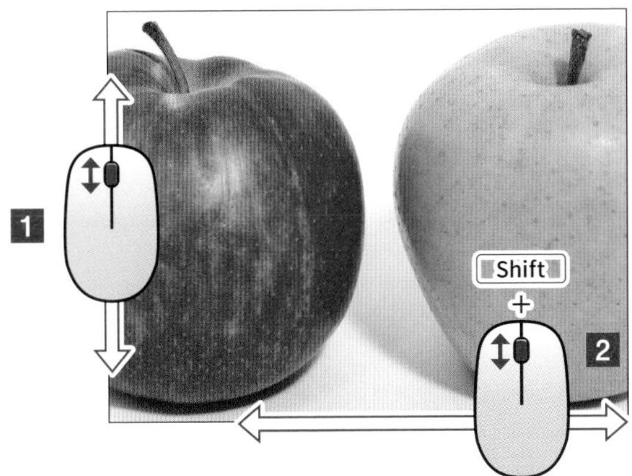

マウスのホイールでスクロールする

マウスのホイールを回転すると1、上下にスクロールします。Shift キーを押しながら回転すると2、左右にスクロールします。正確に水平・垂直方向にスクロールするとき便利です。ただし、キャンバスの外側を表示するスクロールはできません。

ナビゲーションプレビューでスクロールする

画像ウィンドウの右と下にあるスクロールバーが交差する部分の▲を長押しして1、ナビゲーションプレビューを表示します。マウスボタンは押したまま移動すると2、白い枠に合わせてスクロールします。

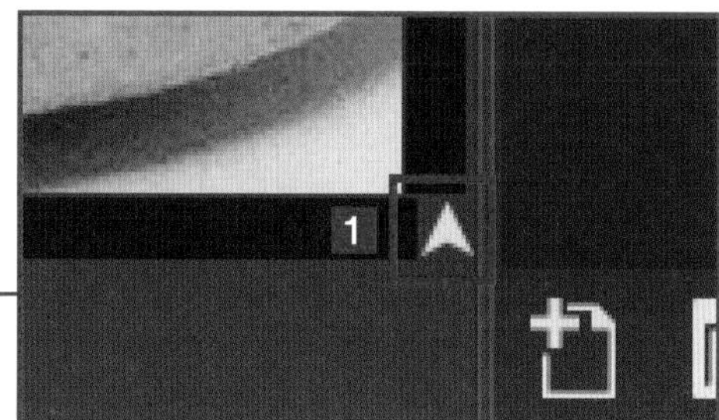

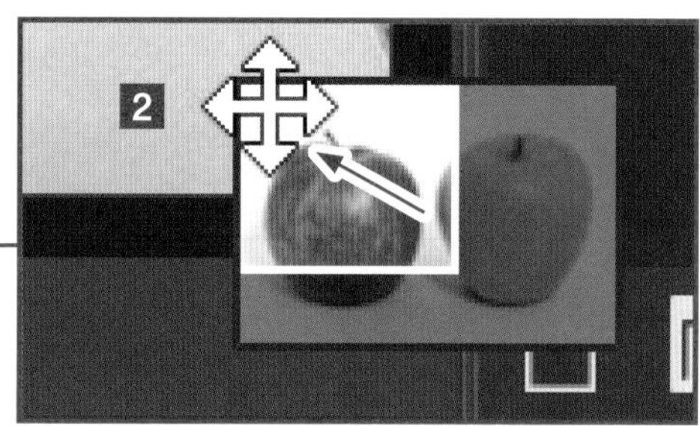

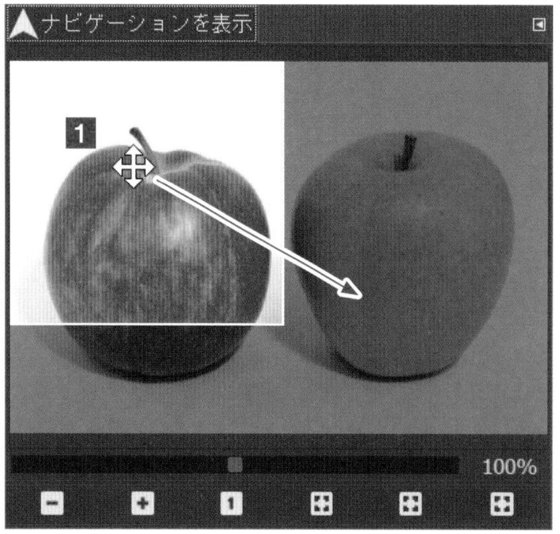

[ナビゲーション]ダイアログでスクロールする

画像ウィンドウよりも大きく拡大表示しているとき、現在の表示領域を示した白い枠が[ナビゲーション]ダイアログに表示されます。白い枠の内側にカーソルを合わせてドラッグすると1、スクロールします。

操作を取り消して過去に戻す

GIMPで行う編集作業は随時記録され、過去にさかのぼって操作をやり直すことができます。[取り消し]と[やり直し]操作は頻繁に使うので、ショートカットキーの操作を覚えましょう。

[作業履歴]ダイアログで過去に戻す

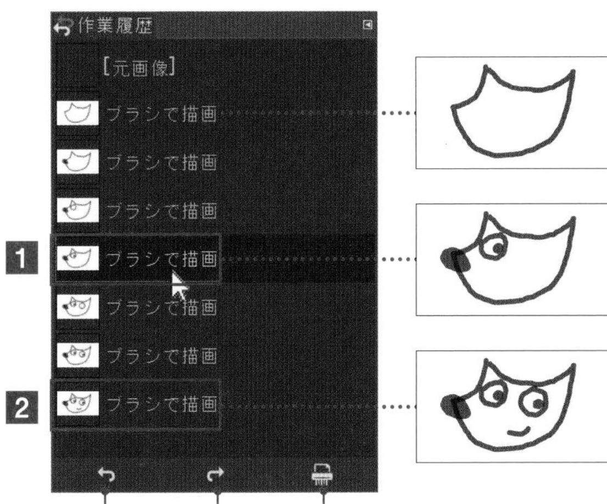

1段階戻る　1段階進む　すべての作業履歴を消去する

[作業履歴]ダイアログで過去に戻す

[作業履歴] ダイアログには、画像を開いてから行った作業の履歴が表示され、クリックすることで過去の状態に戻って操作をやり直すことができます1。履歴には、使用したツールやコマンド名と画像のサムネールが表示されます。古い履歴はダイアログの上に表示され、最新の画像は一番下に表示されます。過去の履歴をクリックしても何か新しい編集をしなければ、これまでの履歴は消えません。過去に戻るのやめるときは、いちばん下にある履歴をクリックすれば最新の状態に戻ります2。

POINT

[作業履歴] ダイアログの↶↷ボタンを押す代わりに方向キーの↑↓を押して1段階戻る、1段階進むことができます。

ファイル(F) 編集(E) 選択(S) 表示(V) 画像(I) レイヤー(L) 色(C) ツール
ブラシで描画 を元に戻す(U) 1 Ctrl+Z
ブラシで描画 をやり直す(R) Ctrl+Y
作業履歴(H)
切り取り(T) Ctrl+X
コピー(C) Ctrl+C
可視部分のコピー(V) Shift+Ctrl+C

操作した内容に合わせて表示が変わる

ショートカットキーで元に戻す

編集中はすぐに操作を取り消したいことがたくさんあります。このとき、[作業履歴] ダイアログを表示して操作するよりも、ひとつ前の履歴に戻る [元に戻す] のショートカットキー Ctrl+Z を使うのが便利です1。

POINT

Ctrl+Z キーを連続して押せば、履歴順に過去に戻せます。過去に戻るのを取り消したいときは、[やり直す] のショートカットキー Ctrl+Y を押します。

POINT

[ファイル] メニュー→ [復帰] をクリックすると、これまでの編集を保存しないで画像を閉じ、また同じファイルを開きます。このとき [作業履歴] ダイアログの履歴がすべて消えます。[復帰] を取り消すことはできないので注意してください。

27 数値指定で画像の表示を回転する

[表示]メニューにある[反転と回転]コマンドは、角度を数値指定して画像を回転表示できます。画面上の表示だけ変えてデータは変更しないので、画質は劣化しません。

設定した数値で画像を回転表示する

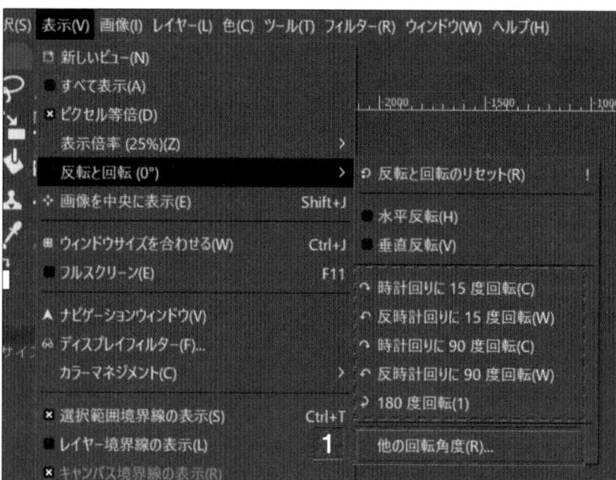

1 角度別のコマンドを選ぶ

[表示] メニュー→ [反転と回転] → [他の回転角度] をクリックします**1**。[時計回りに 15 度回転] から [180 度回転] のいずれかをクリックしたときは、すぐに表示の回転が適用されます。

CHECK

例えば [時計回りに 15 度回転] を 2 回連続して実行すると、合計 30 度回転します。

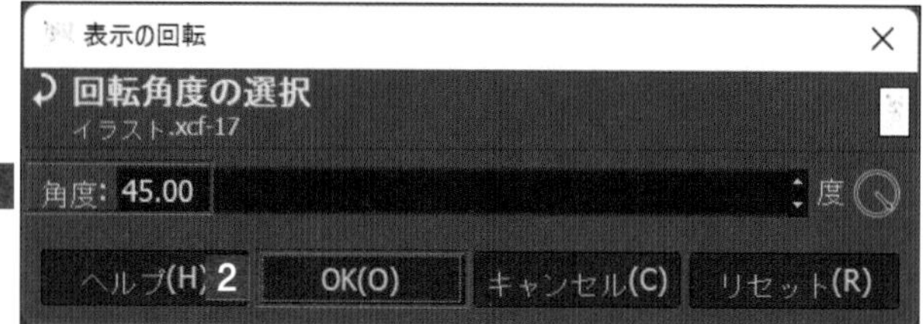

2 回転角度を入力する

[角度] に値を入力して (ここでは「45」) **1**、[OK] をクリックします**2**。

▼

POINT

画像を回転表示する操作は、作業履歴に記録されないので、操作を戻すコマンド (Ctrl+X) で取り消すことはできません。回転表示を解除するときは、[表示] メニュー→ [反転と回転] → [反転と回転のリセット] をクリックします。

ドラッグ操作で画像の表示を回転する

イラストなどブラシで描く操作のとき、ストロークを描きやすい角度に画像を頻繁に回転します。ドラッグ操作で回転する方法や、回転をリセットするショートカットキーを覚えましょう。

ドラッグ操作で画像を回転表示する

1 表示の回転モードに切り替える

Shift キーを押しながら、マウスの中央ボタン（ホイールボタン）を押したままにすると1、カーソルが表示の回転モード になります。

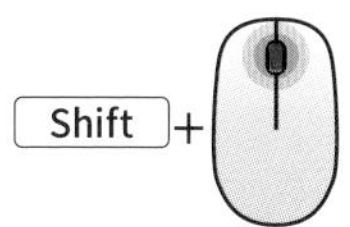

2 ドラッグして回転する

Shift キーとマウスの中央ボタンを押したまま、回転したい方向にドラッグします1。

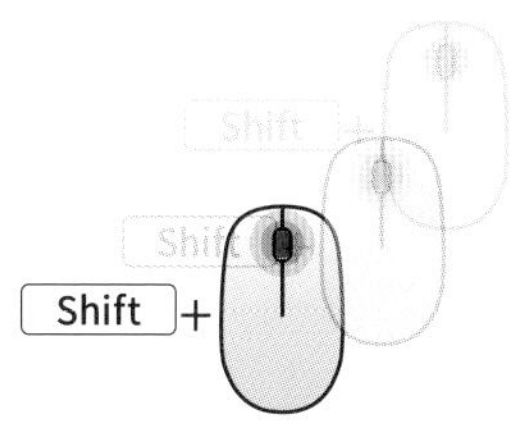

POINT

［反転と回転のリセット］のショートカットキーには「！」が設定されています。ただし「！」があるボタンを押しただけでは実行できません。テキストに「！」を入力するときと同じように Shift + ! キーを押すと、［反転と回転のリセット］が実行されます。

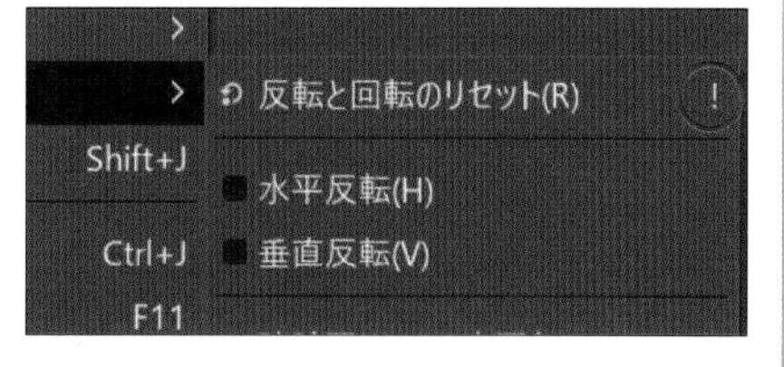

画像の表示を反転する

イラストを描くとき、画像を反転すると形の歪みを見つけやすくなります。一時的に確認するだけなので、変形機能で反転するのではなく、表示だけ反転する機能を利用します。

画像を水平反転／垂直反転表示する

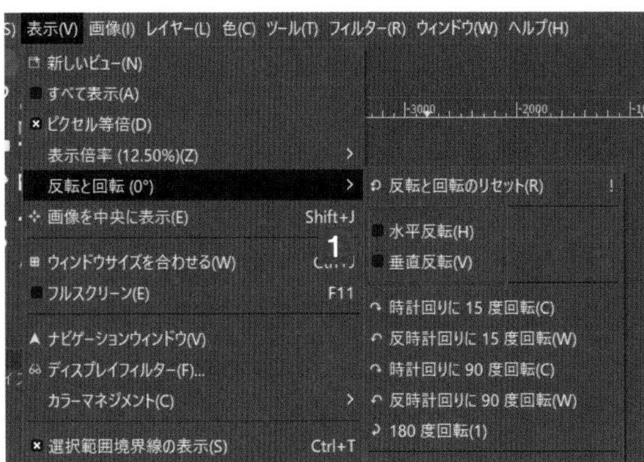

1 反転方向にチェックをつける

［表示］メニューの［反転と回転］にある［水平反転］か［垂直反転］をクリックしてチェックをつけます 1。両方クリックして反転を重ねることもできます。

CHECK

画像を反転表示する操作は、作業履歴に記録されません。そのため、元に戻す Ctrl + Z キーを押しても元の表示に戻りません。

元画像

☒ 水平反転(H)
■ 垂直反転(V)

☒ 水平反転(H)
☒ 垂直反転(V)

POINT

画像を反転表示を解除するときは、［反転と回転のリセット］をクリックするか、もう一度クリックしてチェックを外します。そのままファイルを閉じても解除されます。

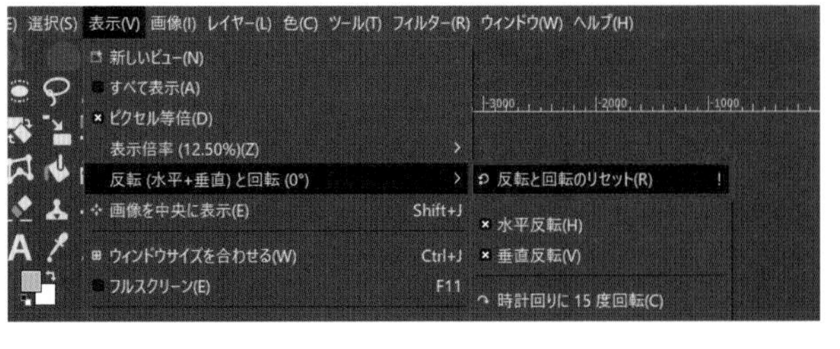

日本語のユーザーマニュアルをインストールする

日本語版のユーザーマニュアルをダウンロードしてインストールします。[GIMPの設定]でインストールしたマニュアルを使用する設定に変更すれば、オフラインの環境でも参照できます。

日本語のユーザーマニュアルをインストールする

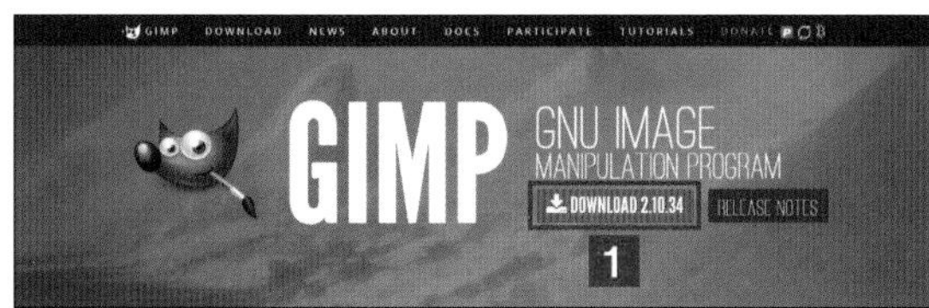

1 ブラウザで公式サイトを開く

Web ブラウザでGIMPの公式サイト（https://www.gimp.org）を開き、[DOWNLOAD] をクリックします1。

2 ユーザーマニュアルをダウンロードする

ダウンロードページの中間にある [GIMP User Manual] の [GIMP Documentation] をクリックして1、リンク先の [日本語 (Japanese)] をクリックします2。

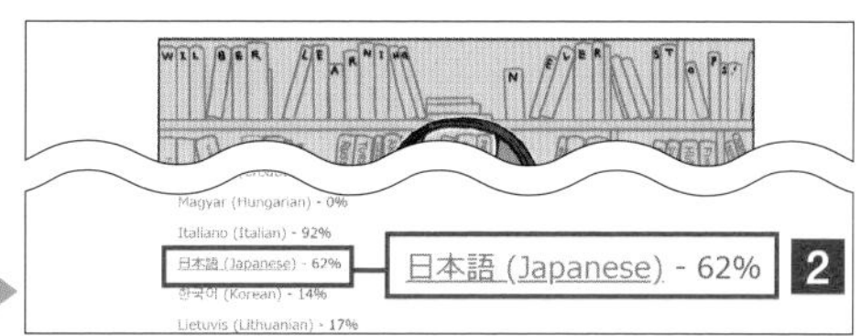

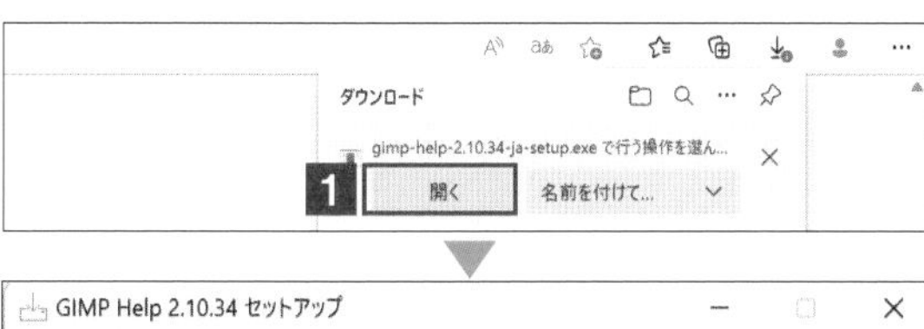

3 ユーザーマニュアルをインストールする

[開く] をクリックすると1、[GIMP Help セットアップ] ダイアログが表示されるので、[インストール] をクリックします2。[はい] をクリックして、インストールを許可します3。「GIMP Help セットアップウィザードの完了」が表示されたら、[完了] をクリックします4。

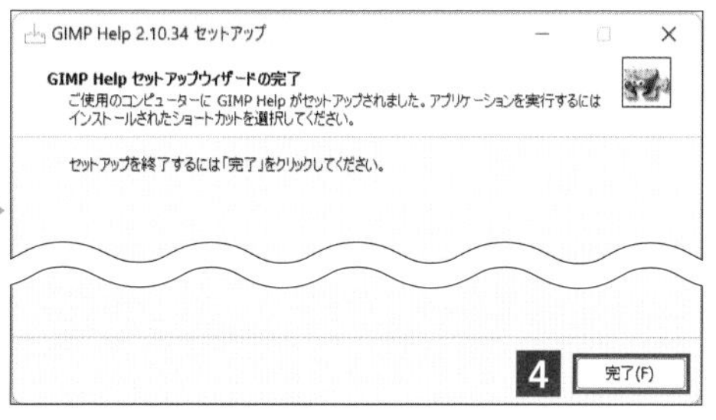

4 ユーザーマニュアルをインストール版に設定する

［編集］メニュー→［設定］をクリックして、［GIMP の設定］ダイアログを表示します。［ユーザーインターフェース］の［ヘルプ］をクリックして**1**、使用するユーザーマニュアルを「インストール版」「日本語[ja]」に設定します**2**。［OK］をクリックします**3**。

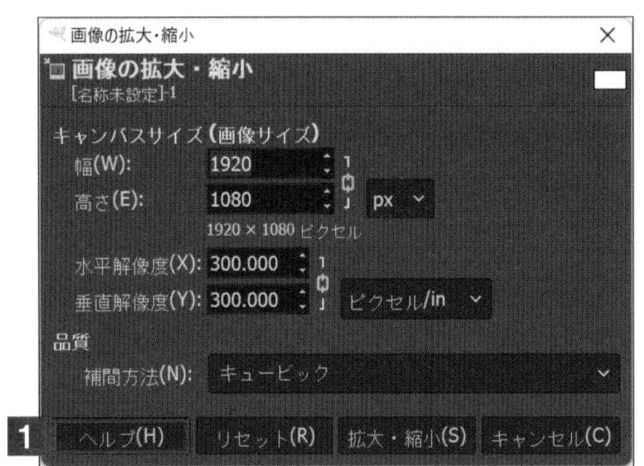

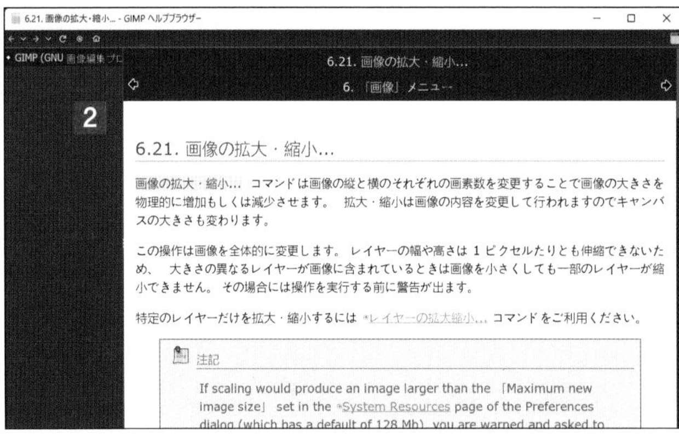

5 ユーザーマニュアルを開く

ダイアログなどに表示される［ヘルプ］をクリックすると**1**、その機能に関するヘルプが表示されます**2**。

CHECK

日本語版ユーザーマニュアルには、解説がない機能や、翻訳されていないページもあります。

CHECK

F1 キーを押すと、ヘルプが開きます。Shift + F1 キーを押すと、「？」マークがついたアイコンになります。このカーソルでツールやダイアログをクリックすると、クリックした対象に関するヘルプが表示されます。

POINT

GIMP の操作に慣れてツールチップの表示が煩わしいときは、［GIMP の設定］ダイアログで［ユーザーインターフェイス］の［ヘルプ］にある［ツールチップを表示する］のチェックを外して非表示にできます。ツールチップは次回の起動から非表示になります。［ヘルプ］ボタンは非表示にしてもショートカットキーでヘルプを表示できます。

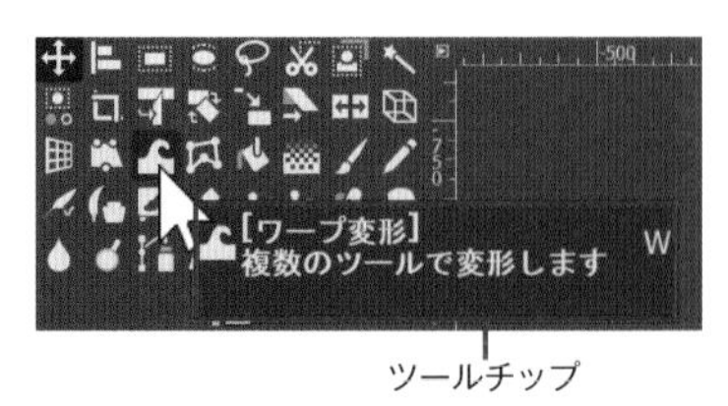

ツールチップ

31 ショートカットキーをカスタマイズする

ショートカットキーを使って操作の手間を減らしましょう。[キーボードショートカット設定]ダイアログでカスタマイズできます。

ショートカットキーを追加する

ここでは練習として、[GIMP の設定] ダイアログを Ctrl+K キーで表示するショートカットキーを設定します。

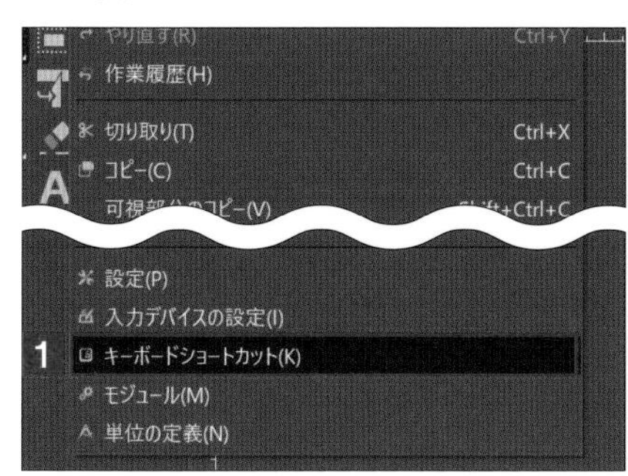

1 [キーボードショートカット設定] ダイアログを開く

[編集] メニュー→ [キーボードショートカット] をクリックします1。

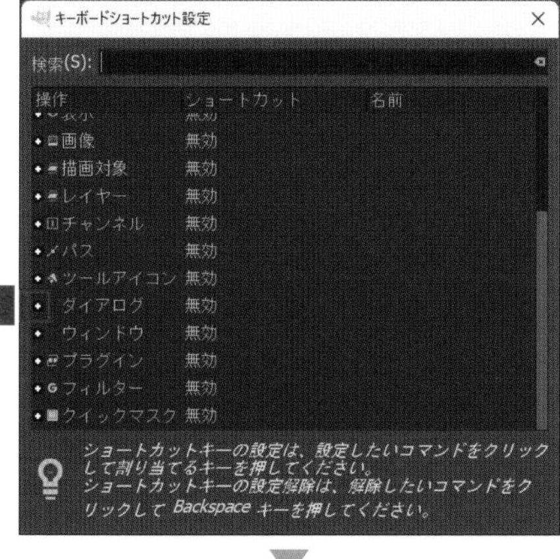

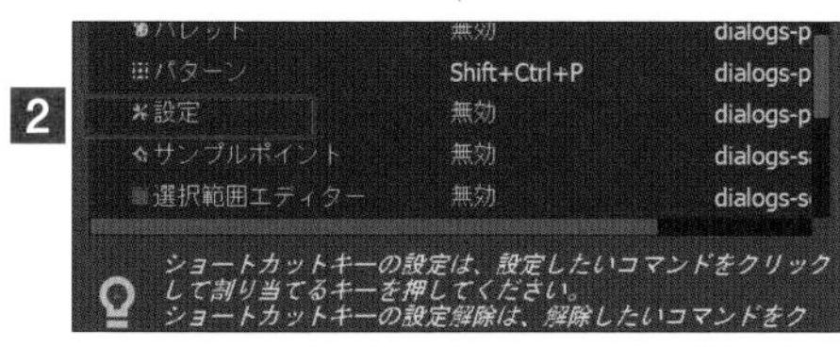

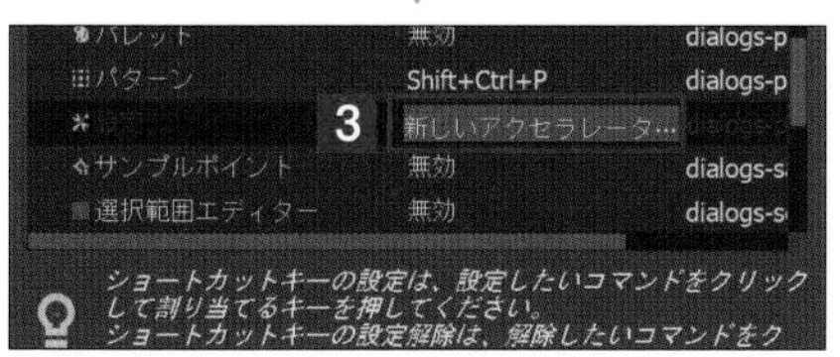

2 ショートカットキーを追加する項目を選択する

表示された [キーボードショートカット設定] ダイアログで、[ダイアログ] の+をクリックして展開表示します1。ダイアログのスクロールバーで下に移動して、[設定] をクリックします2。ショートカットキーを入力する状態になります3。

CHECK

[GIMP の設定] ダイアログの [ユーザーインターフェイス] にある [動的キーボードショートカットを使用する] にチェックをつけると、メニューコマンドにカーソルを合わせてキーを押すだけで、ショートカットキーを設定できます。すでに使用されているキーを入力しても警告ダイアログを開かずに差し替わります (ヘルプの F1 キーは設定できません)。設定したショートカットキーを削除するときは、メニューコマンドにカーソルを合わせて Back space キーを押します。

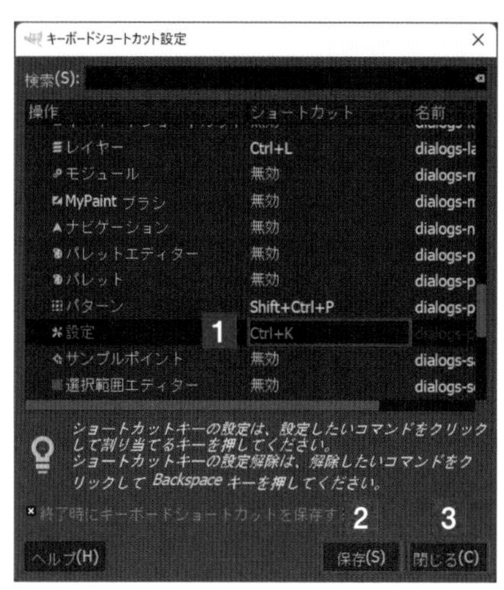

3 ショートカットキーを入力する

設定するショートカットキー（ここでは「Ctrl+K」）を押して設定します1。［保存］をクリックしてから2、［閉じる］をクリックします3。

CHECK

すでに使用されているキーを入力すると、警告ダイアログが表示されます。［ショートカット再割り当て］をクリックすると1、新しい設定に差し替わります。

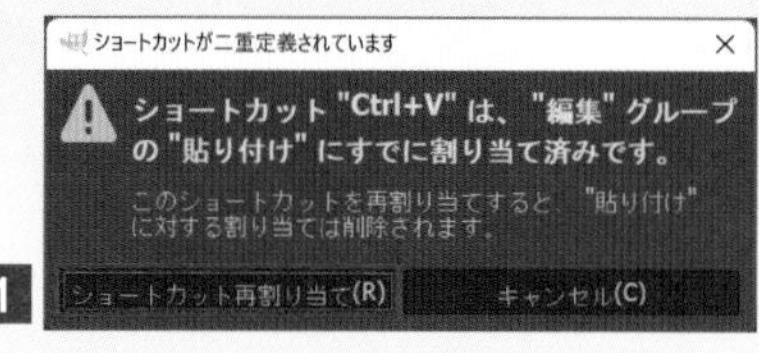

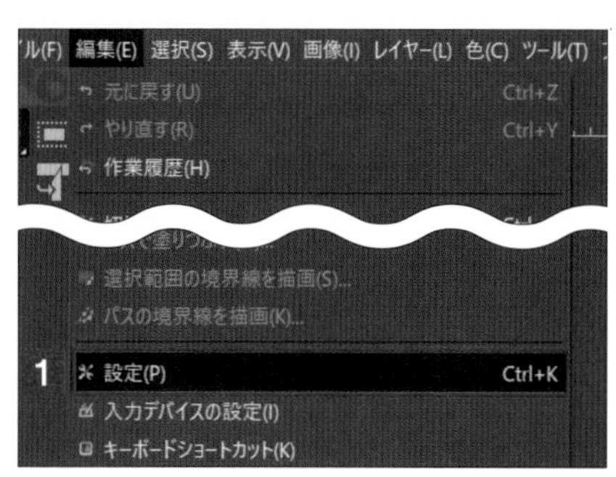

4 ショートカットキーを確認する

［編集］メニューをクリックすると、［設定］にショートカットキーが表示されます1。Ctrl+K キーを押して2、［GIMP の設定］ダイアログが表示されるか確認します3。

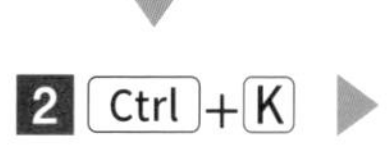

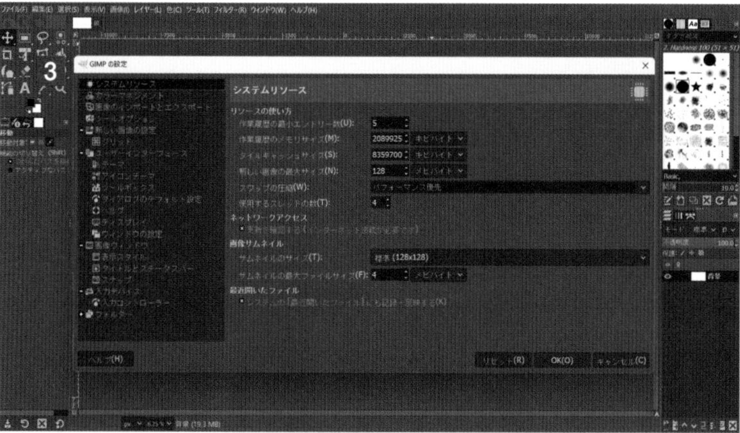

POINT

ショートカットキーを初期設定に戻すときは、［GIMP の設定］ダイアログの［ユーザーインターフェイス］にある［キーボードショートカットのリセット］をクリックします1。表示されたダイアログと［GIMP の設定］ダイアログの［OK］をクリックして、GIMP を再起動します。［すべてのキーボードショートカットを消去］を実行した場合でも、［キーボードショートカットのリセット］で初期設定のショートカットキーに戻ります。

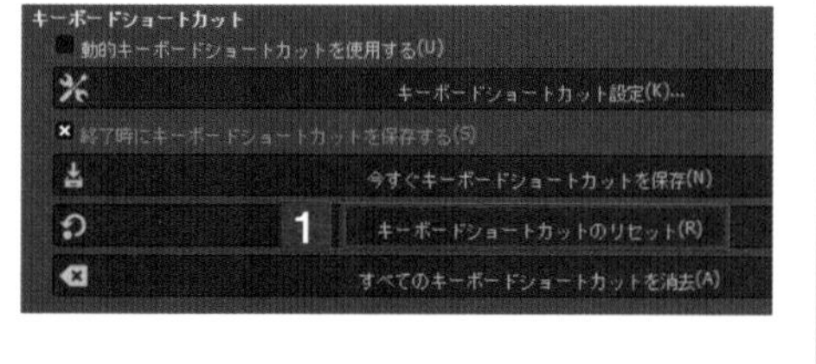

CHAPTER

01

画像の準備

新しい画像を作成する

イラストなどを作るときは、新しいキャンバスを作成してからスタートします。解像度や画像の色(塗りつぶし色)は、[詳細設定]を展開表示して設定します。

新しい画像を作成する

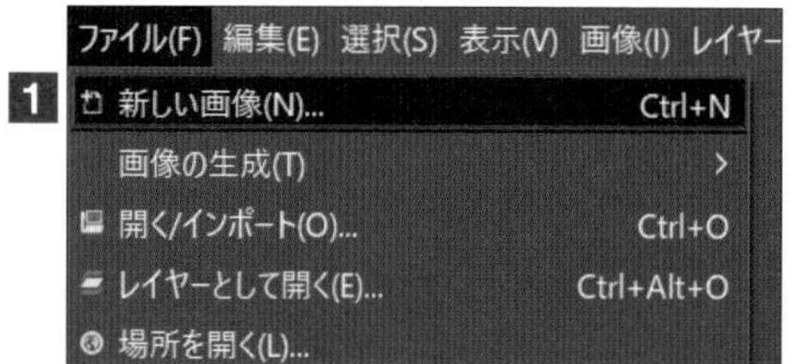

1 [新しい画像]を実行する

[ファイル] メニュー→ [新しい画像] をクリックします1。[新しい画像を作成] ダイアログが表示されます。

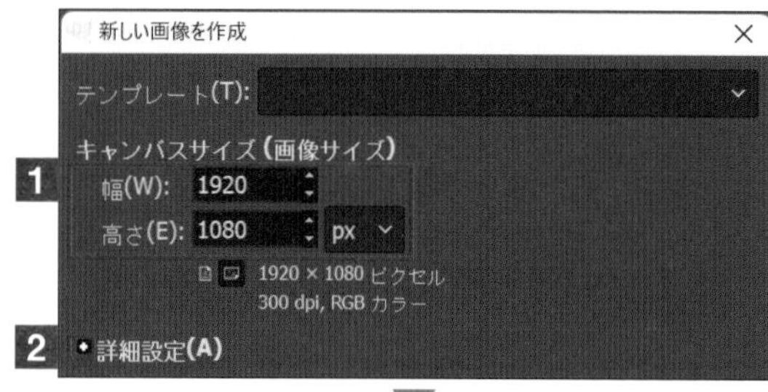

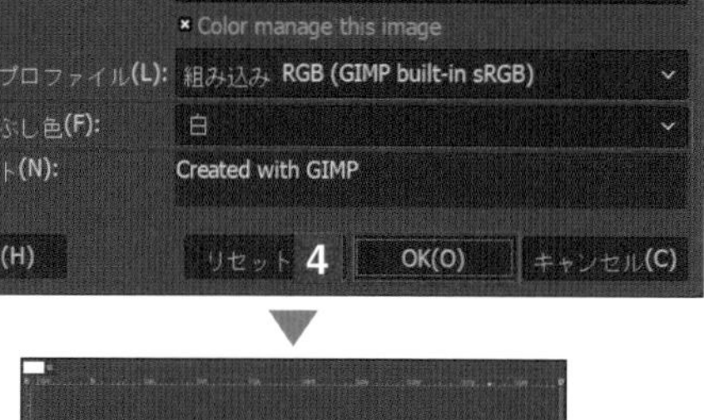

2 [詳細設定]を表示して[塗りつぶし色]を設定する

[キャンバスサイズ] を設定します(ここでは [幅] を「1920」(px)、[高さ] を「1080」(px))1。[詳細設定]の+をクリックします2。展開表示して[解像度]や[塗りつぶし色] を設定します(ここでは [塗りつぶし色] を「白」、そのほかは初期設定のまま)3。[OK] をクリックすると4、新しい画像が作成されます5。

CHECK

[塗りつぶし色] は、最初に作成されるレイヤーの色です。

POINT

[テンプレート] ダイアログのリストをダブルクリックすると1、新しい画像が作成されます。新しいテンプレートの作成方法は、344 ページを参照してください。

02 コピーした画像で新しい画像を生成する

コピーした画像をそのままレイヤーにして新しい画像を生成します。作成するときは、必ず複製が許可された画像を使用してください。

サンプルファイル 1-02.jpg

コピーした画像で新しい画像を生成する

1 画像をコピーする

ブラウザで表示している画像をコピーして**1**、クリップボードにイメージを保存します。

CHECK

左図は、サンプルファイルの「1-02.jpg」をブラウザにドラッグ＆ドロップして表示した画像を右クリックしてコピーしています。

▼

2 クリップボードから画像を生成する

GIMPの［ファイル］メニュー→［画像の生成］→［クリップボードから］をクリックします**1**。コピーした画像をレイヤーにした新しい画像が生成されます**2**。

CHECK

［編集］メニュー→［クリップボードから生成］→［画像］を選んでも同じです。

POINT

・そのほかの画像の生成

ウェブページから	URLを入力して、ページ全体を取り込んだ画像を生成する
スキャナー／カメラ	パソコンに接続した入力機器を使って画像を生成する
スクリーンショット	取り込む範囲（指定ウィンドウか画面全体）と取り込むまでの待ち時間、カラープロファイルを設定して画像を生成する

03 画像の情報を確認する

GIMPのタイトルバーで画像の主要な設定を確認できます。詳しい情報を確認するときは、[画像の情報]や[Metadata Viewer]ダイアログを表示します。

サンプルファイル 1-03.xcf

画像の情報を確認する

タイトルバーで確認する

サンプルファイルを開くと、初期設定のタイトルバーには以下の情報が表示されます。

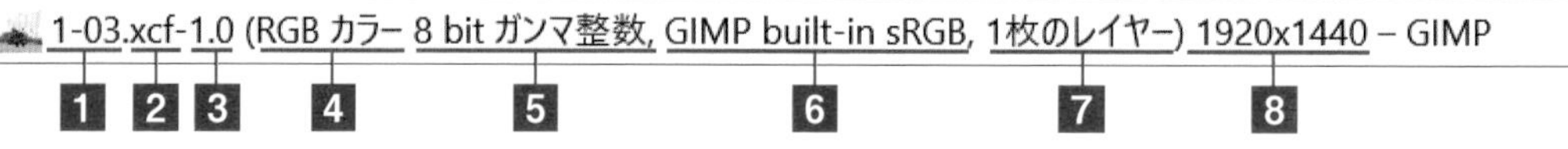

1 ファイル名。新しく作成した画像は保存するまで［名称未設定］
2 拡張子。インポートした画像は「(インポートされた画像)」、新しく作成した画像は表示なし
3 GIMP を起動してから開いた画像の順番 ID
4 カラーモード　5 色深度　6 カラープロファイル　7 レイヤーの数
8 キャンバスの幅と高さのピクセル数

[画像の情報] ダイアログで確認する

［画像］メニュー→［画像の情報］をクリックして、ダイアログを表示します。タイトルバーよりも情報が見やすく、解像度やファイルサイズなども確認できます。

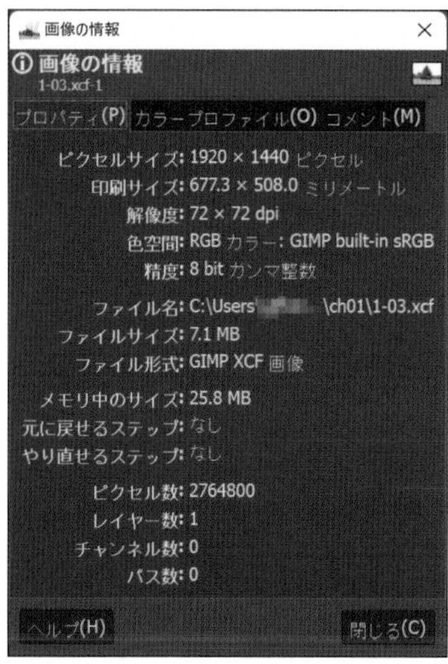

メタデータを確認する

［画像］メニュー→［メタデータ］→［View Metadata］をクリックして、ダイアログを表示します。メタデータには撮影に使用した機材や、位置情報などが確認できます。

レイヤーの境界線を非表示にする

レイヤーサイズを示す境界線の表示が煩わしいときがあります。非表示にする方法を覚えましょう。常に非表示にするときは、[GIMPの設定]で非表示に設定します。

サンプルファイル 1-04.xcf

レイヤーの境界線を非表示にする

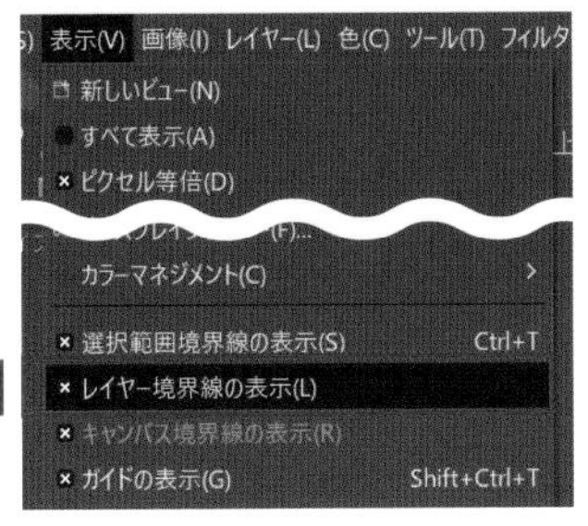

一時的にレイヤーの境界線を非表示にする

サンプルファイルを開いたら、[表示] メニュー→ [レイヤー境界線の表示] をクリックします1。チェックを外すと、レイヤーの境界線を示す点線の囲みが非表示になります。

レイヤー境界線の表示(L)

レイヤー境界線の表示(L)

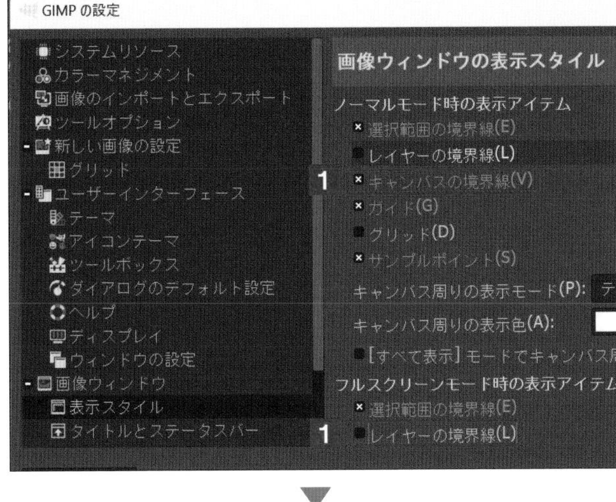

常にレイヤーの境界線を非表示にする

画像を開いたときからレイヤーの境界線を非表示にしたい場合は、[GIMP の設定] ダイアログを表示して、[画像ウィンドウ] の [表示スタイル] にある「ノーマルモード時の表示アイテム」と「フルスクリーンモード時の表示アイテム」の [レイヤーの境界線] をクリックしてチェックを外します1。設定した表示スタイルに変更するときは、[OK] をクリックします2。一時的にレイヤーの境界線を表示したいときは、[表示] メニュー→ [レイヤー境界線の表示] をクリックします。

POINT

[表示] メニュー→ [キャンバス境界線の表示] は、[表示] メニュー→ [すべて表示] が有効なときに表示を切り替えることができます。

05 ガイドを作成する

ガイドは画像の上に作成できる印刷されない線です。オブジェクトの位置を揃えるときに便利です。数値指定で正確に作成したり、選択範囲に合わせたガイドを自動で作成できます。

ガイドを作成／移動／削除／非表示にする

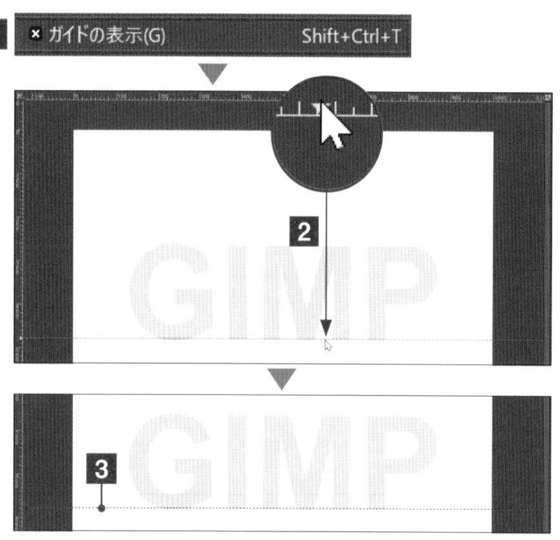

ルーラーからガイドを作成する

［表示］メニュー→［ガイドの表示］にチェックをつけて操作します（初期設定ではオン）**1**。ルーラーの上からドラッグします**2**。マウスボタンをはなした位置にガイドが作成されます**3**。XCF ファイルはガイドも一緒に保存できますが、エクスポートした画像（339 ページ参照）にはガイドは保存されません。

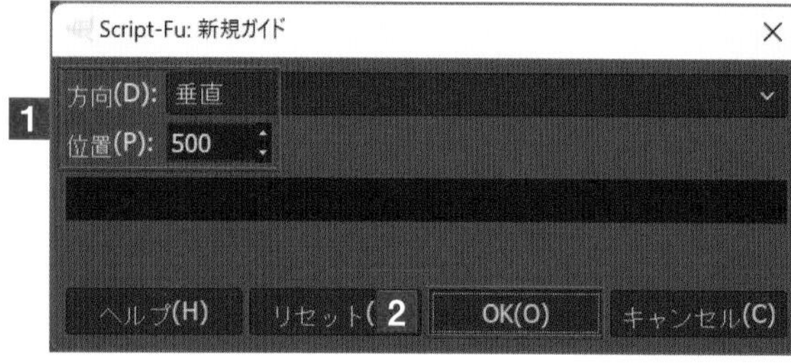

数値指定でガイドを作成する

［画像］メニュー→［ガイド］→［新規ガイド］をクリックして、［新規ガイド］ダイアログを表示します。［方向］と［位置］を設定して**1**、［OK］をクリックします**2**。座標の位置にガイドが作成されます**3**。

POINT

［画像］メニュー→［ガイド］→［新規ガイド（パーセントで）］では、ガイドの位置をパーセントで設定できます。例えば、幅 1000 ピクセルの画像に［新規ガイド（パーセントで）］を［方向］を［垂直］、［位置（パーセントで指定）］を「40」（%）で実行すると、左端から 400 ピクセルの位置にガイドが作成されます。「50」（%）に設定すれば、キャンバスサイズの中央にガイドを作成できます。

選択範囲からガイドを作成する

選択範囲を作成（CHAPTER02を参照）して1、［画像］メニュー→［ガイド］→［選択範囲から新規ガイド］をクリックすると2、選択範囲の上下左右にガイドが作成されます3。

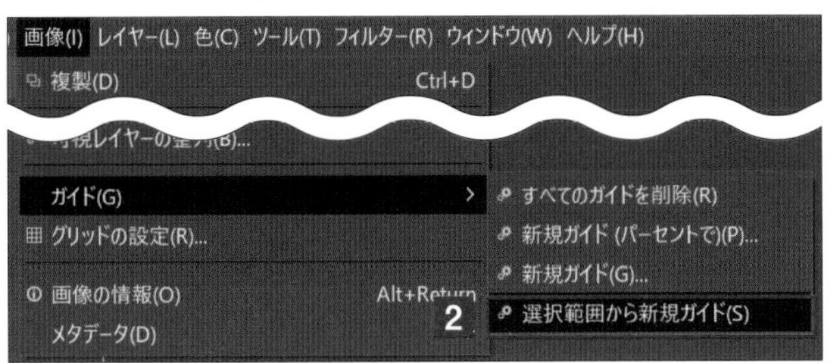

ガイドを移動／削除する

移動ツールを選択して1、［ツールオプション］ダイアログで、［移動対象］の［レイヤー］をクリックします2。［機能の切り替え］の［つかんだレイヤーまたはガイドを移動］にチェックをつけます3。ガイドをドラッグすると移動します4。ルーラーまでドラッグすると5、ガイドが削除されます。すべてのガイドをまとめて削除するときは、［画像］メニュー→［ガイド］→［すべてのガイドを削除］をクリックします6。

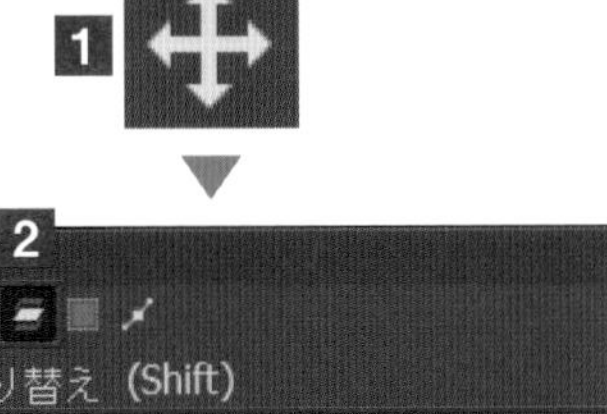

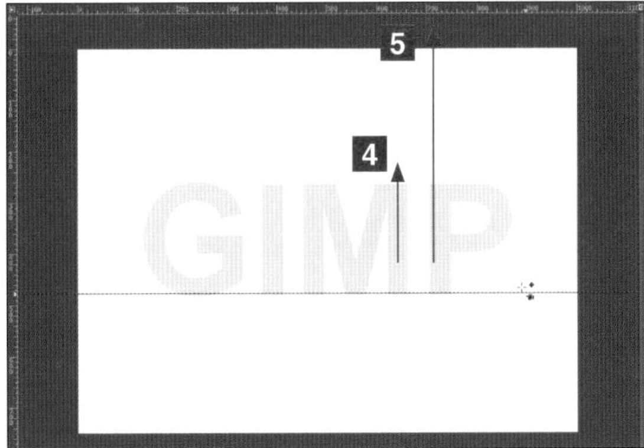

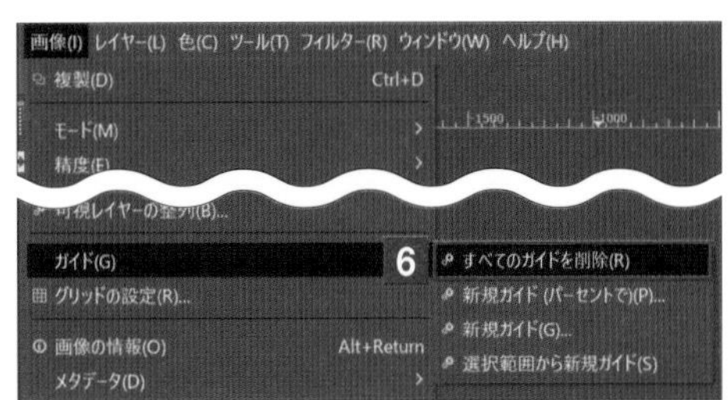

ガイドを非表示にする

［表示］メニュー→［ガイドの表示］をクリックします1。チェックを外すとガイドが非表示になります。ガイドが非表示でも、［ガイドにスナップ］にチェックがついていれば、非表示のガイドにスナップします。

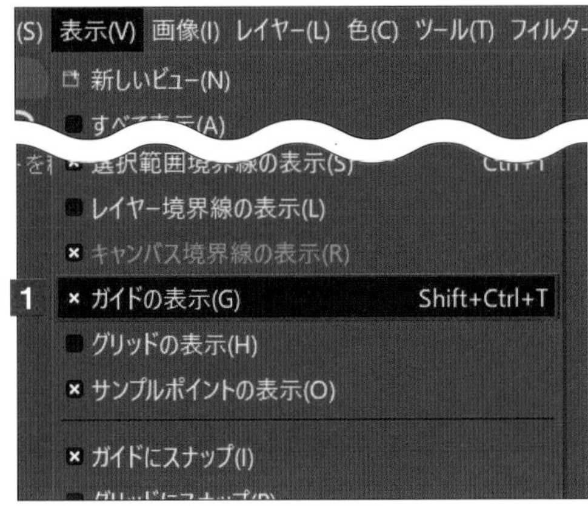

POINT

［画像］→［Slice Using Gides］をクリックすると、ガイドの位置で分割した新しい画像が作成されます。

06 グリッドを表示する

グリッドは画像の上に表示される格子状の線です。印刷はされません。オブジェクトの間隔を測ったり、正確に描画したいとき使用します。

グリッドを設定する

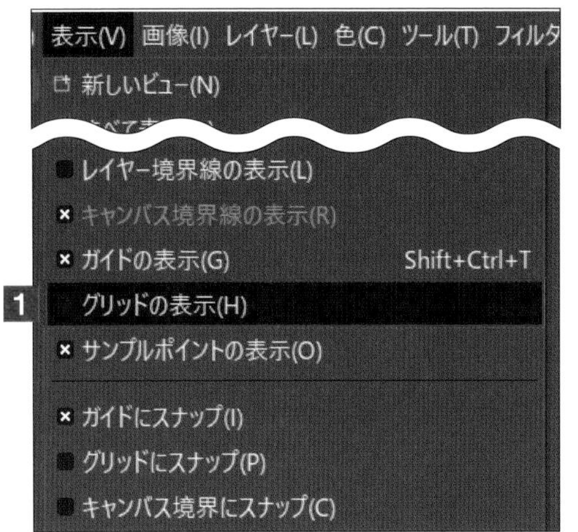

グリッドを表示する

[表示] メニュー→ [グリッドの表示] をクリックします1。チェックをつけると、グリッドが表示されます。

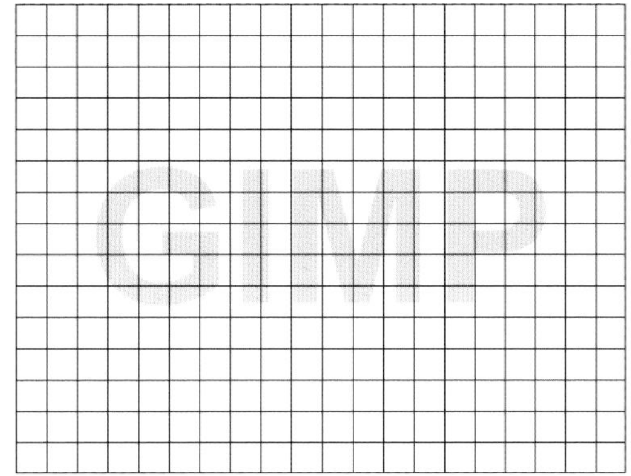

CHECK

初期設定では、[グリッドにスナップ] のチェックは外れています。

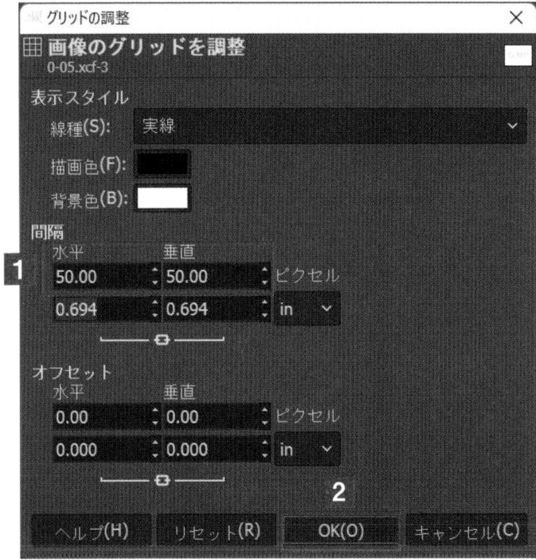

グリッドのサイズを変更する

[画像] メニュー→ [グリッドの設定] をクリックします。表示された[グリッドの調整]ダイアログで、[間隔] の [水平] か [垂直] に値を入力して1、[OK] をクリックします2。初期設定では、水平と垂直のサイズ比を固定するリンクが設定されています。鎖アイコンをクリックすると、異なる値に設定できます。

POINT

[GIMP の設定] ダイアログの [新しい画像の設定] カテゴリーにある [グリッド] を変更すると、これから新しく作成する画像に適用されます。現在表示している画像の設定は変わりません。

画像のサイズは変更しないでキャンバスサイズを変更する

画像のサイズを変更しないで、キャンバスサイズだけを変更します。オプションの設定でレイヤーのサイズも一緒に変更することができます。

サンプルファイル 1-07.xcf

完成図

画像やテキストのサイズは変更しないで、キャンバスサイズを変更します。

キャンバスサイズだけ変更する

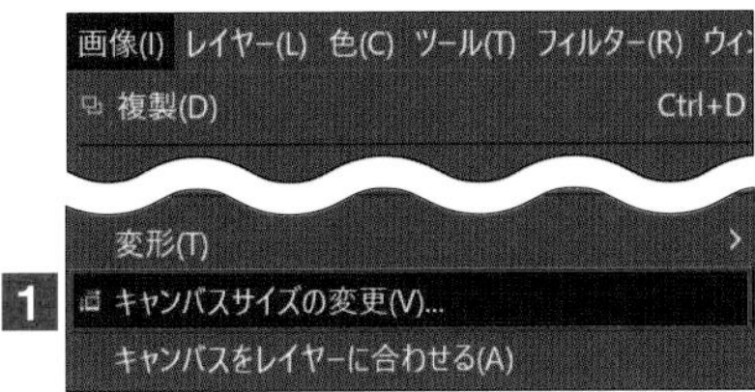

1 ［キャンバスサイズの変更］を実行する

［画像］メニュー→［キャンバスサイズの変更］をクリックします1。［キャンバスサイズの変更］ダイアログが表示されます。

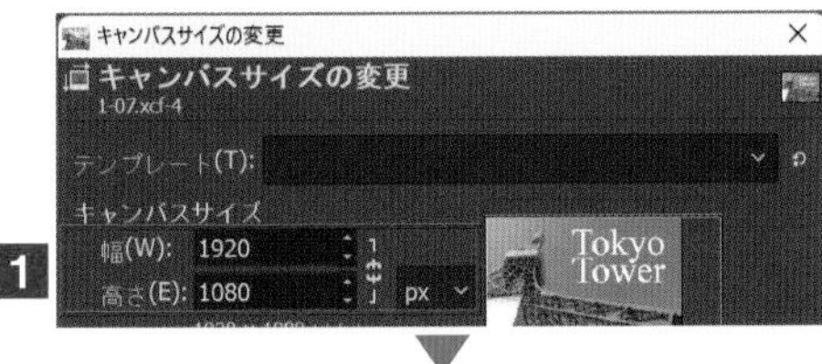

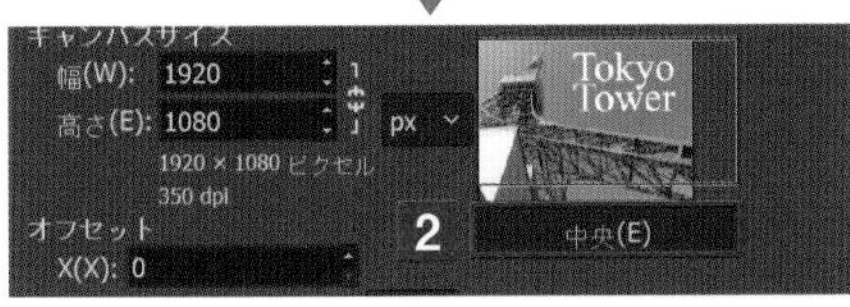

2 キャンバスサイズを指定する

［キャンバスサイズ］に値を設定します（ここでは［幅］を「1920」、［高さ］を「1080」）1。［オフセット］の［中央］をクリックして2、キャンバスの中心と画像の中心を揃えたら3、［リサイズ］をクリックします4。

POINT

・そのほかのオプション

サイズ変更するレイヤー	［なし］以外に設定すると、対象のレイヤーがキャンバスと同じサイズに変わる
塗りつぶし色	サイズ変更した余白の色を設定する
テキストレイヤーサイズの変更	チェックをつけると、テキストを画像レイヤーに変換してキャンバスっと同じレイヤーサイズにする

08 印刷する大きさに合わせて画像のサイズを設定する

画像を印刷に適したサイズに変更します。商用印刷では、印刷する原寸サイズで300～350dpiの解像度を保持できるように設定します。

サンプルファイル 1-08.xcf

完成図

左のBeforeはサンプルファイルの解像度のままです。右のAfterは幅約40mm、高さ約30mm、解像度350dpiに変更してエクスポートした画像を配置して印刷しています。

印刷する大きさに合わせて画像のサイズを変更する

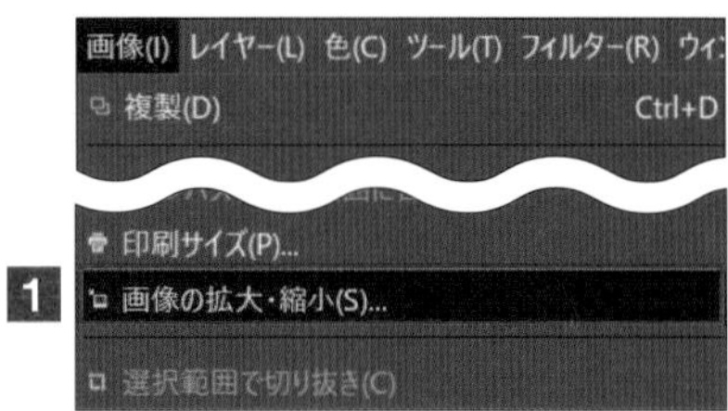

1 ［画像の拡大・縮小］を実行する

［画像］メニュー→［画像の拡大・縮小］をクリックします1。［画像の拡大・縮小］ダイアログが表示されます。

2 商用印刷に適した解像度とキャンバスサイズに設定する

解像度の単位を［ピクセル/in］に設定して1、画像解像度を設定します（ここでは「350」）2。［高さ］の右にある単位を［mm］に設定して3、画像サイズを設定します（ここでは［幅］を「40」、［高さ］を「30」）4。［拡大・縮小］をクリックします5。

CHECK

解像度とピクセル単位の都合で幅「39.99mm」、高さ「29.97mm」の設定になります。

POINT

［画像］メニュー→［印刷サイズ］は、画像のピクセル数を変更せずに、解像度だけ変更して印刷する大きさを設定します。

CHECK

［補間方法］の［キュービック］は、8つのピクセルの色の平均で補間します。通常この方法に設定しておけば、綺麗にサイズを変更できます。

09 ビット数の大きい画像で編集する

画像データは色深度の設定により、ひとつのピクセルで扱える階調数が異なります。GIMPでは、色深度が8bit、16bit、32bitのカラー画像を編集できます。

できるだけ画質を下げずに編集する

8bit

16bit

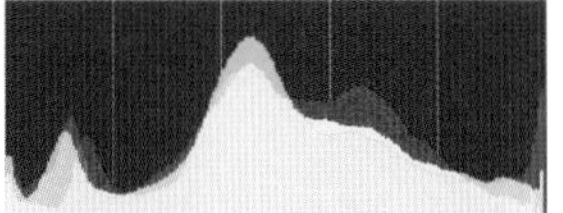

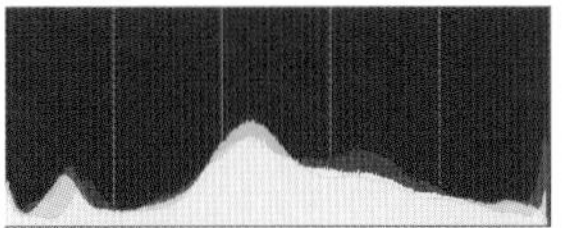

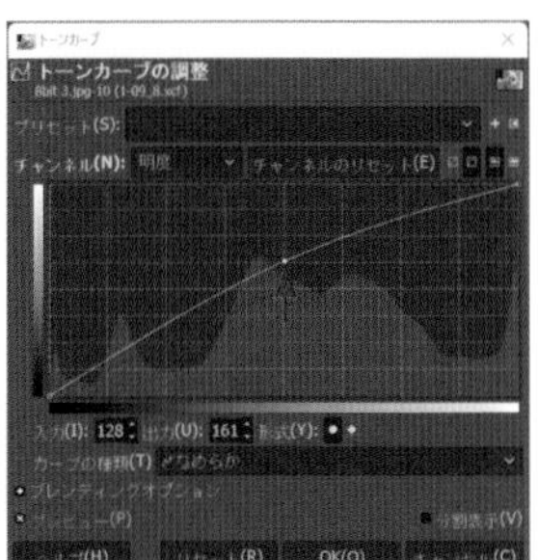

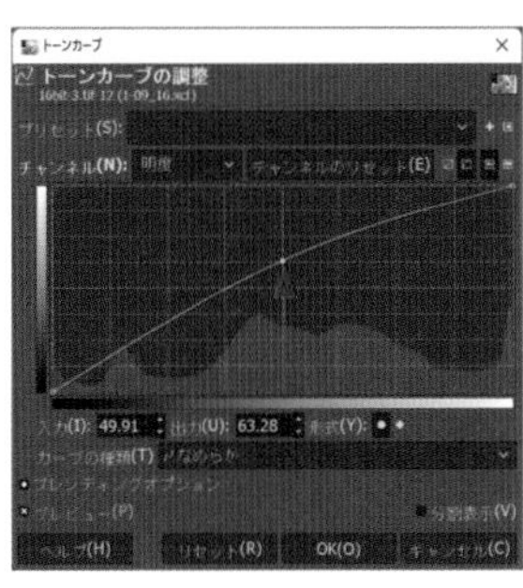

トーンカーブを編集して中間調を明るくする

モニターに表示される画像では違いがわからない

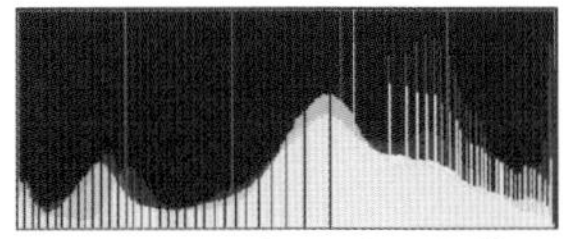

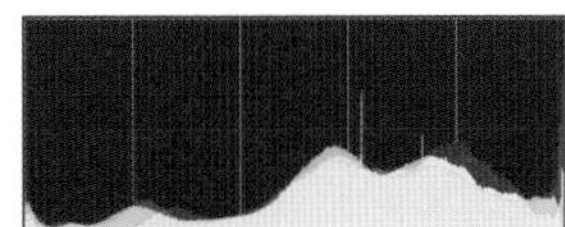

8bitのヒストグラムには階調の欠損が生じる

画質にこだわるなら16bitで

デジタルカメラのデータとして一般的なJPEG形式は、色深度の上限が8bitのため、元データの段階で階調数が減らされています。もし、RAWで撮影したデータがあるなら、16bitのTIFF形式で現像したデータでインポートすれば、階調数の多い（画質がよい）画像を元に編集ができます。最終的に8bitのJPEG形式にエクスポートする場合でも、元データの色深度の違いが結果に影響します。ただし、一般的なモニターは8bit程度の階調しか表示できないので、極端な補正をしなければ8bitと16bitの画像を並べて比較しても違いを識別できません。ビット数の違いによる画質の変化は、ヒストグラムで比較しないとわかりません。

POINT

新しい画像の色深度を設定するときは、［新しい画像を作成］ダイアログの［詳細設定］にある［精度］で設定します。

POINT

色深度が32bitの画像はファイルサイズが大きすぎて処理に時間がかかるため、実用的ではありません。本書のサンプルファイルは、すべて8bitです。

・色深度の階調数

1bit	白か黒の2階調
8bit	256階調
16bit	65,536階調
32bit	4,294,967,296階調

カラープロファイルをファイルに保存する

「GIMP built-in sRGB」以外のカラープロファイルが埋め込まれた画像を[維持]でインポートして、そのカラープロファイルをファイルに保存することができます。

サンプルファイル 1-10.jpg

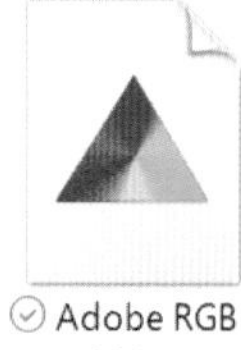

完成図

サンプルファイルの画像から「Adobe RGB（1998）」のカラープロファイルを書き出して保存します。

カラープロファイルをファイルに保存する

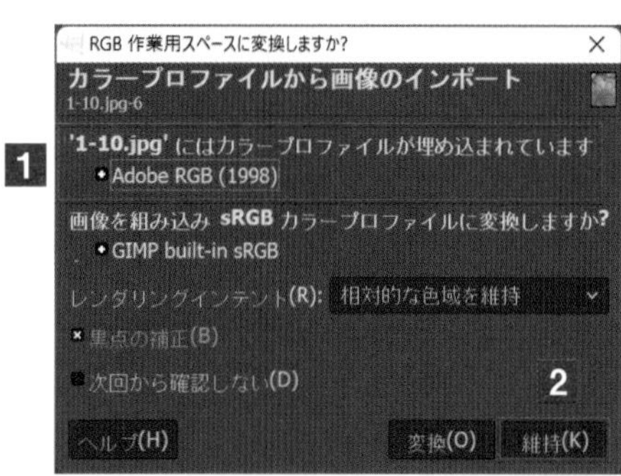

1 プロファイルを維持してインポートする

サンプルファイルをインポートするとき表示されるダイアログで、「Adobe RGB（1998）」のカラープロファイルが埋め込まれているのを確認したら1、[維持]をクリックします2。

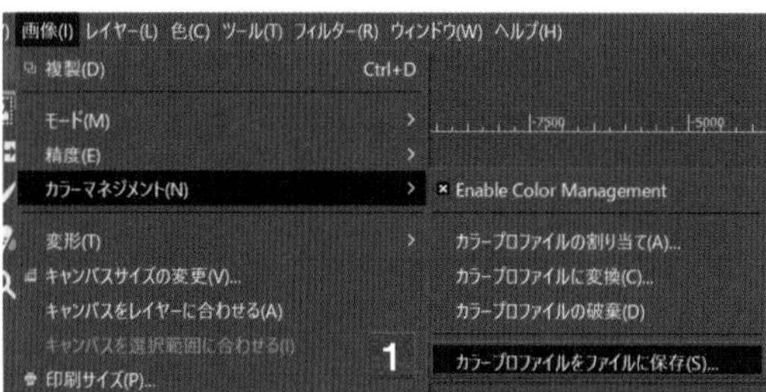

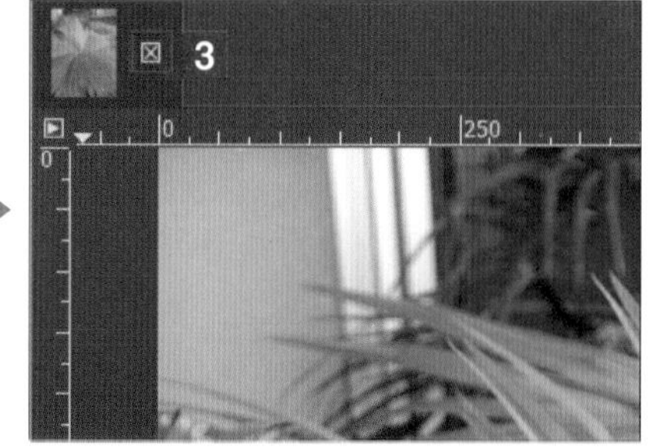

2 カラープロファイルをファイルに保存する

[画像] メニュー→ [カラーマネジメント] → [カラープロファイルをファイルに保存] をクリックして1、任意の場所にカラープロファイルを保存します2。画像を閉じます3。

11 画像にカラープロファイルを割り当てる

カラープロファイルが埋め込まれていない画像をインポートした場合、正しいカラープロファイルを割り当てないと、本来の色が表示できません。

サンプルファイル ▶ 1-11.jpg

完成図

カラープロファイルが埋め込まれていない画像をインポートした後、正しいプロファイルを割り当てます。

埋め込みなしの画像にプロファイルを割り当てる

CHECK

1-11.jpg は 1-10.jpg と同じ画像ですが、プロファイルが埋め込まれていないファイルです。

1 カラープロファイルが埋め込まれていない画像をインポートする

カラープロファイルが埋め込まれていない画像は、確認するダイアログを表示しないで、強制的に「GIMP built-in sRGB」のプロファイルを割り当ててインポートします1。

2 ［カラープロファイルの割り当て］を実行する

［画像］メニュー→［カラーマネジメント］→［カラープロファイルの割り当て］をクリックします1。

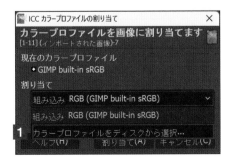

3 ［カラープロファイルをディスクから選択］を実行する

［割り当て］のプルダウンメニューを開き、［カラープロファイルをディスクから選択］をクリックします1。

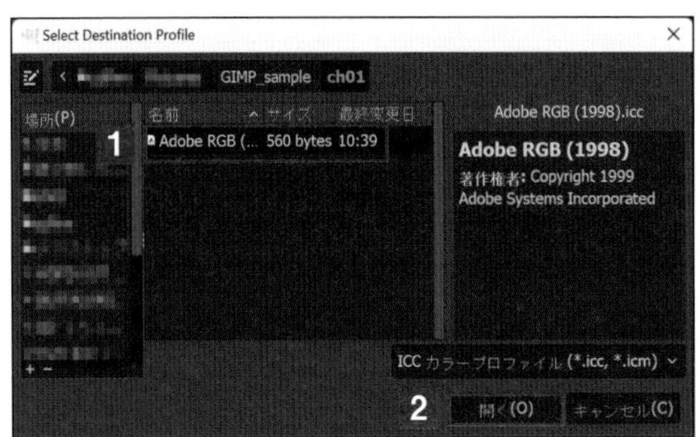

4 ファイル保存したカラープロファイルを開く

[Select Destination Profile] ダイアログで、064 ページで保存した [Adobe RGB (1998)] のカラープロファイルを選択して❶、[開く] をクリックします❷。

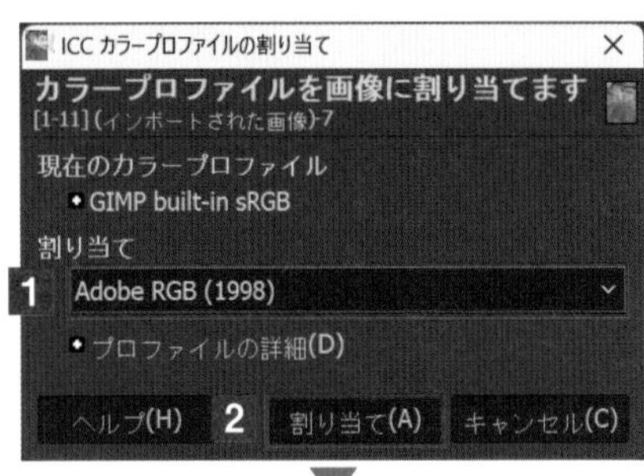

5 カラープロファイルを割り当てる

[ICC カラープロファイルの割り当て] ダイアログの [割り当て] に [Adobe RGB (1998)] に設定されたのを確認したら❶、[割り当て] をクリックします❷。本来の正しい色（近い色）で表示されます❸。

CHECK

Adobe RGB の画像は、Adobe RGB 対応のモニターでないと正確な色は表示されません。一般的なモニターでは、近い色が表示されます。

POINT

Adobe RGB は、アドビ株式会社が定義した規格です。sRGB よりも広い色域なので豊かな色彩表現が可能です。しかし、Adobe RGB の色を正しく出力するには、カラーマネジメントに対応したソフトウェアと、Adobe RGB に対応したモニターやプリンターのハードウェアが必要です。sRGB は、一般的なパソコン、モニター、プリンターに対応した国際的な標準規格です。どの環境でも sRGB の画像は同じ色で出力される前提で運用できます。Web 用の画像を作成するときは、sRGB の環境に合わせた画像にするのが今でも基本とされています。sRGB 以外のカラープロファイルが埋め込まれている場合は、インポートするときに変換します。sRGB 以外のプロファイルを維持したり割り当てたときは、[画像] メニュー→ [カラーマネジメント] → [カラープロファイルに変換] ❶で sRGB ❷に変換❸してから Web 用の画像をエクスポートします。

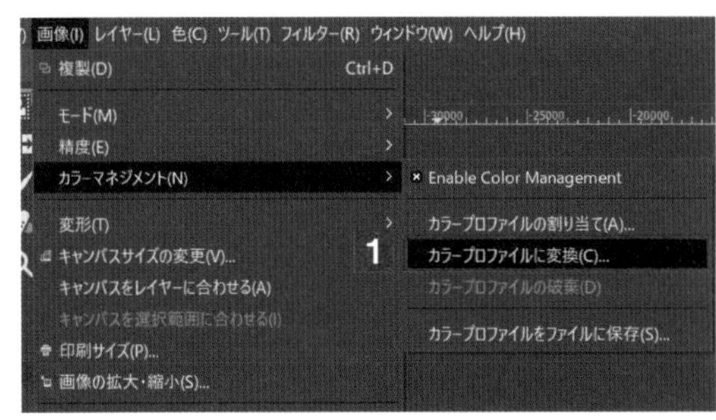

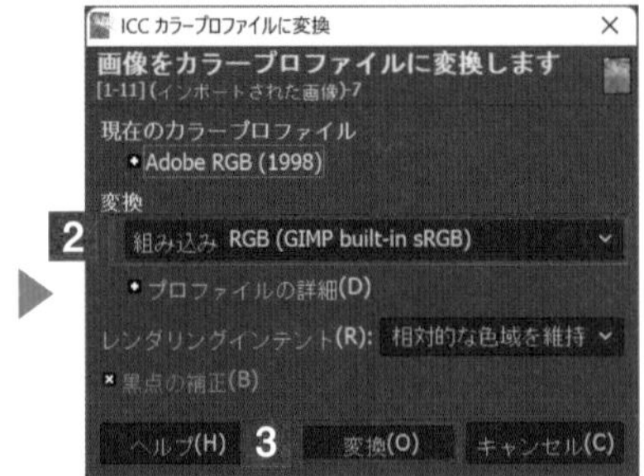

12 カラーモードを変更する

カラーモードを変更するとき、プロファイルが[GIMP built-in sRGB]以外の画像をグレースケールに変換するときと、インデックスカラーに変換するときにダイアログが表示されます。

ダイアログのオプションを設定して変換する

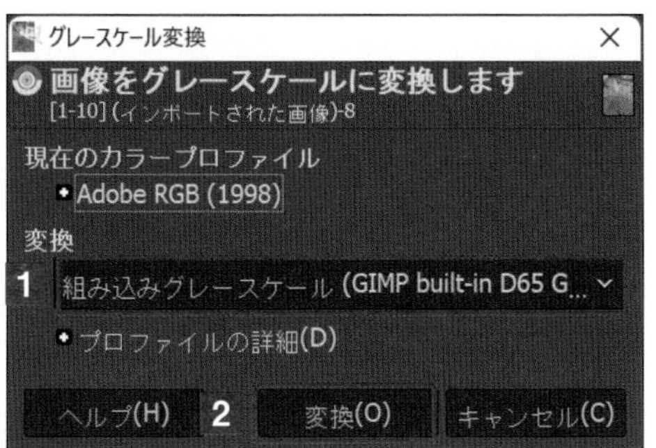

[グレースケール変換] ダイアログ

プロファイルが［GIMP built-in sRGB］以外のRGB画像やインデックス画像を、[画像] メニュー→[モード]→［グレースケール］をクリックすると、[グレースケール変換］ダイアログが表示されます。グレースケール用のプロファイルを用意していなければ、初期設定の［GIMP built-in D65 Grayscale with sRGB TRC］まま1、［変換］をクリックします2。

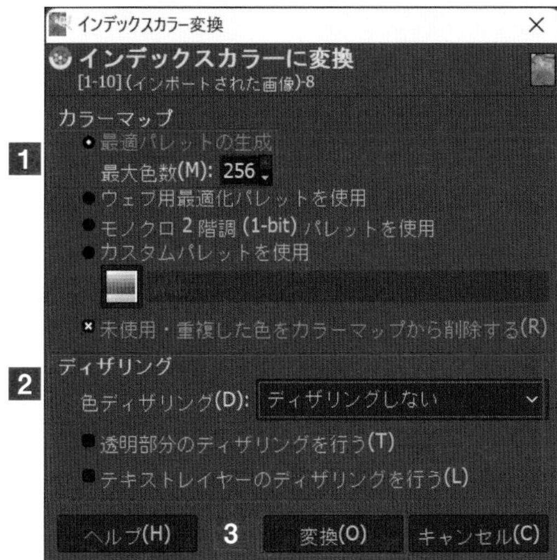

[インデックスカラー変換] ダイアログ

[画像] メニュー→[モード]→[インデックス] をクリックすると、［インデックスカラー変換］ダイアログが表示されます。［カラーマップ］で最大256まで画像の表示色として使用できるパレットを設定します。通常、［最適パレットの生成］を設定すれば1、きれいに変換できます。［ディザリング］は、パレットにない色を表現するために複数の色を拡散するように並べ、はなれて見たときに色が混ざって見える処理をします。色数が足りなくてグラデーションがきれいに見えない場合に設定が有効です2。ダイアログの設定は変換前にプレビューで確認できません。とりあえず変換を実行して3、気に入らなければ変換を取り消して、［ディザリング］の設定をやり直します。

POINT

RGBからインデックスまたはグレースケールに変換すると、3チャンネルから1チャンネルに変わるので、ファイルサイズが小さくなります。右図のようにファイル形式によって対応していないカラーモードもあります。例えば、インポートしたGIF画像はインデックスの画像なので、JPEG形式にエクスポート（書き出し）できません。この場合、インデックスをRGBのモードに変更することでエクスポートできます。

・ファイル形式に対応しているカラーモード

	対応しているカラーモード
JPEG	RGB、グレースケール
PNG	RGB、インデックス、グレースケール
GIF	インデックス

画像を90度回転する

開いた画像がカメラの向きと合っていないときは、画像を回転して修正します。画像データにカメラの向きの情報が含まれている場合、インポートするときに回転できます。

サンプルファイル 1-13.xcf

完成図

画像を90度時計回りに回転します。

画像を90度回転する

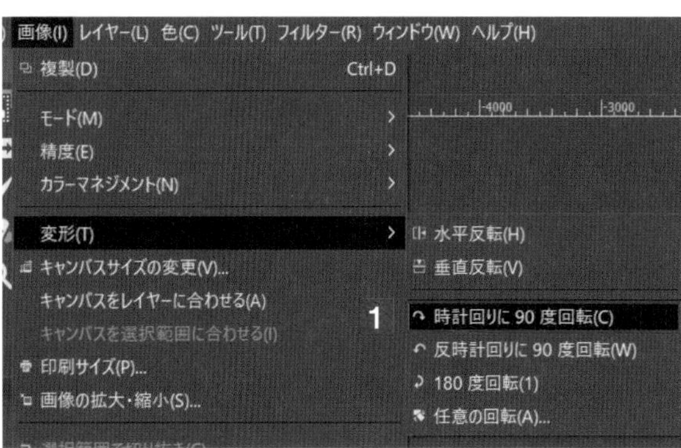

1 ［時計回りに90度回転］を実行する

［画像］メニュー→［変形］→［時計回りに 90 度回転］をクリックします1。

POINT

撮影したときカメラを縦にしたか横にしたかという情報がメタデータに埋め込まれている場合、回転してインポートするか確認するダイアログが表示されます。

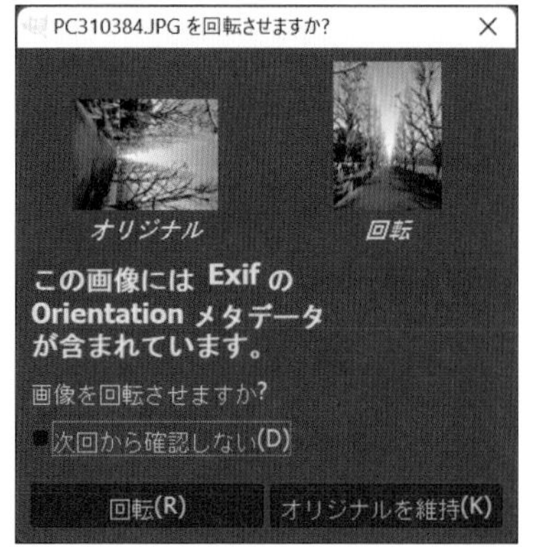

画像を左右反転する

画像を左右反転します。スマホのインカメラで自撮りしたときの反転写真も修正できます。選択範囲のイメージを反転するときは、鏡像反転ツールを使います。

サンプルファイル 1-14.xcf

完成図

画像を水平方向に反転します。

画像を水平方向に反転する

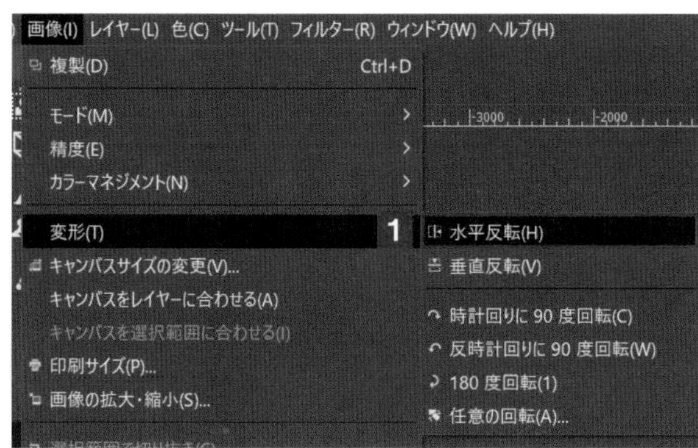

1 ［水平反転］を実行する

［画像］メニュー→［変形］→［水平反転］をクリックします1。

POINT

鏡像反転ツールを選択して1、［ツールオプション］ダイアログの［変形対象］を［レイヤー］（複数のレイヤー全部を反転するときは［画像］）にして2、［方向］を［水平］に設定します3。画像をクリックすると4、左右反転します。このツールはアクティブなレイヤーや選択範囲のイメージだけを反転するとき使います。

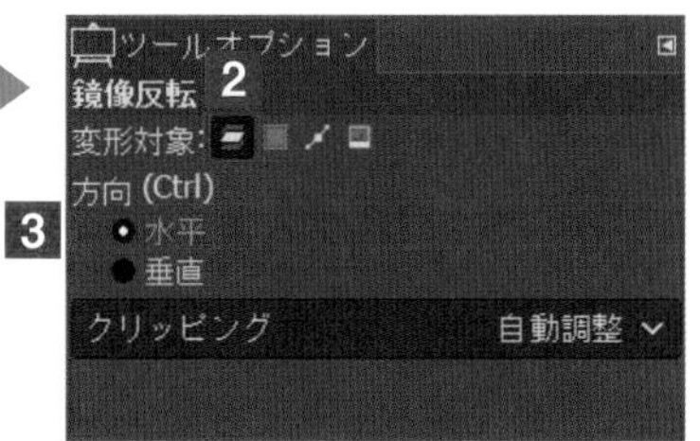

15 アングルの傾きを補正する

アングルの傾きが気になるときは、被写体の水平・垂直を基準に補正します。[クリッピング]を[結果で切り抜き]に設定すると、隙間ができないキャンバスサイズに自動変更します。

サンプルファイル 1-15.xcf

▶

完成図

車体が水平になるように補正します。

アングルの傾きを補正する

▶

1 定規ツールで水平の基準になる所をドラッグする

定規ツールを選択して1、水平の基準になりそうなところに合わせてドラッグします（ここでは前後のタイヤの接地点）2。

CHECK

定規ツールでドラッグした角度が水平か垂直か判断しにくい場合は、方向を指定します。通常は［自動］のままでかまいません。

2 ツールオプションを設定して［傾きの修正］を実行する

［ツールオプション］ダイアログで［変形対象］の［画像］をクリックします1。続けて、［補間アルゴリズム］を［キュービック］に設定2、［クリッピング］を［結果で切り抜き］に設定したら3、［傾きの修正］をクリックします4。

POINT

・クリッピングのオプション

自動調整	傾きを補正した画像に合わせたレイヤーサイズと、画像がすべて表示されるキャンバスサイズに変更される
変更前のレイヤーサイズ	傾きを補正した画像に合わせたレイヤーサイズに変更されるが、キャンバスサイズは変更されない
結果で切り抜き	傾きを補正した画像の透明ピクセルが表示されない最大サイズにキャンバスサイズを変更する
縦横比で切り抜き	補正前のキャンバスサイズの縦横比を保持しつつ、傾きを補正した画像の透明ピクセルが表示されない最大サイズにキャンバスサイズを変更する

16 画像をトリミングする

構図を変えて写真の雰囲気を変えたいときや、不要な部分を除きたいときに画像をトリミングします。画像より大きくトリミングすることもできます。

サンプルファイル 1-16.xcf

▶

完成図

縦長にトリミングして、メインのおかずを強調する構図に変更します。

画像をトリミングする

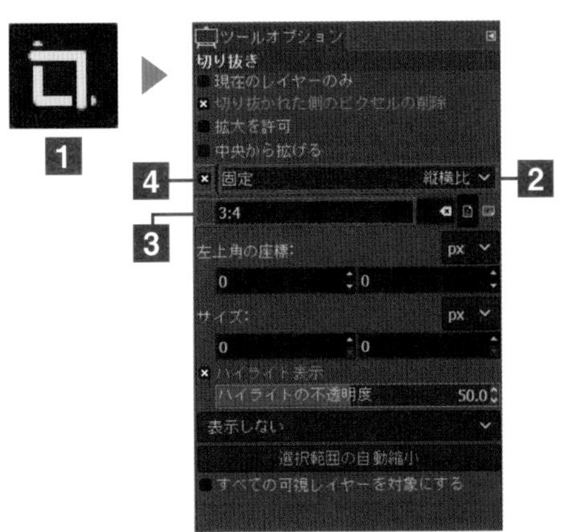

1 切り抜きツールのオプションを設定する

切り抜きツールを選択します1。[ツールオプション] ダイアログの [固定] を [縦横比] に設定して2、「3：4」と入力したら3、チェックをつけます4。

2 トリミング範囲を設定する

切り抜きツールでドラッグして1、トリミング範囲を設定します。選択範囲内でクリックすると2、画像がトリミングされます。

POINT

[拡大を許可] にチェックをつけると、現在のキャンバスサイズよりも大きくトリミングすることができます。広げた分のピクセルがない範囲は、[塗りつぶし色] で [描画色] [背景色] [白] [透明] [パターン] のいずれかに設定できます。

余白を除いてトリミングする

おおまかに指定した選択範囲から、自動で余白を除いてイメージギリギリのサイズでトリミングします。背景の色が単色のときに適用できる機能です。

サンプルファイル 1-17.xcf

完成図

余白のないギリギリでイラストをトリミングします。

選択範囲から余白を除いて切り抜く

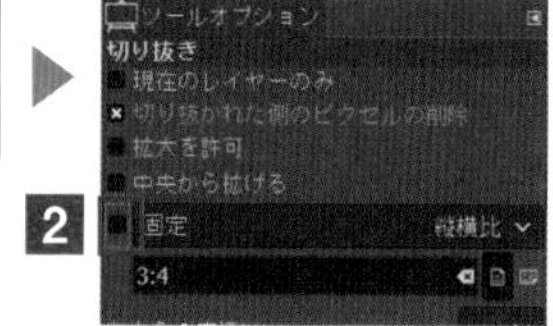

1 切り抜きツールのオプションを設定する

切り抜きツールを選択して1、[ツールオプション] ダイアログの [固定] のチェックを外します2。

2 おおまかに切り抜き範囲を指定する

イラストよりひとまわり大きく囲む選択範囲を設定します1。イラストに重ならなければ、サイズは適当でかまいません。

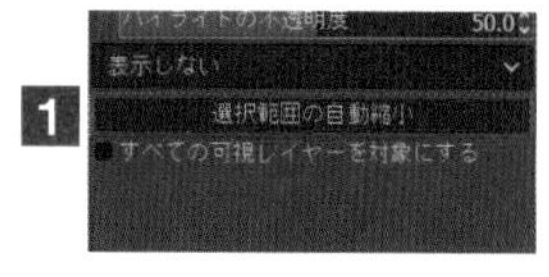

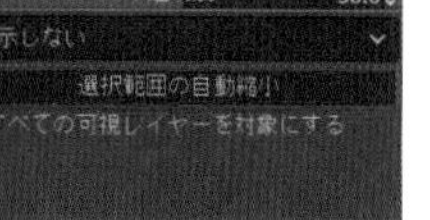

3 選択範囲を自動縮小して切り抜く

[選択範囲の自動縮小] をクリックして1、イラストサイズピッタリの選択範囲になったら、選択範囲内をクリックします2。

POINT

[選択範囲の自働縮小] ボタンは、選択範囲の四隅のピクセルに共通する色を除いた選択範囲に縮小します。このボタンは、矩形選択ツールと楕円選択ツールにもあります。

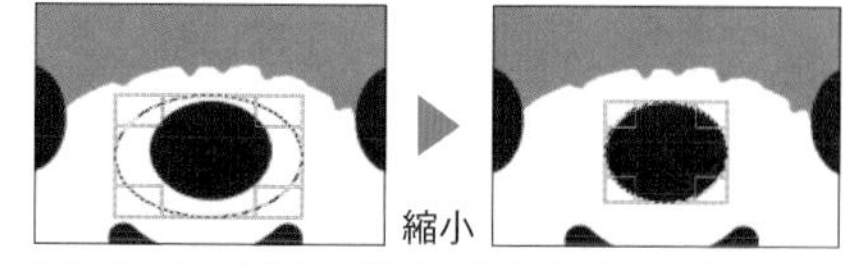

縮小

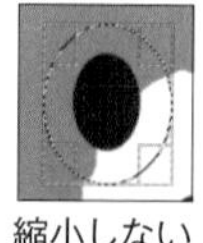

縮小しない

レンズの歪みを補正する

広角レンズで発生しやすい樽型に膨らむ樽型収差や、望遠レンズで発生しやすい糸巻き型に凹む糸巻き型収差の歪みを補正します。どちらも湾曲したイメージをまっすぐにします。

サンプルファイル 1-18.xcf

▶

完成図

ビルがまっすぐ見えるように、広角レンスの樽型歪みを補正します。

樽型の歪みを補正する

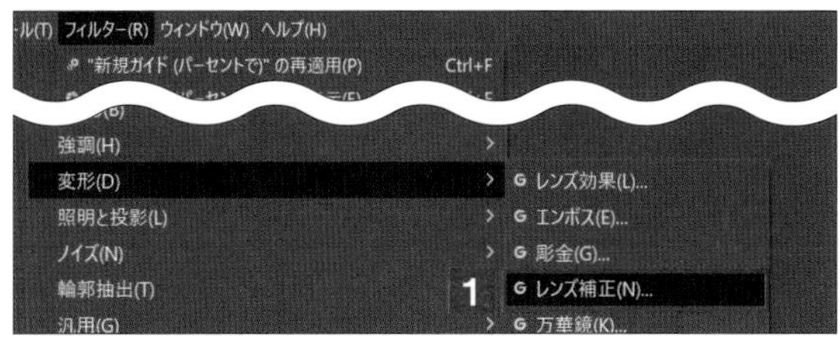

1 [レンズ補正]を実行する

[フィルター] メニュー→ [変形] → [レンズ補正] をクリックします1。[レンズ補正] ダイアログが表示されます。

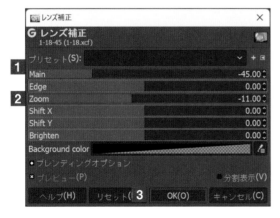

レンズ補正
レンズ補正
1-18-45 (1-18.xcf)
プリセット(S):
1 Main -45.00
Edge 0.00
2 Zoom -11.00
Shift X 0.00
Shift Y 0.00
Brighten 0.00
Background color
ブレンディングオプション
プレビュー(P) 分割表示(V)
ヘルプ(H) リセット 3 OK(O) キャンセル(C)

2 オプションを設定する

[Main] のスライダーを左にドラッグするか入力して（ここでは「-45」）1、樽型の歪みを補正します。同様に [Zoom] のスライダーで縮小方向の左に左にドラッグするか入力して（ここでは「-11」）2、外にはみ出したイメージをキャンバス内に収めます。[OK]をクリックします3。

CHECK

糸巻き型の歪みは、[Main] のスライダーを右に移動して補正します。

POINT

・そのほかのオプション

Edde	画像の縁周辺の歪みを微調整する
ShiftX ／ Y	カメラの傾きで生じた水平方向（X）と垂直方向（Y）の遠近感のズレを補正する
Brighten	画像の四隅の明るさを調整する
Background Coler	変形してできる隙間の色を設定する

19 遠近感を補正する

書類などは斜めから撮影することがよくあります。このときの遠近感の歪みを正面から撮影したように補正します。水平垂直を整えると読みやすくなります。

サンプルファイル 1-19.xcf

完成図

ハガキが水平垂直になるように補正します。

遠近感を補正する

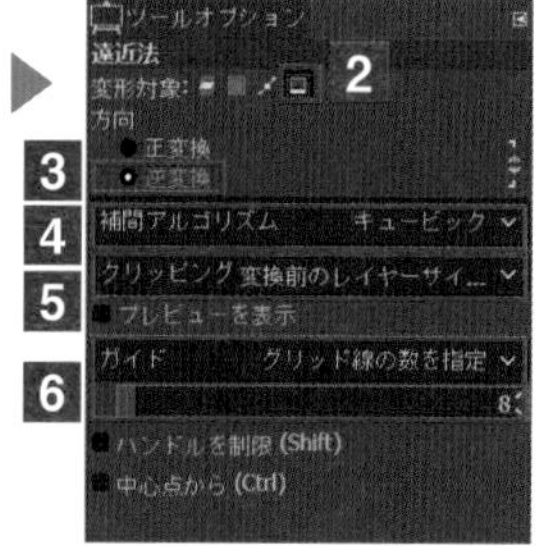

1 遠近法ツールのオプションを設定する

遠近法ツールを選択して1、[ツールオプション]ダイアログにある[変形対象]の[画像]をクリックします2。[方向]を[逆変換]3、[補間アルゴリズム]を[キュービック]4、[クリッピング]を[変換前のレイヤーサイズ]5、[ガイド]を[グリッド線の数を指定]で設定します(ここでは「8」)6。

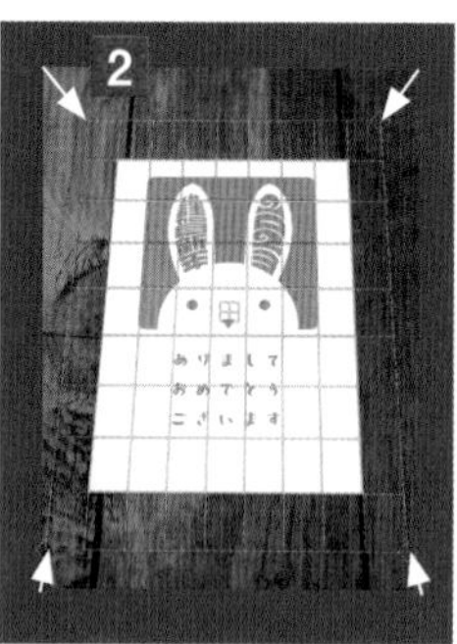

2 遠近法フレームをパースに合わせて変形する

画像をクリックすると1、長方形のフレームが表示されます。四隅のハンドルをドラッグして2、右図のようにハガキのパースとガイド線のマス目１つ内側のガイドを合わせます。

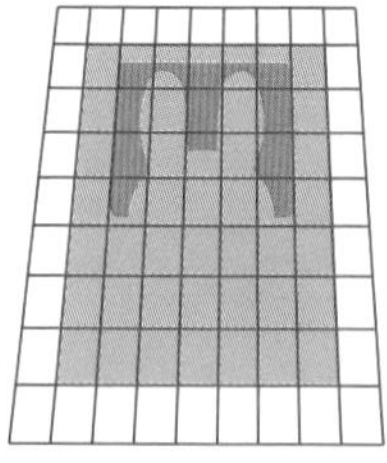

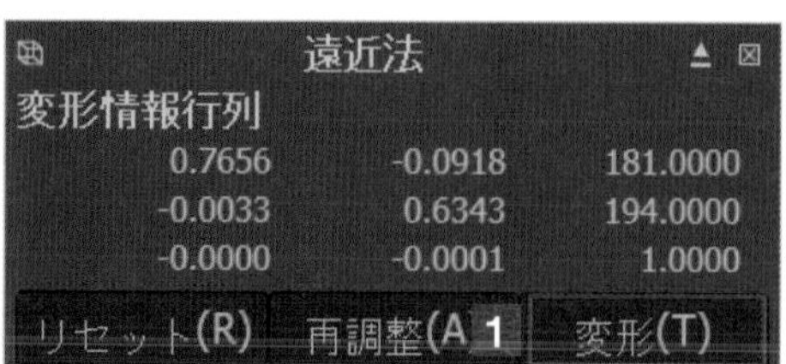

3 画像を変形する

画像ウィンドウの右上にある[遠近法]ダイアログの[変形]をクリックします1。

CHAPTER

▼

02

選択範囲の作成

選択するツールの使い分けを知る

画像の一部を編集するには選択範囲の作成が必要です。ここでは、各種選択ツールの基本を解説します。各ツールの特徴を覚えて使い分けましょう。

選択ツールを使い分ける

矩形選択

長方形や正方形の選択範囲を作成します。

楕円選択

楕円や正円の選択範囲を作成します。

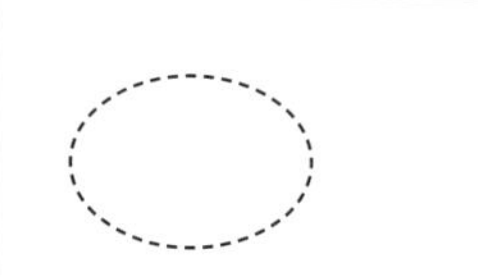

自由選択

フリーハンドと直線を組み合わせた自由な形の選択範囲を作成します。おおまかな選択に適しています（083ページ参照）。

電脳はさみ

被写体の輪郭線上を間隔を開けてクリックするだけで、境界線に沿った選択範囲を自動作成します。境界が明瞭な被写体の選択に適しています（084 ページ参照）。

前景抽出選択

背景を自動で除いた選択範囲を作成します。髪の毛など境界が複雑な被写体の選択に適しています（085ページ参照）。

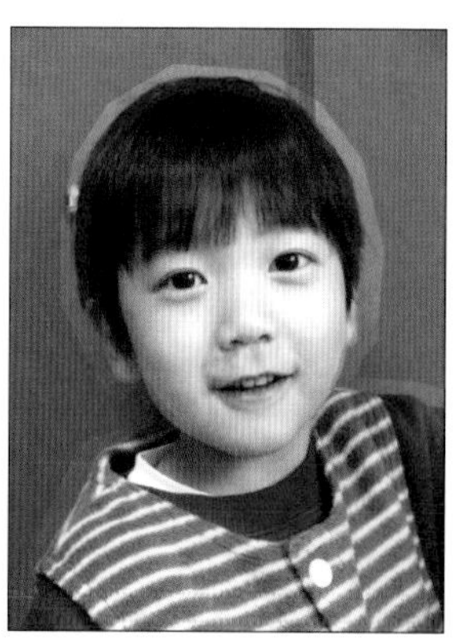

ファジー選択

クリックしたピクセルに隣り合う近似色を選んだ選択範囲を作成します（087 ページ参照）。

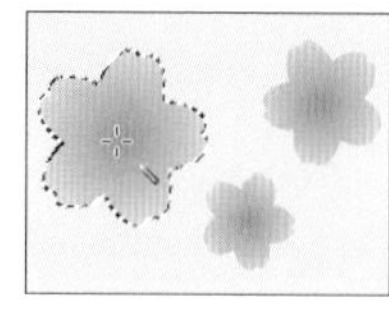

色域を選択

画像全体を対象に近似色を選んだ選択範囲を作成します（088 ページ参照）。

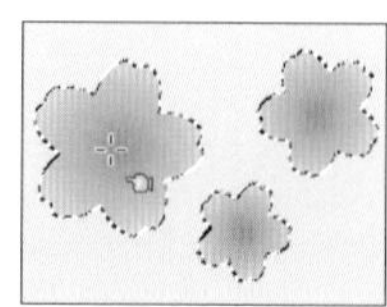

02 長方形の選択範囲を作成する

矩形選択ツールと楕円選択ツールは選択する範囲をドラッグで指定して、選択範囲の内側をクリックするか、Enter キーを押して確定します。

サンプルファイル 2-02.xcf

完成図

長方形の選択範囲を作成します。サイズは適当でかまいません。

縦横比を固定しないで選択範囲を作成する

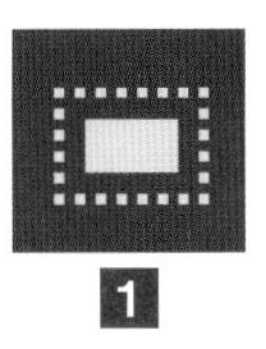

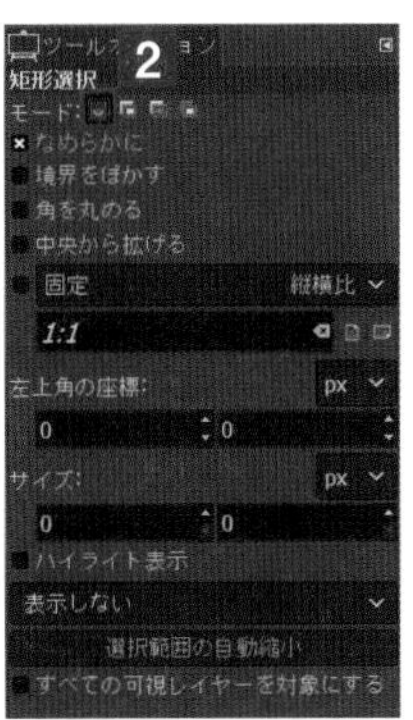

1 矩形選択ツールを選択してオプションを設定する

矩形選択ツールを選択して1、[ツールオプション] ダイアログの [選択範囲を新規作成または置き換えます] をクリックします2。[なめらかに] 以外はオプションのチェックをつけません。

CHECK

[なめらかに] は角を丸めるときのアンチエイリアス処理の機能です。チェックがついていても結果に影響しません。

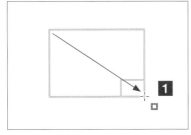

2 選択範囲のサイズと位置を指定する

選択する長方形の対角に合わせてドラッグします1。

CHECK

ドラッグした直後は編集モードになり、四隅と四辺に表示されるボックスをドラッグして、選択範囲のサイズを変更できます。

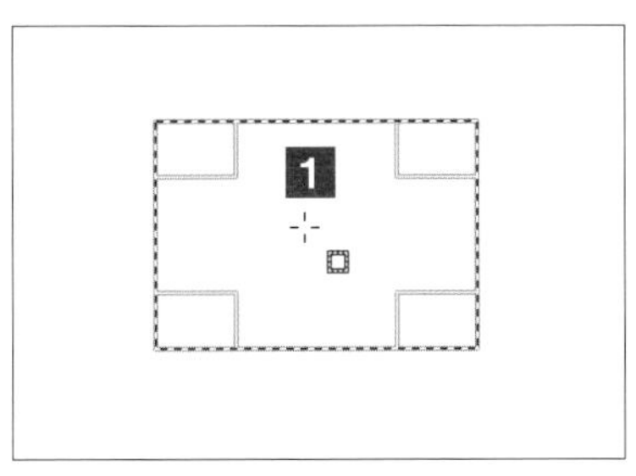

3 選択範囲を確定する

境界線の内側をクリックするか1 Enter キーを押すと、選択範囲が確定します。

03 正円の選択範囲を作成する

正円や正方形の選択範囲を作成するときは、[ツールオプション]ダイアログで縦横比を1:1に固定して選択範囲を作成します。

サンプルファイル 2-03.xcf

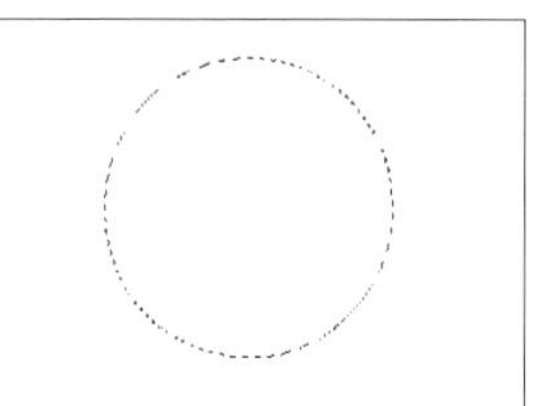

完成図

正円の選択範囲を作成します。サイズは適当でかまいません。

縦横比を1:1に固定して選択範囲を作成する

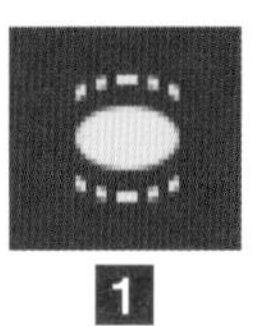

1 楕円選択ツールを選択してオプションを設定する

楕円選択ツールを選択して1、[ツールオプション] ダイアログの [選択範囲を新規作成または置き換えます] をクリックします2。[なめらかに] チェックをつけます3。[固定] を [縦横比] に設定してチェックをつけ、比率を「1：1」にします4。

CHECK

比率の数値はテキスト入力で変更できます。

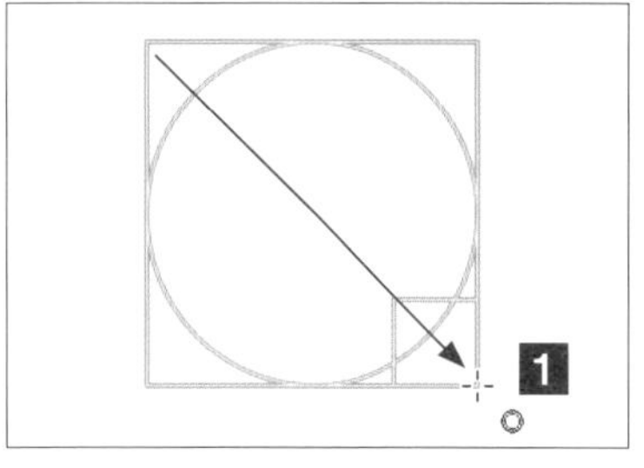

2 選択範囲のサイズと位置を指定する

円を囲む正方形の対角に合わせてドラッグします1。

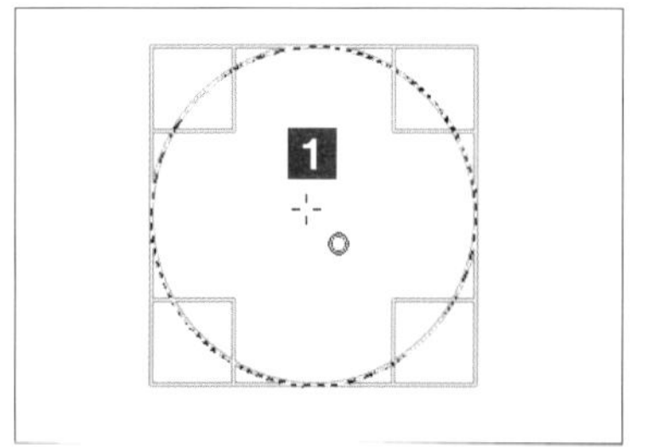

3 選択範囲を確定する

境界線の内側をクリックするか Enter キーを押すと1、選択範囲が確定します。

選択範囲を移動する

選択範囲の位置を調整するために、選択範囲だけ移動する方法を覚えましょう。選択範囲を作成したツールのまま操作する方法と、移動ツールで操作する方法があります。

選択ツールのまま選択範囲を移動する

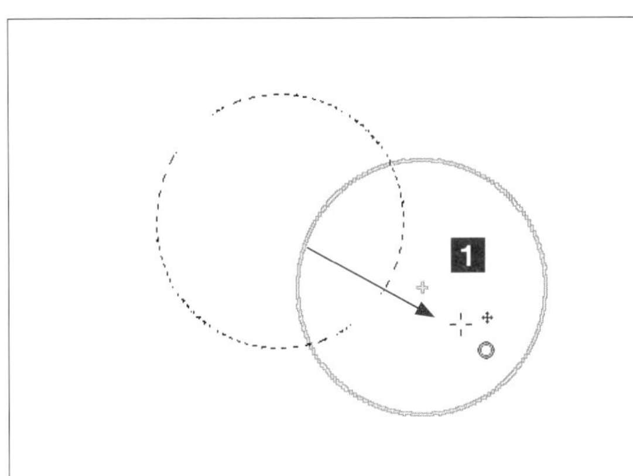

選択ツールのまま選択範囲を移動する

選択範囲を作成したツールのまま、Alt キーを押しながらドラッグして移動します1。

POINT

Alt キーを押したまま、方向キーを押して水平・垂直方向に 1 ピクセル移動することもできます。このとき、Alt + Shift キーを押しながら方向キーを押すと、25 ピクセル移動します。

POINT

選択範囲が編集モードのときは、ドラッグで移動できます。選択範囲を確定したあとでも、選択範囲の内側をクリックすると編集モードに戻ります。

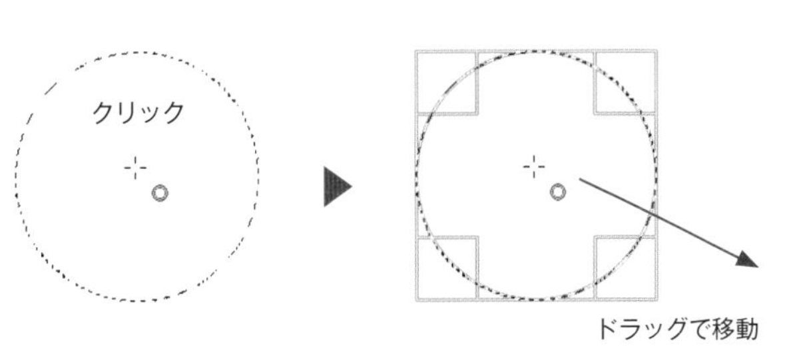

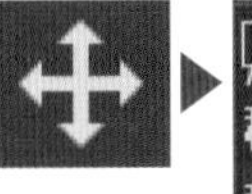

移動ツールで選択範囲を移動する

移動ツールで選択範囲を移動するときは、[ツールオプション] ダイアログの [移動対象] を [選択範囲] 1に設定してドラッグします。

POINT

方向キーを押して水平・垂直方向に 1 ピクセル移動することもできます。このとき、Shift キーを押しながら方向キーを押すと、25 ピクセル移動します。

選択範囲だけ変形する

選択範囲の形状を調整するために、選択範囲だけ変形する方法を覚えましょう。ここでは選択範囲を回転する方法で解説します。

サンプルファイル 2-05.xcf

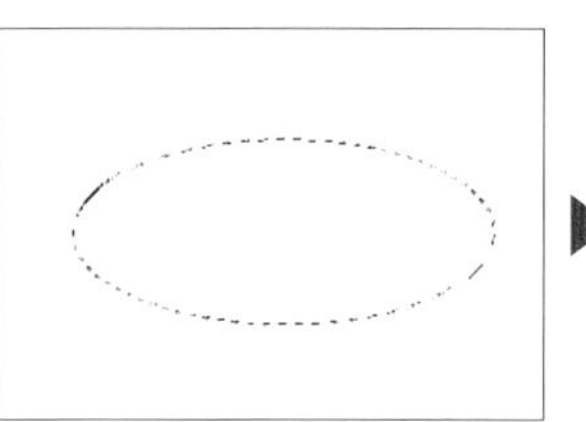

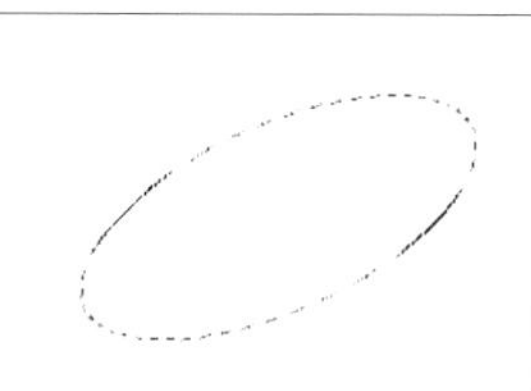

完成図

選択範囲を回転します。

選択範囲だけ変形する

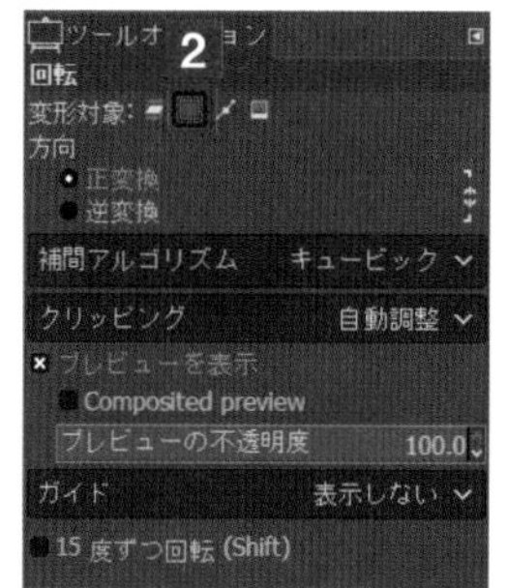

1 変形するツールを選択して変形対象を選択範囲にする

回転ツールを選択して1、[ツールオプション]ダイアログの[変形対象]を[選択範囲]に設定します2。

CHECK

拡大・縮小など、ほかの変形するツールを使用する場合も、操作の流れは同じです。

2 変形モードにする

どこでもよいので、画像の上をクリックすると1、選択範囲を囲む長方形の枠が表示されます2。中心に表示される回転軸は3、ドラッグで移動することができます。

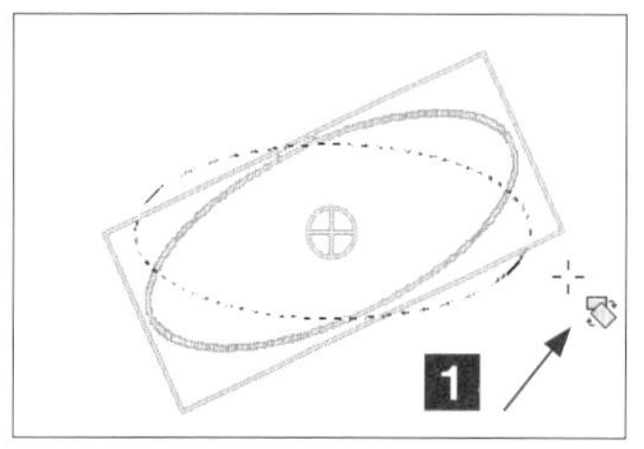

3 選択範囲を変形する

選択範囲をドラッグして回転します1。画像ウィンドウの右上にある［回転］ダイアログの［角度］に値を入力しても回転します。

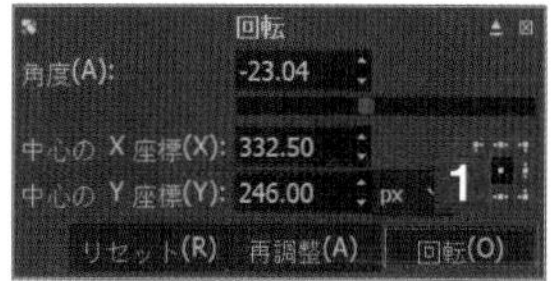

4 変形を確定する

［回転］ダイアログの［回転］をクリックします1。

06 選択範囲を反転する

例えば被写体を選択したいとき、背景のほうが選択しやすければ、背景を選択して選択範囲を反転すれば効率よく被写体を選択できます。

サンプルファイル 2-06.xcf

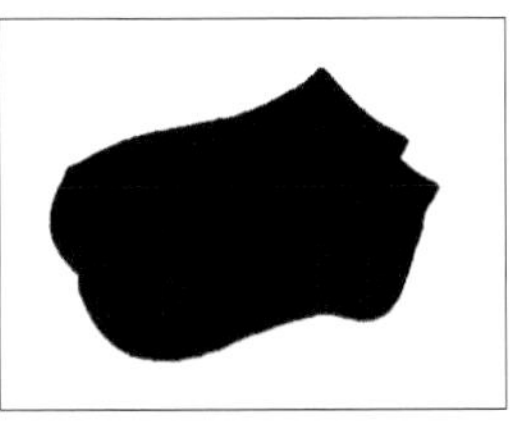

▶

完成図

選択範囲を反転して、背景の選択からくつ下の選択に変更します（画像は選択範囲エディターのプレビュー）。

選択範囲を反転する

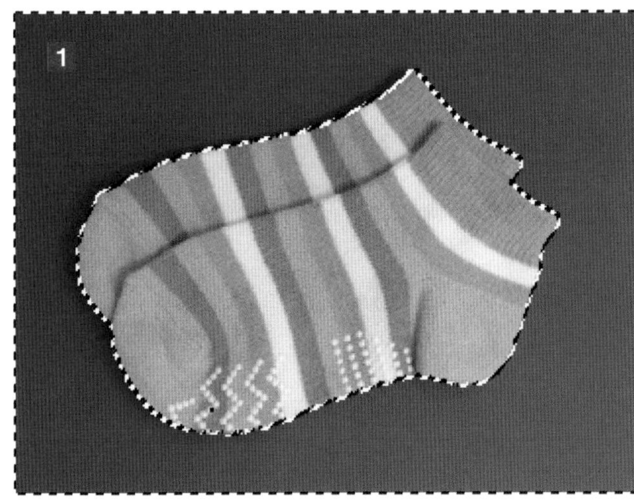

1 選択範囲を作成する

背景を選択します（サンプルファイルは選択済み）1。

CHECK

色域を選択ツール（088ページ参照）を使用して、背景を選択した状態です。

F) 編集(E) 選択(S) 表示(V) 画像(I) レイヤー(L) 色(C) ツール

すべて選択(A) Ctrl+A
選択を解除(N) Shift+Ctrl+A
選択範囲の反転(I) Ctrl+I
選択範囲のフロート化(F) Shift+Ctrl+L
色域を選択(B) Shift+O
パスを選択範囲に(O) Shift+V
選択範囲エディター(S)

2 ［選択範囲の反転］を実行する

［選択］メニュー→［選択範囲の反転］をクリックします1。

CHECK

ショートカットキーで操作するときは、Ctrl+I キーを押します。

SECTION 07 選択範囲を解除する

選択するツールで作成した選択範囲を解除します。頻繁に使用するコマンドなので、ショートカットキーを覚えておくと、効率よく編集できます。

2-07.xcf

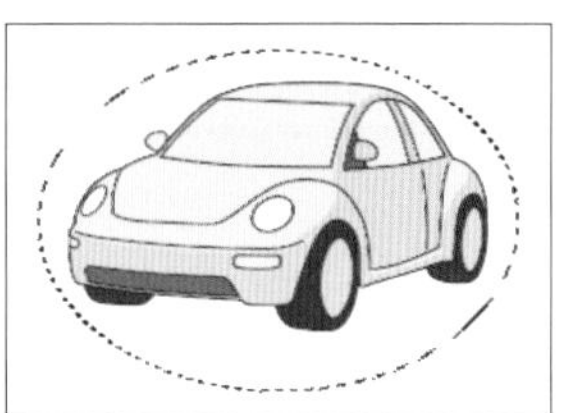

▶

完成図

選択範囲を解除します。

選択範囲を解除する

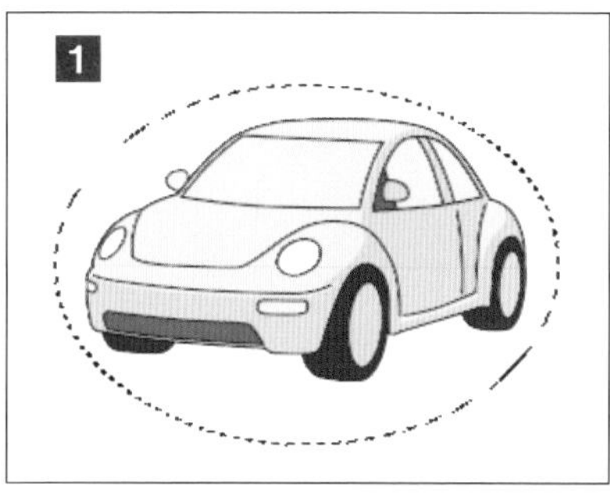

1 選択範囲を作成する

選択範囲を作成します（サンプルファイルは選択済み）1。

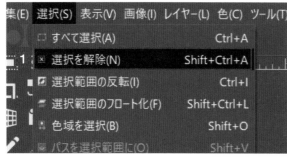

集(E) 選択(S) 表示(V) 画像(I) レイヤー(L) 色(C) ツール(T)

すべて選択(A) Ctrl+A
選択を解除(N) Shift+Ctrl+A
選択範囲の反転(I) Ctrl+I
選択範囲のフロート化(F) Shift+Ctrl+L
色域を選択(B) Shift+O
パスを選択範囲に(O) Shift+V

2 ［選択を解除］を実行する

［選択］メニュー→［選択を解除］をクリックします1。

CHECK

ショートカットキーで操作するときは、Shift+Ctrl+A キーを押します。

POINT

選択範囲は作成しなくても、アクティブなレイヤーにあるイメージ全部が編集対象になります。［選択］メニューにある［すべて選択］は、レイヤーにあるイメージからキャンバスサイズのエリアにあるイメージだけに制限した選択範囲です。キャンバスの外側にあるイメージも選択対象にするときは、選択範囲を作成せずにレイヤーをアクティブにして編集します。

自由な形の選択範囲を作成する

自由選択ツールは、フリーハンドの境界線と、直線の境界線で選択範囲を作成できます。ざっくり選択するときに適しています。

サンプルファイル 2-08.xcf

▶

完成図

車の形に合わせて囲む選択範囲を作成します。

自由な形の選択範囲を作成する

▶

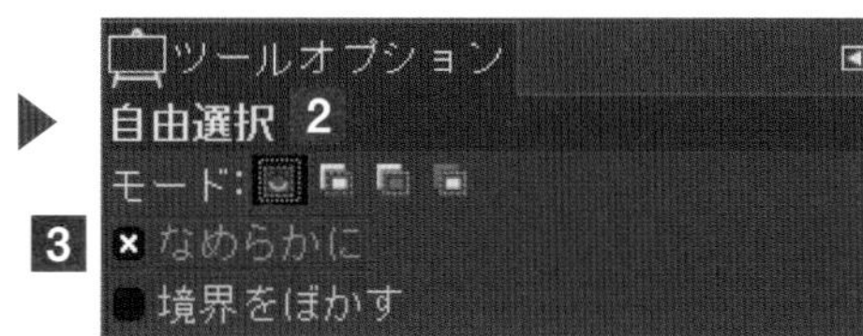

1 自由選択ツールを選択してオプションを設定する

自由選択ツールを選択して1、[ツールオプション] ダイアログの [モード] を [選択範囲を新規作成または置き換えます] に設定します2。[なめらかに] チェックをつけます3。

CHECK

丸いアンカーポイントは、クリックした場所と、ドラッグの開始/終了の場所に設定されます。設定したアンカーポイントは、選択範囲を確定するまで移動して修正できます。アンカーポイントを取り消すときは、Back space キーを押します。

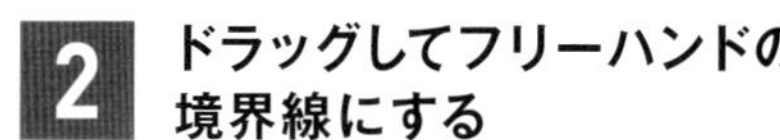

2 ドラッグしてフリーハンドの境界線にする

自由選択ツールでドラッグすると1、その軌跡を描いた境界線になります。

3 クリックして直線の境界線にする

クリックすると1、直線でつないだ境界線になります。

▶

4 境界線を閉じて選択範囲を確定する

開始位置のアンカーポイントまでドラッグまたはクリックして境界線を閉じると1、編集モードになります。境界線の内側をダブルクリックするか、Enter キーを押すと2、選択範囲が確定します。

輪郭に沿った選択範囲を作成する

電脳はさみツールは、被写体の輪郭線上を間隔を開けてクリックするだけで、境界線に沿った選択範囲を自動作成します。境界が明瞭な被写体を選択するとき便利です。

サンプルファイル 2-09.xcf

▶

完成図

被写体の輪郭に沿って選択範囲を作成します。

輪郭に沿って自動選択をする

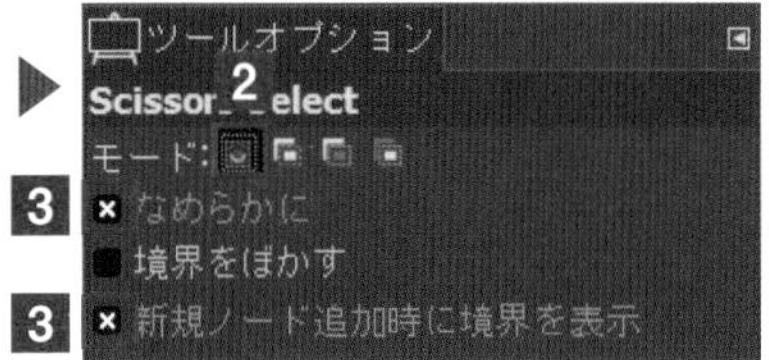

1 電脳はさみツールのオプションを設定する

電脳はさみツールを選択して1、［ツールオプション］ダイアログの［モード］を［選択範囲を新規作成または置き換えます］に設定します2。［なめらかに］と［新規ノード追加時に境界を表示］にチェックをつけます3。

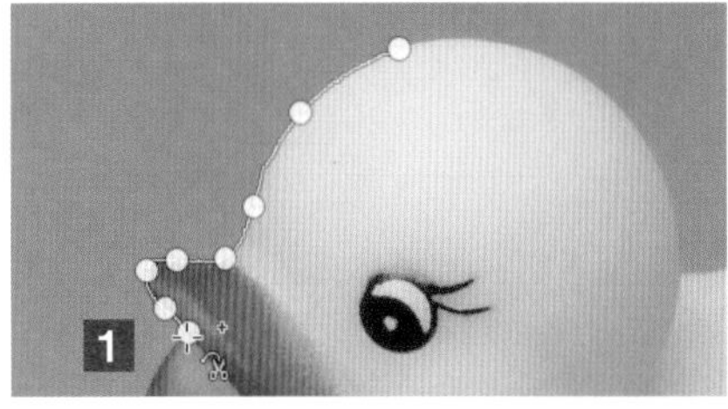

2 輪郭の境界線上をクリックしてノードを設定する

被写体の輪郭を適度な間隔を開けてクリックします1。クリックするたびコントロールノードの間に明瞭な輪郭に沿った境界線が自動作成されます。作成した個々のコントロールノードは、［元に戻す］（Ctrl+Z）と［やり直す］（Ctrl+Y）が適用できます。

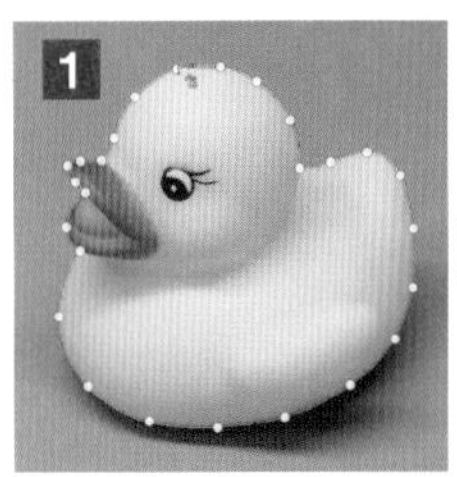

▶

3 選択範囲を閉じて確定する

最後に開始位置のコントロールノードをクリックすると境界線が閉じます1。内側をクリックするか2、Enter キーを押すと選択範囲が確定します。

POINT

境界線がうまく判別されなかった部分は、作成したノードを移動したり、新しいノードを追加して修正します。このとき、［ツールオプション］ダイアログの［新規ノード追加時に境界を表示］にチェックをつけておくと、ノードをドラッグしながら境界線のプレビューをリアルタイムに表示します。

前景の被写体を選択範囲にする

前景抽出選択ツールは、髪の毛などの輪郭が複雑な被写体の選択範囲を作成するのに適しています。細かい形状やぼかしのかかった曖昧なところをGIMPが自動で選択します。

サンプルファイル 6-10.xcf

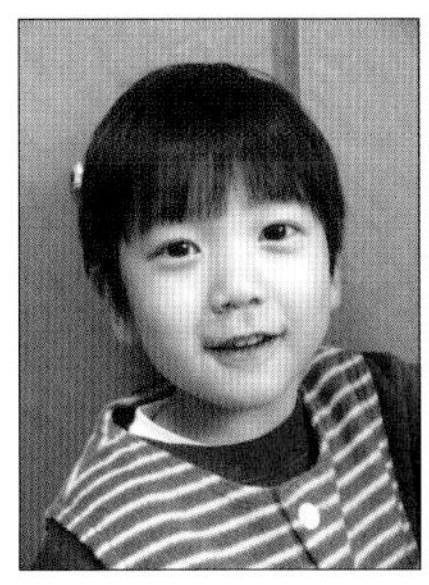

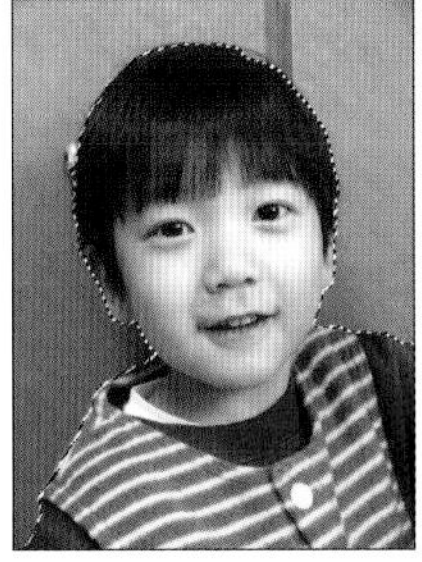

完成図

被写体を自動で選択します。

前景の被写体を自動選択する

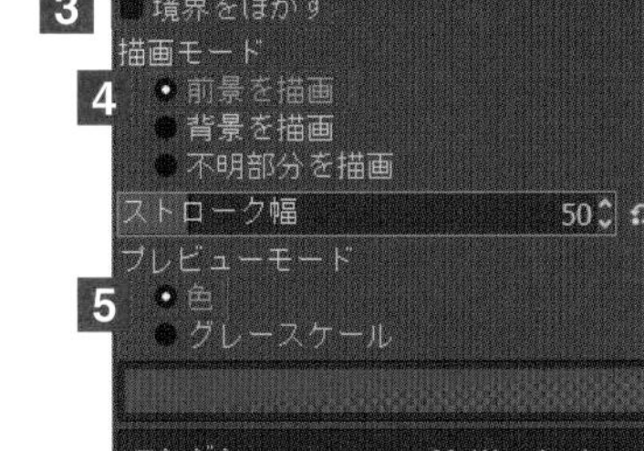

1 前景抽出選択ツールのオプションを設定する

前景抽出選択ツールを選択して1、[ツールオプション] ダイアログの [モード] を [選択範囲を新規作成または置き換えます] に設定します2。[境界をぼかす] のチェックは外します3。[描画モード] は [前景を描画] を選択4、[プレビューモード] は [色] を選択します5。

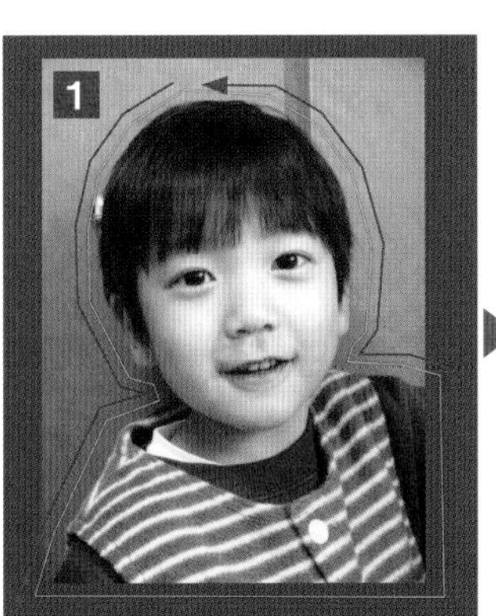

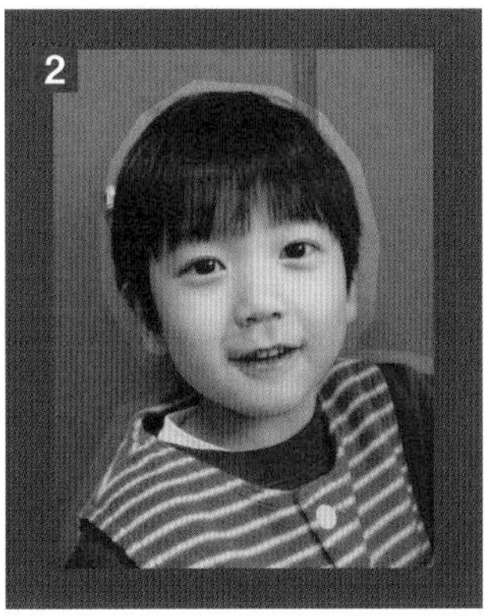

2 被写体をおおまかに囲む

前景抽出選択ツールで、選択したい被写体よりひとまわり大きい選択範囲を作成します。最初の選択方法は自由選択ツールと同じです (083ページ参照)。被写体に食い込まないように少し大きく選択します1。被写体を囲んだら、Enterキーを押します2。境界線の外側が濃い青、内側が薄い半透明の青色になる表示に変わります。

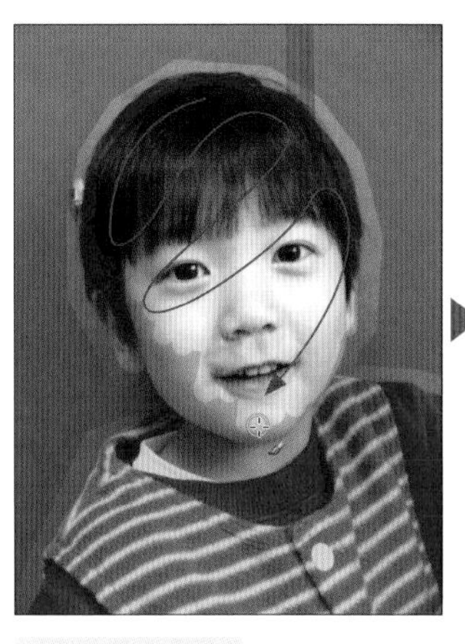

3 選択する被写体の内側を塗りつぶす

被写体の少し内側（前景）を塗りつぶして透明にします**1**。薄い青色の領域にある輪郭を自動選択するので、被写体からははみださないように塗りつぶします。ブラシのサイズは［ツールオプション］ダイアログの［ストローク幅］で使いやすいサイズに設定します。

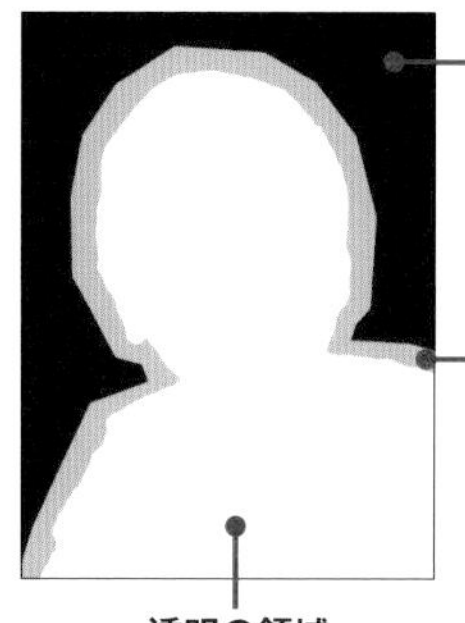

濃い青の領域
選択しない範囲

薄い青の領域
この範囲にある境界を検出して選択範囲が作成される

透明の領域
選択する範囲

CHECK

塗り間違えたときは［ツールオプション］ダイアログの［描画モード］を切り替えます。［前景を描画］は透明、［背景を描画］は濃い青、［不明部分を描画］は薄い青でペイントします。

1 前景抽出選択
マスクのプレビュー(P)
選択(S)

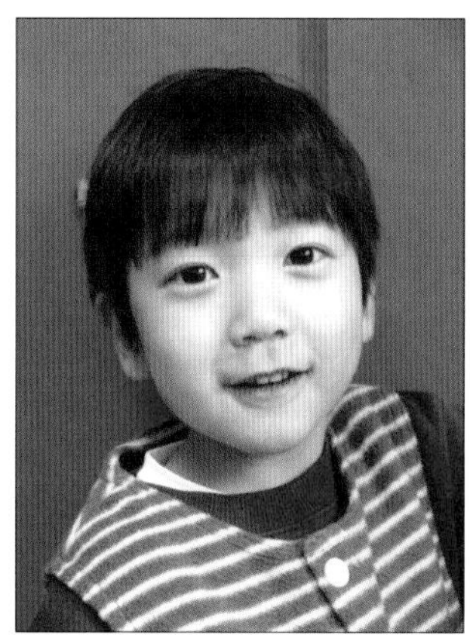

4 マスクのプレビューを確認する

画像ウィンドウの右上にある［前景抽出選択］ダイアログの［マスクのプレビュー］にチェックをつけて選択範囲を確認します**1**。

CHECK

［前景を描画］［背景を描画］［不明部分を描画］の修正を行うときは、［マスクのプレビュー］のチェックを外してから操作します。

前景抽出選択
マスクのプレビュー(P)
1 選択(S)

5 選択範囲を確定する

［前景抽出選択］ダイアログの［選択］をクリックして**1**、選択範囲を作成します。

POINT

前景抽出選択ツールは自動で境界を判別するため、意図しない選択範囲になることがあります。ある程度選択できたら、細かい修正はクイックマスクモードで修正します（098ページ参照）。

近くにある似た色を選択範囲にする

ファジー選択ツールは、クリックしたピクセルと近くにある似ている色を選択範囲にします。はなれているところにある似た色は選択範囲の対象外になります。

サンプルファイル 2-11.xcf

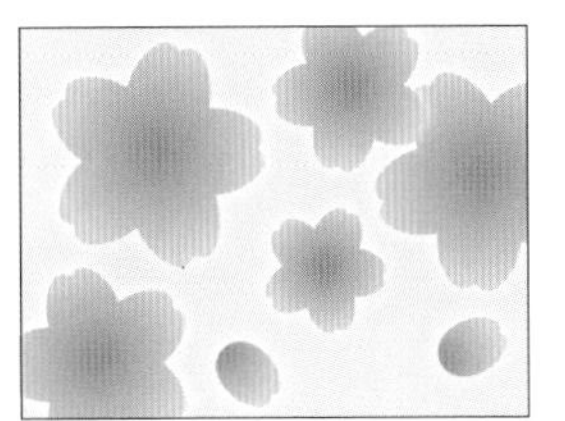

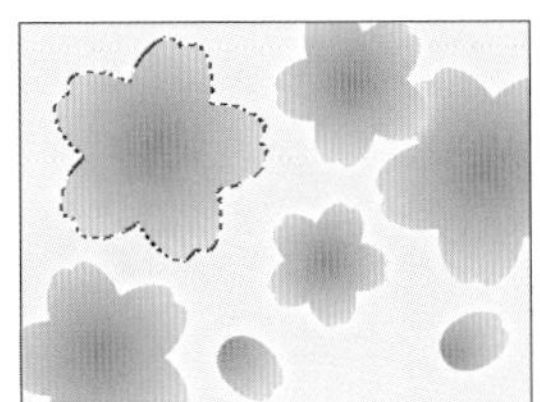

完成図

ピンク色の花をひとつ選択します。

クリックしたピクセルの近くにある近似色を選択する

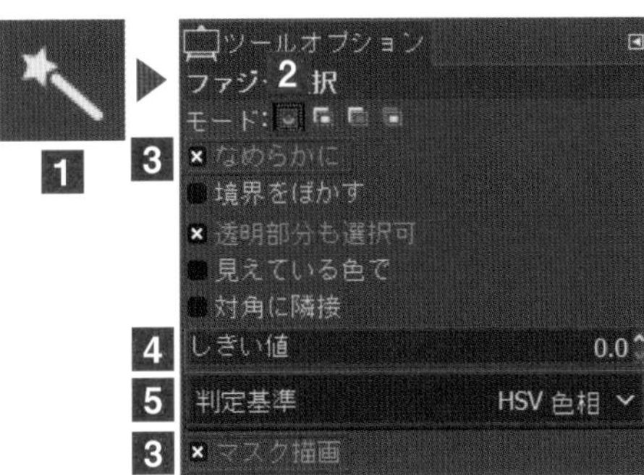

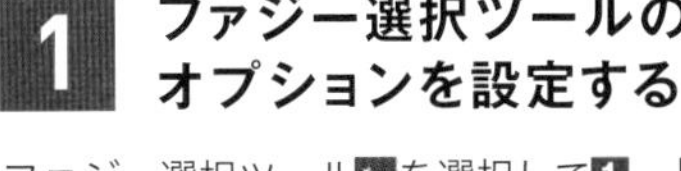

1 ファジー選択ツールのオプションを設定する

ファジー選択ツールを選択して1、[ツールオプション] ダイアログの [モード] を [選択範囲を新規作成または置き換えます] に設定します2。[なめらかに] と [マスク描画] にチェックをつけます3。[しきい値] を「0」に設定します4。[判定基準] を [HSV 色相] に設定します5。

2 しきい値を調整しながら選択範囲を調整する

サクラの花の中心でマウスボタンを押したまま、マウスを右または下に動かすと1、[しきい値] が大きくなり、選択範囲を示す範囲が広がります。選択範囲を示すマゼンタ色が花全体までとどいたらマウスボタンをはなします。2

CHECK

このサンプルの場合、選択したいサクラの花と背景の色で色相が違うので、[判定基準] を [HSV 色相] に設定しました。色の差に合わせて基準を設定するのがきれいに選択するコツです。初期設定の [Composite] に設定した場合も試してみると、違いがよくわかります。

12 画像全体の近似色を選択範囲にする

色域を選択ツールでクリックしたピクセルの近似色を画像全体から選んで選択範囲にします。ファジー選択ツールと同じように、しきい値を「0」にして、選択しながら範囲を広げます。

サンプルファイル 2-12.xcf

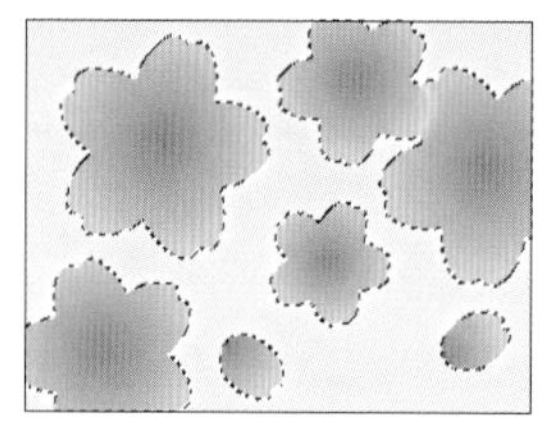

完成図

サクラの花を全部選択します。

画像全体から近似色を選択する

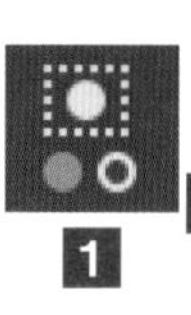

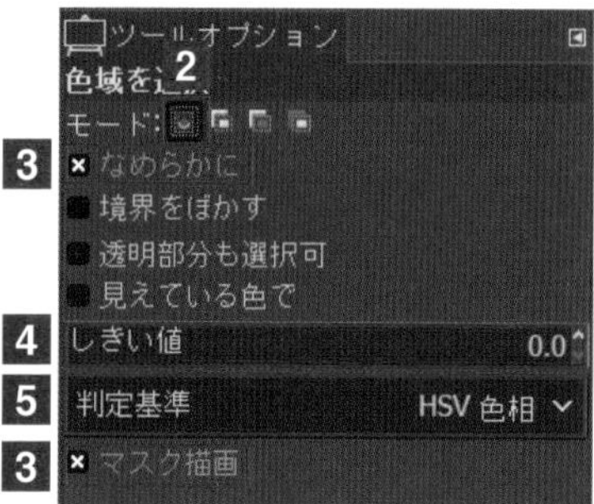

1 色域を選択ツールのオプションを設定する

色域を選択ツールを選択して1、［ツールオプション］ダイアログの［モード］を［選択範囲を新規作成または置き換えます］に設定します2。［なめらかに］と［マスク描画］にチェックをつけます3。［しきい値］を「0」に設定します4。［判定基準］を［HSV 色相］に設定します5。

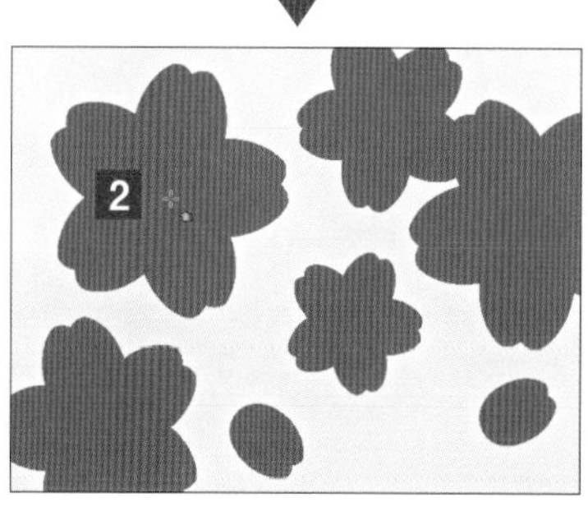

2 しきい値を調整する

マウスボタンを押したまま、マウスを右または下に動かすと1、選択範囲が広がり（しきい値が上がる）、左また上に動かすと選択範囲が狭く（しきい値が下がる）なります。選択範囲を示すマゼンタ色が花全体までとどいたらマウスボタンをはなします2。

CHECK

このサンプルの場合、選択したいサクラの花と背景の色で色相が違うので、［判定基準］を［HSV 色相］に設定しました。色の差に合わせて基準を設定するのがきれいに選択するコツです。初期設定の［Composite］に設定した場合も試してみると、違いがよくわかります。

不透明ピクセルを選択範囲にする

選択レイヤーの不透明ピクセルを選択範囲にします。アルファチャンネルで透明にしている場合と、レイヤーマスクで透明にしている場合で操作が異なります。

サンプルファイル 2-13.xcf

▶

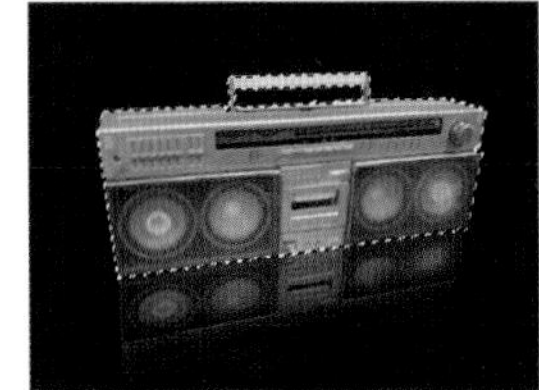

完成図

レイヤーの不透明ピクセルを選択範囲にします。

メニューコマンドで不透明ピクセルを選択範囲にする

1 対象のレイヤーを選択する

［レイヤー］ダイアログの「2-13」をクリックして1、アクティブにします。

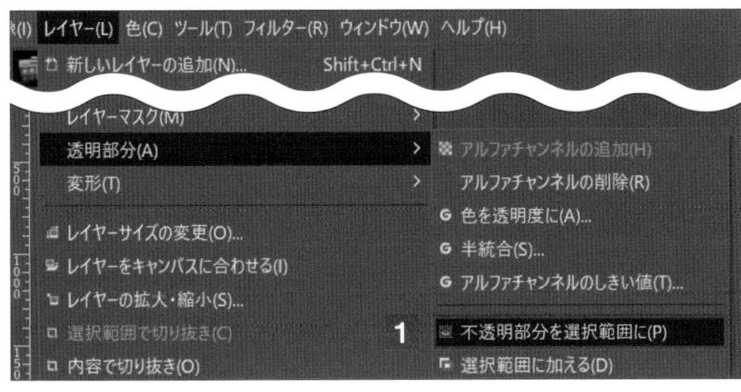

2 ［不透明部分を選択範囲に］を実行する

［レイヤー］メニュー→［透明部分］→［不透明部分を選択範囲に］をクリックします1。

CHECK

この操作はアルファチャンネルで透明にしている場合の操作方法です。

POINT

マスク処理したレイヤーに［不透明部分を選択範囲に］を適用すると、元画像の不透明ピクセルの選択範囲が作成されます。マスク処理した不透明度の選択範囲を作成するときは、［レイヤー］メニュー→［レイヤーマスク］→［マスクを選択範囲に］をクリックします。

POINT

レイヤーのサムネールを Alt + クリックすると、不透明ピクセルの選択範囲が作成されます。テキストレイヤーも選択範囲を作成できます。

チャンネルイメージを選択範囲にする

チャンネルのイメージを選択範囲に変換することができます。プレビューの明るい領域が選択範囲になります。明るさに応じて不透明度が変わります。

サンプルファイル 2-14.xcf

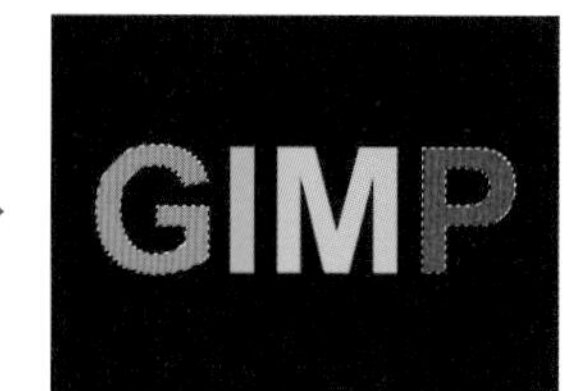

完成図

赤チャンネルを選択範囲にして、「G」と「P」を選択します。

チャンネルを選択範囲にする

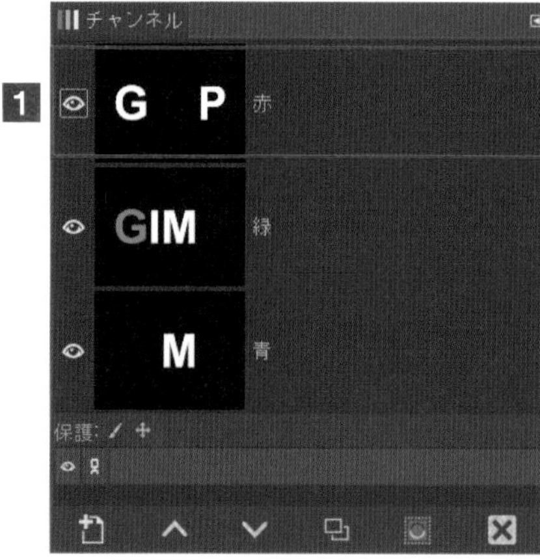

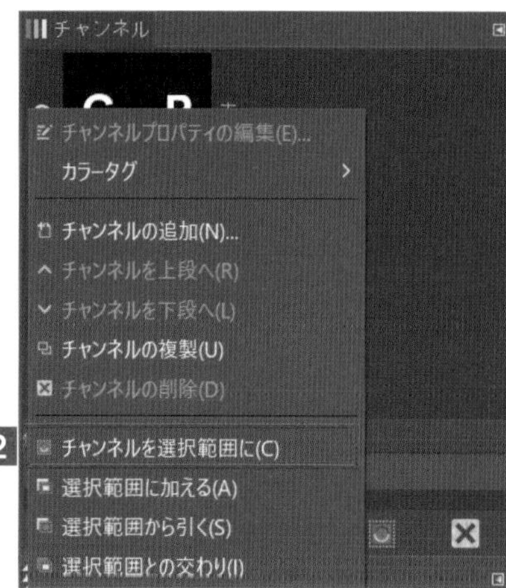

1 チャンネルを選択して[チャンネルを選択範囲に]を実行する

[チャンネル]ダイアログで、[赤]チャンネルを右クリックして1、表示されたメニューから［チャンネルを選択範囲に］をクリックします2。

POINT

RGBモードのチャンネルは赤（Red）、緑（Green）、青（Blue）の光の三原色の混合比によって、すべての色をあらわします。三原色が等しく最大の明るさで混ぜ合わせるとホワイトになり、光のない状態がブラックになります。チャンネルを選択範囲にすると、選択したチャンネルの光の強さが不透明度になります。このため、サンプルファイルの［緑］チャンネルを選択範囲にした場合、「G」は不透明度の低い選択範囲になります。選択範囲の不透明度は［選択範囲エディター］ダイアログで確認できます。

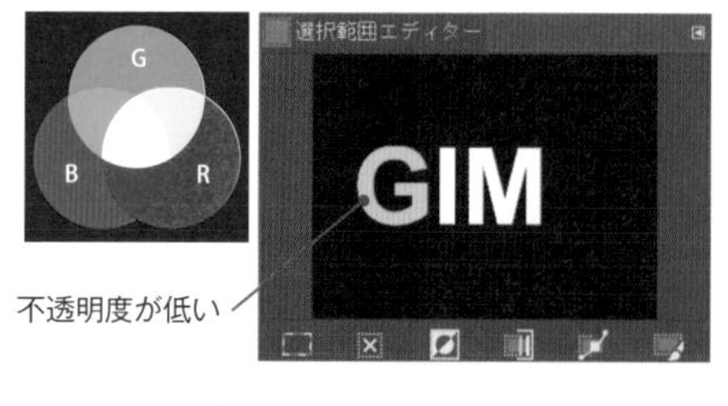

選択範囲の穴を削除する

選択範囲の穴を埋めて、外側の境界線だけの選択範囲に変換します。ノイズがあって選択されない部分を埋めるときなどに便利な機能です。

サンプルファイル 2-15.xcf

完成図

選択範囲内の穴を削除します。

選択範囲の穴を削除する

1 選択範囲を作成する

選択範囲を作成します（サンプルファイルは作成済み）1。

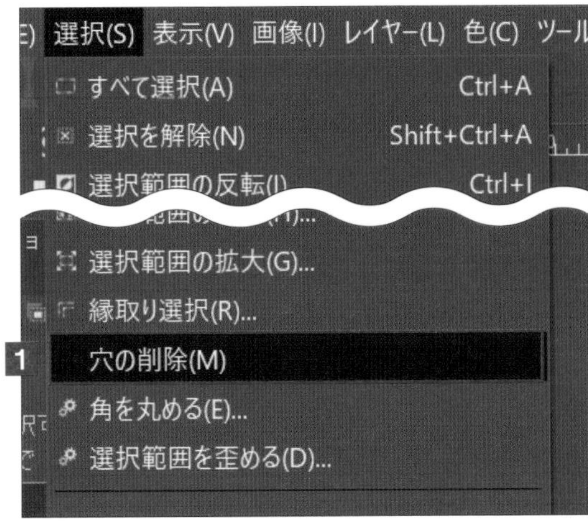

2 ［穴の削除］を実行する

［選択］メニュー→［穴の削除］をクリックします1。

下図のように選択範囲が変わります。

16 選択範囲を広げる／狭める

選択範囲の境界線を設定した値で広げたり狭めたりします。文字やイラストにフチをつけるときに選択範囲を広げたり、切り抜き画像のフリンジを除くときに狭めたりします。

サンプルファイル 2-16.xcf

完成図

選択範囲を外側に20ピクセル広げます。

選択範囲を広げる

1 選択範囲を作成する

選択範囲を作成します（サンプルファイルは作成済み）1。

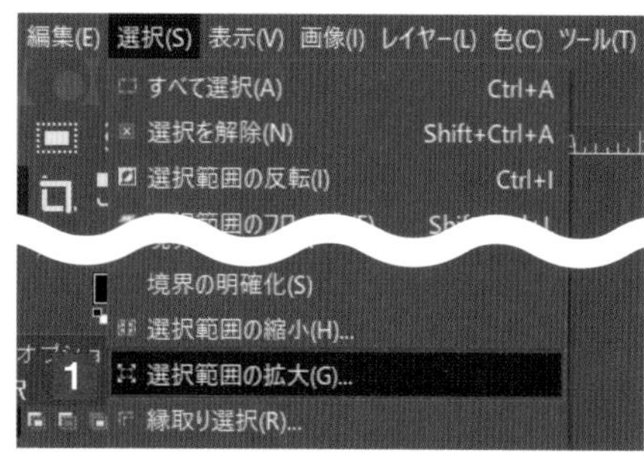

2 ［選択範囲の拡大］を実行する

［選択］メニュー→［選択範囲の拡大］をクリックします1。［選択範囲の拡大］ダイアログが表示されます。

CHECK

縮小するときは、［選択］メニュー→［選択範囲の縮小］をクリックして、［選択範囲の縮小量］を設定します。

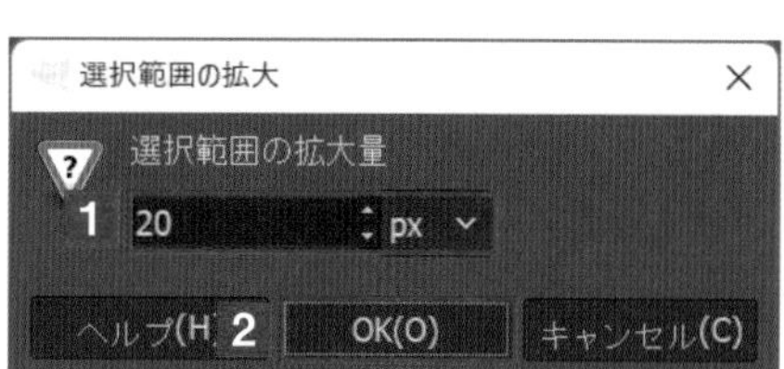

3 ［選択範囲の拡大量］を設定する

［選択範囲の拡大量］を設定して（ここでは「20」）1、［OK］をクリックします2。

POINT

［選択範囲の縮小量］のオプションにある［画像の外側も選択範囲として扱う］にチェックをつけると、［選択範囲の縮小量］で狭めたときにキャンバスの端にある選択範囲は縮小しません。

縁取りした選択範囲に変更する

選択範囲を境界線に沿った縁取りのような選択範囲に変更します。境界線の内側と外側の両方に縁の幅を広げるので、設定値の2倍の幅になります

サンプルファイル 2-17.xcf

▶

完成図

選択範囲の境界線を20ピクセルの幅で縁取った選択範囲に変更します。

縁取り選択に変更する

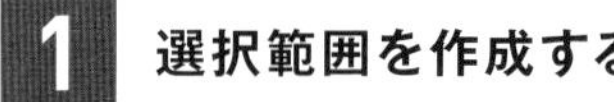

1 選択範囲を作成する

選択範囲を作成します（サンプルファイルは作成済み）**1**。

編集(E) 選択(S) 表示(V) 画像(I) レイヤー(L) 色(C) ツール(T)
すべて選択(A) Ctrl+A
選択範囲の縮小(H)...
選択範囲の拡大(G)...
1 縁取り選択(R)...
穴の削除(M)

2 [縁取り選択]を実行する

[選択] メニュー→ [縁取り選択] をクリックします**1**。[縁取り選択] ダイアログが表示されます。

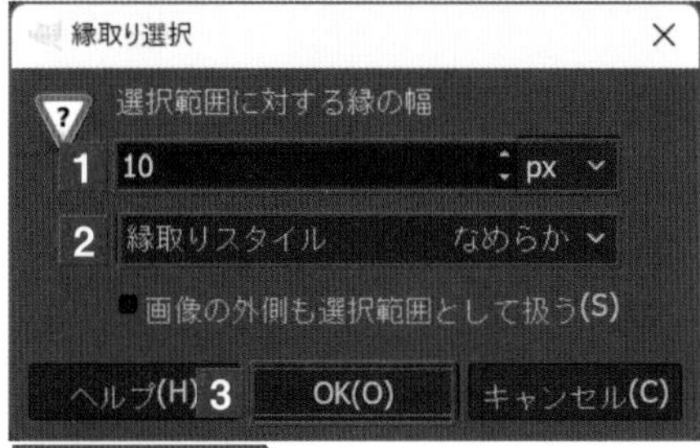

3 縁取りの幅を設定する

[選択範囲に対する縁の幅] を「10」(px) **1**、[縁取りスタイル] を [なめらか] に設定して**2**、[OK] をクリックします**3**。

POINT

[画像の外側も選択範囲として扱う] にチェックをつけると、キャンバスの端にある選択範囲の境界線は縁取りしません。

CHECK

境界線から外側に 10 ピクセル、内側に 10 ピクセル広げた合計 20 ピクセル幅の選択範囲になります。

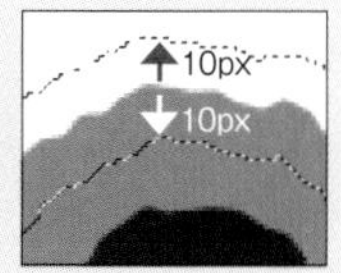

18 選択範囲を歪める

選択範囲の境界線を絵具が飛び散ったように歪めることができます。粒の大きさや拡散具合はオプションの設定で調整することができます。

サンプルファイル 2-18.xcf

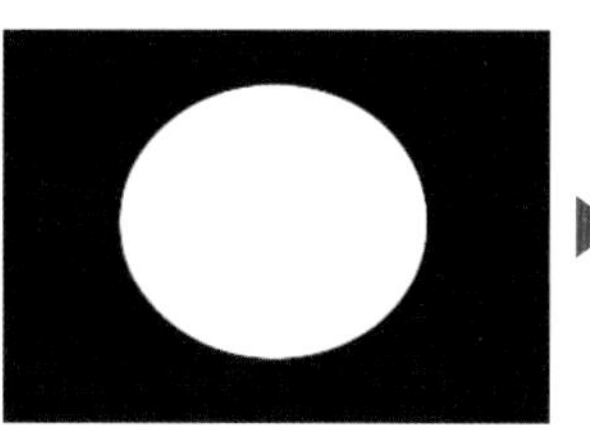

▶

完成図

楕円形の選択範囲を絵具が飛び散ったような選択範囲に変更します（画像は選択範囲エディターのプレビュー）。

選択範囲を歪める

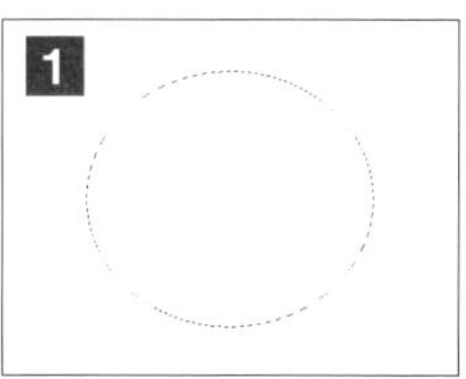

1 選択範囲を作成する

選択範囲を作成します（サンプルファイルは作成済み）1。

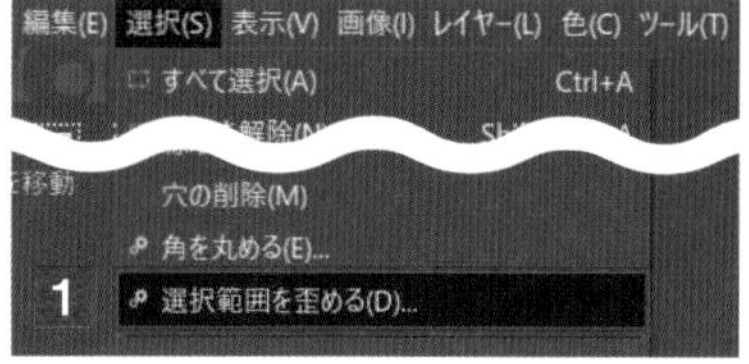

2 ［選択範囲を歪める］を実行する

［選択］メニュー→［選択範囲を歪める］をクリックします1。［選択範囲を歪める］ダイアログが表示されます。

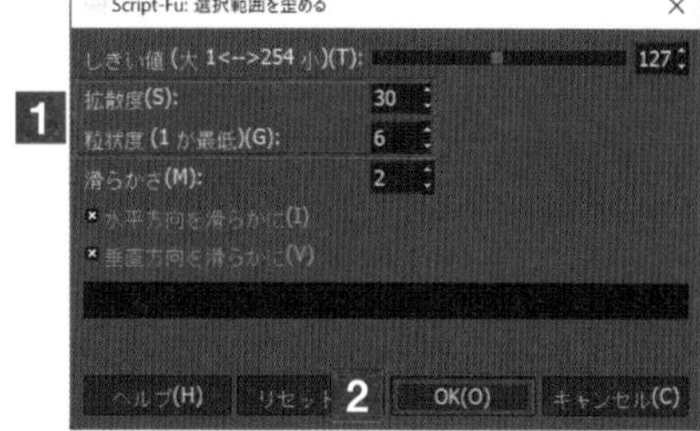

3 オプションを設定する

オプションを設定して（ここでは、［拡散度］を「30」、［粒状度］を「6」、ほかは初期設定のまま）1、［OK］をクリックします2。

CHECK

［水平方向を滑らかに］と［垂直方向を滑らかに］のチェックを外すと、水分の少ない絵具を吹きつけたような効果になります。

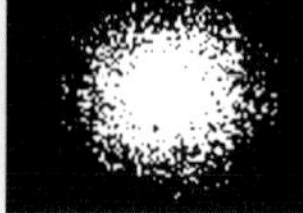

POINT

・オプションについて

しきい値	値を大きくすると元の選択範囲より縮み、小さくすると膨らむ
拡散度	値を大きくすると絵具が飛び散ったような効果が強くなる
粒状度	値を大きくすると飛び散る粒が大きくなる
滑らかさ	値を大きくすると滑らかに歪んだ境界線になる

矩形の選択範囲の角を丸く凹ませる

作成した選択範囲を元にして、角を丸く凹ませた矩形の選択範囲に変更します。オプションの設定を変更すれば、角が丸い矩形の選択範囲になります。

サンプルファイル 2-19.xcf

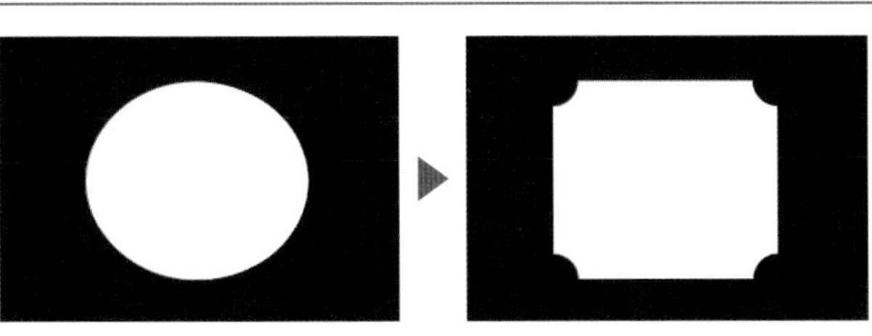

完成図

楕円形の選択範囲を同じ高さと幅の角を丸く凹ませた矩形の選択範囲に変更します（画像は選択範囲エディターのプレビュー）。

角を丸く凹ませた矩形の選択範囲に変更する

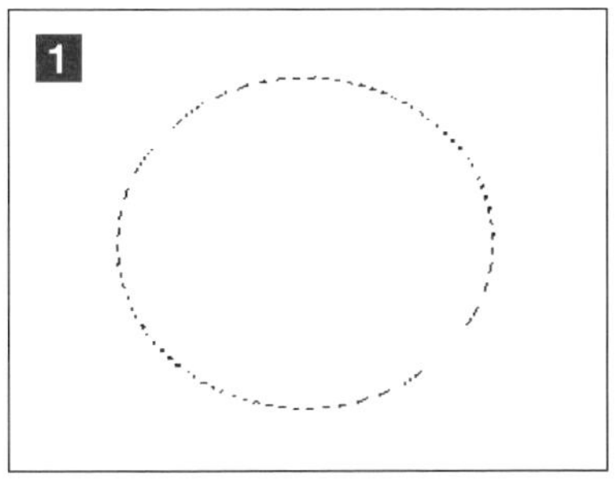

1 選択範囲を作成する

選択範囲を作成します（サンプルファイルは作成済み）1。

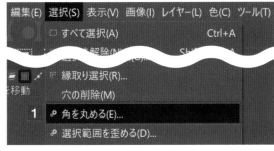

2 ［角を丸める］を実行する

［選択］メニュー→［角を丸める］をクリックします1。［角を丸める］ダイアログが表示されます。

3 丸みのサイズを設定する

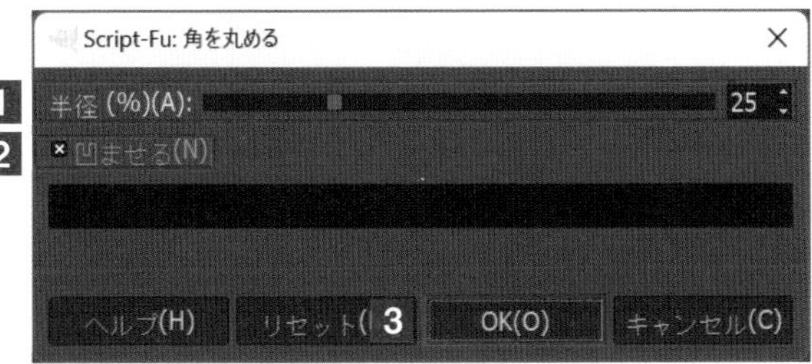

［半径］を設定して（ここでは「25」）1、［凹ませる］にチェックをつけます2。［OK］をクリックします3。

POINT

［凹ませる］のチェックを外すと、角が丸い矩形の選択範囲になります。

選択範囲の境界をぼかす

選択範囲の境界にぼかしをつけると、補正により境界線が目立つのを抑えることができます。ぼかし具合は選択範囲エディターか、クイックマスクモードにすると確認できます。

サンプルファイル 2-20.xcf

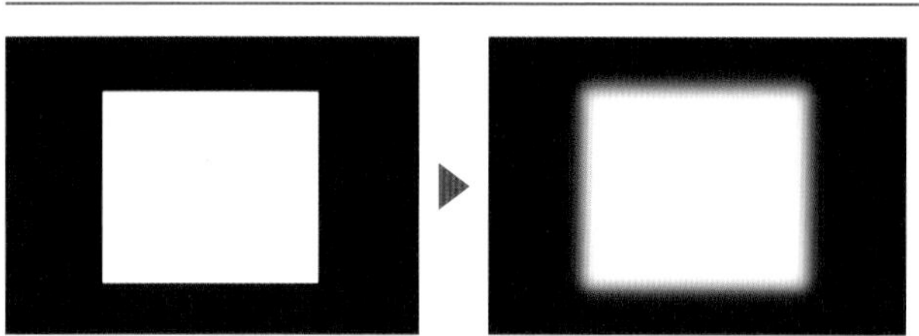

完成図

選択範囲の境界にぼかしをつけます（画像は選択範囲エディターのプレビュー）。

選択範囲の境界にぼかしをつける

1 選択範囲を作成する

選択範囲を作成します（サンプルファイルは作成済み）1。

2 [境界をぼかす]を実行する

[選択] メニュー→ [境界をぼかす] をクリックします1。[選択範囲の境界をぼかす] ダイアログが表示されます。

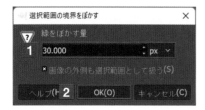

3 [縁をぼかす量]を設定する

[縁をぼかす量] を設定して（ここでは「30」）1、[OK] をクリックします2。

POINT

選択範囲のぼかしは、選択範囲エディターのプレビューイメージか、表示をクイックマスクモードにすると確認できます。画像ウィンドウの左下（垂直定規の下）にある■をクリックすると1、クイックマスクモードになります。もう一度クリックすると通常モードに戻ります。

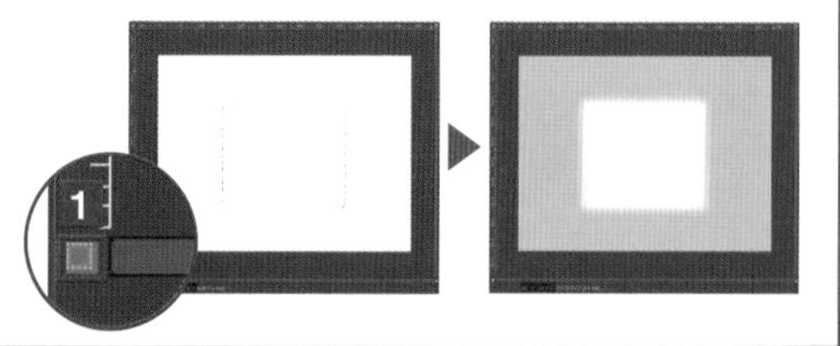

21 選択範囲の境界をはっきりさせる

選択範囲の境界につけたぼかしや滑らかにするアンチエイリアス処理を消して、はっきりした境界の選択範囲に変更します。

サンプルファイル 2-21.xcf

完成図

選択範囲の境界につけたぼかしを取ります（画像は選択範囲エディターのプレビュー）。

選択範囲の境界につけたぼかしを取る

1 選択範囲を作成する

ぼかしをつけた選択範囲を作成します（サンプルファイルは作成済み）1。

編集(E) 選択(S) 表示(V) 画像(I) レイヤー(L) 色(C) ツール(T)
すべて選択(A) Ctrl+A
選択範囲エディター(S)
境界をぼかす(T)...
境界の明確化(S)
選択範囲の縮小(H)...

2 ［境界の明確化］を実行する

［選択］メニュー→［境界の明確化］をクリックします1。

CHECK

ぼかしの中間が選択範囲になります。アンチエイリアス処理もなしになります。

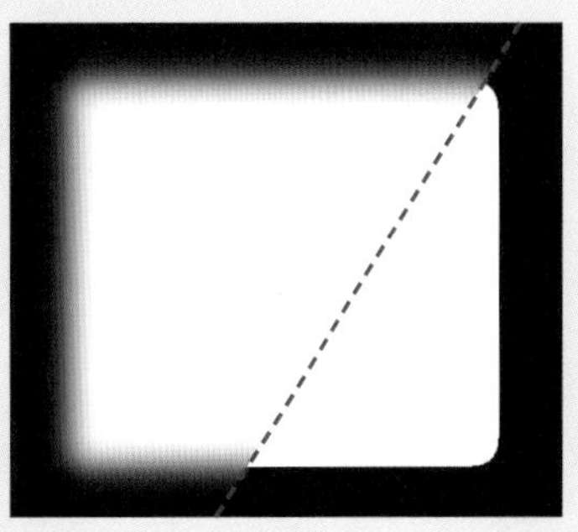

POINT

曲線や斜めの境界線が滑らかに見えるように、僅かなぼかしをつけることをアンチエイリアスと呼びます。

アンチエイリアス:あり　アンチエイリアス:なし

クイックマスクモードで選択範囲を修正する

クイックマスクモードは選択範囲をブラシで塗って修正できます。境界のぼかし具合も表示されるので、より正確に修正できます。

サンプルファイル 2-22.xcf

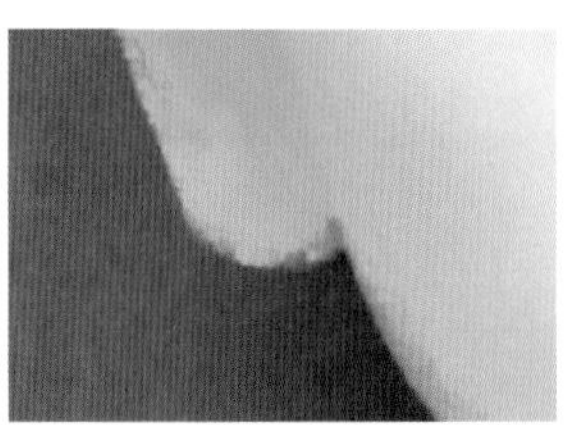
▶
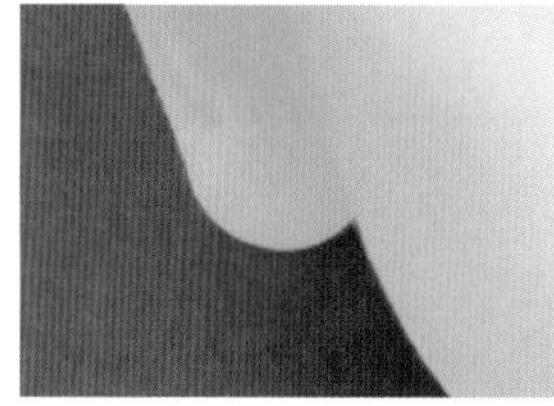

完成図

きれいに選択できなかった部分をクイックマスクモードに切り替えて修正します（画像はクイックマスクの表示）。

クイックマスクモードに切り替えて選択範囲を修正する

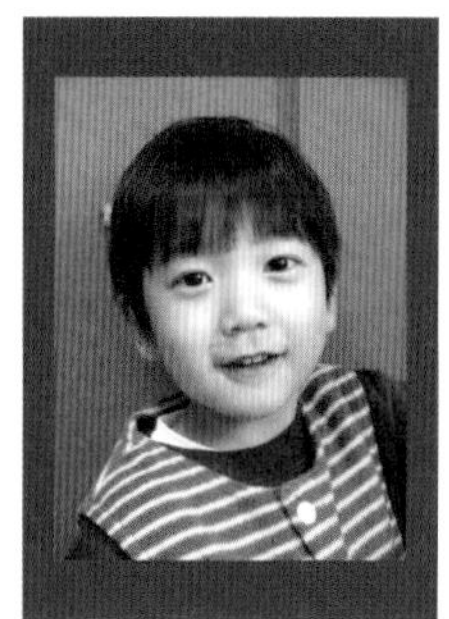

1 選択範囲をクイックマスクモードに切り替える

選択範囲を作成します（サンプルファイルは作成済み）。画像ウィンドウの左下にある■をクリックして1、クイックマスクモードにします。

CHECK

085ページの前景抽出選択ツールで作成した選択範囲です。

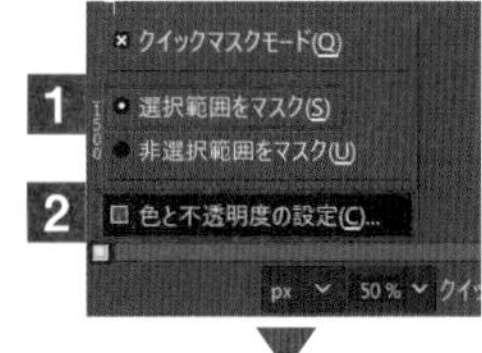

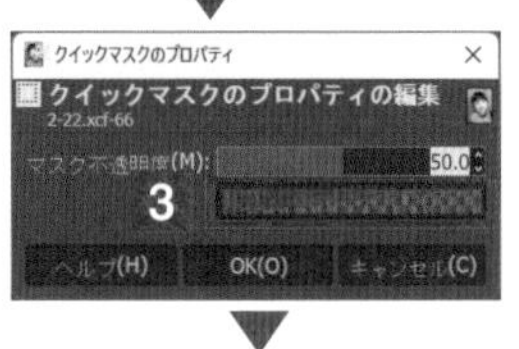

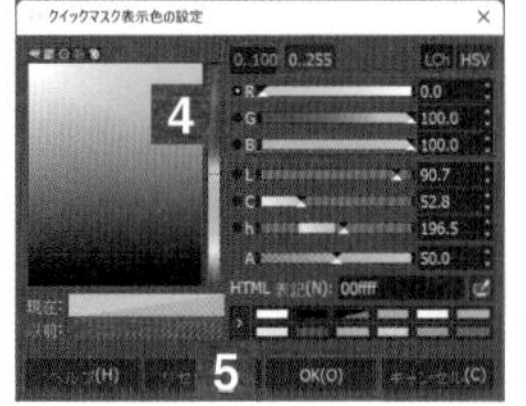

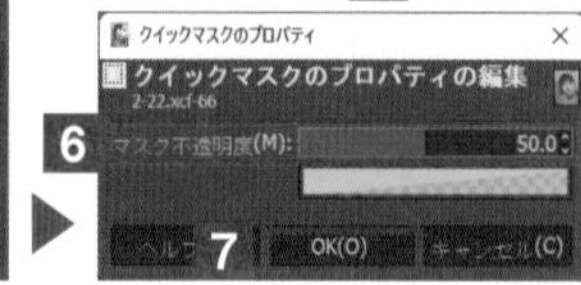

2 クイックマスクの表示をカスタマイズする

画像ウィンドウの左下にある□を右クリックして［選択範囲をマスク］にチェックをつけます1。もう一度右クリックして［色と不透明度の設定］をクリックします2。［クイックマスクのプロパティ］ダイアログのカラーボックスをクリックして3、クイックマスクの表示色を設定して（ここでは［0..100］で「R:0 G:100 B:100」）4、［OK］をクリックします5。［マスク不透明度］を設定したら（ここでは「50」）6、［OK］をクリックします7。

CHECK

クイックマスクの表示色が赤いと、肌色と背景の色に近いため、見やすい青色に変更しました。

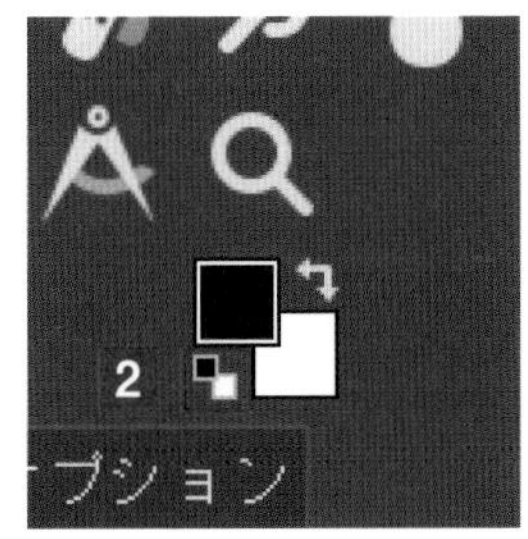

3 ペイントするツールを選んで描画色を設定する

［ツールプリセット］ダイアログを表示して、［Basic Round］をクリックします1。ツールボックスの下にあるをクリックします2。描画色がブラック、背景色がホワイトになります。

CHECK

ペイントするツールを設定する説明を省くためにツールプリセットを利用しています。通常はブラシツールを選択し、［ツールオプション］ダイアログで好みのサイズ等に設定してください。

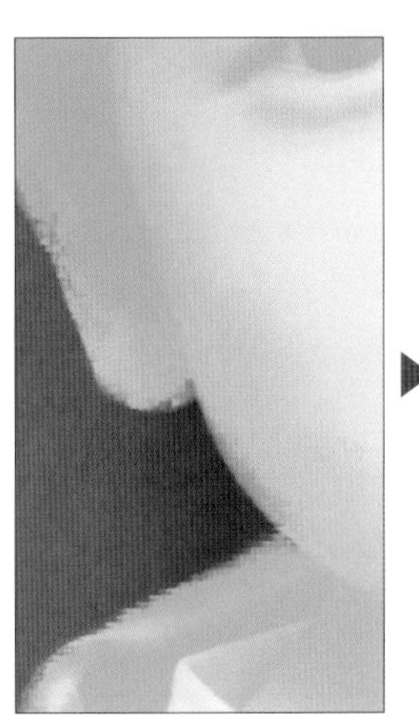

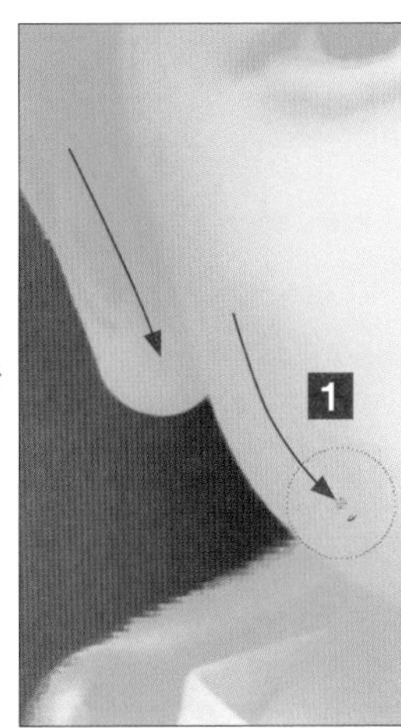

4 マスク領域をペイントする

描画色をブラックにしてペイントすると、マスク領域（選択領域）を広げることができます1。

CHECK

マスク範囲がはみ出しているところは、描画色をホワイトにしてペイントします。X キーを押すと描画色と背景色が入れ替わります。

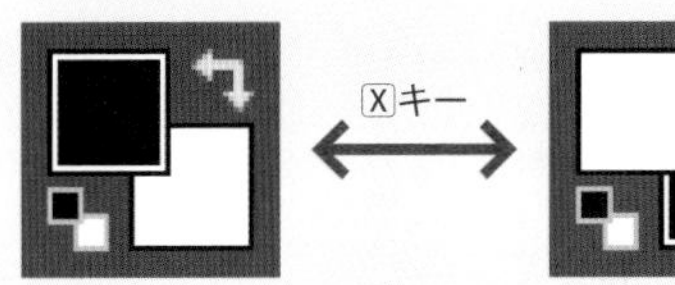

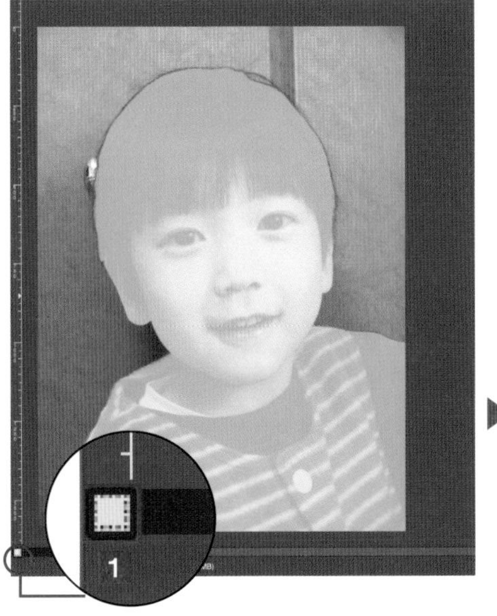

5 表示を通常モードに戻す

修正が終わったら、画像ウィンドウの左下にあるをクリックして1、通常モードに戻します。

CHAPTER 02 選択範囲の作成

選択範囲をチャンネルに保存する

選択範囲を選択マスクチャンネルとして保存しておけば、選択を解除しても、また同じ選択範囲を繰り返し使用できます。

サンプルファイル 2-23.xcf

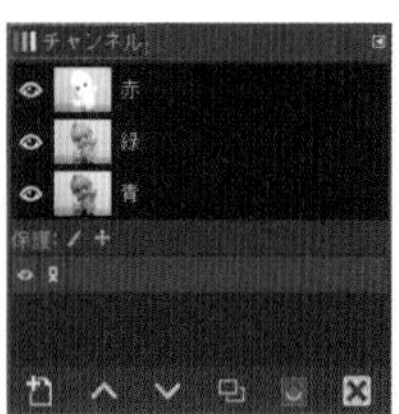

▶

完成図

選択範囲を保存して、選択マスクチャンネルを作成します。

選択範囲をチャンネルに保存する

選択範囲を作成する

選択範囲を作成します（サンプルファイルは作成済み）1。

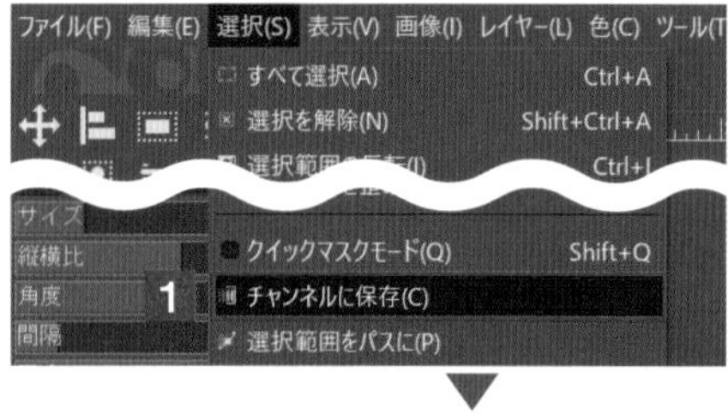

▼

チャンネル
赤
緑
青
保護:
2 選択マスク コピー

2 [チャンネルに保存]を実行する

[選択] メニュー→ [チャンネルに保存] をクリックします1。[チャンネル] ダイアログに選択マスクチャンネルが追加されます2。

CHECK

チャンネル名をダブルクリックすると、チャンネル名を設定できます。

ファイル(F) 編集(E) 選択(S) 表示(V) 画像(I) レイヤー(L) 色(C) ツール(T
すべて選択(A) Ctrl+A
1 選択を解除(N) Shift+Ctrl+A
選択範囲の反転(I) Ctrl+I
選択範囲のフロート化(F) Shift+Ctrl+L

3 選択範囲を解除する

[選択] メニュー→ [選択を解除] をクリックします1。

24 選択マスクチャンネルから選択範囲を作成する

保存した選択マスクチャンネルを使って選択範囲を作成します。選択マスクチャンネルは、[チャンネル]ダイアログのカラーチャンネルやアルファチャンネルとは別の枠に表示されます。

サンプルファイル 2-24.xcf

完成図

選択マスクチャンネルを使って、選択範囲を作成します。

選択マスクチャンネルから選択範囲を作成する

1 選択マスクチャンネルを選択する

[チャンネル] ダイアログで、使用する選択マスクチャンネルをクリックします（ここでは「選択マスク　コピー」）1。

2 [チャンネルを選択範囲に]ボタンをクリックする

[チャンネル] ダイアログの下にある [チャンネルを選択範囲に] ボタンをクリックすると1、選択範囲が作成されます。

POINT

・選択マスクチャンネルのオプションは以下の通りです。
Ⓐマスク範囲がペイントできないように保護する
Ⓑマスクの位置とサイズの変更ができないように保護する
Ⓒ選択範囲外を範囲を薄暗く表示する
Ⓓ複数の選択マスクチャンネルを一緒に移動するとき、鎖アイコンで選択マスクチャンネル同士を連結する

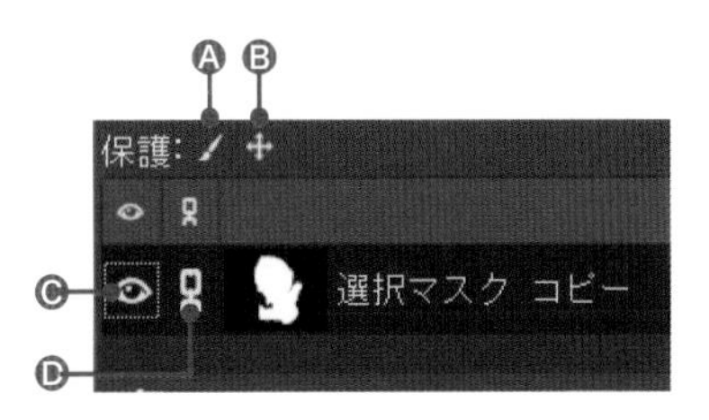

選択範囲を組み合わせる

選択ツールの選択モードを変えて、既存の選択範囲に対して新しい選択範囲を追加したり、削除したり、交差部分を残すことができます。

サンプルファイル 2-25.xcf

完成図

選択範囲の「新規作成」「追加」「削除」「交差部分を残す」操作を順番に試します。（画像は選択範囲エディターのプレビュー）

選択モードを切り替える

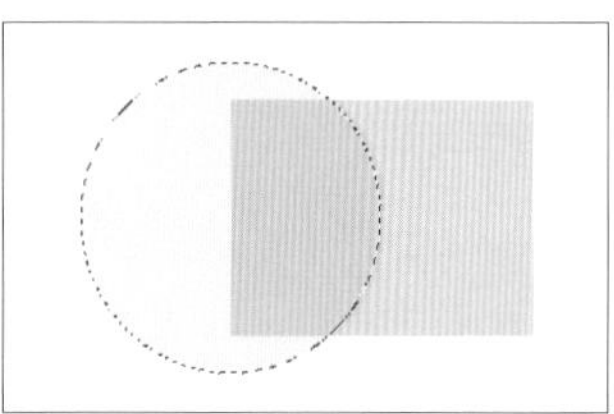

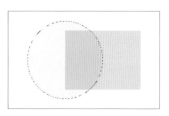

1 選択範囲を作成する

選択範囲を作成します（サンプルファイルは作成済み）。

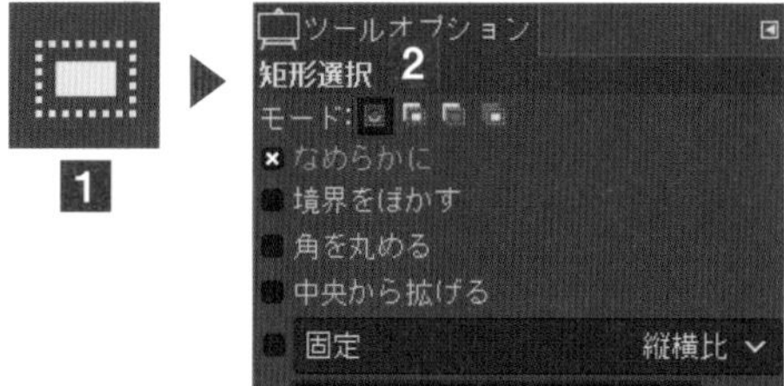

2 矩形選択ツールを選択してオプションを設定する

矩形選択ツールを選択して1、［ツールオプション］ダイアログの［選択範囲を新規作成または置き換えます］をクリックします2。［なめらかに］以外はオプションのチェックをつけません。

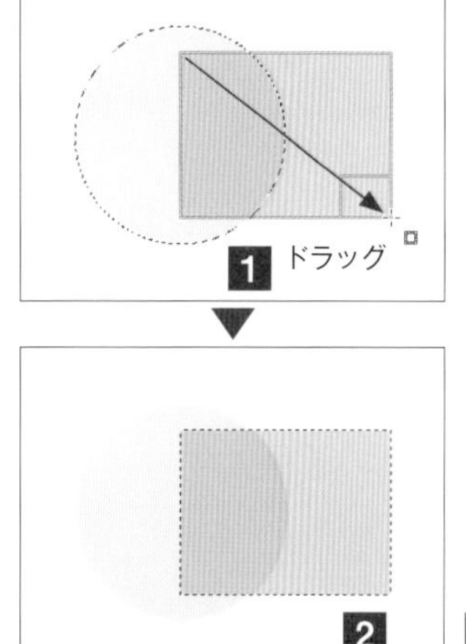

3 選択範囲を新規作成する

矩形選択ツールでドラッグすると1、選択されていた円形の選択範囲を解除して、長方形の選択範囲に置き換わります2。確認したら、［編集］メニュー→［矩形選択を元に戻す］をクリックして3、円形の選択範囲が作成された状態に戻します。

CHECK

結果の画像は、編集モードを Enter キーを押して選択範囲を確定した状態です。

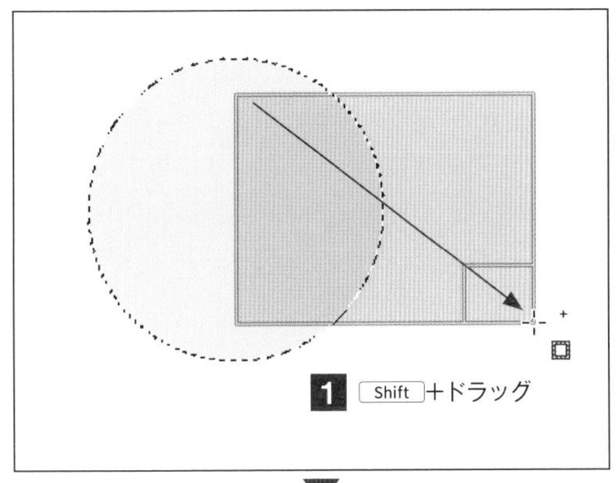

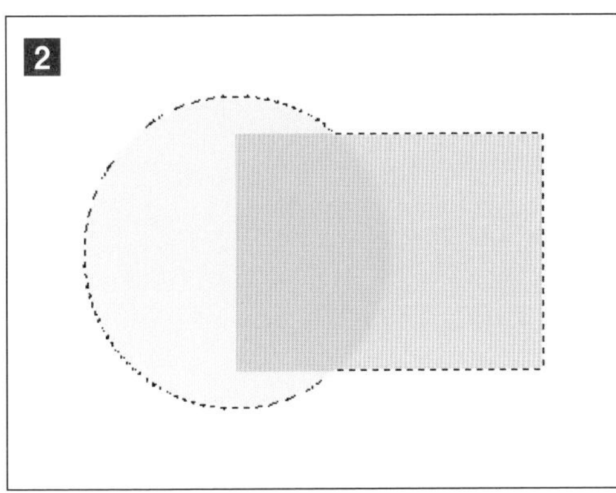

4 選択範囲を追加する

既存の選択範囲を残したまま、新しい選択範囲を追加するときは、Shift キーを先に押してからドラッグ操作を行います1。円形の選択範囲に長方形の選択範囲が追加されたのを確認したら2、[編集] メニュー→ [矩形選択を元に戻す] をクリックして3、円形の選択範囲が作成された状態に戻してください。

CHECK

正円や正方形の選択範囲で追加したい場合は、Shift キーを先に押してからドラッグして、途中で Shift キーをはなし、ドラッグ中に再度 Shift キーを押すと、正円や正方形の選択範囲を追加できます。

3
編集(E) 選択(S) 表示(V) 画像(I) レイヤー(L) 色(C) ツール(T)
矩形選択 を元に戻す(U) Ctrl+Z

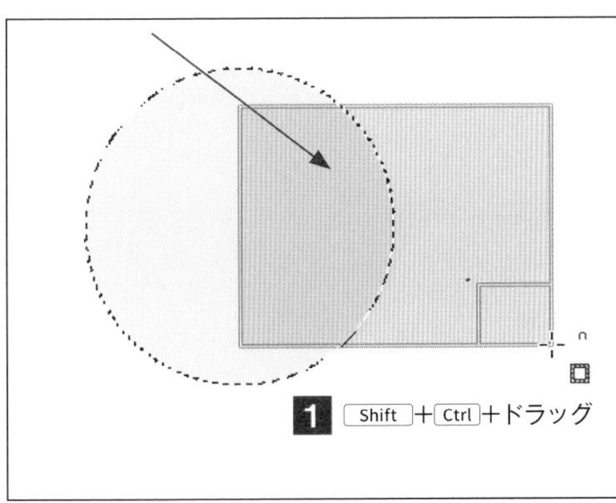

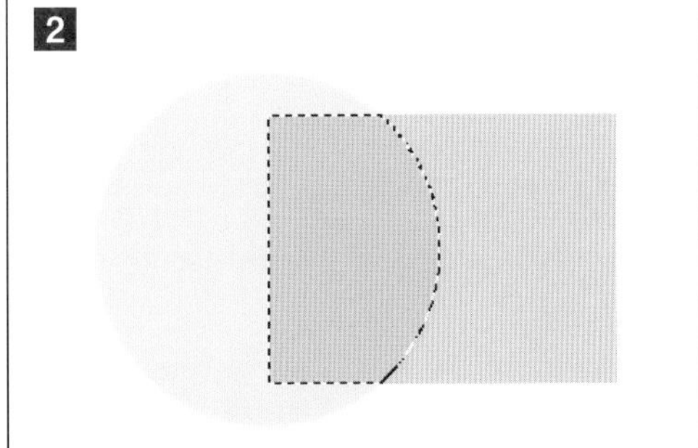

5 選択範囲の交差部分を残す

既存の選択範囲と新しい選択範囲の交差部分を残した選択範囲にするときは、Shift+Ctrl キーを先に押してから選択操作を行います1。円形の選択範囲に長方形の選択範囲が交差する部分だけを残した選択範囲になります2。

CHECK

修飾キーの操作を行わずに「追加」「削除」「交差部分を残す」操作を行う場合は、[ツールオプション] ダイアログの [モード] を設定してから選択します。

26 選択範囲エディターを使って選択範囲を操作する

[選択範囲エディター]ダイアログは、選択範囲のぼかし具合などを視覚的に確認できたり、選択操作をすぐに実行できるボタンが並んでいます。

選択範囲エディターのボタンについて

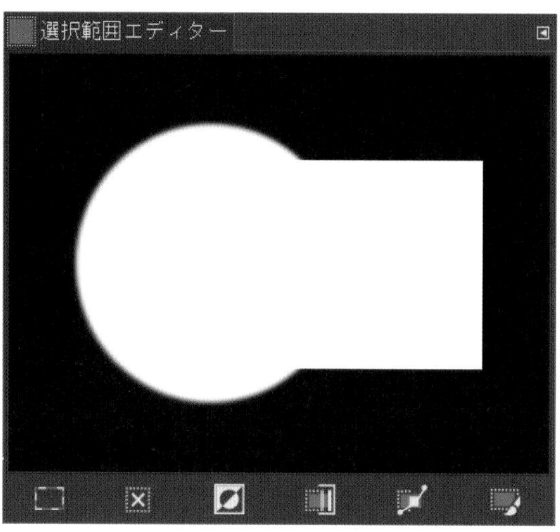

キャンバス内のすべてを選択する

クリックすると、[選択] メニュー→ [すべて選択] と同じコマンドが実行されます。

現在の選択範囲を解除します

クリックすると、[選択] メニュー→ [選択を解除] と同じコマンドが実行されます。

選択範囲を反転します

クリックすると、[選択] メニュー→ [選択範囲の反転] と同じコマンドが実行されます。

選択範囲をチャンネルに保存します

クリックすると、[選択] メニュー→ [チャンネルに保存] と同じコマンドが実行されます。

選択範囲をパスに変換します

クリックすると、[選択] メニュー→ [選択範囲をパスに] と同じコマンドが実行されます。

選択範囲の境界線を描画します

クリックすると、[編集] メニュー→ [選択範囲の境界線を描画] と同じコマンドが実行されます。ダイアログが表示され、描画するツールや線幅を設定します。描画色やパターンはクリックする前に設定しておきます。Shift キーを押しながらクリックすると、前回と同じ設定で描画します。

CHAPTER

03

THE PERFECT GUIDE FOR GIMP

レイヤーの操作

レイヤーとは

レイヤーは、複数の画像を階層に分けて合成できる機能です。GIMPにはレイヤーとして確定していない「フローティングレイヤー」という状態もあります。

GIMPのレイヤー構造

GIMPの構造は紙芝居やアニメに似ている

GIMPでインポートしたり新しく作成した画像は、複数の画像を合成できるように「キャンバス」と「レイヤー」で区別した構造になります。「キャンバス」は、紙芝居の「枠」のようなもので、「レイヤー」は紙芝居の絵（紙）です。レイヤーはサイズを変えたり、動かすことができます。ただし、キャンバスの枠で見える範囲しか作品として表示されません。また、アニメーション制作の透明なセルにキャラクターを描き、背景と重ねて撮影する構造にも似ています。

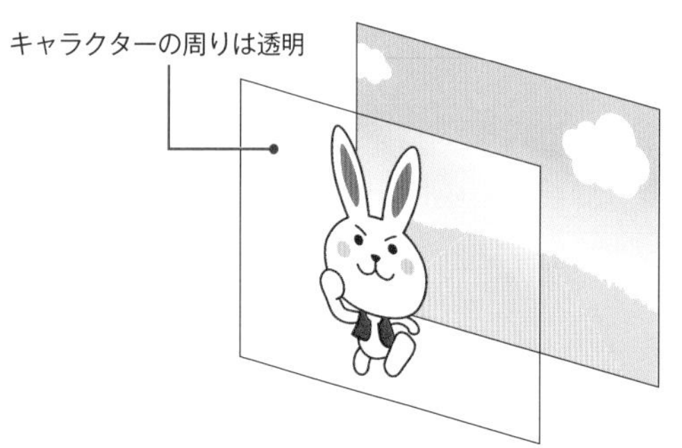

▶

POINT

フローティングレイヤーは、まだレイヤーとして確定していない状態です。下のレイヤーに固定するか、新しいレイヤーとして追加するか選択します。新しいレイヤーにすると、自由に移動したり試行錯誤ができますが、レイヤーが増えるほどファイルサイズが大きくなります。

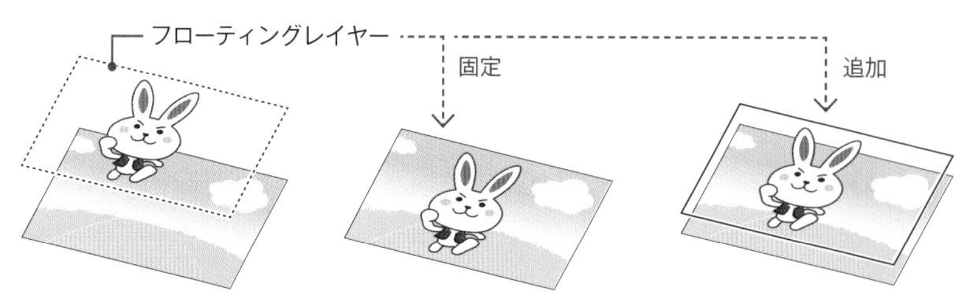

02 新しいレイヤーを追加する

透明なレイヤーや、カラーやパターンで塗りつぶしたレイヤーを新しく追加します。新しいレイヤーは、アクティブなレイヤーの上に追加されます。

サンプルファイル 3-02.xcf

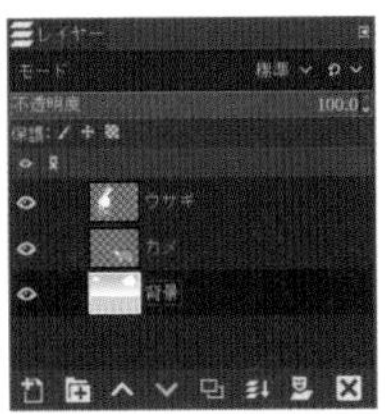

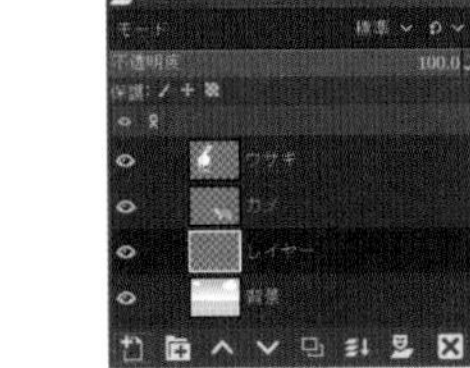

完成図

「カメ」レイヤーの上に新しい透明のレイヤーを作成します。

アクティブなレイヤーの上に新しいレイヤーを追加する

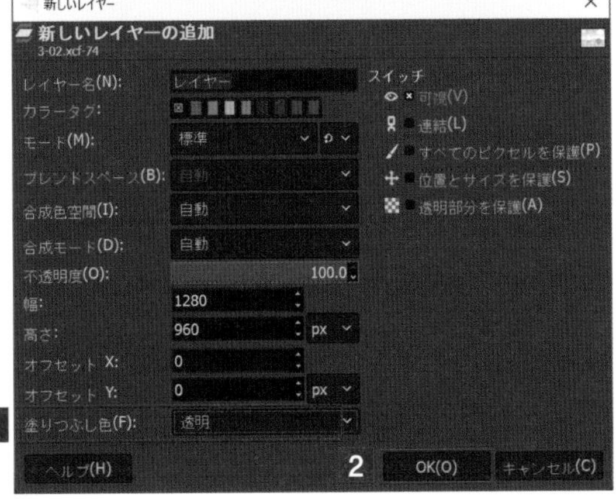

1 追加する場所を選択する

[レイヤー] ダイアログで、「カメ」レイヤーをクリックします 1 。

CHECK

新しいレイヤーは、クリックしてアクティブにした「カメ」レイヤーの上に追加されます。

2 [新しいレイヤーの追加] をクリックする

[レイヤー] ダイアログの下にある [新しいレイヤーの追加] をクリックします 1 。

3 レイヤーオプションを設定する

[塗りつぶし色] を設定して（ここでは [透明]） 1 、[OK] をクリックします 2 。

CHECK

パターンで塗りつぶすときは、[新しいレイヤーの追加] をクリックする前に、パターンダイアログで塗りつぶしたいパターンをクリックして選択します。

画像を読み込んでレイヤーに追加する

画像ファイルをレイヤーとして追加する方法です。画像を開いてコピー＆ペースト(貼り付け)するより簡単です。読み込むレイヤーは、アクティブなレイヤーの上に追加されます。

サンプルファイル 3-03a.xcf　3-03b.xcf

完成図

「3-03a.xcf」の「カメ」レイヤーの上に、「3-03b.xcf」の画像をレイヤーとして追加します。

レイヤーとして画像ファイルを開く

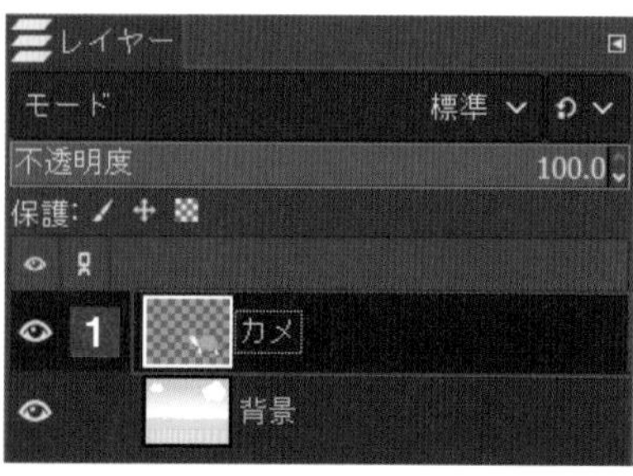

1 追加する場所を選択する

サンプルファイルの「3-03a.xcf」を開いて、［レイヤー］ダイアログで、「カメ」レイヤーをクリックします**1**。

CHECK

読み込むレイヤーは、アクティブなレイヤーの上に追加されます。

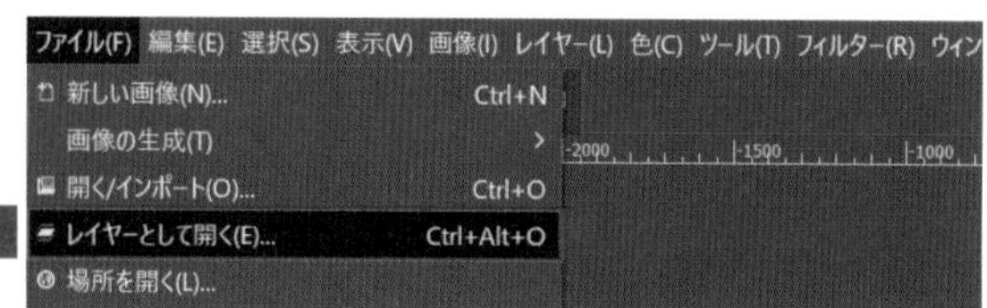

2 ［レイヤーとして開く］を実行する

［ファイル］メニュー→［レイヤーとして開く］をクリックします**1**。

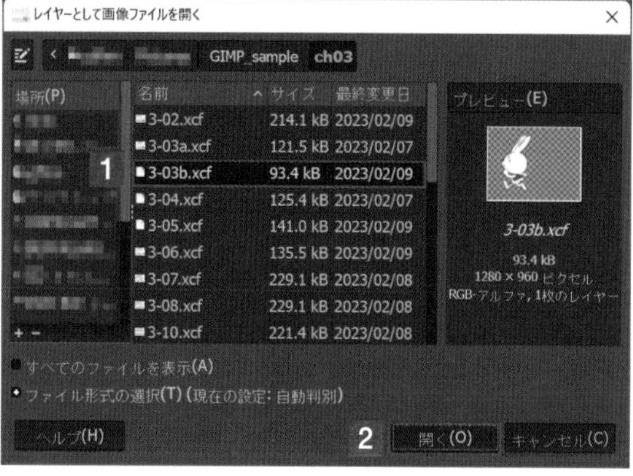

3 追加する画像ファイルを選択する

［レイヤーとして画像ファイルを開く］ダイアログが表示されたら、追加する画像の「3-03b.xcf」をクリックして**1**、［開く］をクリックします**2**。

CHECK

画像のファイル名がレイヤーの名前になります。名前をダブルクリックすると、新しい名前を入力できるモードになります。

レイヤーを複製する

レイヤーを複製すると、複製したレイヤーで加工を失敗しても、またオリジナルのレイヤーを複製してやり直すことができます。

サンプルファイル 3-04.xcf

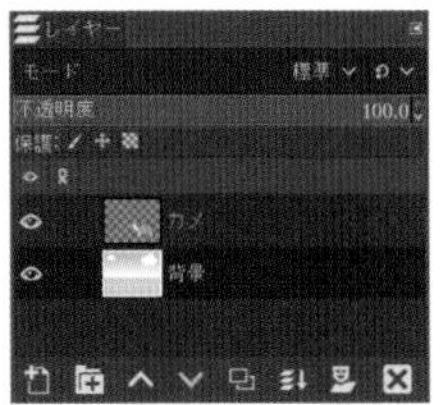

完成図

「カメ」レイヤーを複製します。

レイヤーを複製する

1 複製するレイヤーを選択する

[レイヤー] ダイアログで、複製する「カメ」レイヤーをクリックします1。

CHECK

複数のレイヤーを選択することはできません。ただし、レイヤーグループを選択すれば、グループごと複数のレイヤーを複製できます。

2 [レイヤーの複製] をクリックする

[レイヤー] ダイアログの下にある [レイヤーの複製] をクリックします1。

CHECK

画像レイヤーを複製すると、レイヤー名の後ろに「 コピー」が追加されます。さらにそのレイヤーを複製すると、「#1」と番号が追加されます。テキストレイヤーを複製したときは、最初から、「#1」の番号が追加されます。

レイヤーサイズをイメージサイズに合わせる

イメージと同じサイズにレイヤーサイズを変更します。イメージに合わせて整列したいときに必要な処理です。

サンプルファイル 3-05.xcf

完成図

「ウサギ」レイヤーのサイズをイラストの大きさピッタリに変更します。

レイヤーを内容で切り抜く

1 サイズを変更するレイヤーを選択する

［レイヤー］ダイアログで、サイズを変更する「ウサギ」レイヤーをクリックします1。

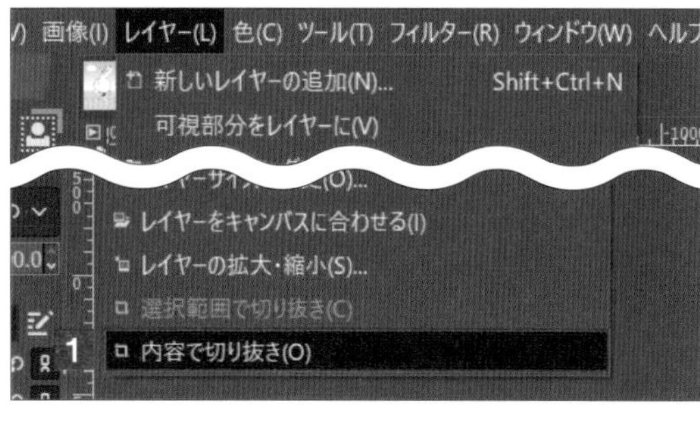

2 ［内容で切り抜き］を実行する

［レイヤー］メニュー→［内容で切り抜き］をクリックします1。

CHECK

［表示］メニュー→［レイヤー境界線の表示］をチェックして確認します。

POINT

［内容で切り抜き］は、レイヤーの端から同じ色（透明も含む）のピクセルを除いてレイヤーサイズを最小にします。消しゴムで透明にした部分は削除できますが、マスクで透明にしているレイヤーには適用できません。

POINT

［レイヤー］メニュー→［レイヤーをキャンバスに合わせる］をクリックすると、キャンバスサイズと同じになります。

レイヤーサイズを数値指定で変更する

レイヤーサイズをイメージよりも少しだけ大きくしたいとき、数値を指定して変更できます。無駄にファイルサイズを大きくせず、輪郭の修正にも対応できるスペースを確保できます。

サンプルファイル 3-06.xcf

完成図

イメージから30ピクセル分広げたレイヤーサイズに変更します。

イメージより30ピクセル広いレイヤーサイズにする

1 サイズを変更するレイヤーを選択する

［レイヤー］ダイアログで、サイズを変更する「ウサギ」レイヤーをクリックします1。

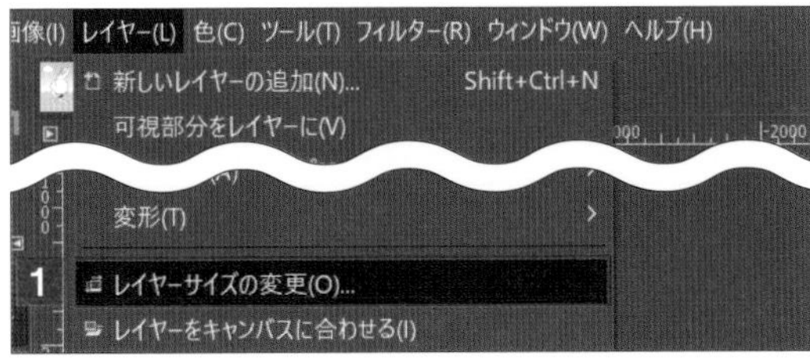

2 ［レイヤーサイズの変更］を実行する

［レイヤー］メニュー→［レイヤーサイズの変更］をクリックします1。［レイヤーサイズの変更］ダイアログが表示されます。

3 レイヤーサイズを指定してリサイズする

上下左右に30ピクセルずつ広げたいので、［幅］と［高さ］にそれぞれ60ピクセル追加した値に設定して1、［中央］をクリックします2。［リサイズ］をクリックします3。

POINT

レイヤーの数とレイヤーサイズが小さいほど、ファイルサイズは小さくなります。

07 レイヤーの表示／非表示を切り替える

レイヤーのイメージを一時的に消したいときは、レイヤーを削除せずに非表示にします。 対象のレイヤーをアクティブにしなくても切り替えができます。

サンプルファイル 3-07.xcf

▶

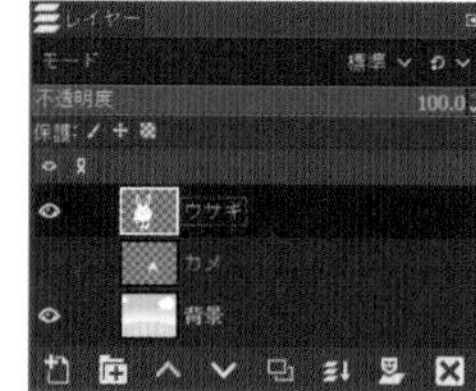

完成図

「カメ」レイヤーを非表示にして、また表示します。

レイヤーの表示／非表示を切り替える

1 目アイコンをクリックして非表示にする

［レイヤー］ダイアログで、非表示にしたいレイヤーの左端にある目アイコン👁をクリックします1。

CHECK

レイヤーをクリックしてアクティブにする操作は不要です。

2 同じ場所をクリックして表示する

表示を戻したいときは、同じ場所をクリックします1。

CHECK

レイヤーグループを非表示にすると、グループごと複数のレイヤーを非表示にできます。

08 レイヤーを削除する

非表示レイヤーなど不要なレイヤーを削除すれば、ファイルサイズが小さくなります。複数のレイヤーをアクティブにできないので、ひとつずつ削除します。

サンプルファイル 3-08.xcf

完成図

非表示の「カメ」レイヤーを削除します。

レイヤーを削除する

1 削除するレイヤーを選択する

[レイヤー] ダイアログで、削除する「カメ」レイヤーをクリックします1。

2 [レイヤーの削除] をクリックする

[レイヤー] ダイアログの下にある [レイヤーの削除] ☒をクリックします1。

CHECK

[レイヤー] メニュー→ [レイヤーの削除] でも実行できます。アクティブなレイヤーが削除されます。

レイヤーを保護する

誤操作しないようにレイヤーを保護します。「イメージを変更できない」「移動や変形ができない」「不透明度を変更できない」制限を選べます。複数の保護を組み合わせることもできます。

レイヤーを保護する

アクティブなレイヤーが保護対象になる

A イメージを変更できないようにする

保護するレイヤーをクリックして、「すべてのピクセルを保護」をクリックします。すべてのピクセルの色や不透明度の変更ができません。ただし、レイヤー全体を移動することはできます。

POINT

すべてのピクセルを保護しても、[画像の統合]と[可視レイヤーの統合]は実行されます。ただし、アクティブなレイヤーの下のレイヤーがすべてのピクセルを保護している場合、[下のレイヤーと統合]は実行できません。

B 移動や変形ができないようにする

保護するレイヤーをクリックして、「位置とサイズを保護」をクリックします。移動ツールや変形するツールが使えません。ただし、色や不透明度の変更はできます。

C 不透明度を変更できないようにする

保護するレイヤーをクリックして、「透明部分を保護」をクリックします。不透明度の変更ができません。ただし、色の変更、移動、変形は可能です。

POINT

保護を解除するときは保護したボタンをもう一度クリックします。

レイヤーグループを作成する

レイヤーグループを新しく作成して、フォルダーにレイヤーを移動します。グループフォルダーの中にある複数のレイヤーをまとめて表示／非表示を切り替えたり、描画モードを設定できます。

サンプルファイル 3-10.xcf

完成図

新しいレイヤーグループを作成して、その中にタイトル部分のレイヤーをすべて入れます。

レイヤーグループを作成する

1 レイヤーグループフォルダーを作成する

一番上にある「ウサギとカメ」レイヤーをクリックします1。［レイヤー］ダイアログの下にある［新しいレイヤーグループ］をクリックします2。「レイヤーグループ」フォルダーが作成されます3。

CHECK

新しく作成するレイヤーグループは、アクティブなレイヤーの上に作成されます。

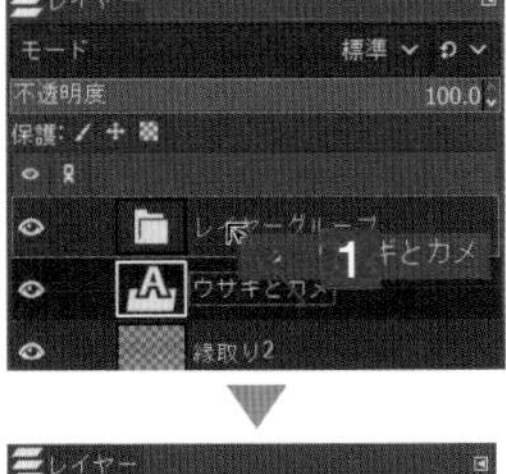

2 グループフォルダーにレイヤーを移動する

最初のレイヤーはグループフォルダーに重ねるようにドラッグします1。次からはフォルダー内のレイヤーの境界線に合わせてドラッグします23。「背景」以外のレイヤーが「レイヤーグループ」フォルダーに移動しました4。

11 アクティブレイヤーを移動する

移動ツールを[アクティブレイヤーを移動]に設定して移動します。イメージやレイヤーサイズの外側でドラッグ操作をしても移動することができます。

サンプルファイル 3-11.xcf

完成図

レイヤーをアクティブにしてからレイヤーを移動します。

アクティブレイヤーを移動する

1 移動ツールの移動対象をアクティブレイヤーにする

移動ツールを選択して1、[ツールオプション]ダイアログの［移動対象］を［レイヤー］に設定します2。[機能の切り替え］を［アクティブレイヤーを移動］に設定します3。

2 移動するレイヤーをアクティブにする

[レイヤー] ダイアログで、移動する「カメ」レイヤーをクリックします1。

3 レイヤーを移動する

カメを左にドラッグして移動します1。

CHECK

わざとカメ以外の場所にカーソルを合わせてドラッグしてください。アクティブなレイヤーしか移動しないのが確認できます。

直感的にすばやくレイヤーを移動する

移動したいレイヤーをいちいちクリックしてアクティブにするのが煩わしいときは、[機能の切り替え]を[つかんだレイヤーまたはガイドを移動]に設定します。

サンプルファイル 3-12.xcf

完成図

移動ツールのカーソルをイメージに合わせてすばやく移動します。

すばやくレイヤーを移動する

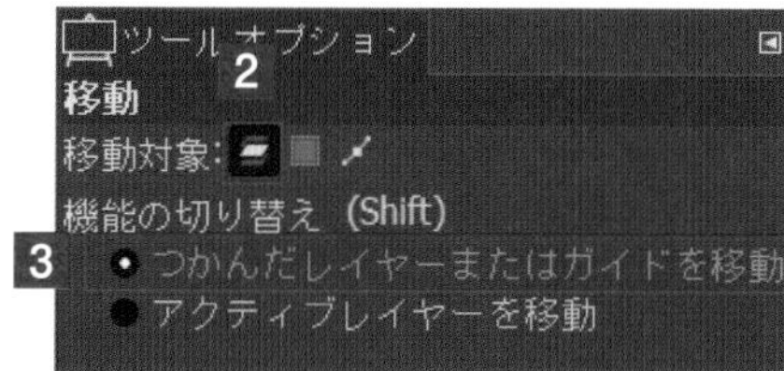

1 移動ツールの移動対象をレイヤーにする

移動ツール を選択して1、［ツールオプション］ダイアログの［移動対象］を［レイヤー］ に設定します2。[機能の切り替え]を[つかんだレイヤーまたはガイドを移動］に設定します3。

▼

2

2 レイヤーを移動する

「カメ」レイヤーがアクティブなままですが、ウサギのイラストの上にカーソルを合わせて1、移動したい方向にドラッグします2 。

CHECK

レイヤーをアクティブにしなくても、すぐに移動できます。

POINT

[つかんだレイヤーまたはガイドを移動］は、カーソルを合わせにくい小さいイメージのときは使いにくいかもしれません。[機能の切り替え］は Shift キーを押している間は逆の設定に切り替わります。状況に合わせて機能の切り替えがすばやくできます。

複数のレイヤーを一緒に移動する

[レイヤー]ダイアログの目アイコンの右隣にある鎖アイコンでレイヤーをつなぐと、それぞれの位置関係が変わらないように複数のレイヤーを同時に移動できます。

サンプルファイル 3-13.xcf

完成図

複数のレイヤーを鎖でつないでから移動します。

鎖でつないだ複数のレイヤーを一緒に移動する

1 複数のレイヤーを鎖でつなぐ

[レイヤー] ダイアログで、「ウサギ」と「カメ」レイヤーの目アイコンの右隣りのスペースをクリックして、鎖アイコンを表示します1。

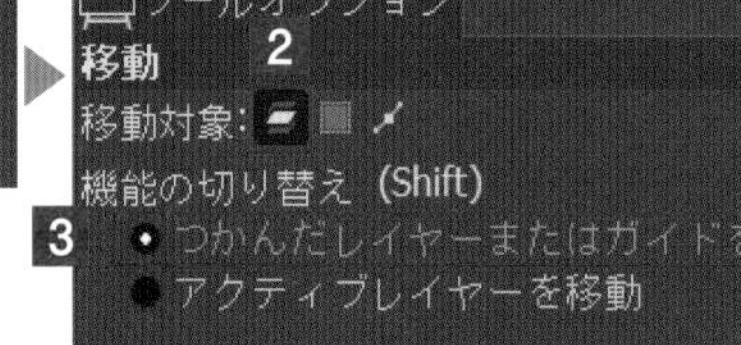

2 移動ツールの移動対象をレイヤーにする

移動ツールを選択して1、[ツールオプション] ダイアログの [移動対象] を [レイヤー] に設定します2。[機能の切り替え]を[つかんだレイヤーまたはガイドを移動] に設定します3。

3 レイヤーを移動する

ウサギかカメどちらかのイラストの上にカーソルを合わせてドラッグすると1、ウサギとカメが一緒に移動します。

CHECK

[機能の切り替え] を [アクティブレイヤーを移動] に設定したときは、連結したレイヤーのどれかをアクティブにしてからドラッグします。

レイヤーの重なり順を変更する

レイヤーを直接をドラッグして変更する方法が簡単です。レイヤーの数が多いときの最前面や最背面への移動は、メニューコマンドやダイアログのボタンでの操作が便利です。

サンプルファイル 3-14.xcf

▶

完成図

ウサギとカメの重なりを入れ替えます。

レイヤーの重なり順をドラッグで変える

1 レイヤーを直接ドラッグして移動する

［レイヤー］ダイアログで、「カメ」レイヤーを「ウサギ」レイヤーの上辺にドラッグします**1**。

CHECK

ハイライトのラインが表示される位置でマウスボタンをはなします。

POINT

移動するレイヤーをアクティブにして、［レイヤー］ダイアログの下にある∧アイコンをクリックすると、一段上（前面）に移動して。Shift キーを押しながらクリックすると、一番上（最前面）に移動します。

POINT

メニューコマンドで移動するときは、移動するレイヤーをアクティブして、［レイヤー］メニュー→［重なり］のサブメニューにあるコマンドをクリックします。

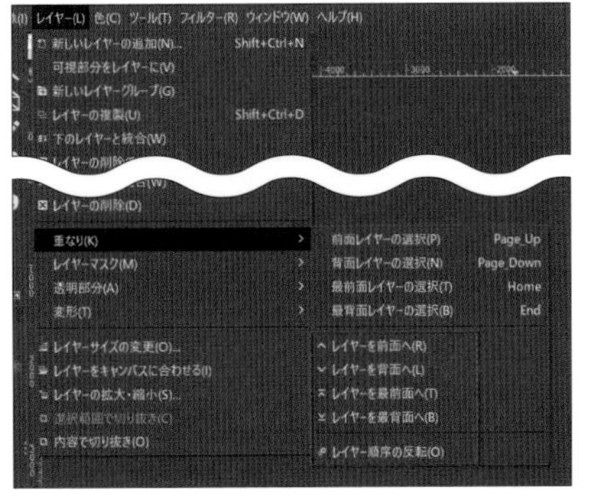

15 キャンバスの中央にレイヤーを配置する

整列ツールで選択したレイヤーをキャンバスの水平方向や垂直方向の中央に揃えます。基準にするのはレイヤーサイズで、レイヤー内のイメージではありません。

サンプルファイル 3-15.xcf

▶ KAME

完成図

「KAME」のテキストをキャンバスの中心に揃えます。

レイヤーをキャンバスの水平／垂直方向の中央に揃える

1 整列の基準を［画像］にする

整列ツール▤を選択して**1**、［ツールオプション］ダイアログの［基準］を［画像］に設定します**2**。

2 整列するレイヤーを選択する

「KAME」の上でクリックします**1**。四隅に白い四角形が表示されます**2**。

3 水平方向の中央に揃える

［ツールオプション］ダイアログで、［中央揃え（水平方向の）］をクリックします**1**。キャンバスの水平方向中央に移動します**2**。

▶ KAME 2

4 垂直方向の中央に揃える

［中央揃え（垂直方向の）］をクリックします**1**。キャンバスの垂直方向中央に移動します**2**。

16 アクティブなレイヤーの中央にレイヤーを整列する

整列ツールで選択したレイヤーをアクティブレイヤーのレイヤーサイズを基準に整列します。基準にするのはレイヤーサイズで、レイヤー内のイメージではありません。

サンプルファイル 3-16.xcf

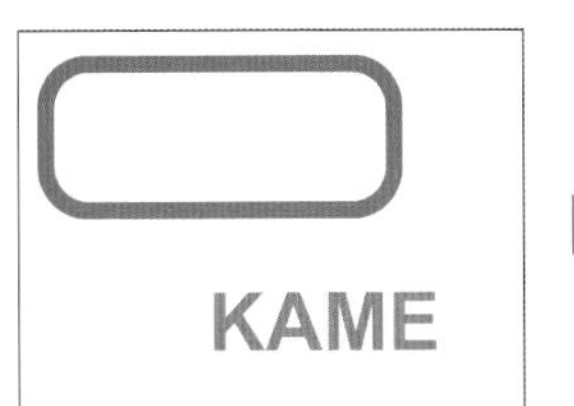

完成図

「縁取り1」レイヤーを「KAME」レイヤーの中心に揃えます。

レイヤーをアクティブレイヤーの水平／垂直方向の中央に揃える

1 整列の基準を［アクティブなレイヤー］にする

整列ツールを選択して1、［ツールオプション］ダイアログの基準を［アクティブなレイヤー］に設定します2。

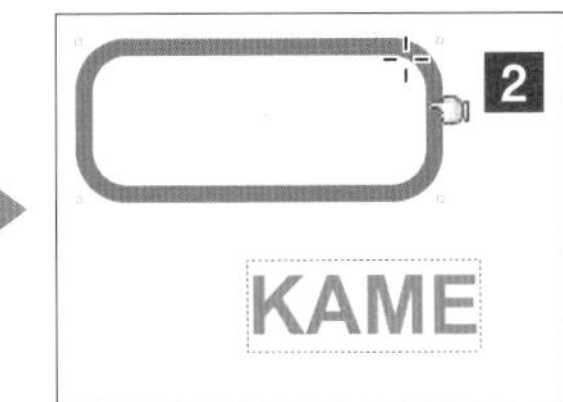

2 基準にするレイヤーと移動するレイヤーを選択する

［レイヤー］ダイアログで、整列の基準にする「KAME」レイヤーをクリックします1。移動（整列）する角丸の縁取り線をクリックします2。

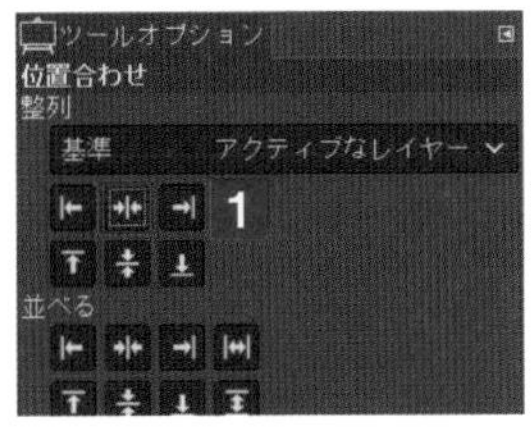

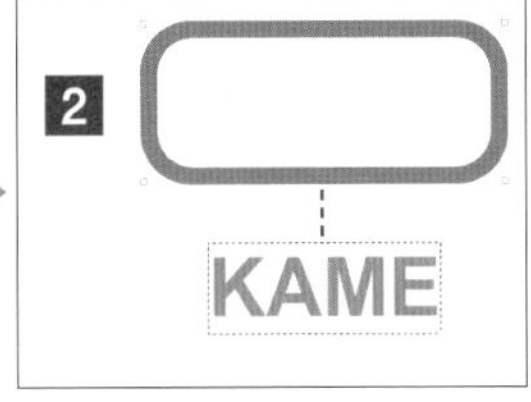

3 水平方向の中央に揃える

［ツールオプション］ダイアログで、［中央揃え（水平方向の）］をクリックします1。アクティブレイヤー（KAME）の水平方向中央の位置に移動します2。

4 垂直方向の中央に揃える

［中央揃え（垂直方向の）］をクリックします1。アクティブレイヤー（KAME）の垂直方向中央の位置に移動します2。

マージンを設定して レイヤーを整列する

基準からのオフセット値を設定して、レイヤーを整列できます。基準にするのはキャンバスの左上を原点として、座標指定でレイヤー(レイヤーグループ)を整列します。

サンプルファイル 3-17.xcf

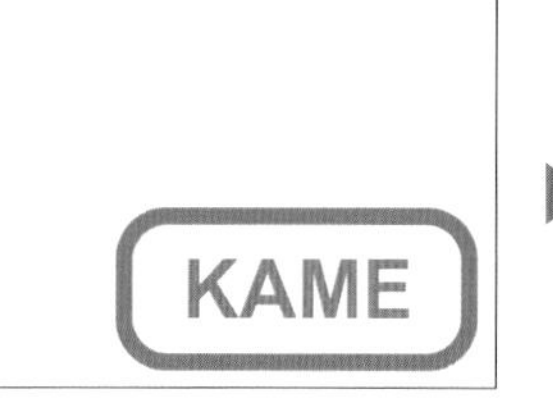

完成図

キャンバスの右上を左から100ピクセル、上から50ピクセルはなした場所に「@」レイヤーを移動します。

マージンを設定してレイヤーを整列する

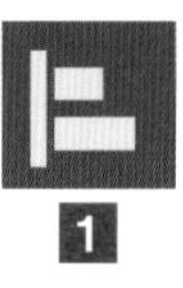

1 整列の基準を[画像]にする

整列ツール を選択して1、[ツールオプション]ダイアログの基準を[画像]に設定します2。

CHECK

レイヤーグループは、ひとつのレイヤーとして整列できます。

2 整列するイメージを選択する

整列する、「KAME」と「縁取り 1」のレイヤーグループの上にカーソルを合わせてクリックします1。

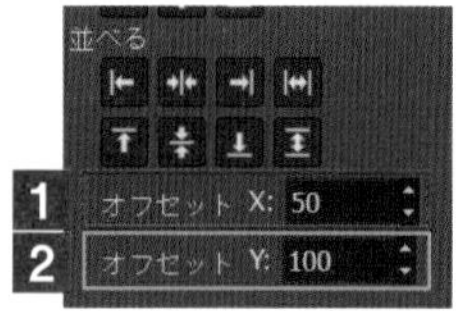

CHECK

「X」は水平（幅）の距離、「Y」は垂直（高さ）をピクセルの単位で設定します。

3 オフセット値を設定する

[ツールオプション] ダイアログで、[オフセット X] を「50」1、[オフセット Y] を「100」2に設定します。

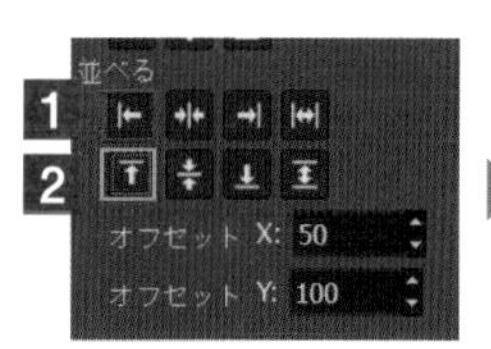

4 左端と上端を基準に並べる

[左端を基準に並べる] をクリックして1、キャンバスの左端から 50 ピクセルはなれた位置にレイヤーグループの左端を揃えます。「上端を基準に並べる] をクリックして2、キャンバスの上端から 100 ピクセルはなれた位置にレイヤーグループの上端を揃えます。

表示しているイメージのままレイヤーをすべて統合する

現在画像ウィンドウに表示されているイメージのまま、ひとつのレイヤーに統合します。レイヤーグループがあるときは、オプションの設定でレイヤーグループだけの統合もできます。

サンプルファイル 3-18.xcf

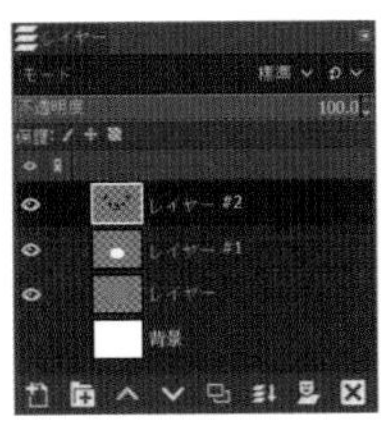

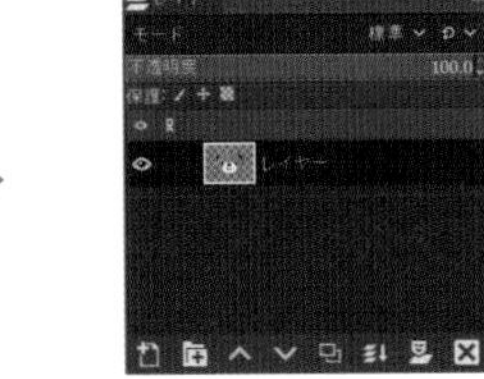

完成図

透明ピクセルを保持して、不可視レイヤーを削除したひとつのレイヤーに統合します。

不可視レイヤーを削除してひとつのレイヤーに統合する

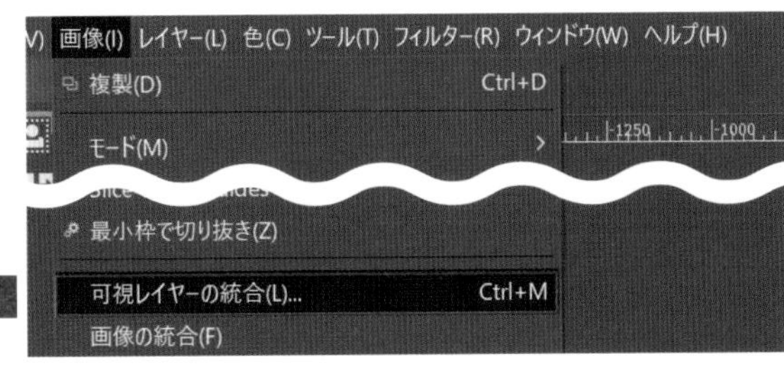

1 [可視レイヤーを統合]を実行する

[画像] メニュー→ [可視レイヤーを統合] をクリックします1。[レイヤーの統合] ダイアログが表示されます。

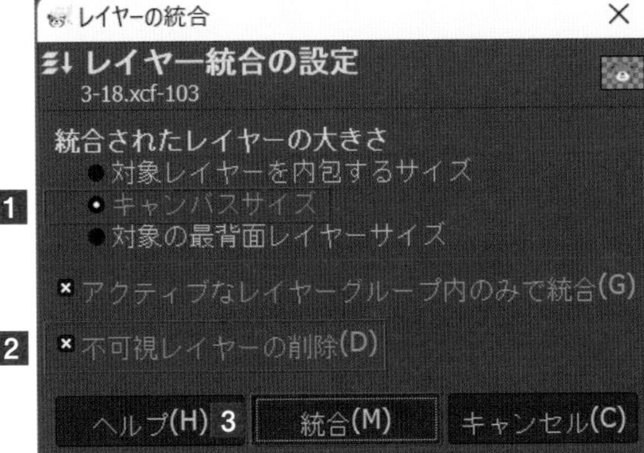

2 不可視レイヤーを削除して統合する

[キャンバスサイズ] 1と [不可視レイヤーの削除] 2にチェックをつけて、[統合] をクリックします3。画像ウインドウの表示と同じ、ひとつのレイヤーに統合します。

POINT

[画像の統合] もレイヤーを一括統合するコマンドですが、透明なピクセルが背景色になります。

CHECK

サンプルファイルにはレイヤーグループがないので、[アクティブなレイヤーグループ内のみで統合] オプションの設定は無視しています。このオプションは初期設定でチェックがついています。レイヤーグループフォルダー内のレイヤーをアクテイブにした状態で適用すると、レイヤーグループフォルダー内のレイヤーだけを統合します。

下に見えるレイヤーと統合する

選択したレイヤーと、その下(背面)に見えるレイヤーを統合します。背面に複数のレイヤーがある場合、すべて総合しますが、不可視レイヤーは残して統合します。

サンプルファイル 3-19.xcf

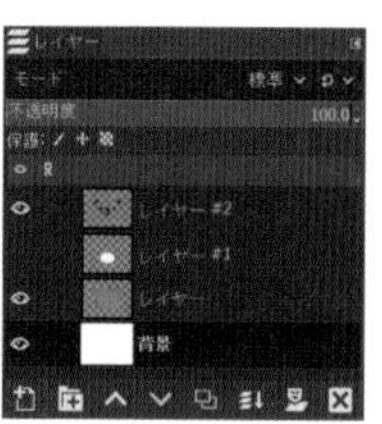

完成図

「レイヤー #2」と「レイヤー」を統合します。

下に見えるレイヤーと統合する

1 統合する上のレイヤーを選択する

[レイヤー] ダイアログで、「レイヤー #2」 レイヤーをクリックします1。

CHECK

統合する下のレイヤーに [すべてのピクセルを保護] が適用されている場合、統合することはできません。

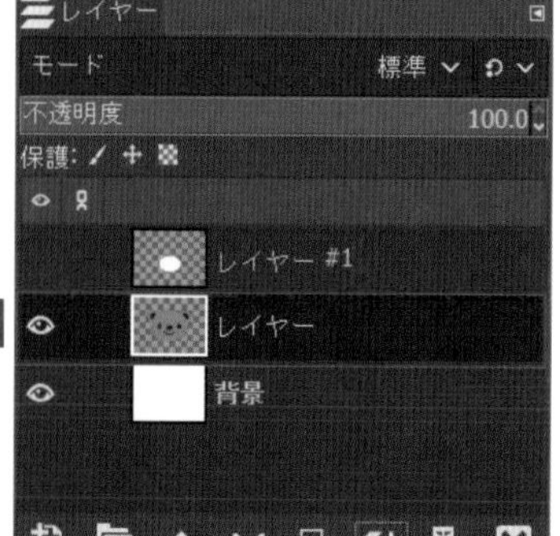

2 [下のレイヤーと統合] を実行する

[レイヤー] ダイアログの下にある [下のレイヤーと統合] をクリックします1。間にある不可視の「レイヤー #1」レイヤーを除いて統合します。統合されたレイヤーは下のレイヤー名になります2。

POINT

・[下のレイヤーと統合] をクリックするときの修飾キー

修飾キー	動作
+ Ctrl	[可視レイヤーの統合] を実行して、[レイヤーの統合] ダイアログが開く
+ Ctrl + Shift	ダイアログを開かずに、前回の設定のまま [可視レイヤーの統合] を実行する
+ Shift	[レイヤーグループの統合] を実行する

可視レイヤーを統合した新しいレイヤーを追加する

可視レイヤーを残したまま、統合したレイヤーを追加します。ひとつにまとめたいけど、レイヤー分けした状態も残しておきたいときに実行します。

サンプルファイル 3-20.xcf

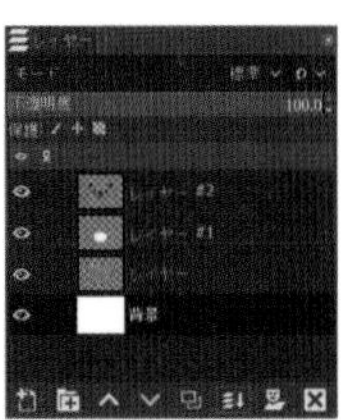

完成図

「レイヤー #2」の上に可視レイヤーを統合したレイヤーを追加します。

可視レイヤーを統合したレイヤーを追加する

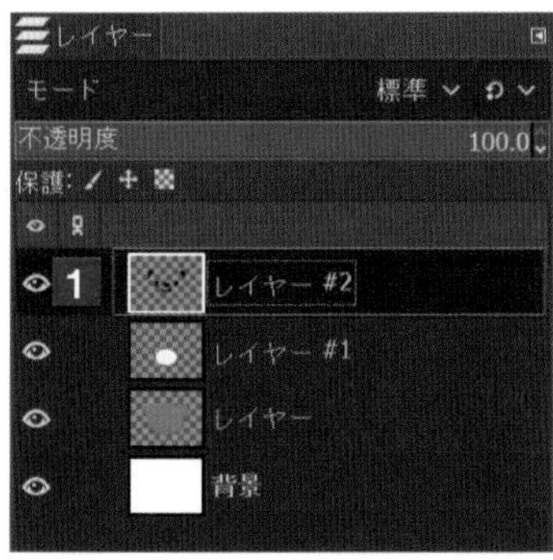

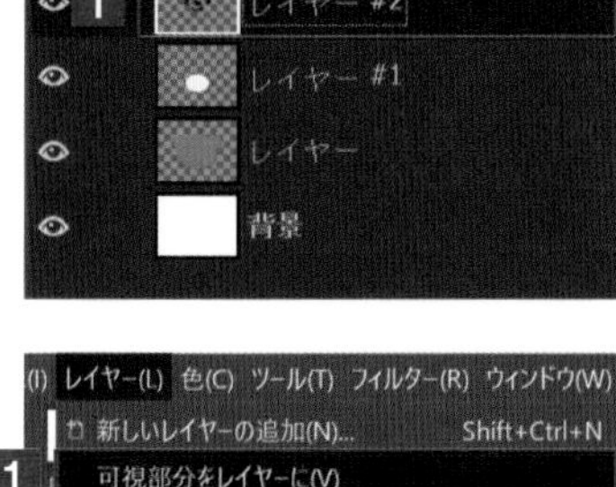

1 レイヤーを追加する位置を選択する

[レイヤー] ダイアログで、「レイヤー #2」レイヤーをクリックします1。

CHECK

アクティブレイヤーの上に統合した新しいレイヤーを追加します。

2 [可視部分をレイヤーに]を実行する

[レイヤー]メニュー→[可視部分をレイヤーに]をクリックします1。アクティブレイヤーの上に統合した「可視部分コピー」レイヤーが追加されます2。

レイヤーの不透明度を設定する

レイヤー全部のピクセルの不透明度を変更します。値を低くすると背面のイメージが透けて見えます。0%で完全な透明になります。

サンプルファイル 3-21.xcf

完成図

「紙風船1」レイヤーの不透明度を徐々に下げて変化を確認します。

レイヤーの不透明度を下げる

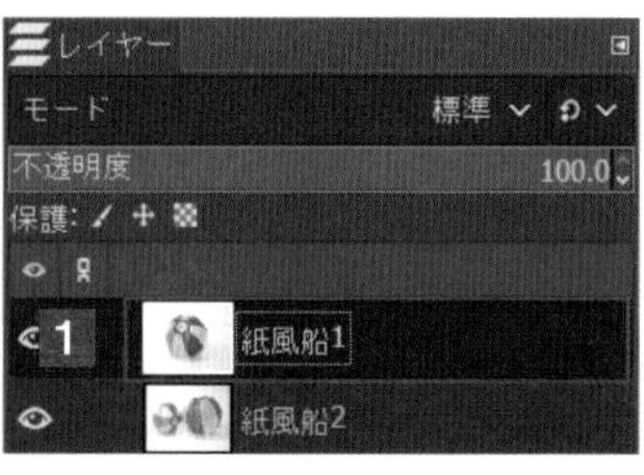

1 不透明度を変更するレイヤーを選択する

[レイヤー] ダイアログで、「紙風船 1」レイヤーをクリックします1。

▼

2 不透明度を設定する

不透明度のスライダーをゆっくり左にドラッグします1 2。徐々に下のレイヤーが透けて見えます。

CHECK

数値を直接入力して設定できます。上下の方向キーを押したり、⬍をクリックすると、1%単位で値が変わります。

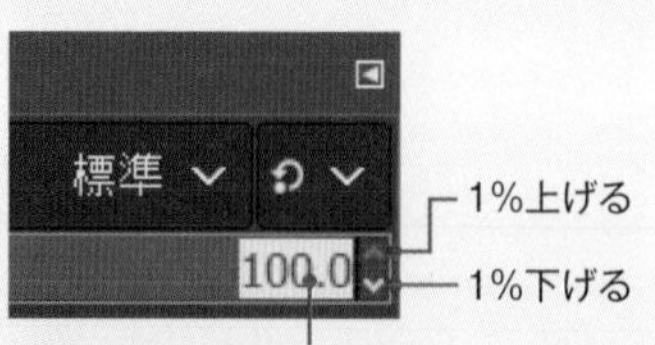

レイヤーのモードを設定して背面のレイヤーと合成する

レイヤーのモードを[標準]以外に設定すると、背面にあるレイヤーと合成することができます。モードを変えるだけで、イメージが激変するのは画像編集の醍醐味です。

サンプルファイル 3-22.xcf

完成図

「ウサギとカメ」レイヤーに[オーバーレイ]のモードを設定します。

レイヤーのモードを変えて背面レイヤーと合成する

1 合成する前面レイヤーを選択する

[レイヤー] ダイアログで、「ウサギとカメ」レイヤーをクリックします1。

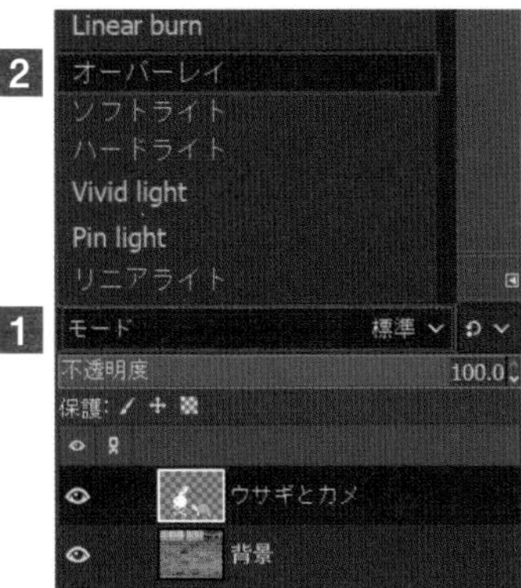

2 レイヤーのモードを設定する

[モード] をクリックして1、表示されたメニューの [オーバーレイ] をクリックします2。壁面に絵を描いたように見えます。

CHECK

合成するイメージによっては、壁に描いているように見えない場合もあります。[乗算] などの別のモードが合うケースもあります。モード選択は試行錯誤が必要です。

POINT

ペイントするツールも [ツールオプション] ダイアログでモードを設定できます。ブラシツールのモードを [オーバーレイ] に設定して、サンプルファイルの「背景」レイヤーに直接ペイントすると、壁に描いている感じに見えます。

23 レイヤーマスクで透明にする

レイヤーマスクを使うと、元のイメージを残したまま透明にすることができます。元のイメージを削除するのではなく、隠しているだけです。

サンプルファイル 3-23.xcf

▶

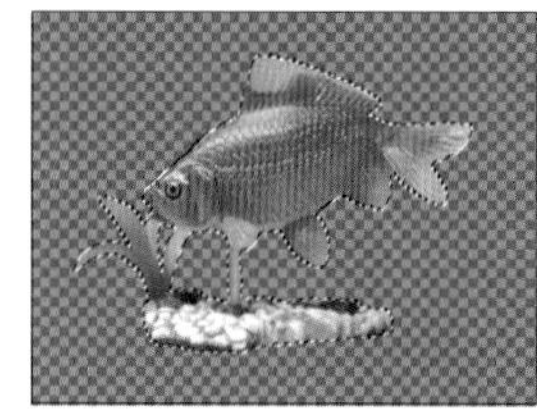

完成図

選択範囲の外側を透明にするレイヤーマスクを追加します。

レイヤーマスクを追加して選択範囲外を透明にする

1 選択範囲を作成する

選択範囲を作成します（サンプルファイルは作成済み）**1**。

CHECK

マスクする範囲を選択してもかまいません。後の設定で反転できます。

2 ［レイヤーマスクの追加］を実行する

［レイヤー］ダイアログの下にある［レイヤーマスクの追加］をクリックします**1**。［レイヤーマスクの追加］ダイアログが表示されます。

3 レイヤーマスクの初期化方法を設定する

［選択範囲］にチェックをつけて**1**、［追加］をクリックします**2**。レイヤーにマスクイメージのプレビューが表示されます**3**。

CHECK

マスクする範囲を選択した場合は、［マスク反転］をチェックします。

レイヤーマスクを修正する

レイヤーマスクを編集できるモードに切り替えて、ペイントツールでマスク領域を塗り直します。クイックマスクモードのような半透明表示にできないので、境界の判別が難しいです。

サンプルファイル 3-24.xcf

完成図

レイヤーマスクを修正して、金魚を持ち上げている棒を消します。

レイヤーマスクを編集する

1 レイヤーマスクの編集モードにする

［レイヤー］ダイアログで、レイヤーマスクのプレビューをクリックして1、レイヤーマスクの編集モードにします。

2 ペイントするツールを選ぶ

［ツールプリセット］ダイアログで、［Basic Round］をクリックします1。

CHECK

ツールを設定する説明を省くためにツールプリセットを使用しています。通常はブラシツールを選択し、［ツールオプション］ダイアログで好みのサイズ等に設定してください。

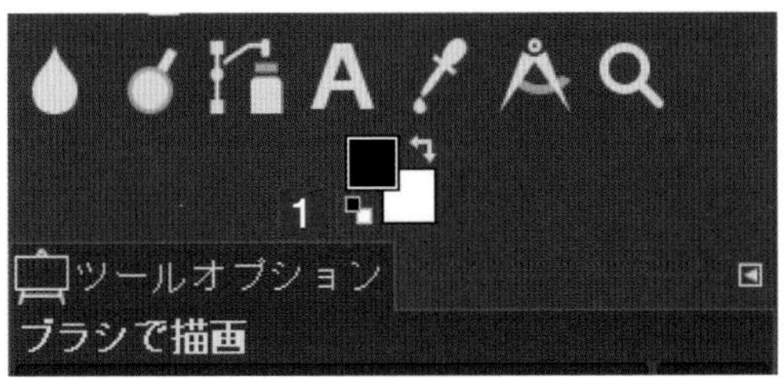

3 描画色を設定する

ツールボックスの下にあるをクリックします1。描画色がブラック、背景色がホワイトになります。

4 ブラックでマスク領域をペイントする

描画色をブラックにしてペイントすると**1**、マスク領域（透明にする領域）を広げることができます。

CHECK

描画色をホワイトにすると、マスクしない範囲を拡げることができます。描画色をと背景色をブラックとホワイトに設定しておけば、X キーを押すだけでブラックとホワイトを入れ替えかえることができます。

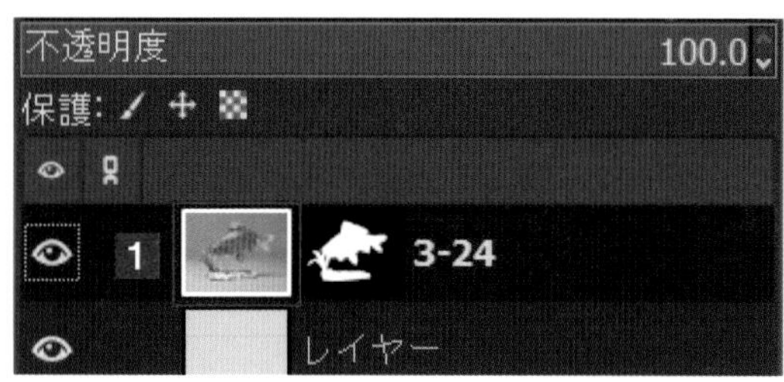

5 レイヤーマスクの編集モードを解除する

「3-24」レイヤーのプレビューをクリックして**1**、レイヤーマスクの編集モードを解除します。

POINT

・レイヤーマスクの編集

レイヤーマスクだけ表示する	[レイヤー]メニュー→[レイヤーマスク]→[レイヤーマスクの表示]をクリックしてチェックをつけるか、レイヤーマスクサムネールを Alt キーを押しながらクリックすると、画像ウインドウにレイヤーマスクのイメージだけが表示される。塗りむらや、塗り残しなどを確認するとき便利。この状態でもペイントツールで修正できる。表示を戻すときは、[レイヤーマスクの表示] をクリックしてチェックを外すか、レイヤーマスクサムネールを Alt キーを押しながらクリックする
マスクしたイメージのままレイヤーマスクを削除する	レイヤーマスクを適用したレイヤーをアクティブにして [レイヤー] メニュー→ [レイヤーマスク] → [レイヤーマスクの適用] をクリックすると、同じイメージのマスクのないレイヤーに変換される。レイヤーマスクでは適用できない[内容で切り抜き]（110 ページ参照）が実行できるようになる
レイヤーマスクを削除して元のイメージに戻す	[レイヤー] メニュー→ [レイヤーマスク] → [レイヤーマスクの削除] をクリックする
レイヤーマスクを残したままマスク処理を適用しない	[レイヤー] メニュー→ [レイヤーマスク] → [レイヤーマスクの無効化] をクリックしてチェックをつける。レイヤーマスクを適用したいときは、もう一度クリックして[レイヤーマスクの無効化] のチェックを外す

CHAPTER

04

THE PERFECT GUIDE FOR GIMP

ペイントの操作

ペイントするツールの特徴を知る

ペイントするツールは描画色に設定した色で線を描いたり塗りつぶすことができます。複数のツールがあるので、特徴を覚えて使い分けましょう。

ブラシでペイントするツールと塗りつぶすツール

ブラシで描画色をペイントするツール

アナログのイラストを描くときサインペンや筆、色鉛筆などの道具があるように、デジタルイラストを描くときもツールを使い分けて異なるタッチを表現することができます。

ツール	特徴	線
ブラシで描画	線のエッジにアンチエイリアス処理をつけた滑らかな線	
鉛筆で描画	描画色に濃淡をつけないはっきりとした線	
エアブラシで描画	エアブラシで描くスプレーアートのような線	
MyPaint ブラシで描画	アナログ画材に似たタッチの線が描けるプリセットがたくさん用意されている	

POINT

インクで描画ツールは、［ブラシ］ダイアログのブラシは使用できません。［ツールオプション］ダイアログで３種類の形状を選択します。カリグラフィ文字のようにブラシ先端の角度で線幅に強弱をつけたり、ドラッグする速度で線幅に強弱をことができます（141ページ参照）。

対象の範囲を塗りつぶすツール

対象の範囲を描画色やパターンで塗りつぶすときは塗りつぶしツールを使い、グラデーションで塗りつぶすときはグラデーションツールを使います。

ブラシを設定する

ブラシ形状の選択は、描画色でペイントするツール以外に、[消しゴム][スタンプで描画][遠近スタンプで描画][修復ブラシ][にじみ][ぼかし / シャープ][暗室]ツールでも設定します。

ブラシを設定する

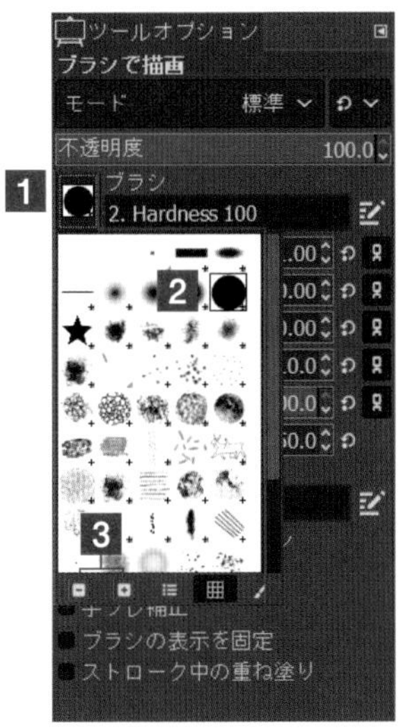

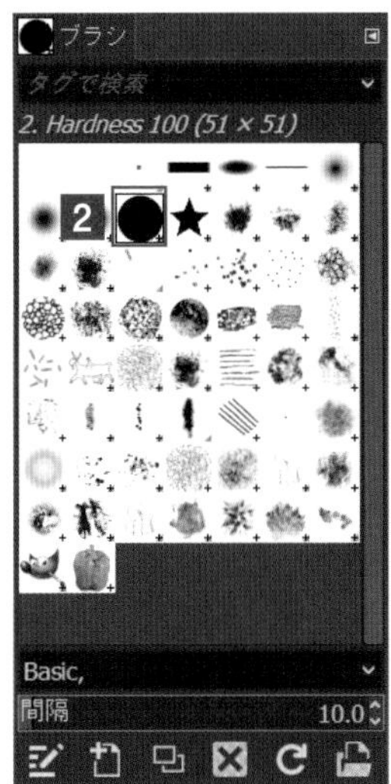

ブラシの形状を選択する

ブラシの形状は、[ツールオプション] ダイアログのサムネールをクリックして1、パネルから選択するか、[ブラシ] ダイアログのサムネールをクリックして選択します2([MyPaint ブラシで描画] は、専用の [MyPaint ブラシ] ダイアログのブラシを選択する)。

POINT

[ツールオプション] ダイアログは、3のボタンをクリックしてサムネールの表示サイズを変更できます。[ブラシダイアログと [MyPaint ブラシ] ダイアログはダイアログメニューにある [プレビューサイズ] で変更できます。

ブラシをカスタマイズする

選択したブラシは [ツールオプション] ダイアログでサイズや縦横比などにあるスライダーの値を変更してカスタマイズできます。初期設定の値に戻すときは1をクリックします。ブラシを変更すると初期設定の値に変わりますが、2をクリックした設定値はブラシを変えても同じ値を使用します。

A値を大きくするとブラシサイズが大きくなる
B値を大きくすると横長の形状になる
C値を大きくすると右に傾く
D値を大きくするとブラシをスタンプする間隔が広がる
E値を大きくすると輪郭がはっきりする
F値を大きくすると濃い色でペイントする

ブラシの表示を固定する

画像の表示倍率を変えてもブラシのサイズが変わらない設定にできます。言い換えれば、ブラシのサイズを画像の表示倍率で変更できます。

サンプルファイル 4-03.xcf

完成図

[ブラシの表示を固定] を設定して、表示倍率を変えたときのペイントの違いを確認します。

表示を固定したブラシは表示倍率でサイズが変わる

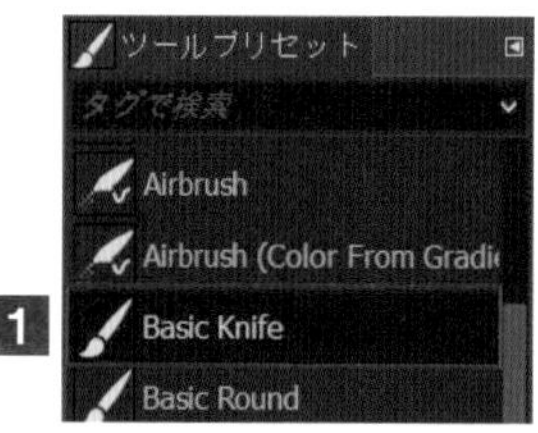

1 ペイントするツールを選ぶ

[ツールプリセット] ダイアログで、[Basic Knife] をクリックします1。

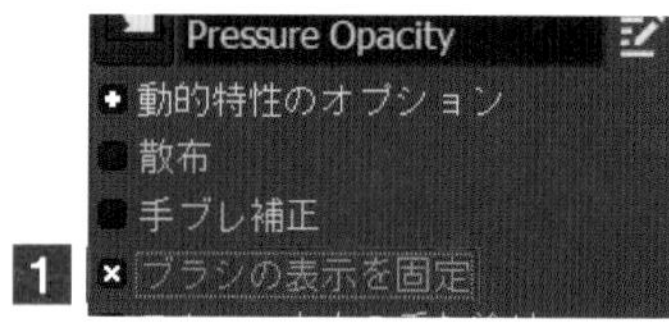

2 [ブラシの表示を固定] にチェックをつける

[ツールオプション] ダイアログの [ブラシの表示を固定] をクリックして1、チェックをつけます。

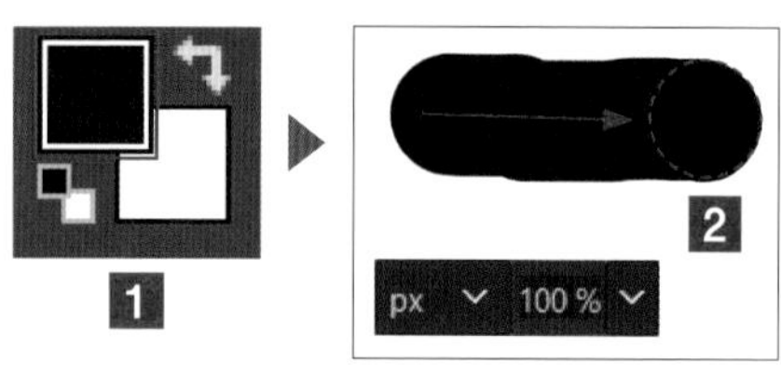

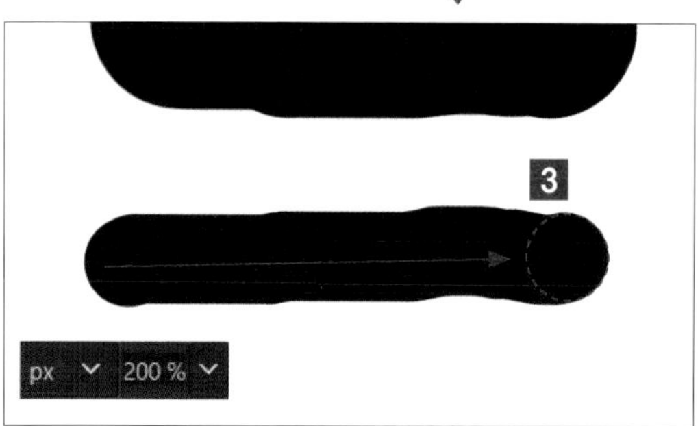

3 表示倍率を変えてペイントする

描画色を設定します（ここではブラック）1。[表示] メニュー→ [表示倍率] を [1：1（100%）] に設定して描画します2。次に [表示倍率] を [[2:1（200%）] に変えて、描画します 3。

CHECK

100%の表示でペイントすると設定と同じサイズになり、200%の表示でペイントすると設定の半分のサイズになります。

描画色と背景色に新しい色を設定する

ツールボックスにあるカラーボックスをクリックして、ダイアログで新しい色を設定します。カラーフィールドをクリックして直感で色を設定する方法と、数値で設定する方法があります。

[描画色の変更] [背景色の変更] ダイアログを設定する

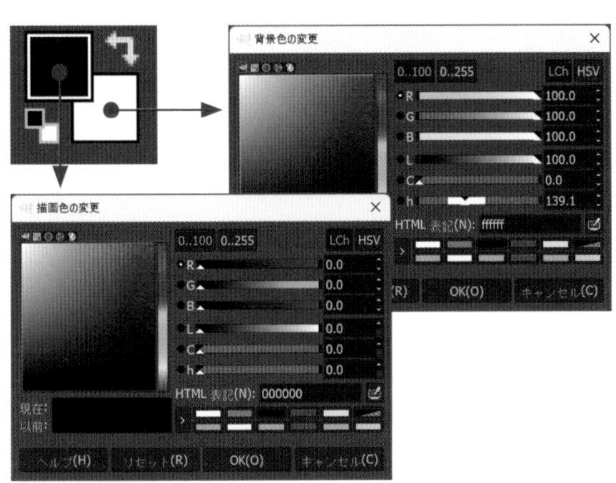

描画色と背景色を別々に設定する

ツールボックスにある描画色か背景色のカラーボックスをクリックして、それぞれ表示されるダイアログで色を設定します。

POINT

アルファチャンネルを追加していない [背景] レイヤーで消しゴムツールを使うと、背景色がペイントされます。

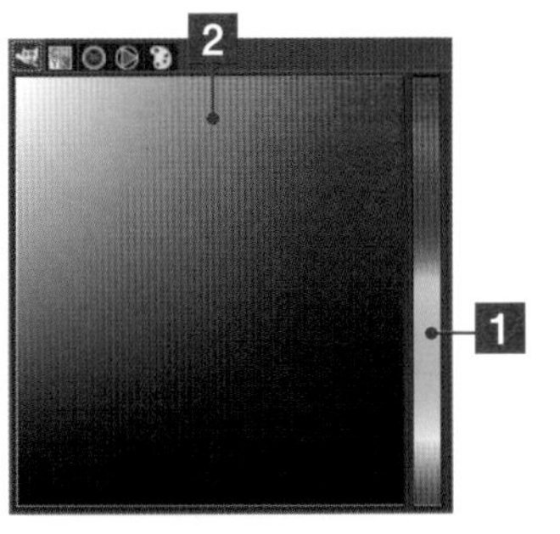

GIMPセレクター

初期設定で表示されます。最初に右側の縦長の色相をクリックまたはドラッグして選び**1**、次に大きな四角形から設定したい色を見つけてクリックします**2**。

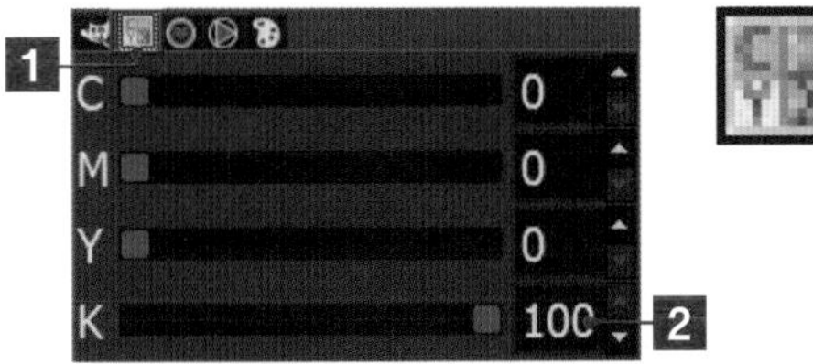
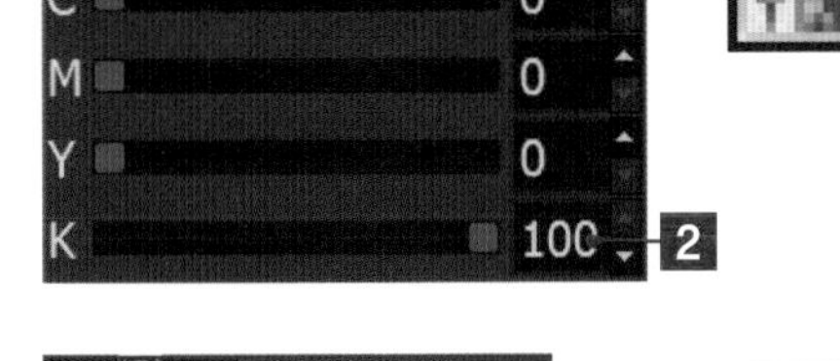

CMYKセレクター

[CMYK] をクリックして表示します**1**。C (シアン) M (マゼンタ) Y (イエロー) K (ブラック) の印刷用インクの濃さ (0～100%) で設定します**2**。まだ GIMP はCMYKチャンネルに対応していないので、RGB カラーが設定されます。

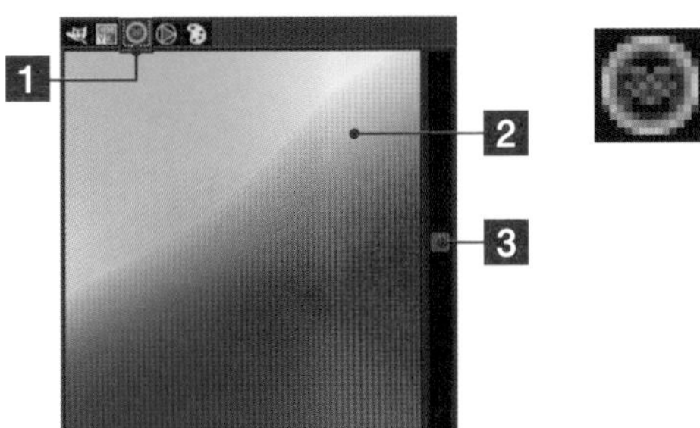

水彩色セレクター

[水彩色] をクリックして表示します**1**。カラーフィールドをクリックすると**2**、元の描画色にクリックした色を水彩絵具のように混ぜた色に変わります。右のスライダーを上に移動すると**3**、混ぜる色の量が多くなります。

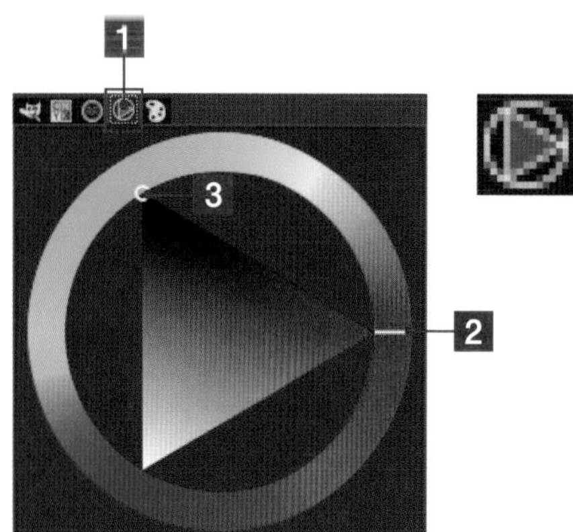

色相環セレクター

［色相環］をクリックして表示します**1**。ドーナツ状の色相をクリックまたはドラッグして選び**2**、次に内側の三角形から設定したい色を見つけてクリックします**3**。

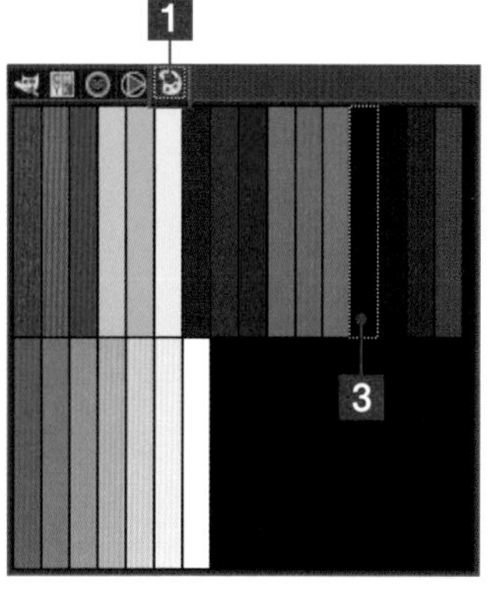

パレット

［パレット］をクリックすると**1**、現在［パレット］ダイアログで選択しているアクティブなパレットが表示されます**2**。設定したい色を見つけてクリックします**3**。

POINT

・カラーモデル別の色指定

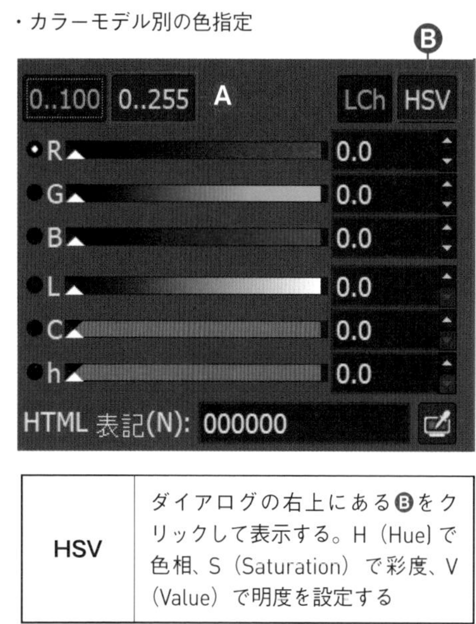

HSV	ダイアログの右上にある**B**をクリックして表示する。H（Hue）で色相、S（Saturation）で彩度、V（Value）で明度を設定する

RGB	R（レッド）、G（グリーン）、B（ブルー）の光の強さの組み合わせて色を設定する。3つの光をすべて100％にするといちばん明るい白になり、光のない0％にすると、闇の黒になる。0～255の数値で設定するときは、**A**をクリックする
LCh	ダイアログの右上にある［LCh］をクリックして表示する。L（Lightness）で明度、C（Chroma）で彩度、h（hue）で色相を設定する
HTML 表記	色を6桁の16進数で設定する。「red」や「brown」などのカラーネームを入力して変換することもできる

05 スポイトツールで描画色を設定する

スポイトツールを使用すると、画像にある色を描画色や背景色に設定できます。[色の平均を取る]のチェックを外すと、正確にクリックしたピクセルの色を設定します。

サンプルファイル 4-05.xcf

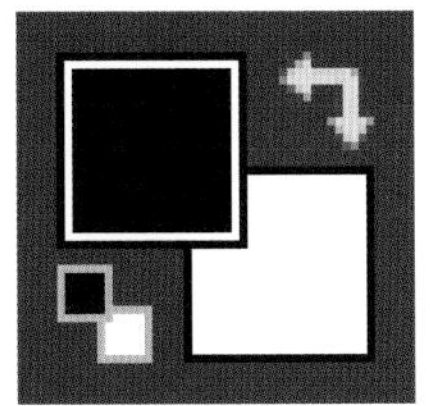

▶

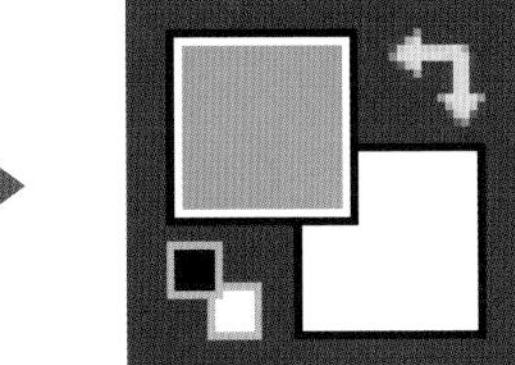

完成図

画像内にある色をスポイトツールでクリックして、描画色に設定します。

クリックしたピクセルの色を描画色に設定する

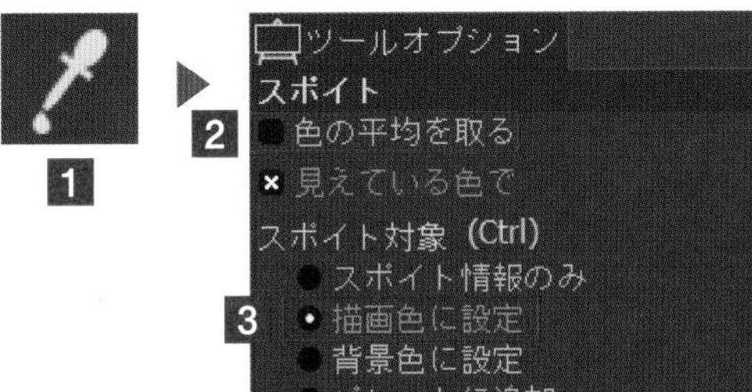

1 スポイトツールのオプションを設定する

スポイトツール を選択して1、[ツールオプション]ダイアログの[色の平均を取る]のチェックを外し2、[スポイト対象]を[描画色に設定]に設定します3。

CHECK

設定した色の数値をすぐに確認したいときは、[情報ウィンドウを使用]にチェックをつけます。

2 設定する色のピクセルをクリックする

設定したい色のピクセルにカーソルを合わせてクリックします1。描画色が設定されます2。

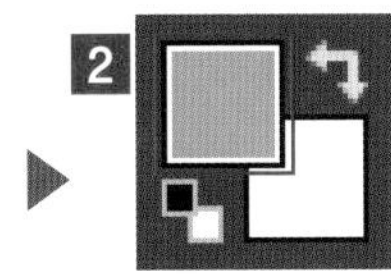

CHECK

Ctrl キーを押すと、[ツールオプション]ダイアログの[描画色に設定]と[背景色に設定]のチェックを一時的に切り替えて使用できます。

ペイントするツールで自由な線を描く

ペイントするツールは、ドラッグ操作で自由な線をペイントできます。[手ブレ補正]オプションを有効にすると、より滑らかな線を描けます。

サンプルファイル 4-06.xcf

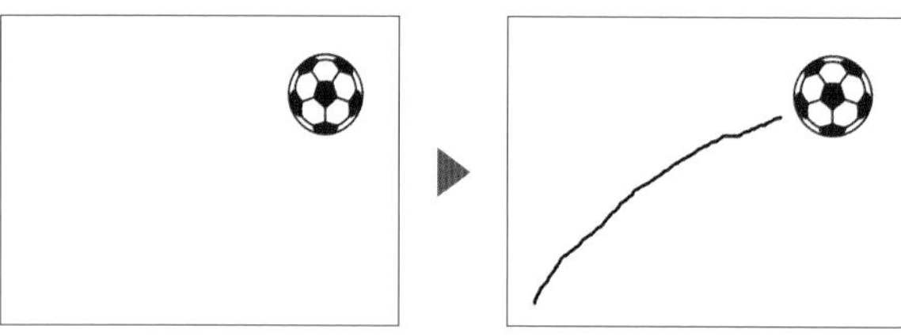

完成図

サッカーボールが飛んだ軌跡の線をフリーハンドで描きます。

自由な線を描く

1 ペイントするツールを選ぶ

[ツールプリセット] ダイアログを表示して、[Basic Round] をクリックします1。描画色を設定して（ここではブラック）2、[ツールオプション] ダイアログのオプションを設定します（ここでは [サイズ] を「5」、ほかは初期設定のまま）3。

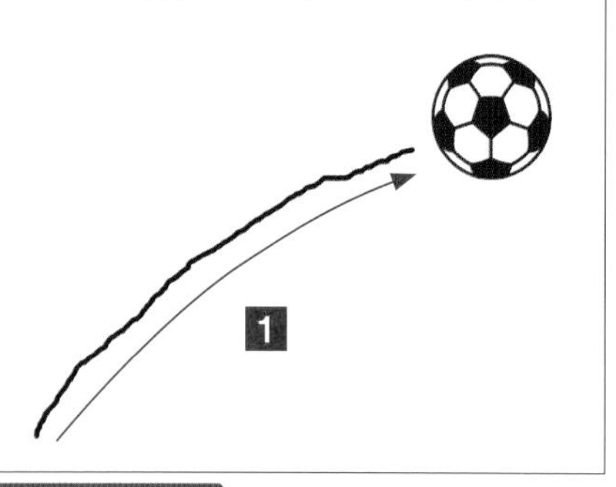

2 フリーハンドで線を描く

ドラッグして線を描きます1。

POINT

滑らかな線を描きたいときは、[ツールオプション] ダイアログの [手ブレ補正] にチェックをつけます。[品質] は筆圧の変化を補正して、[ウエイト] は軌道のブレを補正します。どちらも値を大きくすると補正が強くなり、滑らか（平均的）な線が描けます。

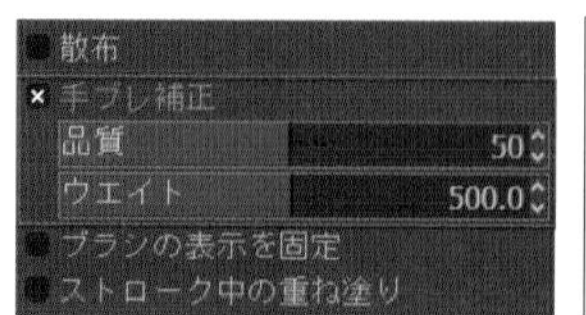

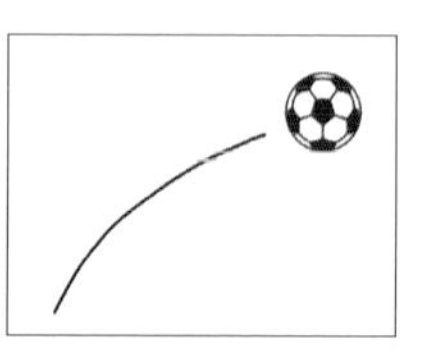

ペイントするツールで直線を描く

GIMPには直線を描く専用のツールはありません。ペイントするツールすべてで直線を描けます。水平・垂直など角度を固定した直線も描けます。

サンプルファイル 4-07.xcf

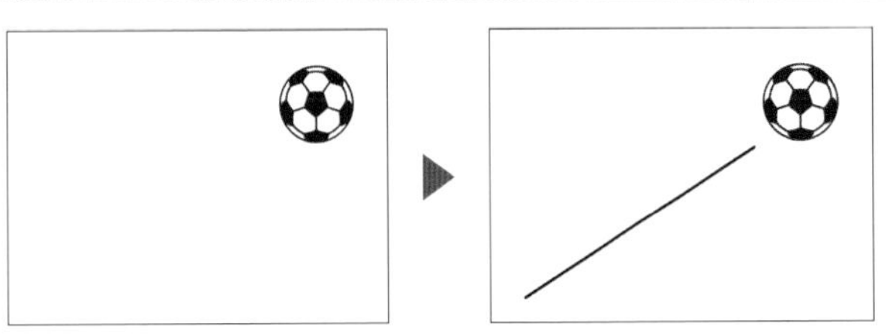

完成図

サッカーボールが飛んだ軌跡の線を直線で描きます。

直線を描く

1 ペイントするツールを選ぶ

[ツールプリセット] ダイアログを表示して、[Basic Round] をクリックします**1**。描画色を設定して（ここではブラック）**2**、[ツールオプション] ダイアログのオプションを設定します（ここでは [サイズ] を「5」、ほかは初期設定のまま）**3**。

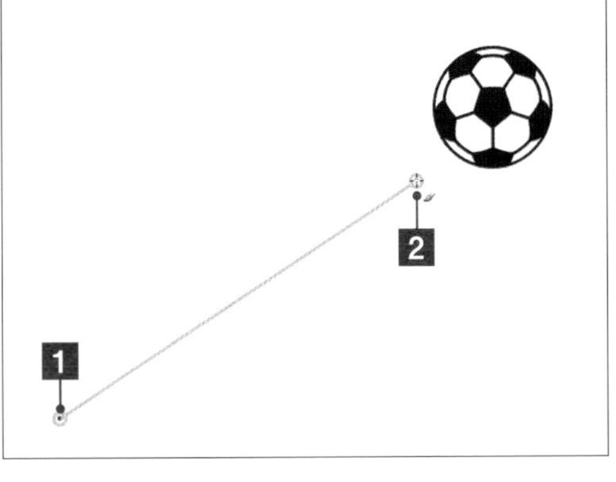

2 直線を描く

直線の始点となる場所でクリックして**1**、Shift キーを先に押しながら終点をクリックします**2**。

CHECK

連続して直線を描くときは、Shift キーを押し続けてクリックします。

POINT

直線の始点となる場所でクリックして、Shift キーを押してから Ctrl キーを押すと、ガイド線の角度が 15 度単位に固定されます。Shift キーと Ctrl キーを押したままクリックすれば、角度を固定した直線を描けます。

エアブラシで描画ツールでスプレー塗装のように描く

エアブラシで描画ツールは、缶スプレーのようにノズルを押した時間や塗り重ねた回数に応じて色の濃さが変わるペイントができます。

サンプルファイル 4-08.xcf

完成図

コーヒーの湯気をイメージしてペイントします。

エアブラシで描く

1 エアブラシで描画ツールを選ぶ

エアブラシで描画ツールを選択します**1**。描画色を設定します（ここではホワイト）**2**。［ツールオプション］ダイアログのオプションを設定します（ここでは［ブラシ］を「2.Hardness 025」、［サイズ］を「500」、［割合］を「5」、そのほかは初期設定のまま）**3**。

CHECK

缶スプレーのノズルをマウスボタンに置き換えて、インクを吹き出す速度や濃さを［割合］と［流量］のオプションで調整します。

・オプションについて

割合	ブラシをスタンプする速度を調整する。値を高くすると、マウスボタンを押している時間分たくさんスタンプするので早く色が濃くなる
流量	スタンプする色の量を調整する。値を高くすると、スタンプ1回の色が濃くなる

2 徐々に塗り重ねてペイントする

ゆっくり薄くペイントするオプション設定なので、マウスボタンを長く押し続けたり、何度も塗り重ねて徐々に濃くペイントします**1**。

ドラッグするスピードで線幅に強弱をつけて描く

インクで描画ツールは、筆圧検知に対応したペンタブレットがなくても、マウスでドラッグするスピードの調節で線幅に強弱をつけることができます。

サンプルファイル 4-09.xcf

完成図

線幅の細いところは早く、太いところはゆっくりドラッグして描きます。

線幅に強弱をつけた線を描く

1 インクで描画ツールを選ぶ

インクで描画ツールを選択します**1**。描画色を設定します（ここではブラック）**2**。［ツールオプション］ダイアログのオプションを設定します（ここでは［手ブレ補正］にチェックをつけ、［サイズ］は「20」、［感度］はお好みで、そのほかは初期設定のまま）**3**。

CHECK

［スピード］の値を「0」にすると、ドラッグする速度を変えても一番太い線（［補正］の［サイズ］の2倍）のまま変化しません。スピードの値を大きくするほど細い線を描けますが、一番太い線の幅が狭くなるので、［感度］の［サイズ］の値を大きくして調整します。「ゆっくりドラッグする」＝「筆圧が強くてペン先が広がる」イメージです。

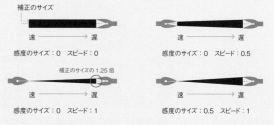

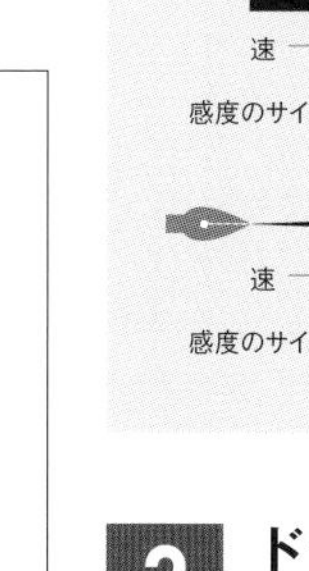

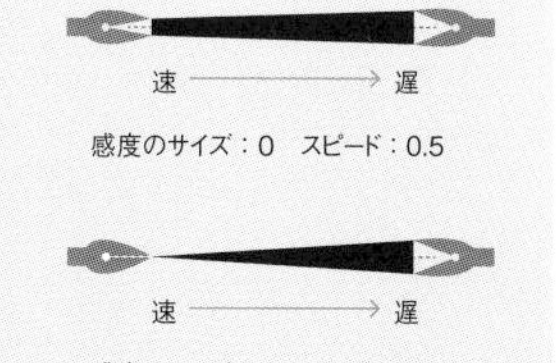

2 ドラッグするスピードに変化をつけて描画する

スピードに変化をつけてドラッグします**1**。

10 MyPaintブラシで描画ツールで線を描く

「MyPaint」(オープンソースのペイントソフト)と同じブラシを使ってペイントします。アナログの画材をシミュレートしたブラシがたくさん用意されています。

3タイプのブラシを使い分ける

MyPaint ブラシで描画ツールで使えるブラシは、おおまかに「描画色でペイントする」「消しゴムで消す」「にじみ・ぼかしをつける」の 3 タイプあります。ここでは特徴がわかりやすい一部のアイコンを紹介します。

2B pencil

airbrush

chalk

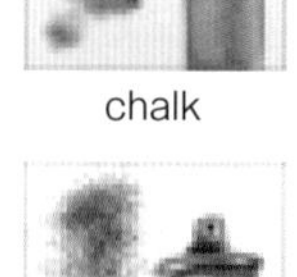

charcoal 01

marker 03

spray2

描画色でペイントする

MyPaint ブラシで描画ツール専用のブラシの 8 割り以上が描画色でペイントできるブラシです。鉛筆、筆、ペンなどのイメージが入ったアイコンは、アナログタッチのペイントをシミュレートしたブラシです。

Hand Eraser

ink eraser

Soft Eraser

large hard eraser

kneaded eraser large

thin hard eraser

消しゴムで消す

「eraser」の文字が入ったアイコンや、消しゴムのイメージのアイコンは、消しゴムのブラシです。

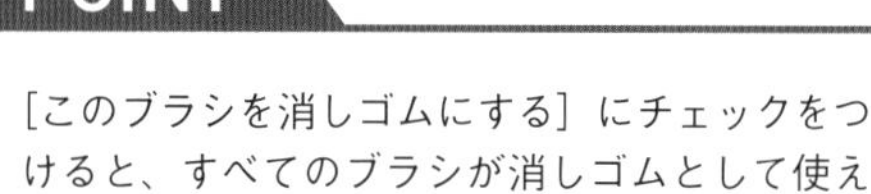

POINT

[このブラシを消しゴムにする] にチェックをつけると、すべてのブラシが消しゴムとして使えます。

blending knife

Blur Fast

grainy blending

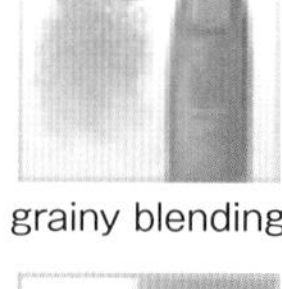

smudge

water 02

wet kife

にじみ・ぼかしをつける

「Blend」や「smudge」の文字が入ったアイコンは、水彩絵の具を水筆でぼかしたり、乾いていない油絵具をのばしたりするような効果をつけることができます。

POINT

にじみ・ぼかしをつけるブラシは、[No erasing effect] にチェックをつけると、ピクセルの透明度を下げないようにペイントします（不透明から透明に色は伸ばせますが、その逆は不可になります）。

画像をコピーしてブラシで描画する

スタンプで描画ツールは、コピーしたイメージをブラシでペイントすることができます。最初に Ctrl キーを押しながらクリックして、カーソル内のイメージをコピーします。

サンプルファイル 4-11.xcf

完成図

小さい雲をスタンプソースにして、新しい雲を追加します。

画像を転写する

1 ブラシの形状とサイズを設定する

スタンプで描画ツールを選択して1、[ツールオプション] ダイアログで、[2.Hardness100] ブラシを選択します2。サイズはソースにするイメージ(小さい雲) を囲める「210」(px) に設定します3。[スタンプソース] を [画像] に設定します4。[見えている色で] のチェックは外したままです5。[位置合わせ] を [固定] に設定します6。ほかは初期設定のままです。

CHECK

[見えている色で] のチェックをつけると、現在表示しているすべてのレイヤーのイメージをコピーして転写します。ここでは、レイヤーを分けて描いている雲のイメージだけコピーしたいので、チェックを外します。

CHECK

ここでは、最初にコピーする雲のイメージだけでペイントしたいので、スタンプソースの位置が動かないように、[位置合わせ] を [固定] に設定します。

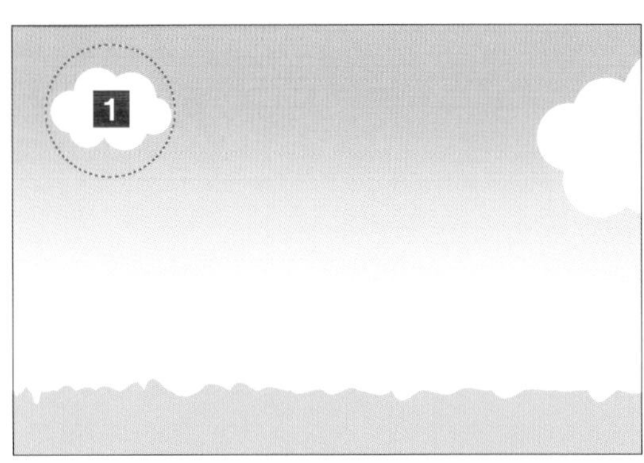

2 スタンプソースを設定する

左上にある小さい雲がカーソルの円の中に入る位置に合わせて、Ctrl キーを押しながらクリックします1（あらかじめ「雲」レイヤーがアクティブになっています）。

CHECK

スタンプソースの設定をやり直すときは、もういちど Ctrl キーを押しながらクリックします。

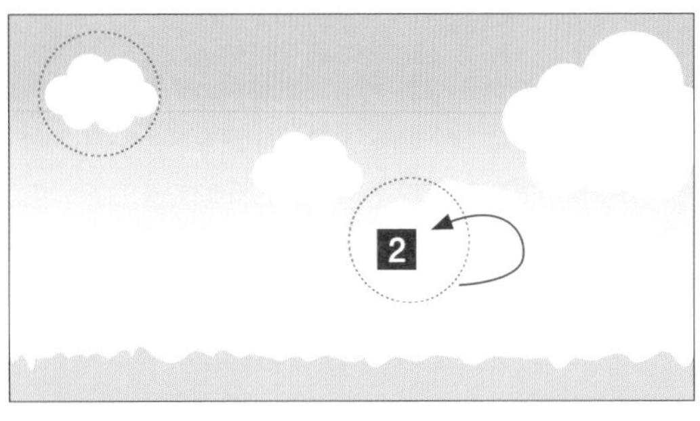

3 コピーをペイントする

カーソルを移動してクリックすると1、小さい雲がペイントされます。別の場所でドラッグすると2、形を変えた雲をペイントできます。

CHECK

この作例のソースはホワイト１色なので、ドラッグでペイントしたイメージに違和感がありませんが、写真などをソースにすると、特殊なイメージになります。

POINT

・［位置合わせ］の設定によるソースの挙動

なし	コピーのペイント中はソースも一緒に移動するが、終わるとソースの位置が元に戻る
揃える	ソースとペイントするカーソルの位置を固定する
登録されたもの	ソースとペイントするカーソルの位置を固定する。ペイントするレイヤーとは別のレイヤーをソースにするとき設定する。最初にソースにするレイヤーをアクティブにして、Ctrl キーを押しながらクリックしたら、コピーしたいレイヤーをアクティブにしてペイントする。ファイルの違うレイヤー画像もソースにできる（キャンバスサイズを揃えるとやりやすい）
固定	ソースの位置を固定したたままにする。コピーしたイメージをブラシのようにしてペイントできる

パターンをブラシでペイントする

スタンプで描画ツールは、スタンプソースを[パターン]に設定することで、[パターン]ダイアログでアクティブにした模様をブラシでペイントすることができます。

サンプルファイル 4-12.xcf

完成図

パターンのイメージをスタンプで描画ツールのブラシで描画します。

スタンプソースを[パターン]に設定してペイントする

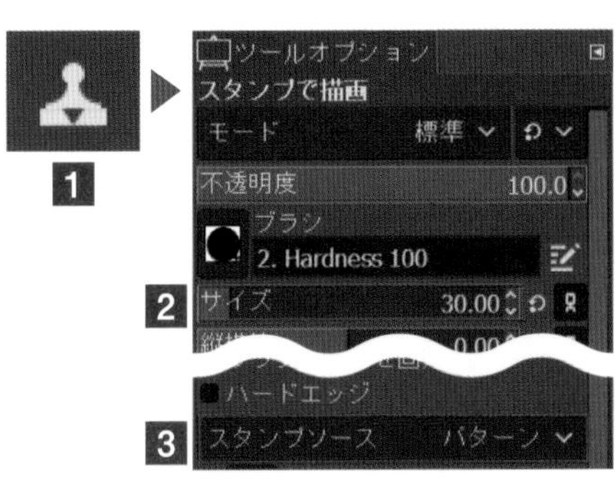

1 ブラシの形状を設定する

スタンプで描画ツールを選択して1、[ツールオプション] ダイアログで、[サイズ] を設定します（ここでは「30」）2。[スタンプソース] を [パターン] に設定します3。ほかは 143 ページの手順1と同じです。

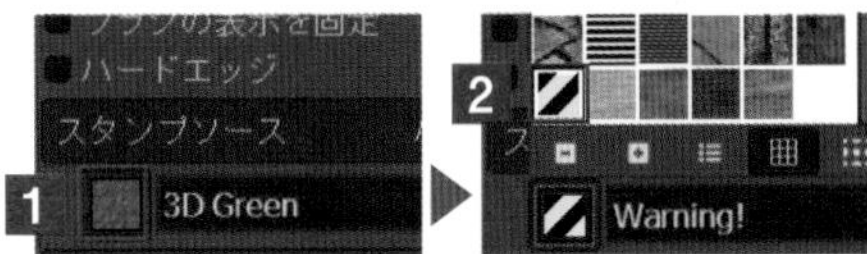

2 スタンプするパターンを設定する

[パターン] プレビューをクリックして1、[Warning!] をクリックします2。

3 位置合わせを[なし]に設定する

[位置合わせ] を [なし] に設定します1。

CHECK

[なし] に設定すると、ストロークの交差部分にパターンのズレができます。合わせたいときは「揃える」に設定。

4 パターンをペイントする

ソースの設定はありません。138 ～ 139 ページのやり方でペイントできます1。

13 選択範囲をパターンで塗りつぶす

[パターン]ダイアログで選んだパターンを[パターンで塗りつぶす]コマンドで塗りつぶします。アクティブなレイヤーの選択範囲を上描きして塗りつぶします。

サンプルファイル 4-13.xcf

完成図

矩形の選択範囲を[Bricks]の模様で塗りつぶします。

選択範囲をパターンで塗りつぶす

1 選択範囲を作成する

塗りつぶす選択範囲を作成します（サンプルファイルは作成済み）1。

CHECK

選択範囲を作成しない場合、アクティブなレイヤー全部が塗りつぶし対象になります。

2 パターンを選択する

[パターン] ダイアログで塗りつぶしたいパターン（ここでは「Bricks」）をクリックします1。

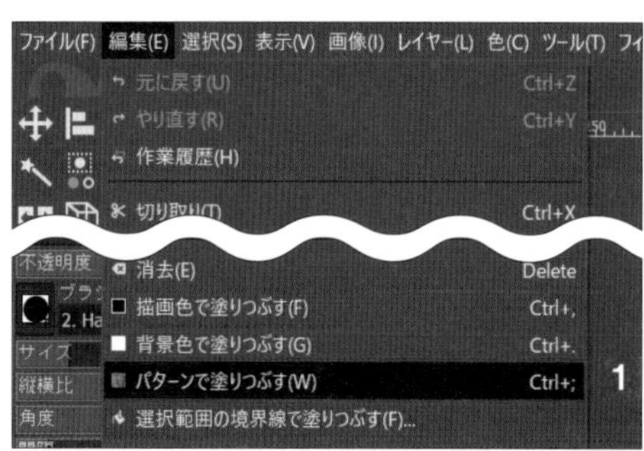

3 選択したパターンで塗りつぶす

[編集] メニュー→ [パターンで塗りつぶす] をクリックします1。

CHECK

描画色、背景色、パターンで塗りつぶすコマンドのショートカットキーを覚えると便利です。

14 選択範囲をグラデーションで塗りつぶす

選択範囲をグラデーションで塗りつぶすときは、[グラデーション]ツールを使用します。ここでは描画色と背景色の2色で塗ってから新しい色を追加します。

サンプルファイル 4-14.xcf

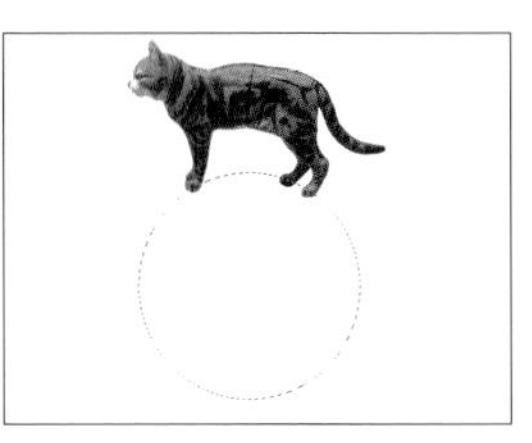

▶

完成図

円形の選択範囲を立体的に見える放射状のグラデーションで塗りつぶします。

選択範囲をグラデーションで塗りつぶす

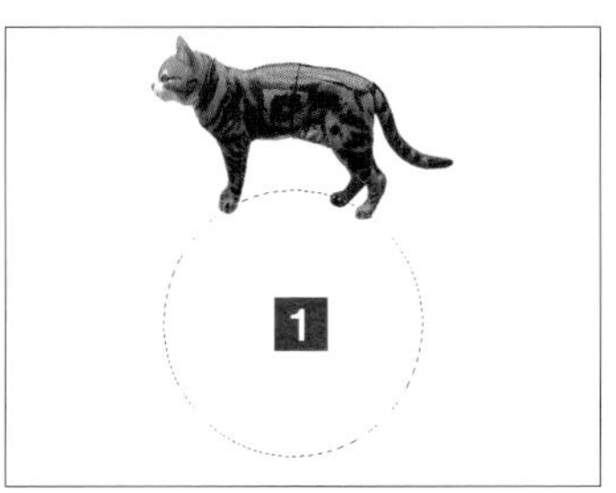

1 選択範囲を作成する

塗りつぶす選択範囲を作成します（サンプルファイルは作成済み）1。

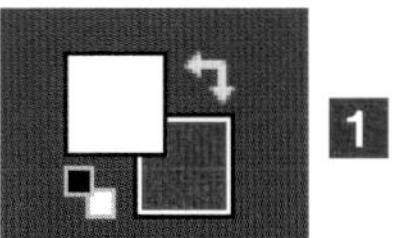

2 描画色と背景色を設定する

ツールボックスの描画色と背景色をクリックして、カラーを設定します（ここでは［0..100］で［描画色］を「R:100 G:100 B:100」、［背景色］を「R:100 G:0 B:0」）1。

3 グラデーションツールのオプションを設定する

グラデーションツールを選択します1。［ツールオプション］ダイアログでグラデーションボックスをクリックして2、［描画色から背景色(RGB)］3に設定します。形状は［放射状］に設定4、［即時モード］と［アクティブなグラデーションの修正］のチェックは外します5。

CHECK

［即時モード］にチェックをつけると、グラデーションを編集する線を表示しないで、即時グラデーションのペイントを確定します。［アクティブなグラデーションの修正］にチェックをつけると、画像ウィンドウの右上に表示されるダイアログでグラデーションの色の変更ができなくなります。

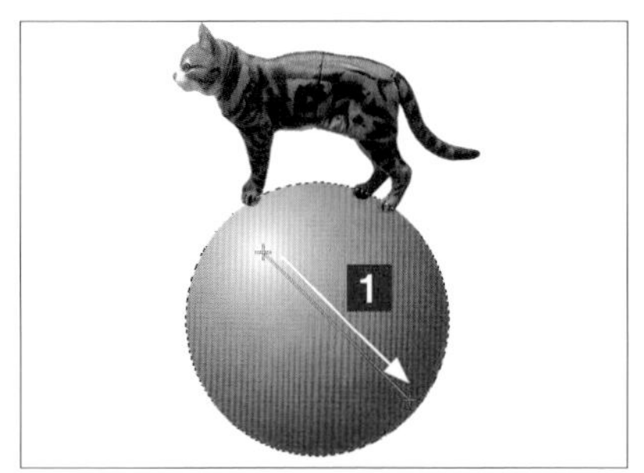

4 グラデーションの開始点と終了点を設定する

開始点から終了点までドラッグします1。

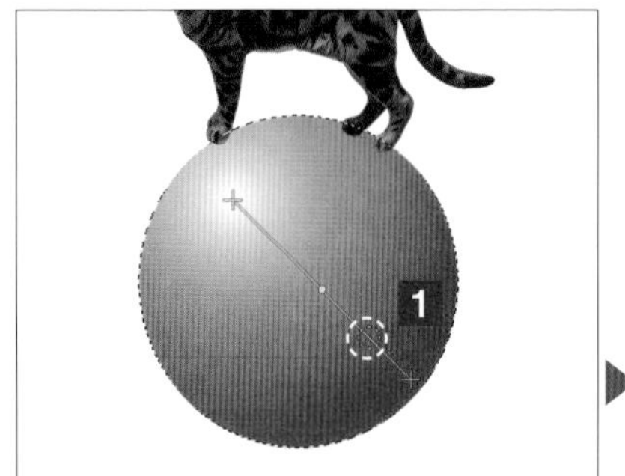

5 カラー分岐点を追加する

カーソルを線の上に重ねて、中間点を示す丸い点と終了点の中間をクリックします1。新しいカラー分岐点（菱形）が追加されます2。

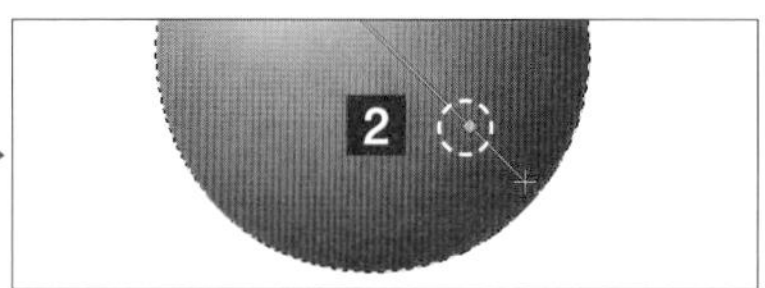

6 分岐点のカラーを設定する

画像ウィンドウの右上に表示されたダイアログの［Left color］のカラーボックス（鎖アイコンでリンクしているので、［Right color］のカラーボックスでもOK）をクリックして1、［Change Stop Color］ダイアログを表示したら、新しい色を設定して（ここでは［0..100］で「R:100 G:60 B:0」）2、［OK］をクリックします3。

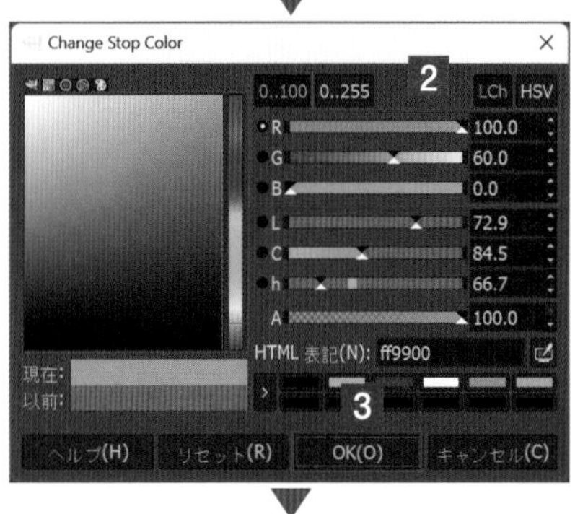

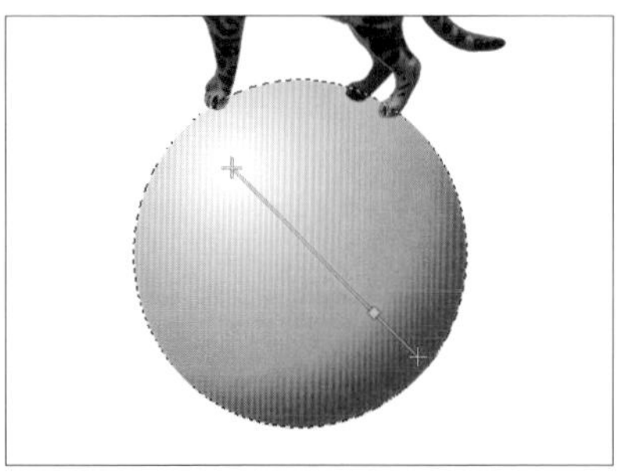

CHECK

鎖アイコンをクリックして連結を解除すると、カラー分岐点の［Left color］と［Right cokor］を異なる色に設定できるので、色を急に変化させることができます。カーブを描いてブレンドするグラデーションの場合、［適応型スーパーサンプリング］にチェックをつけると、ギザギザを軽減できます。

適応型スーパーサンプリング:OFF

適応型スーパーサンプリング:ON

CHAPTER 04 ペイントの操作

7 中間点を移動して ブレンドに変化をつける

開始点から追加した分岐点の間にある中間点にカーソルを重ねて1、開始点側にドラッグします2。ホワイトの範囲が狭くなります。Enter キーを押して3、グラデーションを確定します。

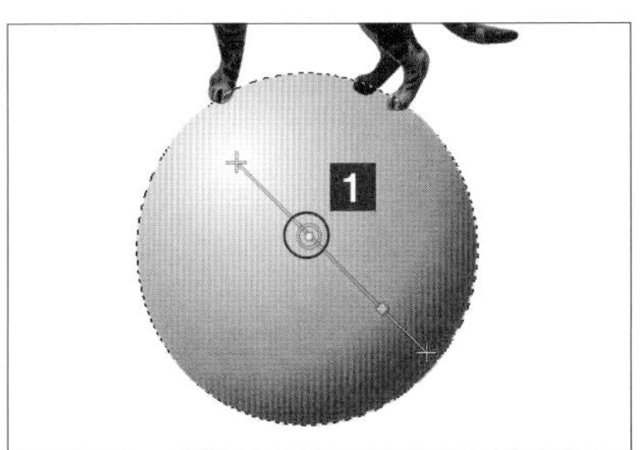

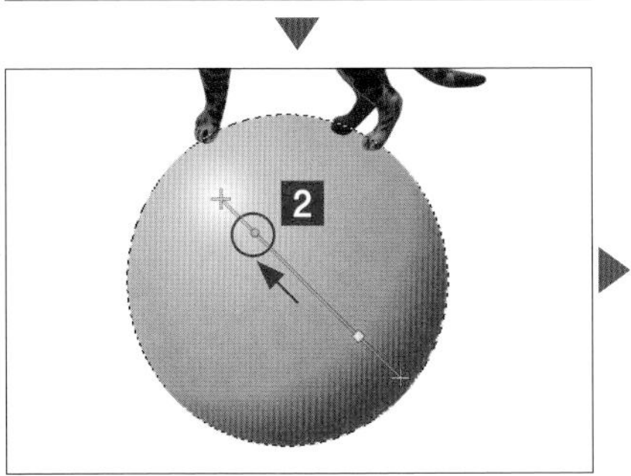

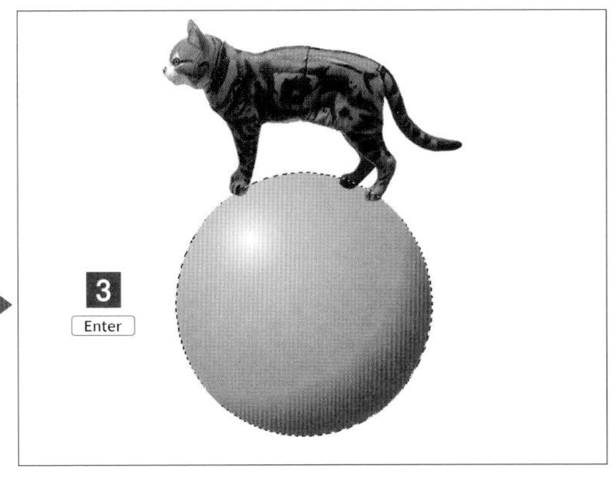

POINT

カスタマイズしたグラデーションをプリセットに保存するには、［グラデーション］ダイアログの［カスタム］がアクティブな状態のまま1、［グラデーションの複製］をクリックします2。［グラデーションエディター］ダイアログが表示されて名前のボックスがハイライト表示になるので3、新しいグラデーション名を入力します4。［グラデーション］ダイアログのプリセットに追加されます5。削除するときは［グラデーションの削除］をクリックします6。

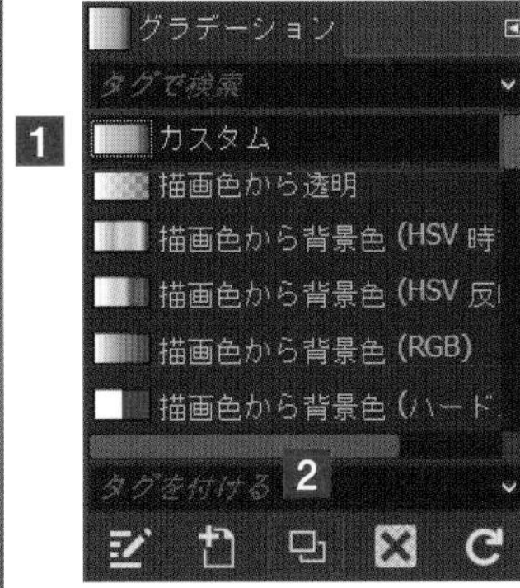

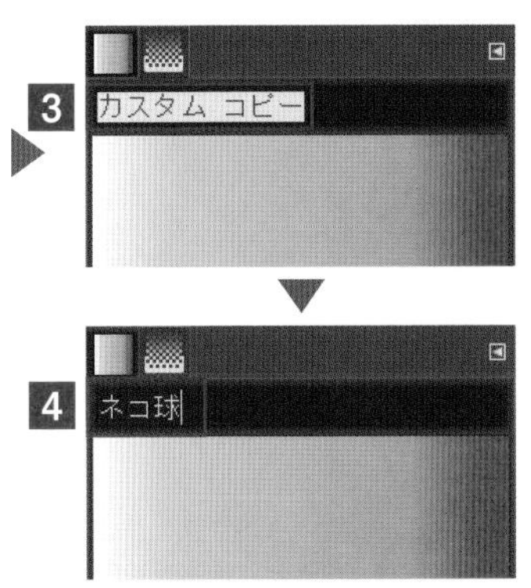

POINT

［グラデーションエディター］ダイアログでカラーを編集するときは、▲-△-▲の間をダブルクリックで選択したセグメントに対して、右クリックで表示するメニューの［左端色の指定］と［右端色の指定］で新しい色を設定します。［セグメントを中間で分割］や［セグメントの均等分割］をクリックすると、新しい分岐点が追加されます。

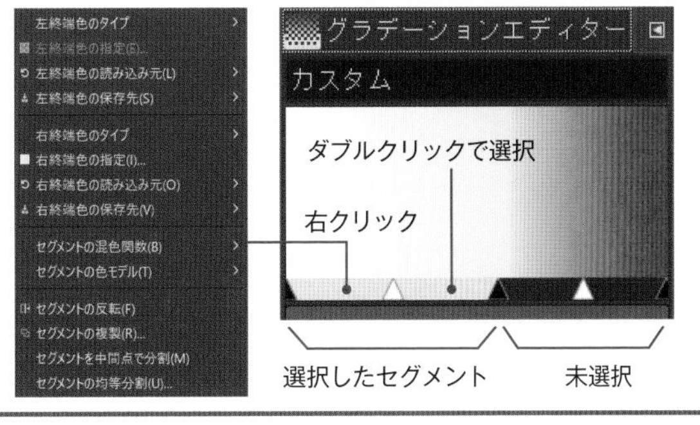

CHAPTER 04 ペイントの操作

類似色を塗りつぶす

選択範囲を作成しなくても、隣接する類似色を対象にして塗りつぶすことができます。[しきい値]の値を大きくすると、塗りつぶす範囲が広くなります。

サンプルファイル 4-15.xcf

完成図

青い背景を赤で塗りつぶします。

塗りつぶしツールで類似色を塗りつぶす

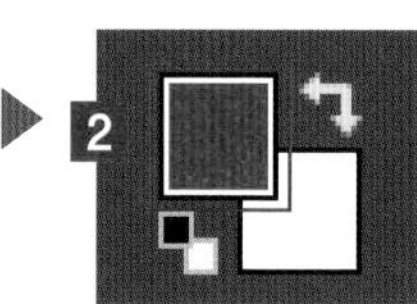

1 塗りつぶす色を設定する

塗りつぶしツールを選択します1。描画色に塗りつぶす色を設定します（ここでは［0..100］で「R:100 G:0 B:0」）2。

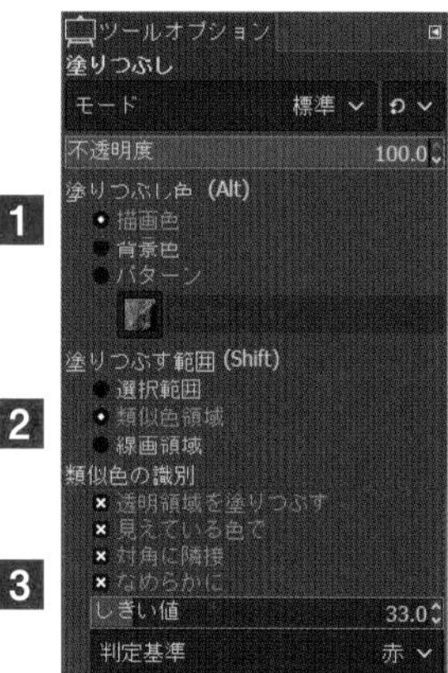

2 塗りつぶす範囲を［類似色領域］に設定する

［ツールオプション］ダイアログで塗りつぶし色を［描画色］1、塗りつぶす範囲を［類似色領域］2、［類似色の識別］のすべてにチェックをつけて、しきい値は「33」、判定基準を「赤」に設定します3。

CHECK

塗りつぶす類似色の範囲は、［しきい値］で調整します。範囲を広くしたいときは、値を大きく設定します。判定基準も重要です。塗りつぶしたい色（青い背景）と塗りつぶさない色（ウサギ）の差が大きいものを選びます。サンプルの画像では「赤」（チャンネル）を基準にするのが適しています。

3 類似色を塗りつぶす

青い背景をクリックして1、類似色を塗りつぶします。

CHECK

クリックする場所でも結果が変わります。

CHAPTER 04 ペイントの操作

消しゴムツールで透明にする

デジカメの写真をインポートした画像に消しゴムツールを使うと、背景色に設定された色でペイントします。透明にするにはアルファチャンネルの追加が必要です。

サンプルファイル 4-16.jpg

▶

完成図

インポートした写真にアルファチャンネルを追加して、[消しゴム]でドラッグした範囲を透明にします。

インポートした写真のピクセルを透明にできるようにする

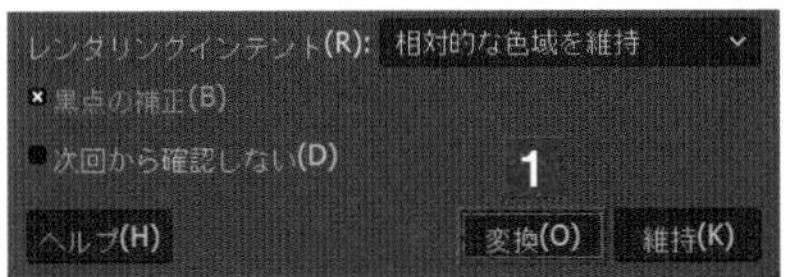

1 JPEG画像をインポートする

サンプルファイルの「4-16.jpg」をインポート（カラープロファイルを変換）します1。

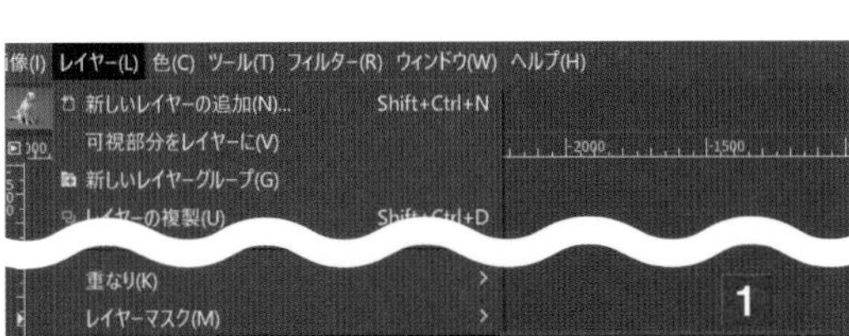

2 アルファチャンネルを追加する

[レイヤー] メニュー→ [透明部分] → [アルファチャンネルの追加] をクリックします1。

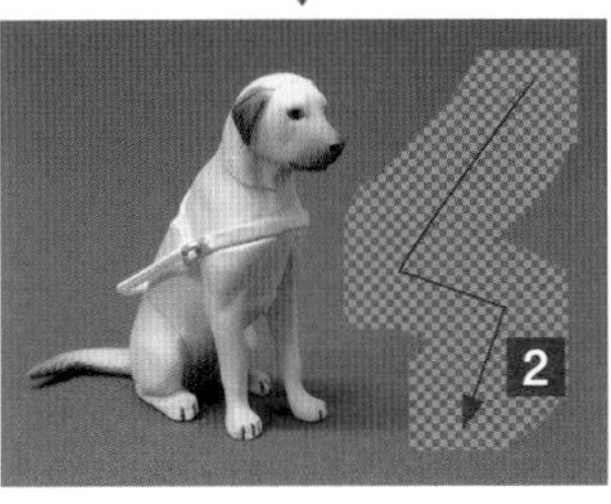

3 消しゴムツールでピクセルを透明にする

[ツールプリセット] ダイアログの [Eraser Hard] をクリックして1、画像の上でドラッグすると2、ピクセルが透明になります。

POINT

[ツールオプション] ダイアログの [逆消しゴム] にチェックをつけると、透明にした部分を元のイメージに戻すことができます。消しゴムツールで背景色をペイントした場合は、[逆消しゴム] の機能では戻りません。

17 線画の背景を透明にする

[色を透明度に]コマンドは、指定した色の類似色を透明にできます。この機能を利用して線画イラストの背景を透明にします。

サンプルファイル 4-17.xcf

完成図

背景色のホワイトを透明にします。

線画の背景を透明にする

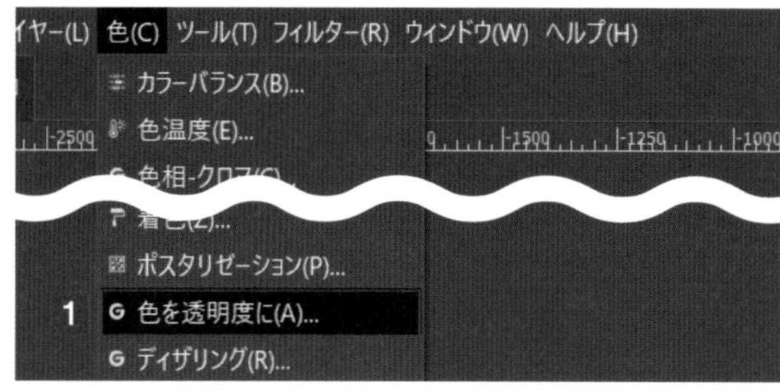

1 [色を透明度に]を実行する

[色] メニュー→ [色を透明度に] をクリックします**1**。[色を透明度に] ダイアログが表示されます。

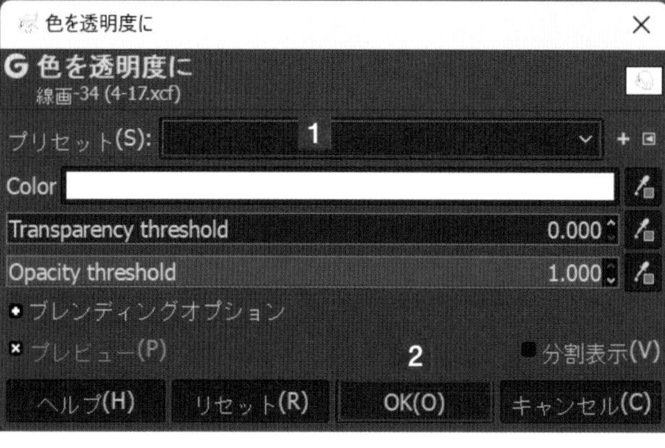

2 透明にする色を設定する

「color」は初期設定のホワイトのまま、[Transparency threshold]（透明度のしきい値）を「0」、[Opacity threshold]（不透明度のしきい値）を「1」に設定して**1**、[OK]をクリックします**2**。

CHECK

[Transparency threshold] の値を「0」にすると、[Color] に指定した色だけを透明します。[Opacity threshold] の値を「0」より大きくすることで、[Color] の近似色を半透明にしたアンチエイリアス処理をつけることができます。

18 線画の隙間から はみ出さないで塗りつぶす

輪郭線が閉じていない線画でも、隙間からはみ出さないように塗りつぶすことができます。線画イラストを着色するとき大変便利な機能です。

サンプルファイル ▶ 4-18.xcf

▶

完成図

髪の毛の線からはみ出さないように内側を塗りつぶします。

線画領域を認識して塗りつぶす

▶

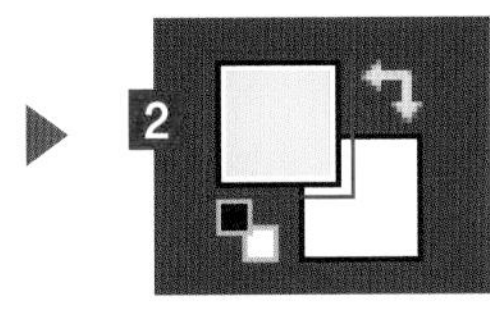

1 塗りつぶしツールを選択して描画色を設定する

塗りつぶしツールを選択して1、描画色に塗りつぶす色を設定します（ここでは［0..100］で「R:100 G:100 B:0」）2。

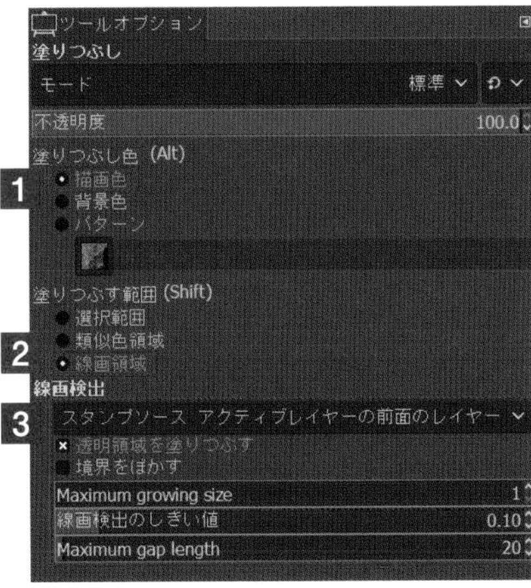

2 ［ツールオプション］ダイアログを設定する

［ツールオプション］ダイアログの塗りつぶし色を［描画色］1、塗りつぶす範囲を［線画領域］に設定します2。スタンプソースを［アクティブレイヤーの前面のレイヤー］、［透明領域を塗りつぶす］にチェックをつけ、［境界をぼかす］のチェックは外します。［Maximun gap length］は「1」、［線画検出のしきい値］は「0.1」、［Maximun gap length］は「20」に設定します3。

> **CHECK**
>
> ［Maximum growing size］の値を大きくすると、線に重なって塗りつぶす幅が広くなります。
> ［線画検出のしきい値］の値を大きくすると、薄い色も線画として判断します。［Maximum gap length］の値で、はみ出さない隙間の幅を設定します。

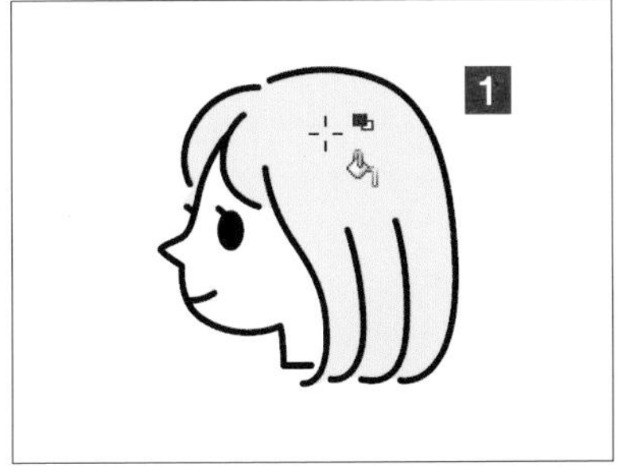

3 線画の内側を塗りつぶす

髪の毛の内側でクリックします1。

図形を描く

シェイプエディターは、ポイント（制御点）を操作して図形を描く機能です。ここではツールのアイコンが見やすいユーザーインターフェースのテーマを[Light]に設定しています。

シェイプエディター

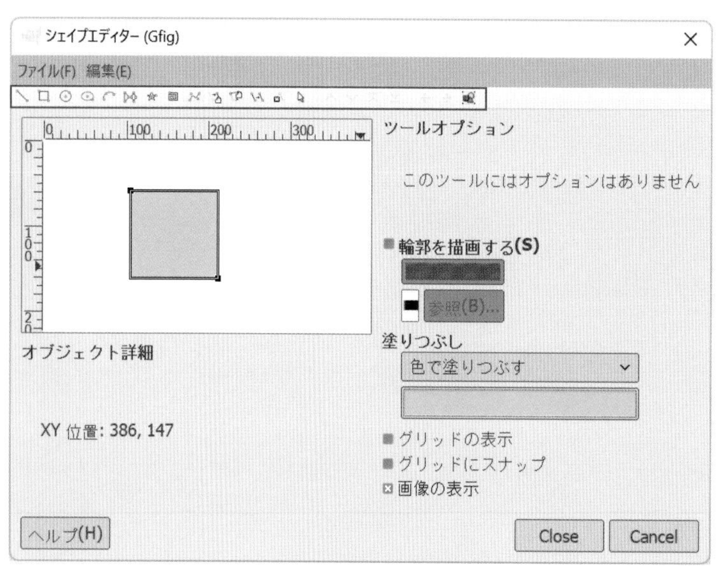

[シェイプエディター]ダイアログを表示する

[フィルター] メニュー→ [下塗り]→[シェイプ(Gfig)]をクリックすると、[シェイプエディター]ダイアログが表示されます（156～157ページにシェイプエディターを使ってパターンを作成する手順を解説しています）。

❶ ❷ ❸ ❹

❶ 直線の作成

始点から終点までドラッグして直線を作成します。

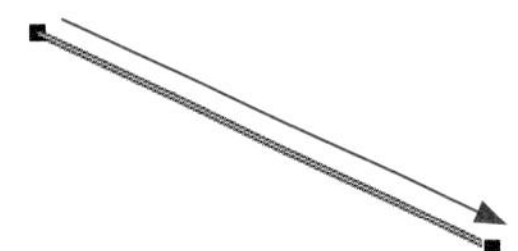

❷ 矩形の作成

始点から終点までドラッグした直線を対角線とした矩形を作成します。

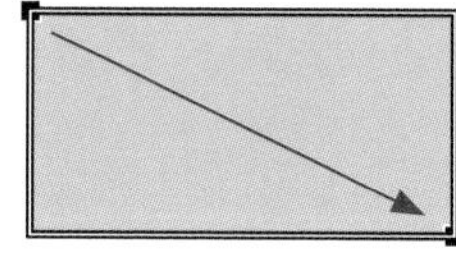

❸ 円の作成

始点を中心としてドラッグした距離を半径とした円を作成します。

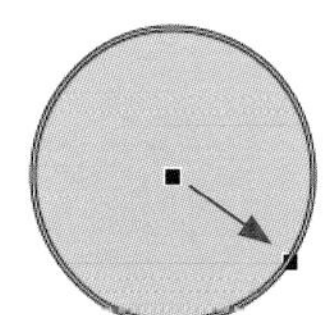

❹ 楕円の作成

始点を中心としてドラッグした位置を角とした矩形に内接する楕円を作成します。

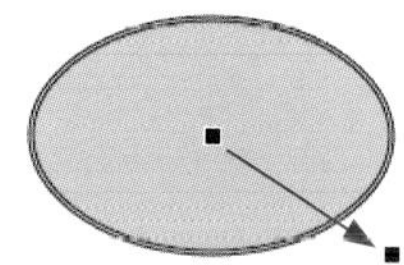

❺ ❻ ❼ ❽ ❾

❺ 円弧の作成

3ヶ所クリックして、3点を通過する円弧を作成します。

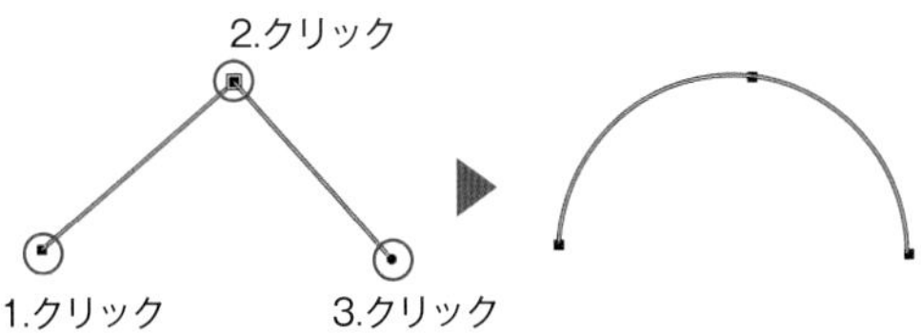

❼ 星の作成

[サイズ] のオプションでトゲの数を設定します。図形の中心となる位置から、作成したい角度とサイズになるところまでドラッグします。中心と先端の間にある制御点を⓫の [1つのポイントを移動] でドラッグすると、谷の角の位置を変更できます。

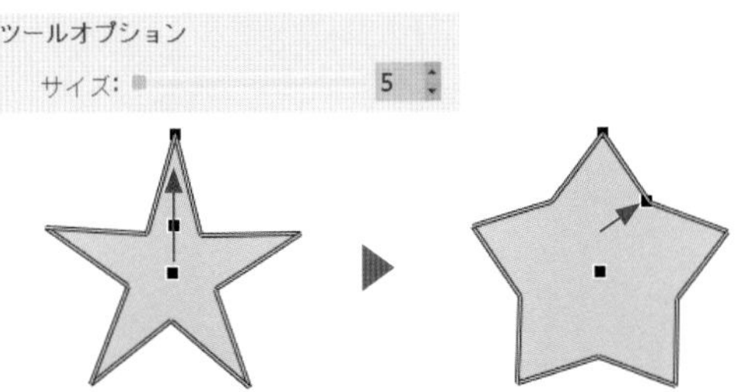

❻ 正多角形の作成

[サイズ] のオプションで角の数を設定します。図形の中心となる位置から、作成したい角度とサイズになるところまでドラッグします。

❽ 螺旋の作成

[サイズ] のオプションで周回数、[向き] で回転方向設定します。図形の中心となる位置から、作成したい角度とサイズになるところまでドラッグします。

❾ ベジェ曲線の作成

線の始点をクリックしたら、曲線を曲げる方向を誘導するようにクリックします。線の描画を終了するときは、Shift キーを押しながらクリックします。[閉じる] にチェックをつけてから作成すると、始点が終点を兼ねて閉じた線になります。[漸近線] にチェックをつけると、順番にクリックしたポイントをつないだ直線のガイドが表示されます。

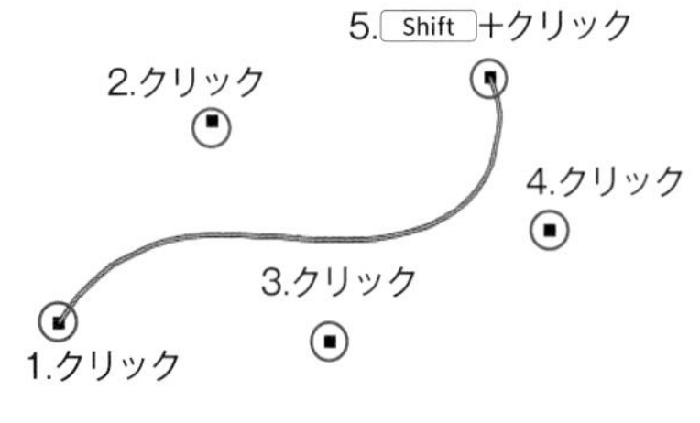

⓾ オブジェクトを移動

制御点をドラッグして図形を移動します。

⓬ オブジェクトのコピー

制御点をドラッグして複製移動します。

⓮ オブジェクトの選択

制御点をクリックして図形をアクティブにします。アクティブになると、制御点が黒くなります。

⓰ 前/次のオブジェクトを表示

ひとつのオブジェクトだけ表示します。

⓫ 1つのポイントを移動

制御点をドラッグして変形します。

⓭ オブジェクトの削除

制御点をクリックして図形を削除します。

⓯ 選択オブジェクトを前面に/背面に/最前面に

アクティブな図形の重なり順を変更します。

⓱ すべてのオブジェクトを表示

すべてのオブジェクトを表示します。

簡単なドットパターンをシェイプエディターで作成する

シェイプエディター機能を使って、簡単なドットパターンを作成します。タイル状に並べてもイメージがつながるように、グリッドにスナップさせて正確に位置を合わせます。

サンプルファイル 4-20.xcf

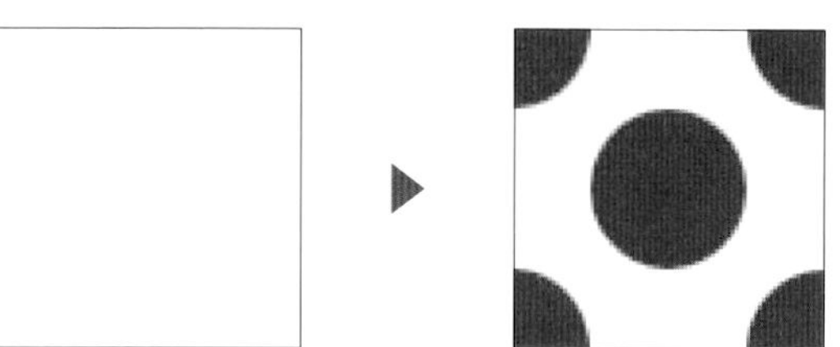

完成図

パターン用に赤いドット柄のタイルを作成します。

グリッドに合わせて円を作成する

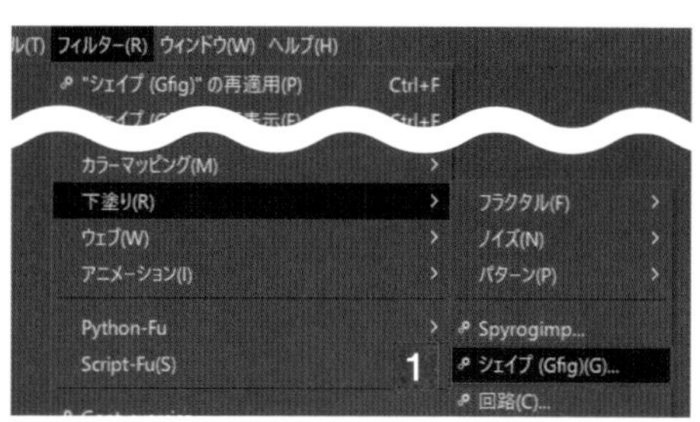

1 シェイプエディターを開く

[フィルター]メニュー→[下塗り]→[シェイプ(Gfig)]をクリックします**1**。[シェイプ (Gfig)] ダイアログが表示されます。

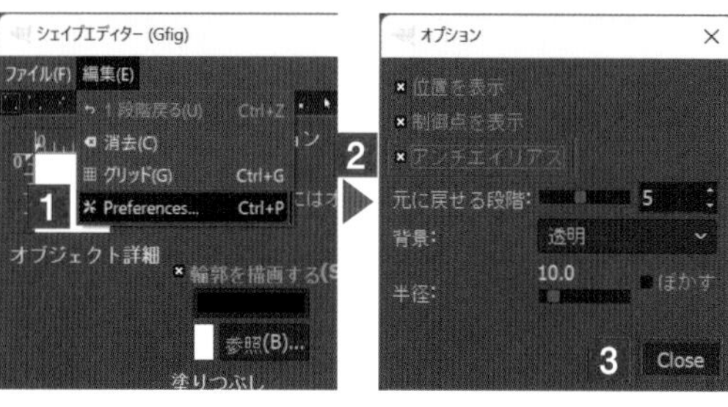

2 アンチエイリアスを有効にする

[編集] メニュー→ [Preferences] をクリックして**1**、表示された [オプション] ダイアログで、[アンチエイリアス] にチェックをつけたら**2**、[close] をクリックします**3**。

CHECK

初期設定のまま [アンチエイリアス] のチェックが外れていると、塗りつぶしだけの図形の境界線がギザギザになります ([輪郭で描画する] の結果には影響しません)。

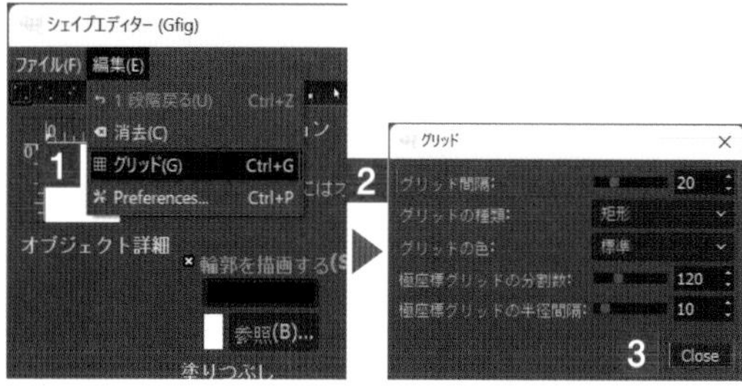

3 グリッド間隔を設定する

[編集] メニュー→ [グリッド] をクリックして**1**、表示された [グリッド] ダイアログで、[グリッド間隔] を設定したら (ここでは「20」) **2**、[close] をクリックします**3**。

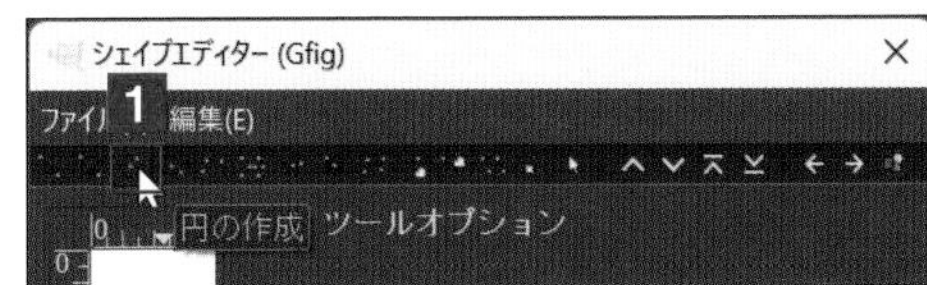

4 円の作成ツールを選択する

円の作成ツールをクリックします**1**。

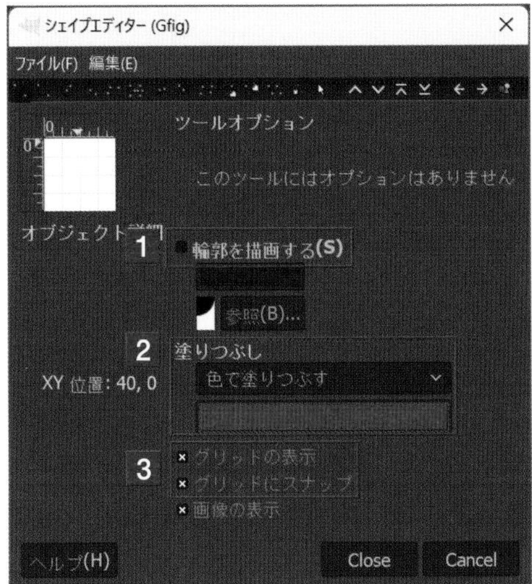

5 輪郭を描画しないで塗りつぶす設定にする

[輪郭を描画する]のチェックを外します**1**。塗りつぶしを[色で塗りつぶす]に設定して、塗りつぶす色(ここでは[0..100]で「R:100 G:0 B:0」)を設定します**2**。[グリッドの表示]と[グリッドにスナップ]にチェックをつけます**3**。

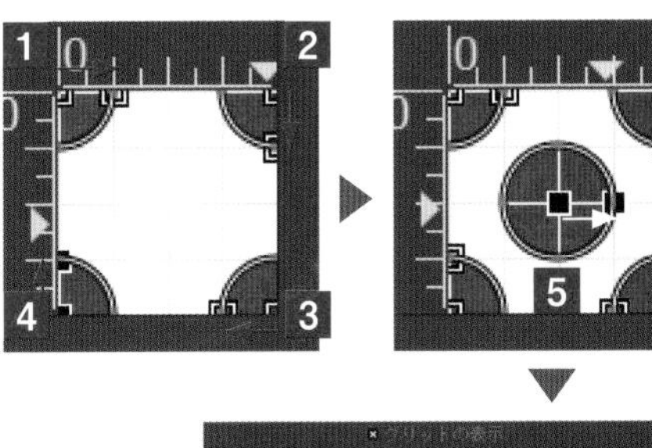

6 グリッドに合わせて円を作成する

四隅からグリッドひとつぶんドラッグして円を作成します**1234**。中心からひとつぶんドラッグして中心に円を作成します**5**。[close]をクリックします**6**。

CHECK

作成した画像は次頁の作例に使用できます。

POINT

作成した[GFig]レイヤーがアクティブな状態で**1**、[フィルター]メニュー→[下塗り]→[シェイプ(Gfig)]をクリックすると**2**、[シェイプエディター(GFig)]ダイアログが表示されて、図形を追加・削除したり、塗りつぶす色や図形のサイズや位置を編集できます**3**。

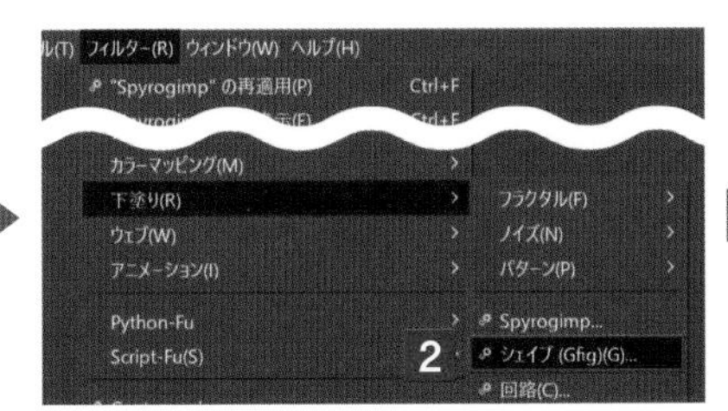

21 オリジナルのパターンで塗りつぶす

一時的に使用するパターンは、プリセットに保存しなくても、コピーしたクリップボードのイメージをパターンとして塗りつぶすことができます。

サンプルファイル 4-21-1.xcf　4-21-2.xcf

完成図

コピーしたドット柄のイメージをパターンとして塗りつぶします。

オリジナルのパターンで塗りつぶす

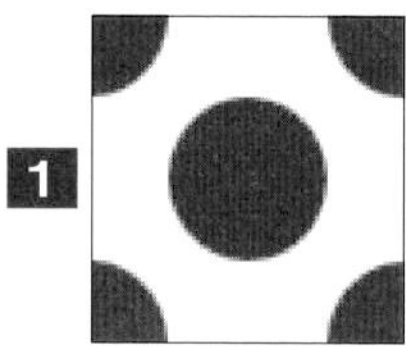

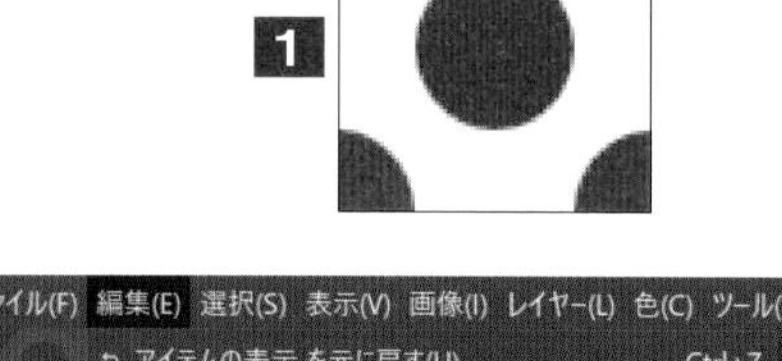

1 パターンタイルをコピーする

「4-21-1.xcf」を開き1、[GFig] レイヤーがアクティブな状態で［編集］メニュー→［コピー］をクリックします2。

CHECK

選択範囲を作成しなくても、[GFig] レイヤーのイメージをコピーできます。

2 塗りつぶしツールを選択してパターンを設定する

塗りつぶしツールを選択します1。［ツールオプション］ダイアログの塗りつぶし色の［パターン］にチェックをつけて2、パターンのプレビューをクリックしてパネルを開き3、先頭にある［Clipbord Image］をクリックします4。

CHECK

新しくイメージをコピーすると、[Clipbord Image] の内容が変わります。

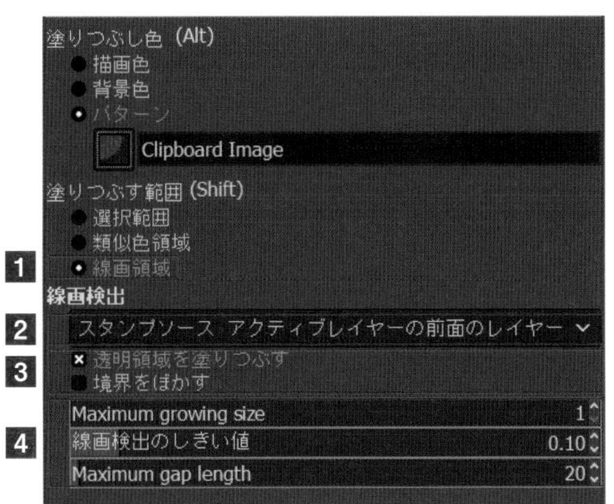

3 線画領域で塗りつぶす設定にする

塗りつぶす範囲を［線画領域］に設定します1。スタンプソースを［アクティブレイヤーの前面のレイヤー］に設定します2。、［透明領域を塗りつぶす］にチェックをつけ、［境界をぼかす］のチェックは外します3。［Maximun gap length］は「1」、［線画検出のしきい値］は「0.1」、［Maximun gap length］は「20」に設定します4。

4 背景を塗りつぶす

「4-21-2.xcf」を開きます1。アクティブな「レイヤー」レイヤーの背景をクリックします2。

POINT

作成したオリジナルのパターンを繰り返し使用するときは、GIMPがパターンイメージを読み込む場所として登録してあるフォルダーに保存します。保存場所は［GIMPの設定］ダイアログの［フォルダー］カテゴリーにある［パターン］で確認できます1。 初期設定にある2箇所のフォルダーにpng、jpg、bmp、gif、tiff形式のいずれかでエクスポートした画像を保存します。2をクリックしてから3をクリックして、新しいフォルダーを追加することもできます。

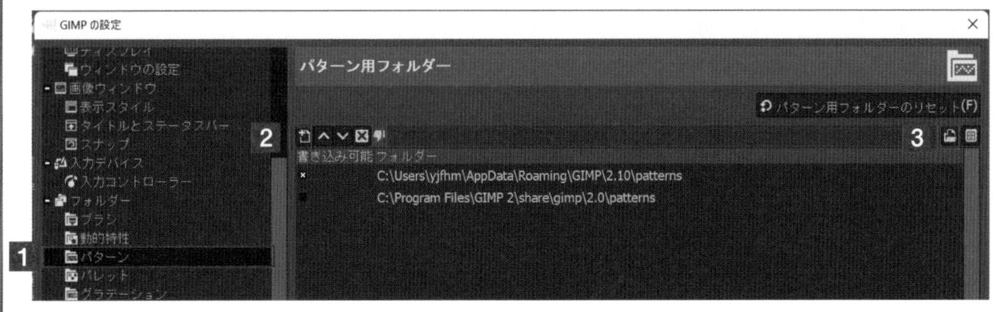

ブラシのイメージを散りばめてペイントする

ランダムに変化するイメージを描きたいときは、サイズ、角度、色などを不規則に変化できる動的特性の機能を利用します。

サンプルファイル 4-22.xcf

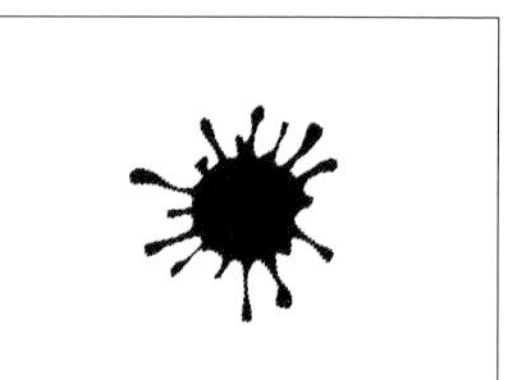

完成図

インクが飛び散ったイメージをブラシにして、サイズ、角度、色を不規則に変化させてペイントします。

コピーしたイメージを散りばめるようにペイントする

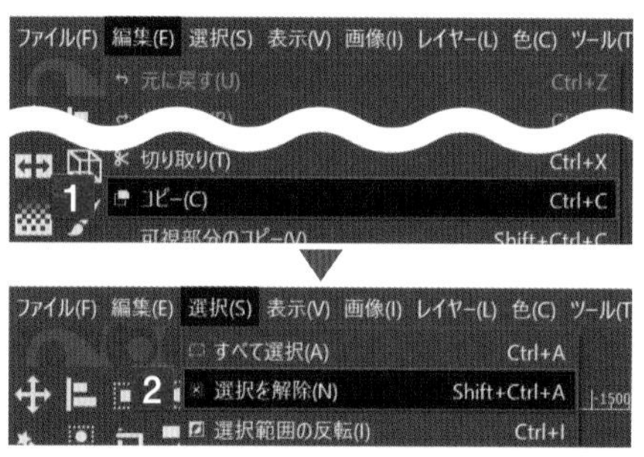

1 イメージをコピーする

［レイヤー］ダイアログで、「レイヤー」にあるイメージを選択して（サンプルファイルは選択済み）、［編集］メニュー→［コピー］をクリックします1。［選択］メニュー→［選択を解除］をクリックします2。

2 ブラシの形状を［Clipboard Image］に設定する

ブラシで描画ツールを選択します1。［ブラシ］ダイアログの先頭にある［Clipboard Image］のブラシを選択します2。

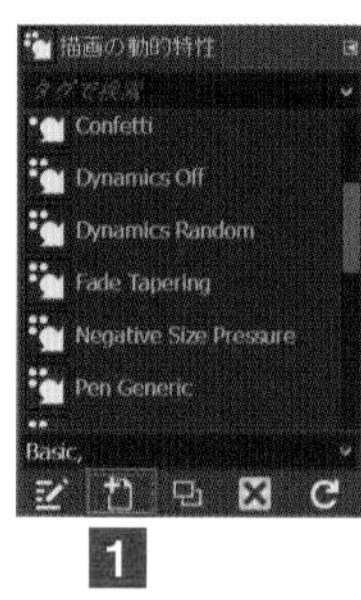

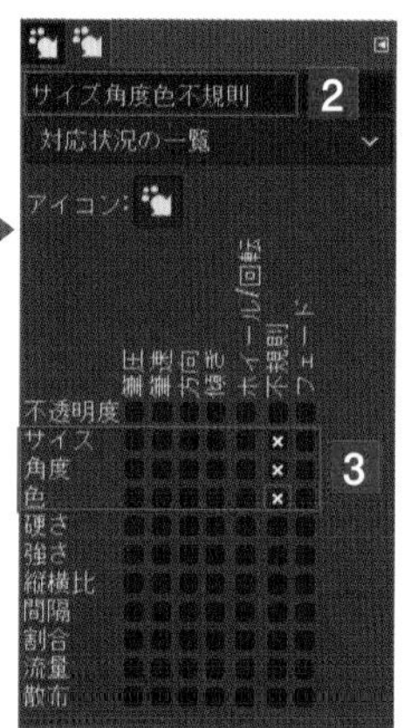

3 新しい動的特性を作成する

［描画の動的特性］ダイアログの［新しい動的特性］をクリックします1。［動的特性エディター］ダイアログで名前（ここでは「サイズ角度色不規則」）を入力します2。［サイズ］［角度］［色］に［不規則］のチェックをつけます3。

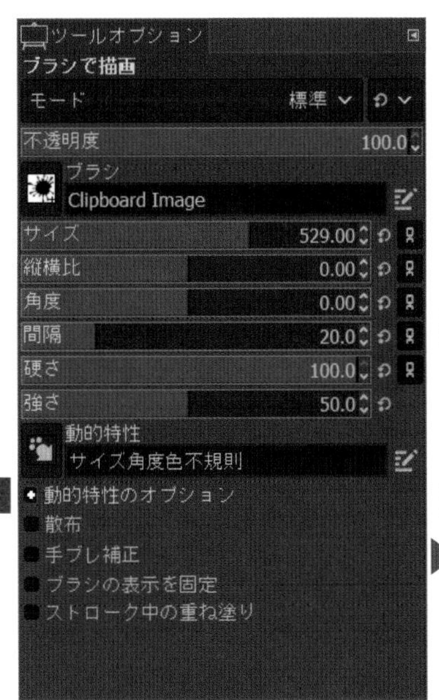

4 変化する色のグラデーションを設定する

[ツールオプション] ダイアログの [動的特性のオプション] の+をクリックして1、[色オプション] のグラデーションボックスをクリックして2、[Full saturation spectrum CW] をクリックします3。

5 ペイントする

クリックやドラッグすると1、ブラシのサイズ、角度、色が不規則に変化してペイントできます。

CHECK

[Full saturation spectrum CW] にある色が不規則に変化してペイントします。

POINT

・プリセットの動的特性

Basic Dynamics	不透明度：筆圧、フェード　角度：傾き
Basic Simple	不透明度：筆圧　角度：不規則
Color From Gradient	色：フェード
Confetti	サイズ：不規則　角度：不規則　硬さ：筆圧　縦横比：筆圧
Dynamics Off	特性なし
Dynamics Random	不透明度：不規則　サイズ：不規則　角度：不規則
Fade Tapering	不透明度：フェード　サイズ：フェード
Negative Size Pressure	不透明度：筆圧　サイズ：筆圧　角度：不規則
Pencil Generic	不透明度：筆圧、筆速　サイズ：筆圧　角度：方向　強さ：筆圧　散布：筆圧、筆速
Pencil Shader	不透明度：筆圧　角度：不規則
Pen Generic	不透明度：筆圧、筆速、フェード　サイズ：筆圧、筆速　角度：不規則
Perspective	不透明度：筆圧　角度：方向　縦横比：筆圧
Pressure Opacity	不透明度：筆圧
Pressure Size	サイズ：筆圧
Random Color	色：不規則
Speed Size Opacity	不透明度：筆圧　サイズ：筆圧、筆速　角度：方向
Tilt Angle	角度：傾き
Track Direction	角度：方向
Velocity Tapering	不透明度：方向　サイズ：方向

シンメトリーのイメージを描く

[シンメトリー描画]ダイアログで設定するガイドを軸にして対称になるイメージを描画できます。ここでは左右対称に描く方法を紹介します。顔やハートマークなどを描くとき便利です。

サンプルファイル 4-23.xcf

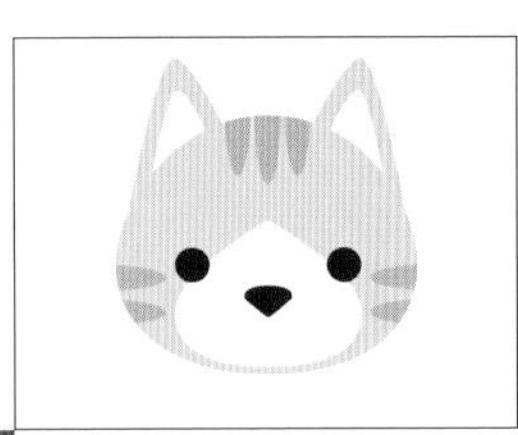

完成図

シンメトリー描画の機能を利用して、ネコの口とヒゲを左右対称で描画します。

左右対称のイメージを描く

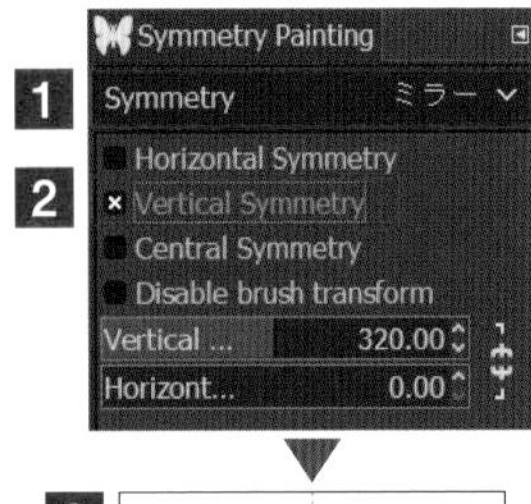

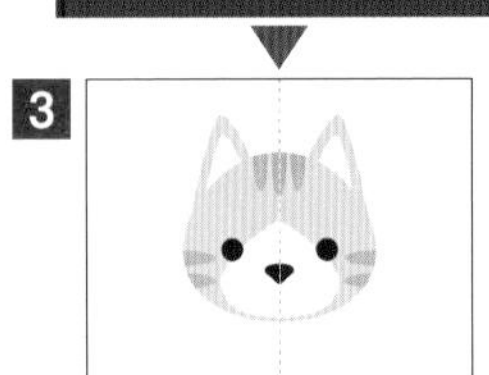

1 左右対称に描画するガイドを設定する

[シンメトリー描画] ダイアログの [Symmetry] を [ミラー] に設定して1、[Vwertical　Symmetry] にチェックをつけます2。キャンバスの中央に垂直のガイドが表示されます3。

CHECK

ガイドの位置は、移動ツールでドラッグするか、[シンメトリー描画] ダイアログの [Vwertical axis position] (垂直ガイド) と [Horizontal axis position] (水平ガイド) の数値指定で変更できます。

2 ペイントするツールを選択する

[ツールプリセット] ダイアログの [Basic Round] をクリックします1。描画色を設定し (ここではブラック) 2、[ツールオプション] ダイアログで [サイズ] を設定します (ここでは「10」) 3。

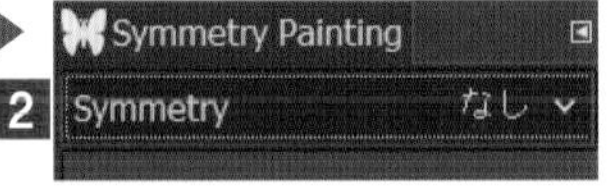

3 ガイドの片側に半分のイメージを描く

ガイドの左か右の描きやすいほうで、口とヒゲを描画します1。[シンメトリー描画] ダイアログの [Symmetry] を [なし] に戻します2。

ツールの設定をツールプリセットに保存する

ツールを使うときに調整したオプションを[ツールプリセット]ダイアログに保存すれば、同じ設定をすぐに使うことができます。描画色も一緒に保存できます。

ツールオプションをプリセットに保存する

1 保存したいツールのオプションを設定する

保存したいツールのオプションを設定します（ここでは162ページでツールプリセットをカスタマイズしたブラシで描画ツールの設定を使います）1。

2 新しいツールプリセットを作成する

［ツールプリセット］ダイアログで、下にある［新しいツールプリセット］をクリックします1。

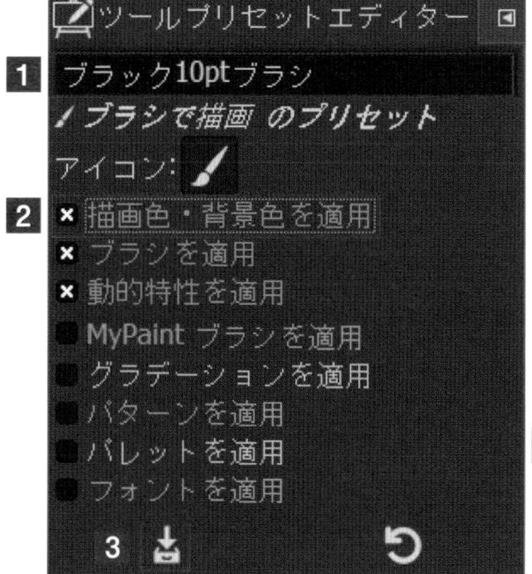

3 ツールプリセットを保存する

［ツールプリセットエディター］ダイアログで名前を入力して（ここでは「ブラック 10pt ブラシ」）1、［描画色・背景色を適用］にチェックをつけます2。［ツールオプションをプリセットに保存］をクリックします3。［ツールプリセット］ダイアログに保存されます4。

CHECK

［ツールプリセットエディター］ダイアログで、チェックを外しているオプションは、ツールプリセットには保存されません。

マウスホイールでブラシのサイズを変更する

[GIMPの設定]ダイアログにある[入力コントローラー]をカスタマイズすると、マウスホイールでブラシのサイズを変更できるようになります。

▶ マウスホイールでブラシサイズを変更する

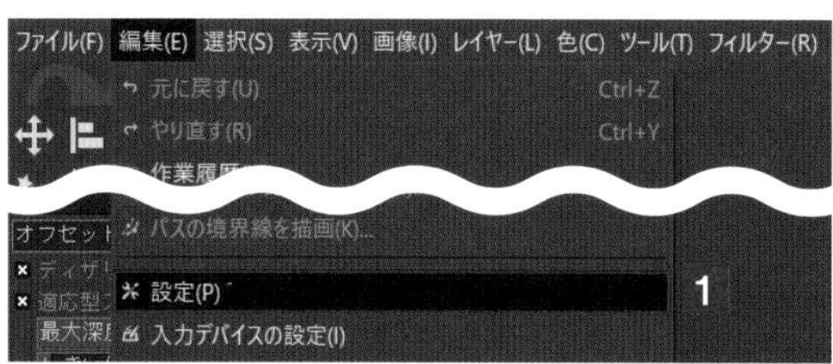

1 [GIMPの設定]で[入力コントローラー]を表示する

[編集]メニュー→[設定]をクリックして1、[GIMPの設定]ダイアログを表示します。

2 [Main Mouse Wheel]を選ぶ

[入力コントローラー]をクリックして1、[マウスホイール]をクリックします2。[アクティブなコントローラー]にある[Main Mouse Wheel]をダブルクリックします3。

3 [上にスクロール]を選ぶ

表示された[入力コントローラーの設定]ダイアログで、[上にスクロール]をダブルクリックします1。[コントローラーのアクションイベントを選択]ダイアログが表示されます。

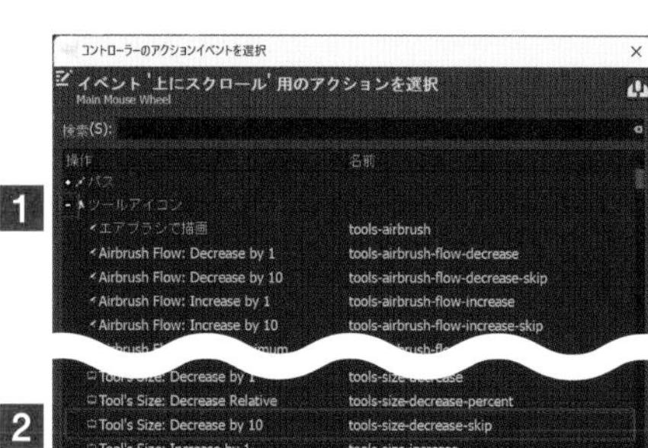

4 [ツールアイコン]にある[tools-size-Increase-skip]を選ぶ

[ツールアイコン]の⊞をクリックして⊟にして1、展開表示します。名前が[tools-size-Increase-skip]の項目をダブルクリックします2。

CHECK

これでマウスホイールを上方向に動かすと、10pxずつサイズが変わる設定になりました。1pxずつ変えたいときは、[名前]が[tools-size-Increase]の項目をダブルクリックします。

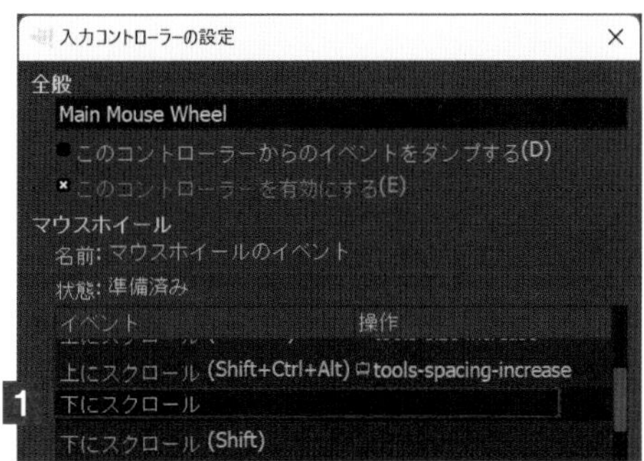

5 [下にスクロール]を選ぶ

[入力コントローラーの設定] ダイアログで、[下にスクロール] をダブルクリックします1。[コントローラーのアクションイベントを選択] ダイアログが表示されます。

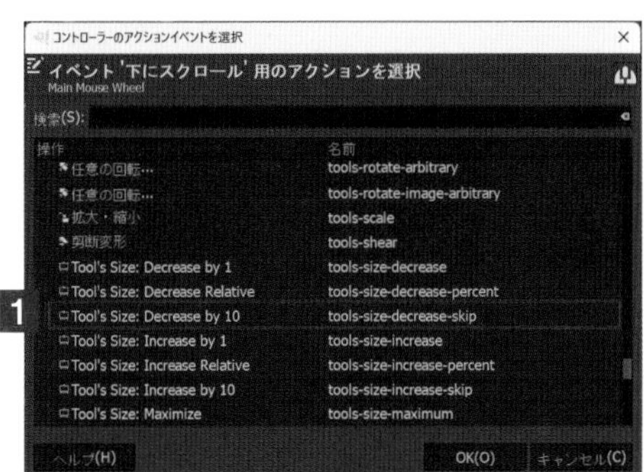

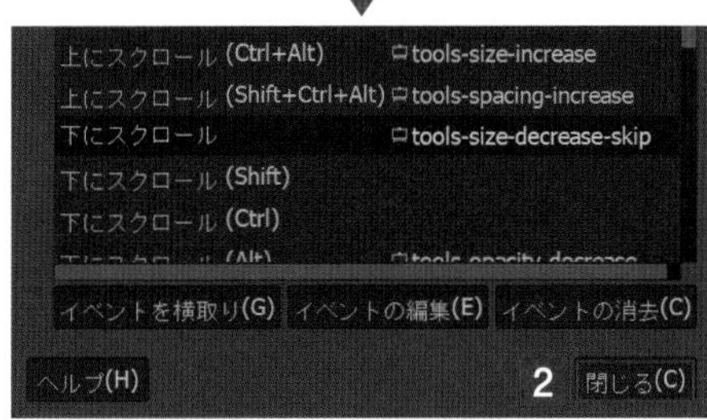

6 [ツールアイコン]にある[tools-size-decrease-skip]を選ぶ

手順4と同様に、[ツールアイコン] にある [名前] が [tools-size-decrease-skip] の項目をダブルクリックします1。[入力コントローラーの設定] ダイアログの [閉じる] をクリックします2。

CHECK

これでマウスホイールを下方向に動かすと、10px ずつサイズが変わる設定になりました。1px ずつ変えたいときは、名前が [tools-size-decrease] の項目をダブルクリックします。

7 マウスホイールのイベント設定を確定する

[GIMP の設定] ダイアログの [OK] をクリックします1。これでマウスホイールによるブラシサイズの変更が有効になります。

POINT

・上下の方向キーでブラシサイズを変更したいときの設定

アクティブなコントローラー	Main Kyboard
上カーソル	tools-size-Increase-skip（または tools-size-Increase）
下カーソル	tools-size-decrease-skip（または tools-size-decrease）

ペンタブレットの筆圧を有効にする

初期設定はペンタブレットの筆圧が無効になっています。筆圧検知に対応したペンタブレットを使用するときは設定の変更が必要です。

ペンタブレットの筆圧を有効にする

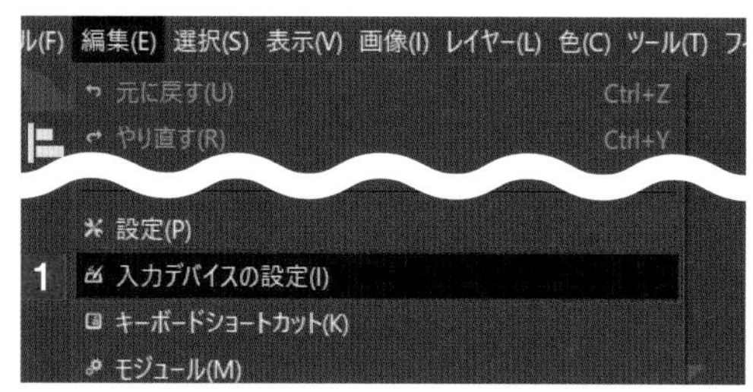

1 ［入力デバイスの設定］を実行する

［編集］メニュー→［入力デバイスの設定］をクリックします1。

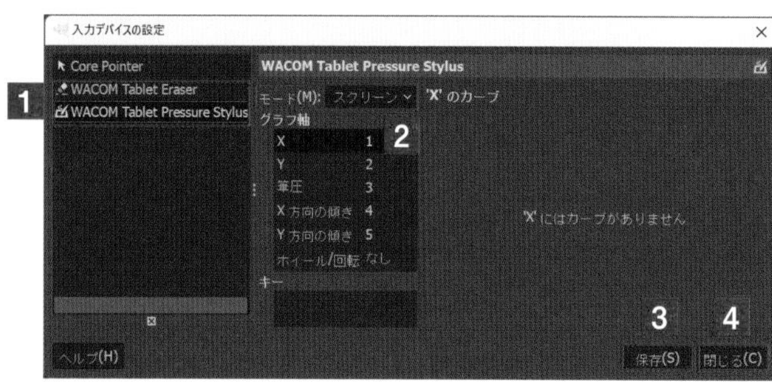

2 タブレットのモードを［スクリーンに設定］する

左に表示されるタブレットのドライバをクリックして（ここでは「WACOM Tablet Eraser」と「WACOM Tablet Pressure Stylus」）1、モードを［スクリーン］に設定します2。［保存］をクリックしてから3、［閉じる］をクリックします4。GIMPを再起動すると、設定が有効になります。ペイントするツールの［動的特性］を筆圧でサイズが変化する設定（［Pressure Size］など）にして描画します。

POINT

［グラフ軸］の［筆圧］をクリックすると1、筆圧と線幅のバランスを示したグラフが表示されます。［カーブの種類］を［なめらか］設定して2、斜線の中心を上方向にドラッグして山なりのカーブにすると3、弱い筆圧でも線が太くなりやすくなります。逆に下にドラッグすると、線が太くなりにくくなります。

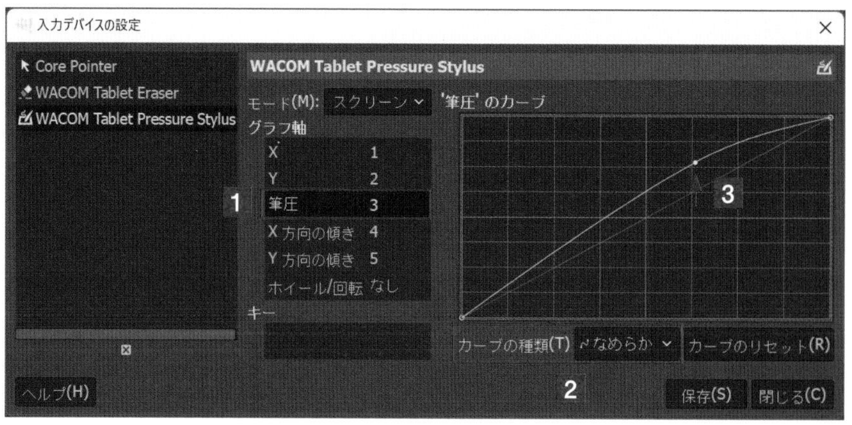

CHAPTER

▼

05

THE PERFECT GUIDE FOR GIMP

テキストの入力

書式を設定する

テキストツールを選択したら、文字を入力する前に[ツールオプション]ダイアログでフォントやサイズなどの書式を設定します。ここでは、各オプションの機能を説明します。

テキストツールの書式を設定する

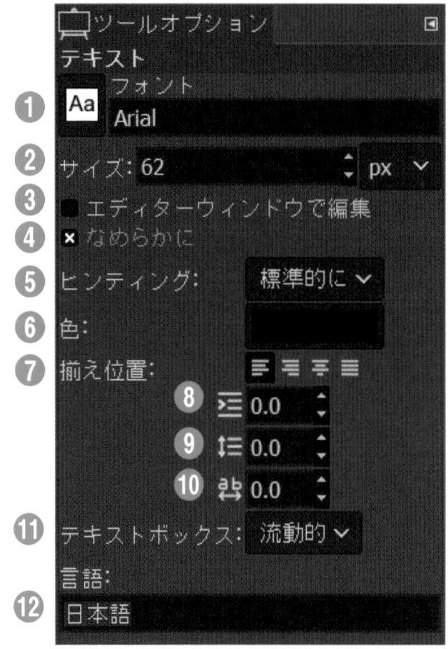

❶ フォント

現在設定している書体のアイコンをクリックして、フォントを選択します。「永」のアイコンが和文フォントです。本書の解説と同じフォントがない場合は、ほかで代用してください。

❷ サイズ

初期設定の単位はピクセル（px）です。[ポイント] や [ミリメートル] にした場合、画像の解像度に合わせた大きさになります。

❸ エディターウィンドウで編集

チェックをつけると、[GIMP テキストエディター] ウィンドウが表示されます。選択した一部の文字の書式を変更したり、ウィンドウ内で文章の修正ができます。

❹ なめらかに

チェックを外すと、アンチエイリアス処理のないギザギザした文字になります。

❺ ヒンティング

サイズが小さくて潰れた文字を読みやすく補正します。

❻ 色

最初は描画色と同じ色になります。描画色で色を変更するとリンクして同じ色になりますが、文字入力の後や、[ツールオプション] ダイアログのカラーボックスで変更すると、描画色とのリンクは切れます。

❼ 揃え位置

[左揃え] [右揃え] [中央揃え] [両端揃え] のボタンで文字列の揃え方を設定します。

❽ インデント

一行目の字下げ幅を設定します。

❾ 行間隔

複数行の行間隔を均一に調整します。正の値は間隔が広がり、負の値で間隔が狭くなります。

❿ 文字間隔

文字と文字の間隔を均一に調整します。正の値は間隔が広がり、負の値で間隔が狭くなります。

⓫ テキストボックス

[流動的] に設定すると、入力した文字に応じてテキストボックスのサイズが変わります。[固定] は、ドラッグして作成したサイズに固定して入力します。テキストボックスの四隅にある小さい四角形をダブルクリックすると、設定が切り替わります。

⓬ 言語

設定は変えずに「日本語」のまま使用します。

02 短い文字を入力する

テキストツールでクリックした位置から文字を入力します。テキストボックスは入力した文字数に応じて伸縮します。短い文字を入力するとき便利な方法です。

サンプルファイル 5-02.xcf

完成図

「Wilber」の文字を入力します。

テキストツールでクリックして文字を入力する

1 書式を設定する

テキストツール A を選択します 1。描画色を設定します（ここではブラック）2。[ツールオプション]ダイアログを設定します（ここでは［フォント］を「Arial Bold」、［サイズ］を「150」、［揃え位置］を［左揃え］、ほかは初期設定のまま）3。

CHECK

同じフォントがない場合は、ほかのフォントで代用してください。

2 テキストツールでクリックして文字を入力する

画像の左上でクリックします 1。文字を入力します（ここでは「Wilber」）2。1文字入力するたびに、文字を囲むテキストボックスが広がります。Esc キーを押して文字入力を終了します。

CHECK

Enter キーで改行すると、次の行も入力できます。

長い文章を入力する

テキストツールでドラッグして作成したテキストボックスに文字を入力します。1行に入る文字数が固定され、自動で次の行へ折り返して入力できます。

サンプルファイル 5-03.xcf

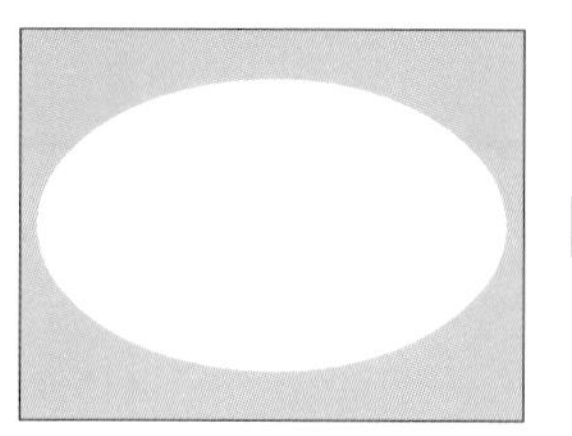

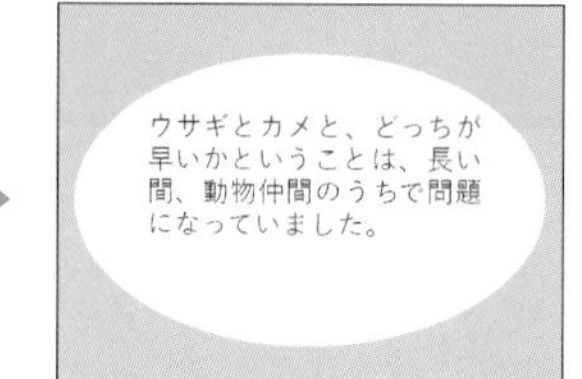

完成図

楕円に内接するテキストボックスを作成して、複数行の文章を入力します。

テキストボックスを作成して文章を入力する

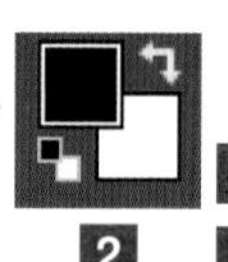

1 書式を設定する

テキストツールAを選択します1。描画色を設定します（ここではブラック）2。[ツールオプション] ダイアログを設定します（ここでは [フォント] を「Yu Gothic」、[サイズ] を「28」、[揃え位置] を [両端揃え]、ほかは初期設定のまま）3。

CHECK

同じフォントがない場合は、ほかのフォントで代用してください。

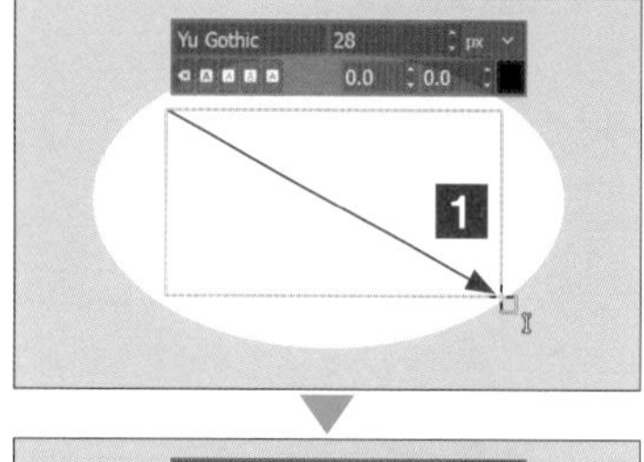

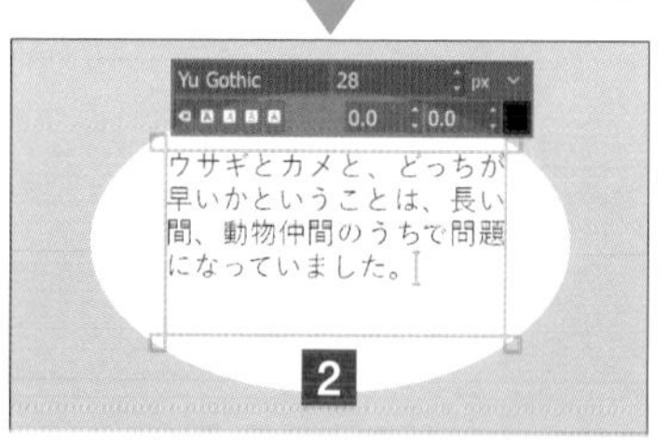

2 テキストツールでドラッグして文字を入力する

ドラッグして楕円に内接するくらいのテキストボックスを作成します1。文字を入力します2。複数行になる文章を入力すると自動で行を折り返します。Esc キーを押して文字入力を終了します。

テキストファイルを読み込む

テキストボックスにテキストファイルの文章を読み込むことができます。アクテイブなテキストボックスに設定されている書式で入力されます。

サンプルファイル 5-04-1.xcf　5-04-2.txt

Lorem ipsum dolor sit amet, consectetur adipisci elit, sed eiusmod tempor incidunt ut labore et dolore magna aliqua.

完成図

空のテキストボックスにサンプルのテキストファイル「5-04-2.txt」を読み込みます。

テキストボックスにテキストファイルを読み込む

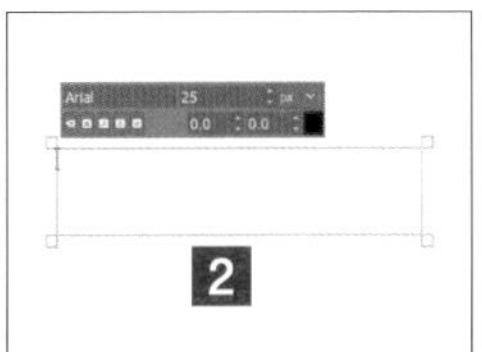

1 テキストボックスをアクティブにする

サンプルファイル「5-04-1.xcf」に「空のテキストレイヤー」があります。[レイヤー] ダイアログのサムネールをダブルクリックして1、テキストボックスをアクティブにします2。

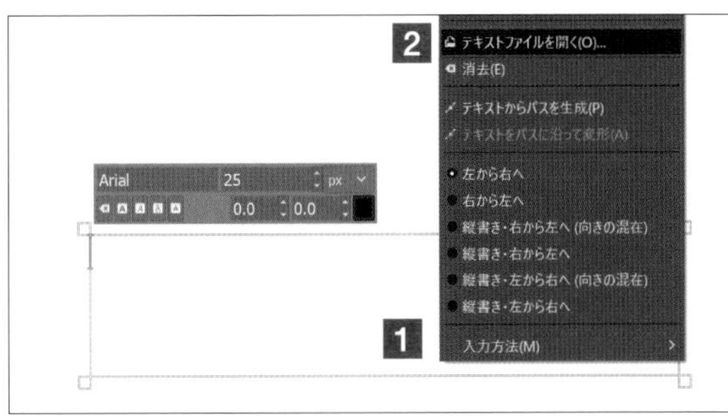

2 [テキストファイルを開く]を実行する

テキストボックスの上で右クリックして1、表示されたメニューで、[テキストファイルを開く]をクリックします2。

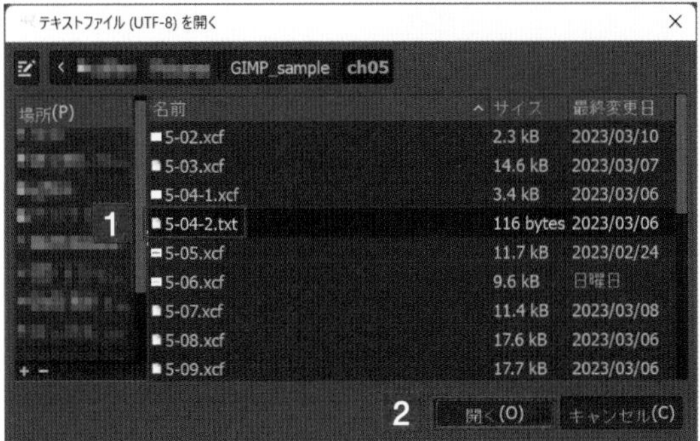

3 テキストファイルを読み込む

サンプルファイルの「5-04-2.txt」をクリックして1、[開く] をクリックします2。

全部の文字を対象にフォントを変更する

全部のテキストを変更するときは[ツールオプション]ダイアログで設定して、選択した一部の文字を変更するときはテキストバーで設定します。

サンプルファイル 5-05.xcf

完成図

テキストボックス全部のフォントを別のフォントに変更します。

全部の文字を対象にフォントを変更する

1 テキストボックスをアクティブにする

[レイヤー] ダイアログでテキストのプレビューをダブルクリックして1、テキストボックスをアクティブにします2。

2 [ツールオプション] ダイアログでフォントを変更する

[ツールオプション] ダイアログのフォントのアイコンをクリックして1、別のフォントをクリックします（ここでは「Times New Roman」、なければほかのフォントで代用）2。

POINT

[フォント] ダイアログのフォントをクリックしてもアクティブなテキストフレームのフォントを変更できます。

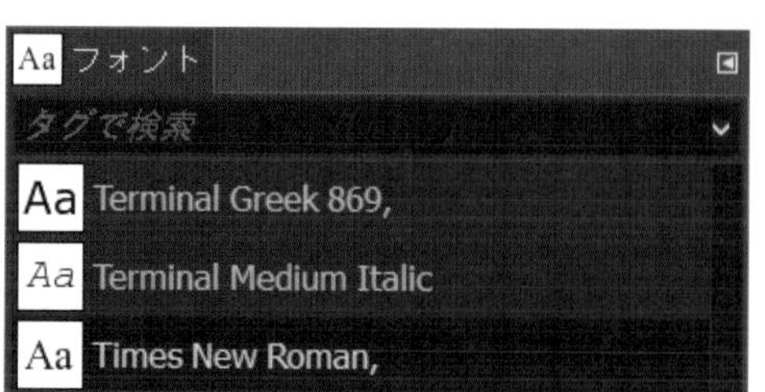

一部の文字を対象にフォントを変更する

テキストの一部の文字だけフォントを変更するときは、テキストボックスの上に表示されるテキストバーを使います。フォント名を入力すると、フォントメニューが開きます。

サンプルファイル 5-06.xcf

GIMP 2.10.34 ▶ GIMP 2.10.34

完成図

「2.10.34」の数字を選択して、フォントを変更します。

一部の文字のフォントを変更する

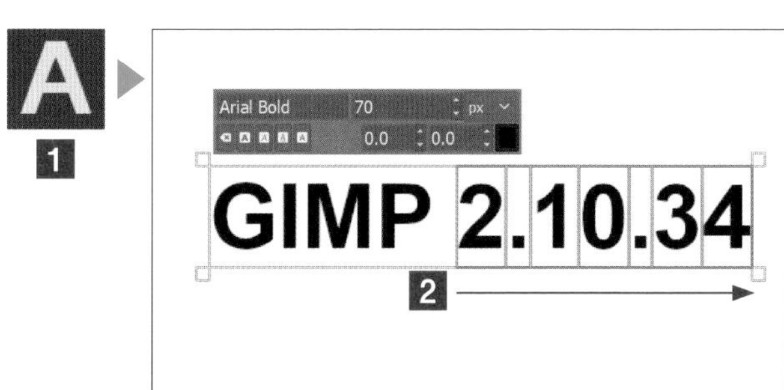

1 テキストツールで文字を選択する

テキストツールAを選択します1。「2.10.34」の数字をドラッグして選択します1。

CHECK

選択した文字は黄色い線で囲まれます。

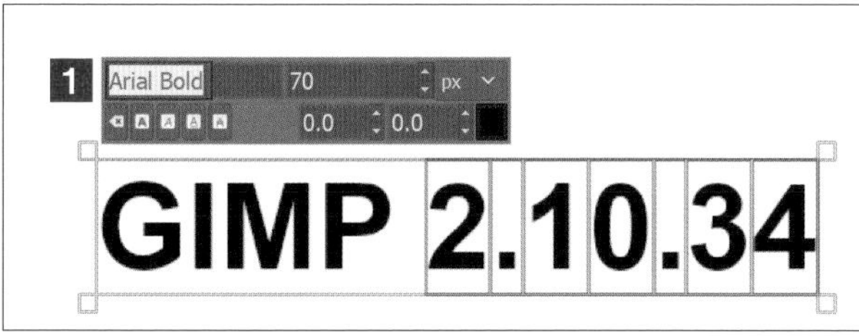

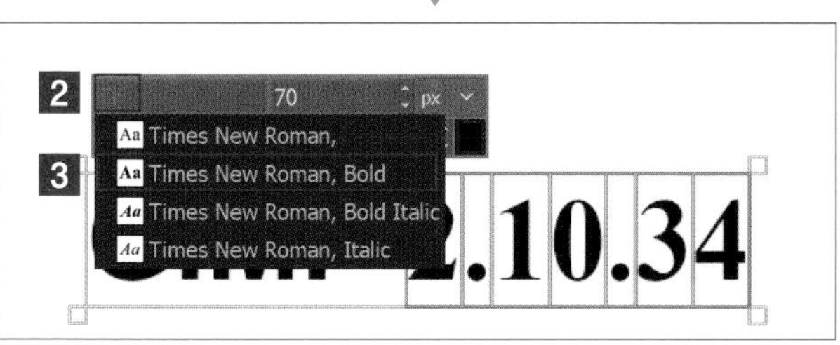

2 テキストバーにフォント名を入力する

テキストバーのフォント名を全部選択してハイライト表示にしてから1、変更したいフォント名を入力します（ここでは「Times」、なければほかのフォントで代用）。すべての文字を入力しなくても、フォント名の一部を入力すると、該当するフォントがメニューに表示されます2。「Times New Roman, Bold」をクリックします3。

一部の文字のサイズと色を変更する

フォントの変更と同じように、選択した一部の文字のサイズや色を変更するときも、テキストバーで設定します。サイズの異なる文字は下揃えになります。

サンプルファイル 5-07.xcf

完成図

「% OFF」の文字を選択して、サイズと色を変更します。

一部の文字を選択してサイズと色を変更する

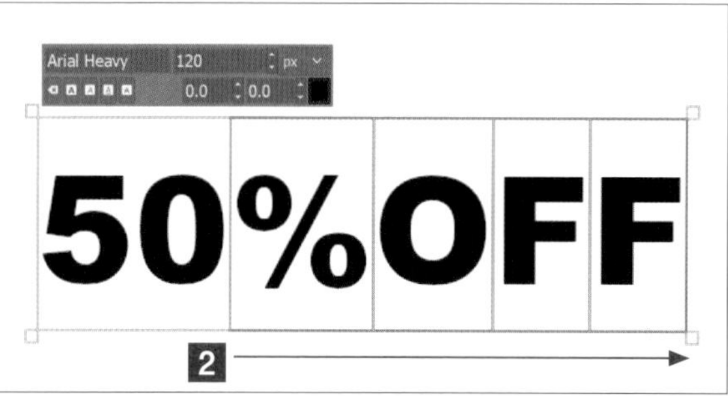

1 テキストツールで文字を選択する

テキストツールAを選択します1。「% OFF」をドラッグして選択します2。

2 テキストバーでサイズを変更する

テキストバーでサイズを設定します（ここでは「60」）1。文字の選択は解除しないで次の手順を行います。

CHECK

値を直接入力するか、▲▼をクリックして数値を設定します。

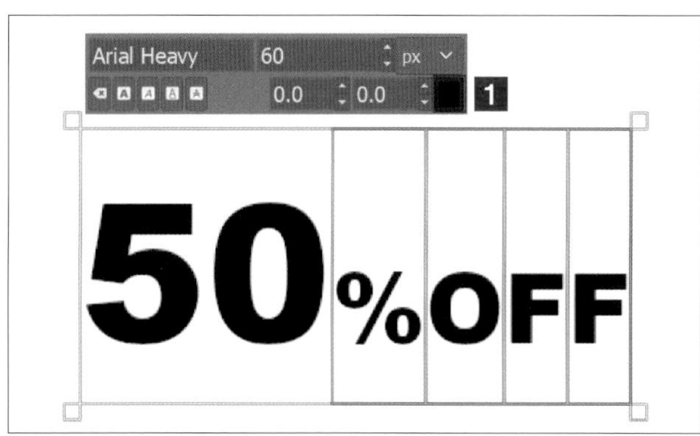

3 ［選択したテキストの色］ダイアログを表示する

テキストバーのカラーボックスをクリックします1。［選択したテキストの色］ダイアログが表示されます。

4 変更する色に設定する

カラー値を設定して（ここでは［0...100］で「R:100 G:0 B:0」）1、［OK］をクリックします2。

CHECK

色の設定方法は135ページの「描画色と背景色に新しい色を設定する」を参照してください。

5 文字の選択を解除する

Esc キーを2回押して1、選択を解除します。

CHECK

テキストツール以外のツールを選択したり、ほかのレイヤーをアクティブにしても解除できます。

POINT

テキストバー（または［GIMP テキストエディター］ウィンドウ）で変更したフォント、サイズ、色は、［ツールオプション］ダイアログで変更できません。テキストバーはテキストの一部だけ変更したいときに使います。テキスト全部を対象にテキストバーでフォント、サイズ、色は変更しないでください。元の［ツールオプション］ダイアログの書式に戻すときは、テキストバーの書式設定を消去します（183ページ参照）。

08 行揃えを変更する

テキストボックスに対してテキスト全体を[左揃え][右揃え][中央揃え][両端揃え]のいずれかに揃えることができます。ひとつのテキストボックスに、ひとつの行揃えしか設定できません。

サンプルファイル 5-08.xcf

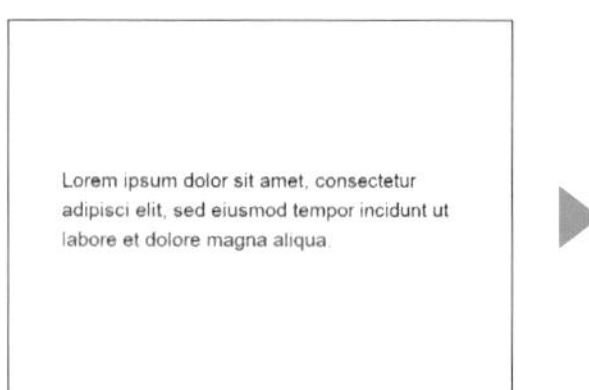

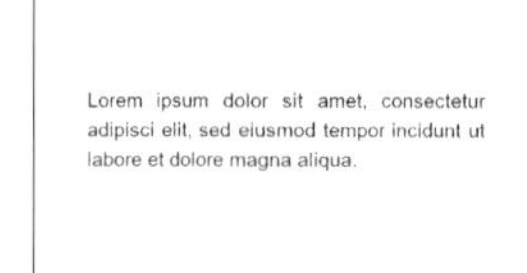

完成図

テキストボックスをアクティブしにして、[ツールオプション] ダイアログで行揃えを変更します。

テキストボックスを選択して行揃えを変更する

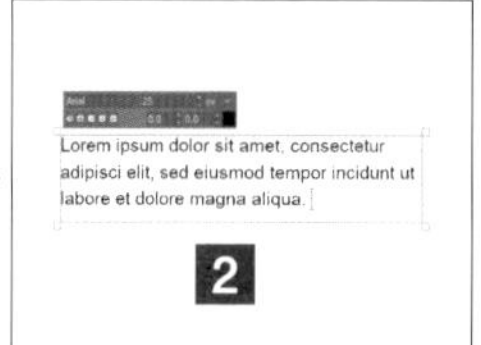

1 テキストボックスをアクティブにする

[レイヤー] ダイアログでテキストのプレビューをダブルクリックして**1**、テキストボックスをアクティブにします**2**。

2 テキストの揃え位置を変更する

[ツールオプション] ダイアログの [揃え位置] のボタンを順番にクリックします**1 2 3**。揃え方の違いを確認してください。

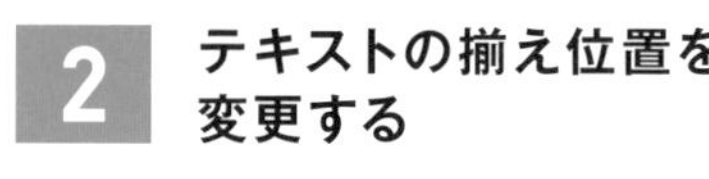

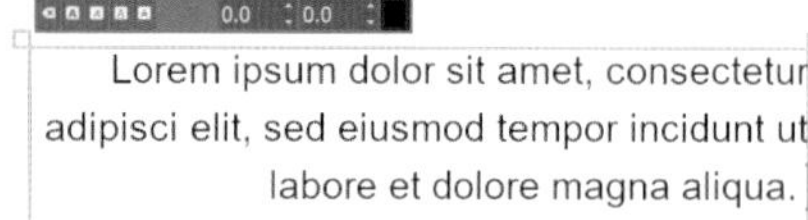

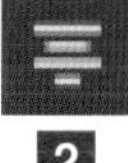

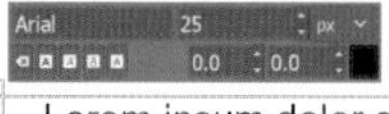

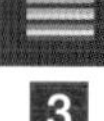

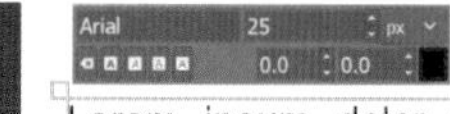

09 行間隔を調整する

複数行の行間隔を均一に調整します。正の値は間隔が広がり、負の値で間隔が狭くなります。ひとつのテキストボックスに、ひとつの行間隔しか設定できません。

サンプルファイル 5-09.xcf

▶

Lorem ipsum dolor sit amet, consectetur

adipisci elit, sed eiusmod tempor incidunt ut

labore et dolore magna aliqua

完成図

テキストボックスをアクティブにして、[ツールオプション] ダイアログで行間隔を変更します。

テキストボックスをアクティブにして行間隔を変更する

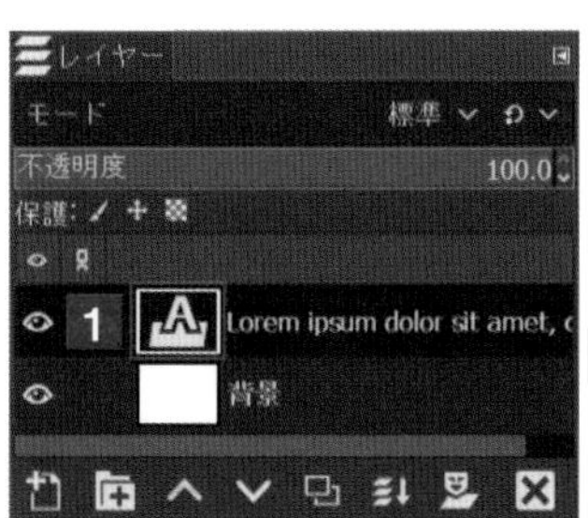

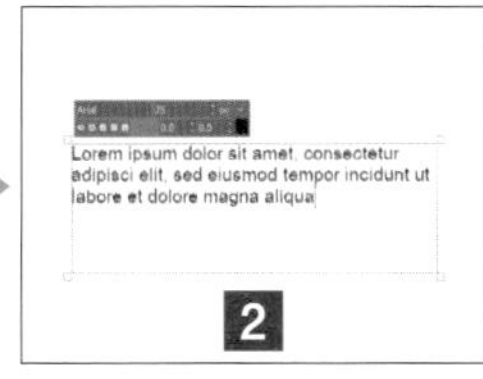

1 テキストボックスをアクティブにする

[レイヤー] ダイアログでテキストのプレビューをダブルクリックして**1**、テキストボックスをアクティブにします**2**。

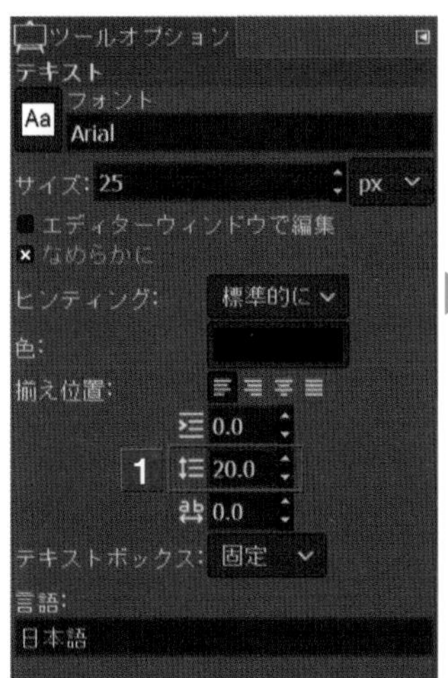

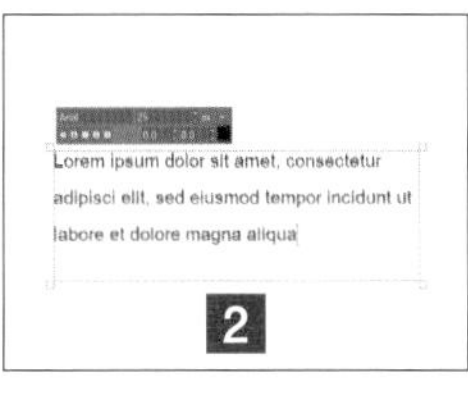

2 [ツールオプション] ダイアログで行間隔を変更する

[ツールオプション] ダイアログの [行間隔] を設定します (ここでは「20」) **1**。行間隔が設定したピクセル分広がります**2**。

POINT

「0.0」を基準に正の値にすると間隔が広がり、負の値にすると間隔が狭くなります。少数点以下の値を設定した場合、テキストがベクトルデータになるPDF形式でエクスポートすれば指定の間隔になりますが、ビットマップで表示する画像は1ピクセル単位の空きしか表示できないので、全部の行の文字と行間隔の合計が近似値になるように表示を変形して調整します。

文字間隔を調整する

文字と文字の間のアキを設定します。正の値は間隔が広がり、負の値で間隔が狭くなります。ひとつのテキストボックスに、ひとつの文字間隔しか設定できません。

サンプルファイル ▶ 5-10.xcf

GNU
Image
Manipulation
Program

▶

G N U
I m a g e
M a n i p u l a t i o n
P r o g r a m

完成図

テキストボックスをアクティブにして、[ツールオプション] ダイアログで文字間隔を変更します。

テキストボックスをアクティブにして文字間隔を変更する

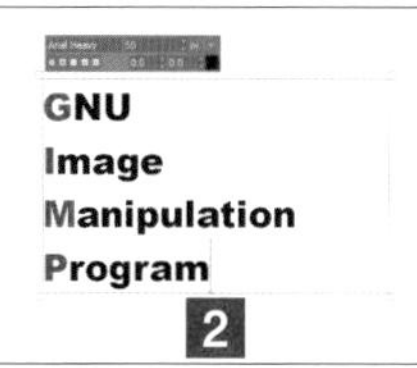

1 テキストボックスをアクティブにする

[レイヤー] ダイアログでテキストのプレビューをダブルクリックして**1**、テキストボックスをアクティブにします**2**。

2 [ツールオプション] ダイアログで文字間隔を変更する

[ツールオプション] ダイアログの [文字間隔] の値を設定します（ここでは「10」）**1**。文字間隔が設定したピクセル分広がります**2**。

POINT

「0.0」を基準に正の値にすると間隔が広がり、負の値にすると間隔が狭くなります。少数点以下を設定した場合、テキストがベクトルデータになる PDF 形式でエクスポートすれば指定の間隔になりますが、ビットマップで表示する画像は 1 ピクセル単位の空きしか表示できないので、1 行の文字と文字間隔の合計が近似値になるように表示を変形して調整します。

インデントで字下げする

インデントに正の値にすると段落1行目の文字が下がり、負の値にすると2行目以降の文字が下がります。ひとつのテキストボックスに、ひとつのインデントしか設定できません。

サンプルファイル 5-11 .xcf

1.Add 1 tablespoon of
pan and fry the onions

2.When the onions tur
pork and fry.

▶

1.Add 1 tablespoon of
  pan and fry the onic

2.When the onions tur
  pork and fry.

完成図

テキストボックスをアクティブにして、[ツールオプション] ダイアログでインデントを変更します。

テキストボックスをアクティブにしてインデントを変更する

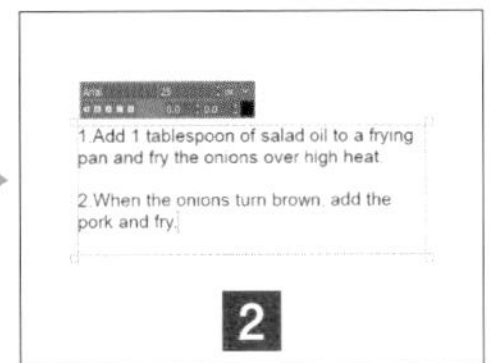

1 テキストボックスをアクティブにする

[レイヤー] ダイアログでテキストのプレビューをダブルクリックして**1**、テキストボックスをアクティブにします**2**。

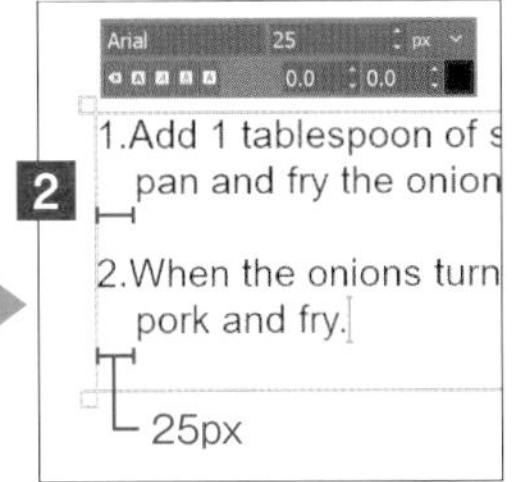

2 [ツールオプション] ダイアログでインデントを変更する

[ツールオプション] ダイアログの [インデント] の値を設定します（ここでは「-25」）**1**。段落の2行目から設定したピクセル分下がります**2**。

POINT

[インデント] は段落の1行目をほかの行より上げるか下げるかの設定です。「0.0」のときは行頭位置が揃います。正の値は段落1行目の行頭がが下がり、負の値は行頭が2行目より飛び出す（上がる）ことになります。ただし、テキストボックスの位置やサイズは変わらないので、負の値のときは2行目以降の1行あたりの文字数が減ることになります。

文字の位置をベースラインで整える

フォントは文字を揃えるためにベースラインを基準に設計しています。例えばコロンの位置を数字の中心に合わせたいとき、ベースラインの高さを変えてバランスを調整します。

サンプルファイル 5-12.xcf

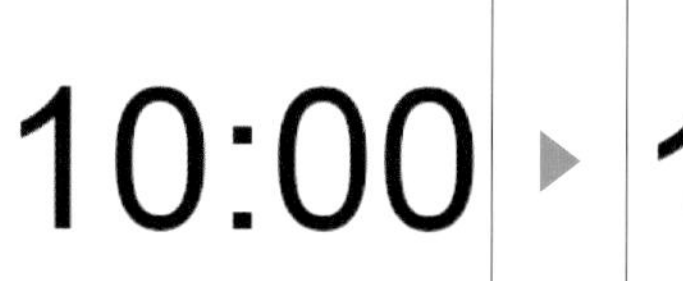

完成図

コロンの位置を数字の中心に合わせます。

選択した文字のベースラインを変更する

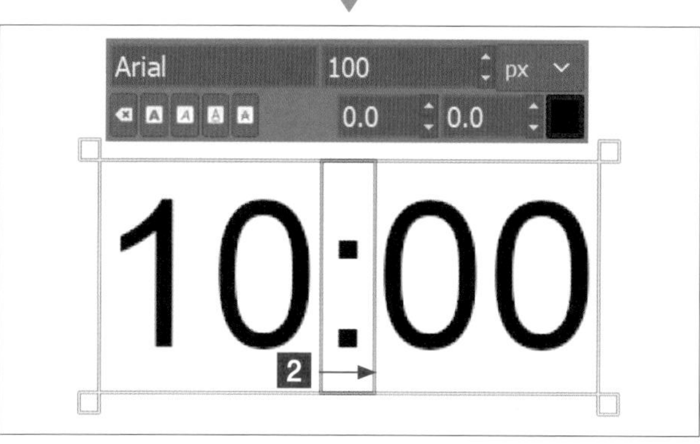

1 テキストツールで文字を選択する

テキストツールAを選択します1。「：」をドラッグして選択します2。

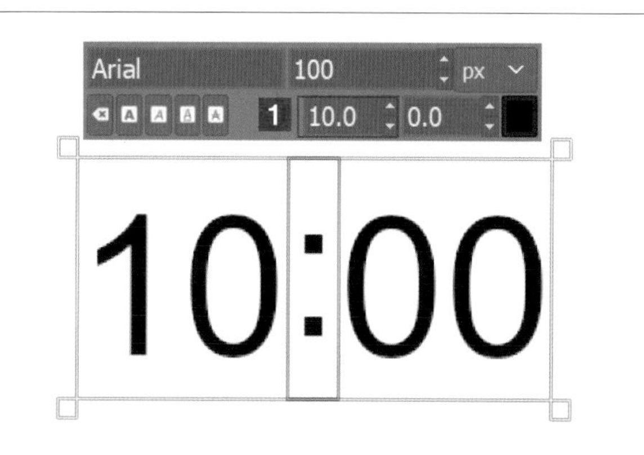

2 テキストバーでベースラインを変更する

テキストバーの［ベースライン］の値を設定します（ここでは「10」）1。

CHECK

同じ文字サイズで横書きのベースラインに正の値を設定すると、ほかの文字の位置が下がります。負の値は設定した文字が下がります。複数行ある場合はほかの行にも影響します。

カーニングで文字間隔を微調整する

テキストバーにある[カーニング]は、文字間隔をピンポイントで調整できます。正の値にすると間隔が広がり、負の値にすると間隔が狭くなります。

サンプルファイル 5-13.xcf

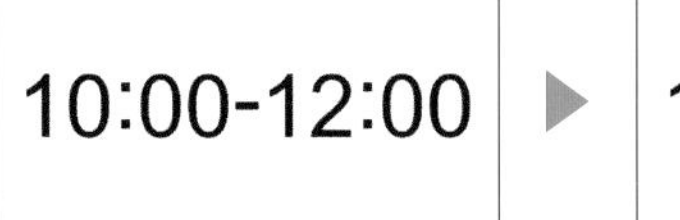

10:00 -12:00

完成図

「0」と「-」の空きを10ピクセル分広くします。

カーニングで文字間隔を調整する

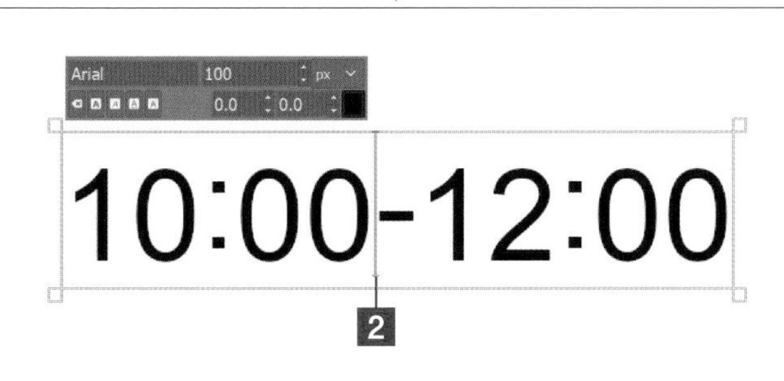

1 テキストツールで変更する場所を指定する

テキストツール**A**を選択します**1**。「0」と「-」の間をクリックします**2**。

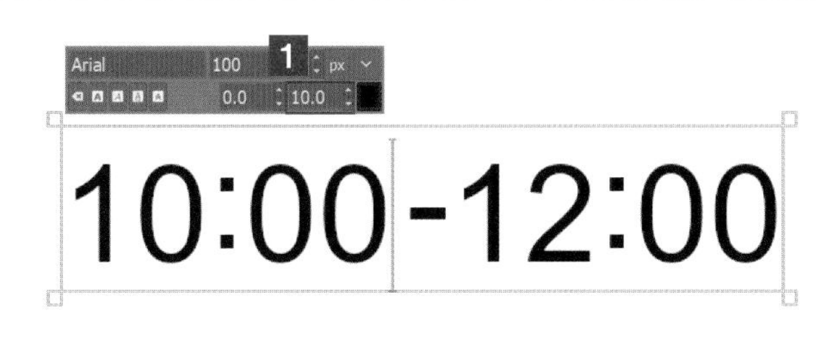

2 テキストバーでカーニングを変更する

テキストバーの［カーニング］の値を設定します（ここでは「10」）**1**。

CHECK

正の値にすると間隔が広がり、負の値にすると間隔が狭くなります。

太字や斜体を設定する

選択した一部の文字に[太字]や[斜体]を設定できます。ファミリーの少ないフォントを使う時に便利です。BoldやItalicのフォントは、さらに太くや斜めにはできません。

サンプルファイル 5-14.xcf

Wilber ▶ Wilber

完成図

文字を選択して、テキストバーでスタイルを設定します。

テキストバーでスタイルを設定する

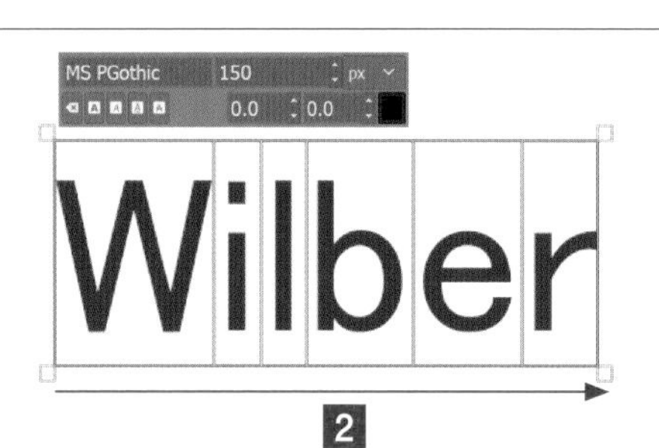

1 テキストツールで文字を選択する

テキストツールAを選択します1。「Wilber」をドラッグして選択します2。このように、すべての文字を対象にするときも選択が必要です。

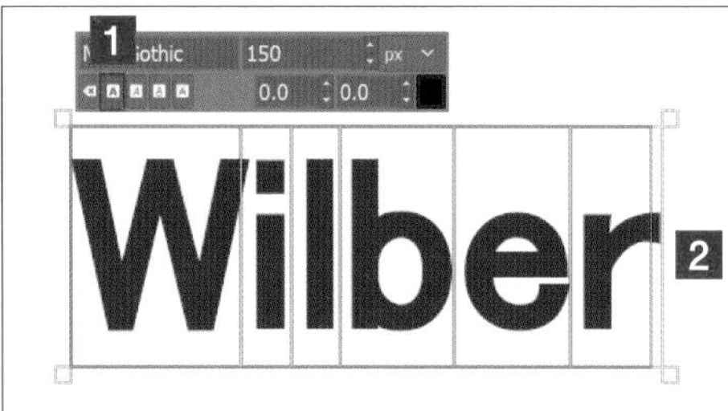

2 テキストバーで太字のスタイルを設定する

テキストバーの「太字」Aをクリックすると1、文字が太くなります2。

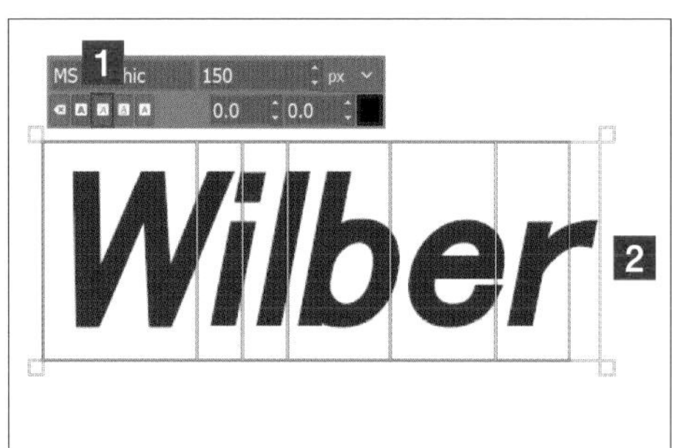

3 テキストバーで斜体のスタイルを設定する

テキストバーの「斜体」Aをクリックすると1、文字が斜めに傾きます2。

CHECK

[下線] Aや [取り消し線] Aも重ねて設定できます。

SECTION 15

テキストバーの書式設定を消去する

一部の文字を選択してテキストバーで設定した書式設定を消去すると、[ツールオプション]ダイアログで設定している書式設定に戻ります。

サンプルファイル 5-15.xcf

50%OFF ▶ 50%OFF

完成図

文字を選択して、テキストバーで設定した書式設定を消去します。

テキストバーで設定した書式設定を消去する

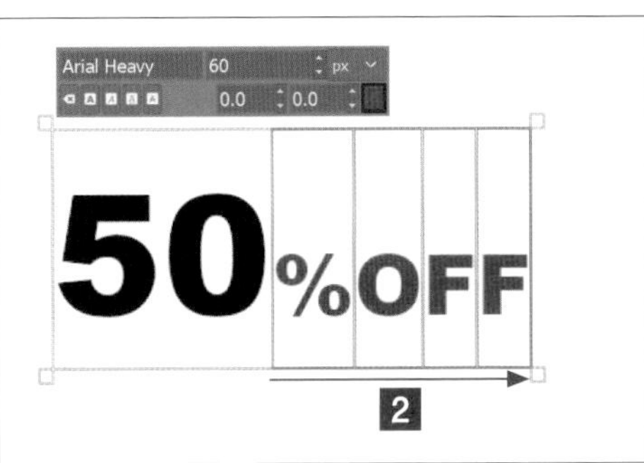

1 テキストツールで文字を選択する

テキストツール[A]を選択します[1]。「%OFF」をドラッグして選択します[2]。

CHECK

消去したいところが複数あるときは、テキスト全部を選択します。

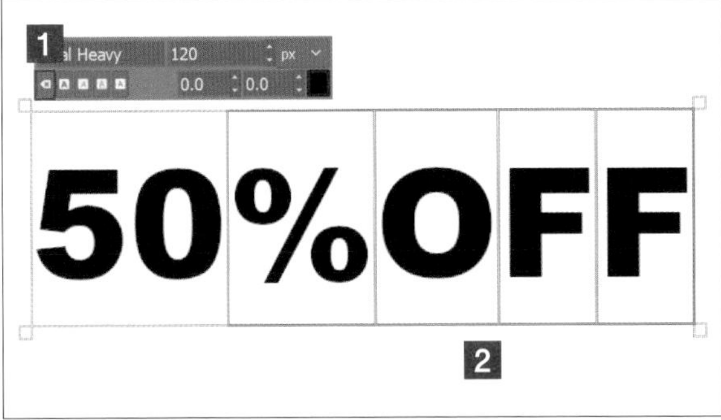

2 テキストバーでリセットする

テキストバーの［選択したテキストのスタイルを消去します］をクリックすると[1]、［ツールオプション］ダイアログの書式設定に戻ります[2]。

POINT

テキストバー（または［GIMP テキストエディター］ウィンドウ）で変更したフォント、サイズ、色は、［ツールオプション］ダイアログで変更できません。フォント、サイズ、色を元に戻すときは、テキストバーで設定を揃えるのではなく、消去してください。

16 テキストを縦書きにする

横書きで入力したテキストを縦書きに変更します。全角文字だけ縦書きにする設定と、半角文字も縦書きにする設定があります。半角文字を横並びで縦にする「縦中横」にはできません。

サンプルファイル 5-16.xcf

16才
お誕生日
おめでとう

▶

16才
お誕生日
おめでとう

完成図

テキストを縦書きに変更します。

右クリックして文字組みの方向を変える

1 テキストボックスをアクティブにする

[レイヤー] ダイアログでテキストのプレビューをダブルクリックして1、テキストボックスをアクティブにします2。

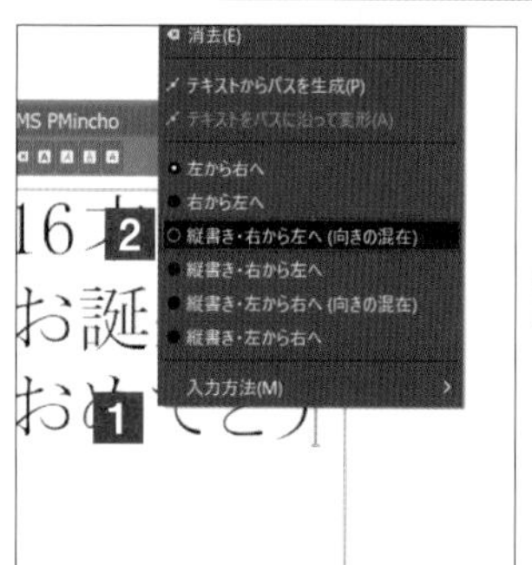

2 [縦書き・右から左へ(向きの混在)]を適用する

アクテイブなテキストボックスの上で右クリックして1、[縦書き・右から左へ(向きの混在)]をクリックすると2、全角文字だけ縦書きになります3。

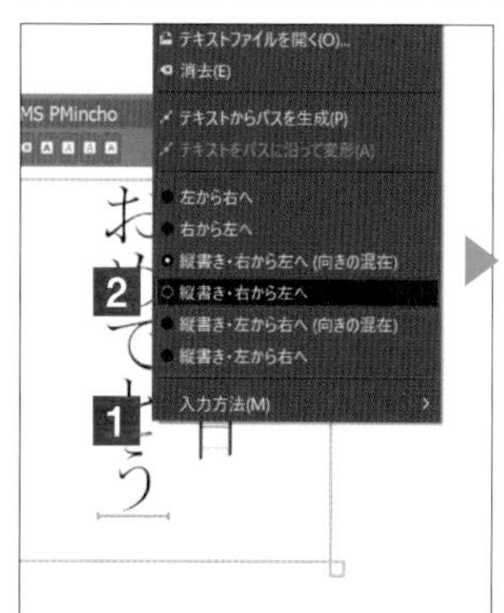

3 [縦書き・右から左へ]を適用する

もう一度アクテイブなテキストボックスの上で右クリックして1、[縦書き・右から左へ]をクリックすると2、半角文字も縦書きになります3。

CHECK

横書きに戻すときは、[左から右へ]をクリックします。

小さい文字を読みやすくする

文字サイズを小さくしたとき、画数の多い文字は少ないピクセル数に収めるために太さや形が崩れてしまうので、[ヒンティング]の設定で表示を調整します。

サンプルファイル ▶ 5-17.xcf

鰺鯇鮎鮑魦鯆鰯鰮鮇
鯎鰻鱗鰕魵鰓魞鰍鮖
鯑鰹鰈鮃鮍鱚鯨鯉鯒
鮗鰶鮴鮭鮏鯖鮫鱵鰆

▶

鰺鯇鮎鮑魦鯆鰯鰮鮇
鯎鰻鱗鰕魵鰓魞鰍鮖
鯑鰹鰈鮃鮍鱚鯨鯉鯒
鮗鰶鮴鮭鮏鯖鮫鱵鰆

完成図

[ヒンティング]で小さい文字の表示を調整します。

[ヒンティング]の設定を変えて読みやすさを比較する

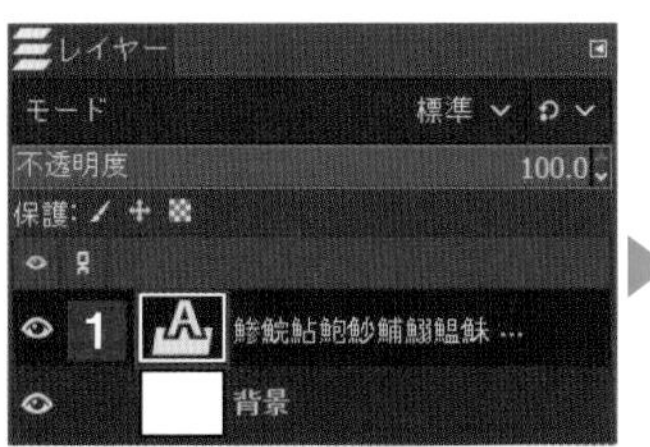

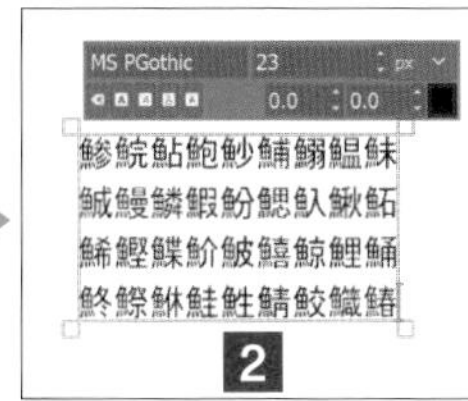

1 テキストボックスをアクティブにする

[レイヤー] ダイアログでテキストのプレビューをダブルクリックして1、テキストボックスをアクティブにします2。

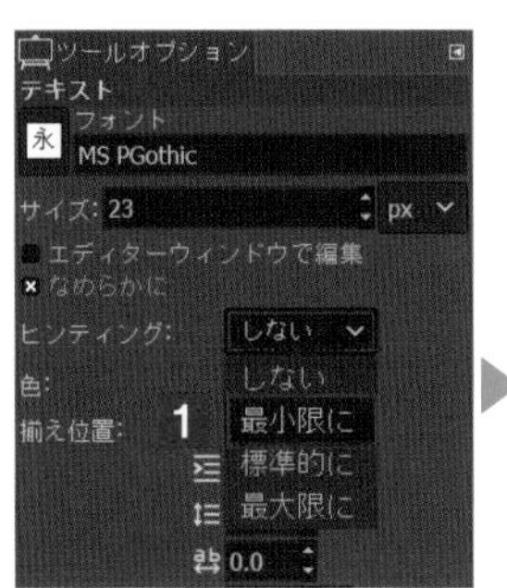

2 [ヒンティング]を[最小限に]に設定する

[ツールオプション] ダイアログの [ヒンティング] を [最小限に] に設定します1。

CHECK

拡大表示をすると、変化がわかりやすくなります。

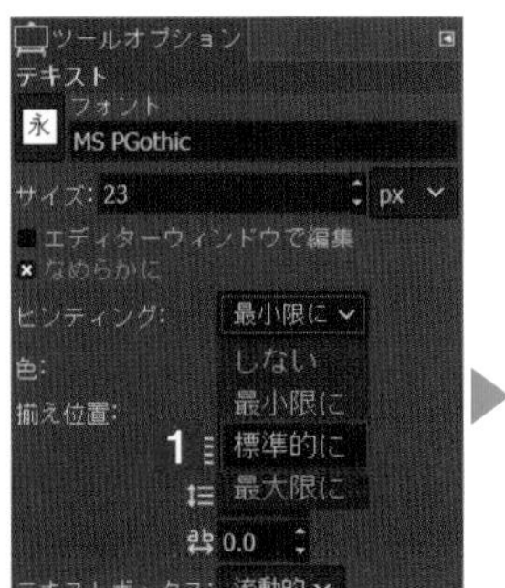

3 [ヒンティング]を[標準的に]に設定する

[ツールオプション] ダイアログの [ヒンティング] を [標準的に] に設定します1。

CHECK

このサンプルでは [最大限に] に設定しても [標準的に] と結果は変わりません。

印刷用に文字を白黒の2階調にする

アンチエイリアス処理された文字はブラウザでは綺麗に表示されますが、印刷では綺麗になりません。一般的に、印刷するモノクロマンガの文字にアンチエイリアスはつけません。

サンプルファイル 5-18.xcf

完成図

文字を選択して、[ツールオプション] ダイアログの[なめらかに]のチェックを外します。

[なめらかに]のチェックを外す

1 テキストボックスをアクティブにする

[レイヤー] ダイアログでテキストのプレビューをダブルクリックして1、テキストボックスをアクティブにします2。

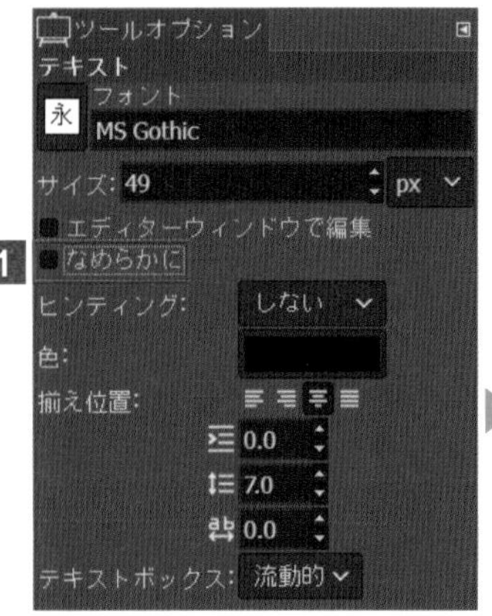

2 [なめらかに]のチェックを外す

[ツールオプション] ダイアログの [なめらかに] のチェックを外すと、アンチエイリアス処理のない文字になります。

POINT

[なめらかに] のチェックを外したテキスト入り画像をエクスポートするとき、TIFF 形式や PNG 形式で保存するとギザギザした文字のまま書き出しますが、PDF 形式にするとテキストはベクトルデータのまま保存され、シャープで滑らかなまま印刷できます。

19 テキストを画像に変換する

テキストから文字情報を破棄すると画像レイヤーに変わります。ピクセルイメージとしてペイントや変形などの加工ができます。

サンプルファイル 5-19.xcf

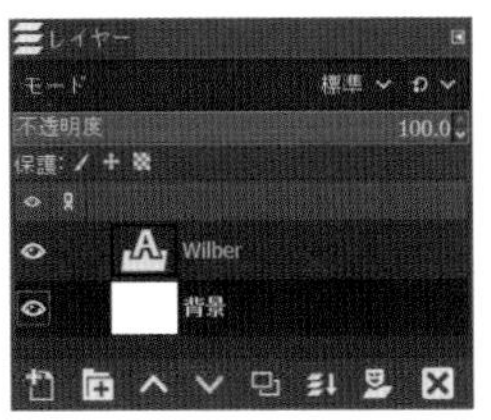

▶

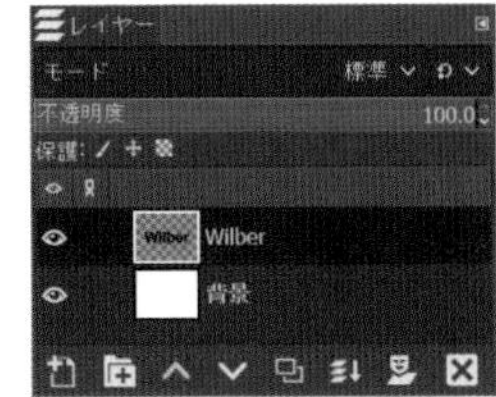

完成図

テキストレイヤーを画像レイヤーに変換します。

テキストレイヤーから文字情報を破棄する

1 テキストレイヤーをアクティブにする

[レイヤー] ダイアログでテキストレイヤーをクリックして1、テキストレイヤーをアクティブにします。

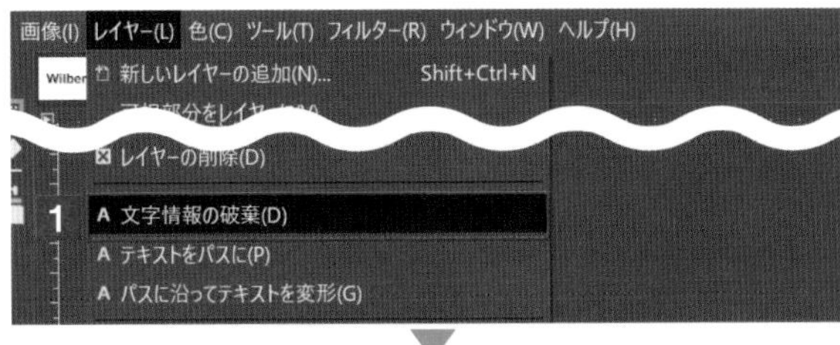

2 [文字情報の破棄]を実行する

[レイヤー] メニュー→ [文字情報の破棄] をクリックすると1、テキストレイヤーが画像レイヤーに変換されます2。

CHECK

[レイヤー] ダイアログのテキストレイヤーの上で右クリックして [文字情報の破棄] をクリックしても実行できます。

テキストにフチをつける

色や明るさの変化が激しい背景に文字を重ねるときは、テキストにフチをつけると読みやすくなります。ただし、フチは画像として描くので、テキストとして編集はできません。

サンプルファイル 5-20.xcf

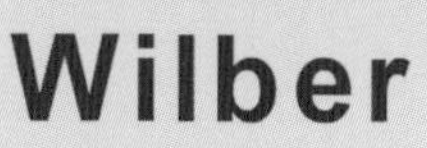

完成図

テキストと同じ形の選択範囲を背面レイヤーに作成して、フチどりする分を拡張して塗りつぶします。

文字をフチどりした選択範囲を作成して塗りつぶす

2 Wilber

1 テキストと同じ形の選択範囲を作成する

Alt キーを押しながらテキストレイヤーのプレビューをクリックすると1、テキストと同じ形の選択範囲が作成されます2。

CHECK

［レイヤー］メニュー→［透明部分］→［不透明部分を選択範囲に］をクリックしても実行できます。

2 テキストの下に新しいレイヤーを追加する

テキストレイヤーの下にある「背景」レイヤーをクリックして1、アクティブにします。［レイヤー］ダイアログの［新しいレイヤーの追加］をクリックします2。

CHECK

新しく作成するレイヤーはアクティブなレイヤーの上に追加されます。テキストレイヤーの下にフチどり用の新しいレイヤーを作成したいので、［背景］レイヤーをアクティブにします。

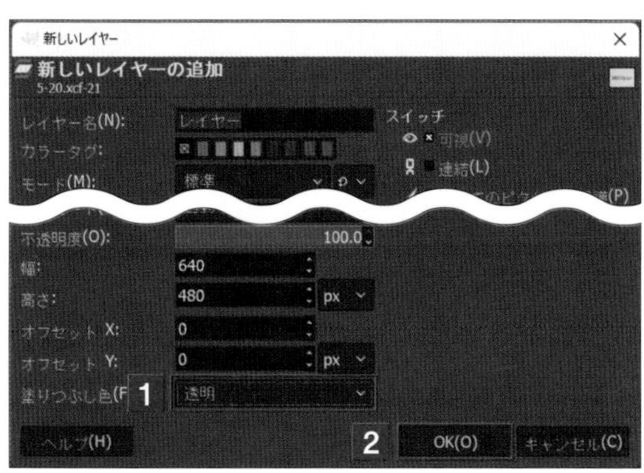

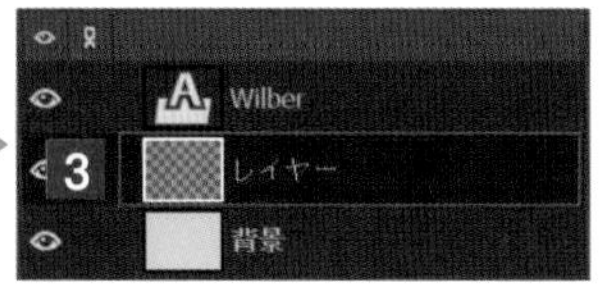

3 透明のレイヤーを作成する

表示された［新しいレイヤー］ダイアログの［塗りつぶし色］を［透明］に設定して1、［OK］をクリックします2。「背景」レイヤーの上に新しいレイヤーが追加されます3。

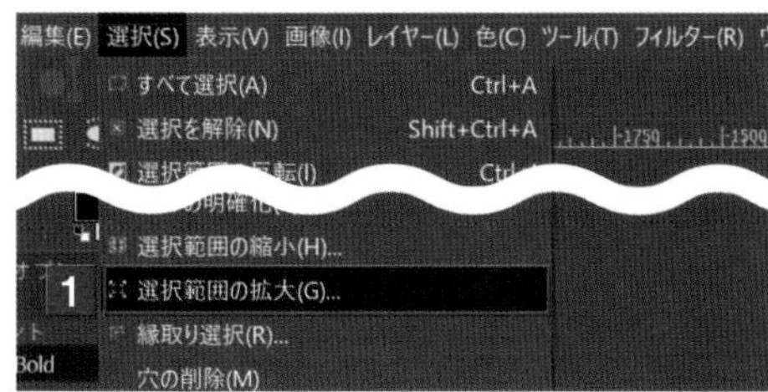

4 ［選択範囲の拡大］を実行する

［選択］メニュー→［選択範囲の拡大］をクリックします1。［選択範囲の拡大］ダイアログが表示されます。

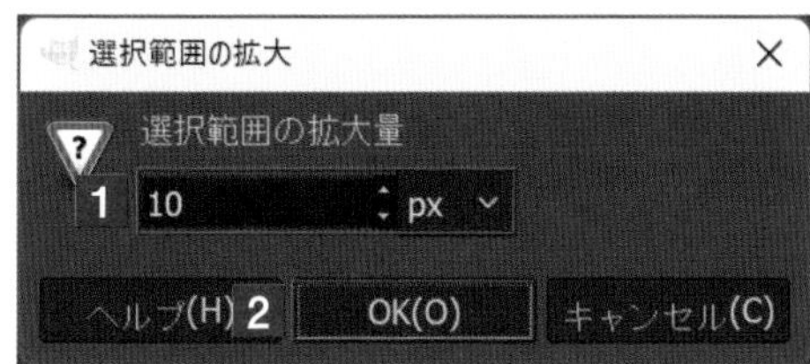

5 フチどり分の幅を拡大する

［選択範囲の拡大量］を設定して（ここでは「10」）1、［OK］をクリックします2。選択範囲が設定したピクセル分広がります3。

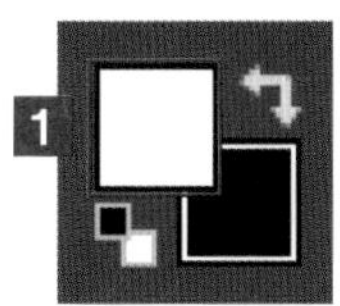

6 描画色を設定する

描画色を設定します（ここではホワイト）1。

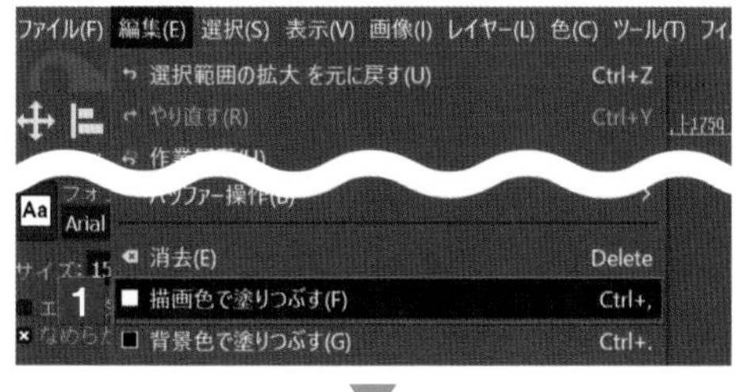

7 ［描画色で塗りつぶす］を実行する

［編集］メニュー→［描画色で塗りつぶす］をクリックします1。選択範囲が描画色で塗りつぶされます2。

21 テキストに影をつける

ドロップシャドウのフィルターは、テキストレイヤーとは別に影だけのレイヤーを追加するものと、テキストに影を追加した画像レイヤーに変換する2種類があります。

サンプルファイル 5-21.xcf

完成図

フィルターの[ドロップシャドウ]で、テキストに影をつけた画像レイヤーに変換します。

[ドロップシャドウ]で影をつける

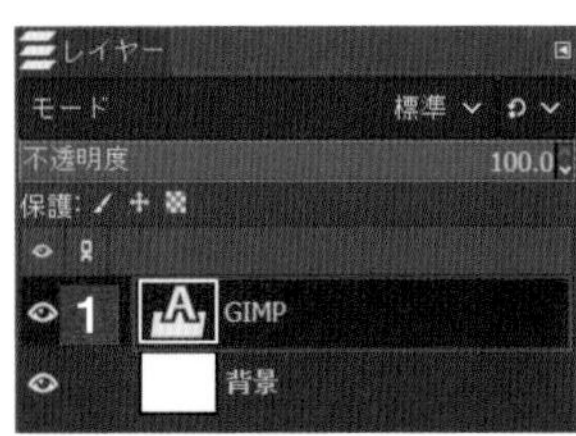

1 テキストレイヤーをアクティブにする

[レイヤー] ダイアログでテキストレイヤーをクリックして1、アクティブにします。

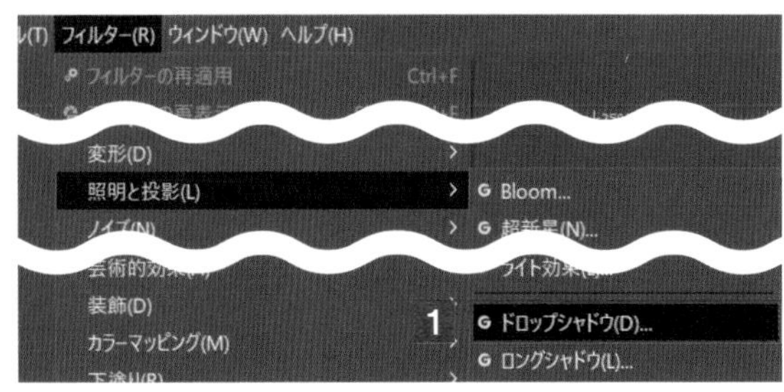

2 [ドロップシャドウ]を実行する

[フィルター] メニュー→ [照明と投影] → [ドロップシャドウ] をクリックします1。

3 レイヤーを確認する

[ドロップシャドウ] ダイアログのオプションを設定します1。

- オフセット X:「20」(正の値で影が右に移動)
- オフセット Y:「20」(正の値で影が下に移動)
- Blur radius:「10」(影のぼかし具合)
- Opacity:「0.5」(影の不透明度)

(ほかは初期設定のまま)

[OK] をクリックします2。

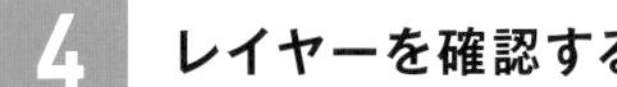

4 レイヤーを確認する

テキストレイヤーは影のイメージを含んだ画像レイヤーに変換されます**1**。

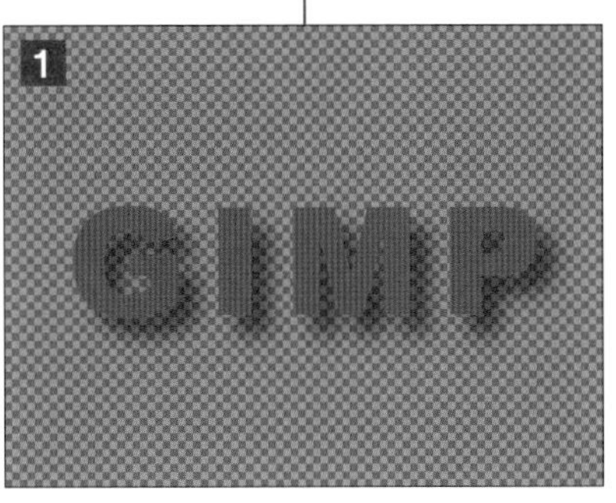

POINT

［ドロップシャドウ（レガシー）］は、テキストレイヤーの下に影の画像レイヤー**A**を追加します。オプションの設定を反映したプレビューを表示できないのが不便です。

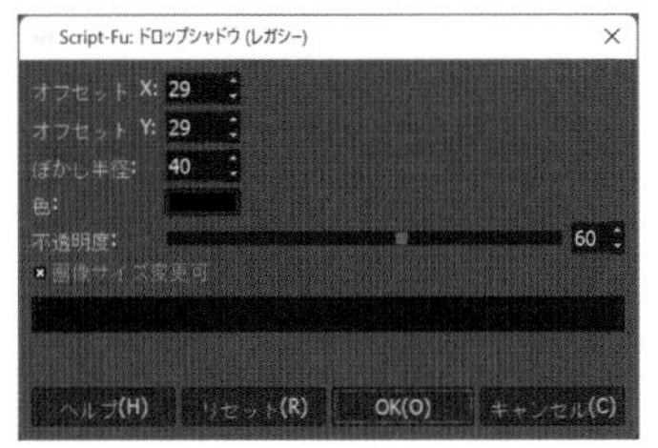

POINT

テキストレイヤーに［フィルター］メニュー→［照明と投影］→［ロングシャドウ］を実行すると、文字が立体的に見えるイメージを作成できます。［Style］で影のつき方を選びます。影を伸ばす方向を［Angle］で、影の長さを［Midpoint］、影の色を［Color］に設定します。テキストレイヤーは影のイメージを含んだ画像レイヤー**A**に変換されます。

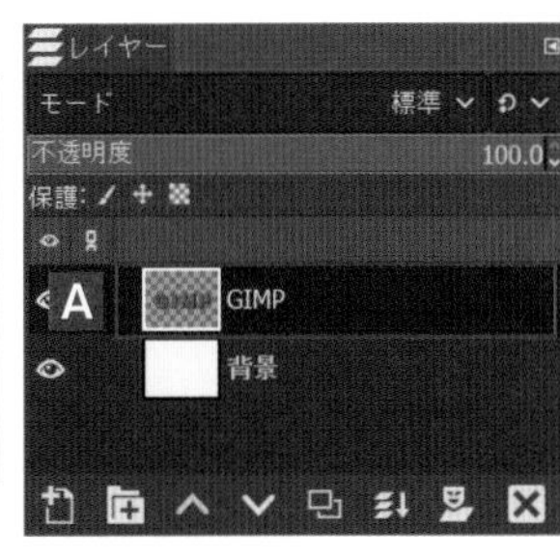

使えるフォントの一覧表を自動で作成する

テキストバーはフォント名を入力して設定するので、フォント名と字形がわかる一覧表があると便利です。[フォントサンプル描画]は、GIMPで使用できるフォントの一覧表を自動で作成します。

完成図

何もない状態から自動で使用できるフォントの一覧表を作成できます。

[フォントサンプル描画]を実行する

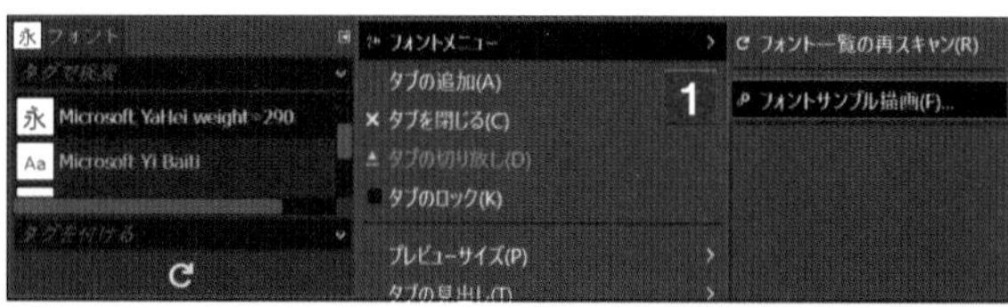

1 [フォントサンプル描画]を実行する

[フォント] ダイアログメニューの [フォントメニュー] → [フォントサンプル描画] をクリックします**1**。

Script-Fu: フォントサンプル描画
表示テキスト(T): 1 GIMP2.10文字みほん
表示テキストにフォント名を使う(N)
ラベル(L)
フィルター(正規表現)(F): 2
フォントサイズ(ピクセル)(S): 32
枠の大きさ(ピクセル)(B): 10
描画色/背景色(C): 白地に黒
3
ヘルプ(H) リセット(R) OK(O) キャンセル(C)

2 見本の文字を入力する

表示された [フォントサンプル描画] ダイアログで [表示テキスト] に見本として表示するテキストを入力します (ここでは「GIMP2.10 文字みほん」) **1**。[フィルター (正規表現)] は空欄にします**2**。ほかは初期設定のまま [OK] をクリックします**3**。処理が終わるまでしばらく待ちます。かなり細長い画像になります**4**。ズームツールか、[表示] メニュー→ [表示倍率] → [拡大表示] をクリックして、文字が確認できるまで拡大表示してください**5**。

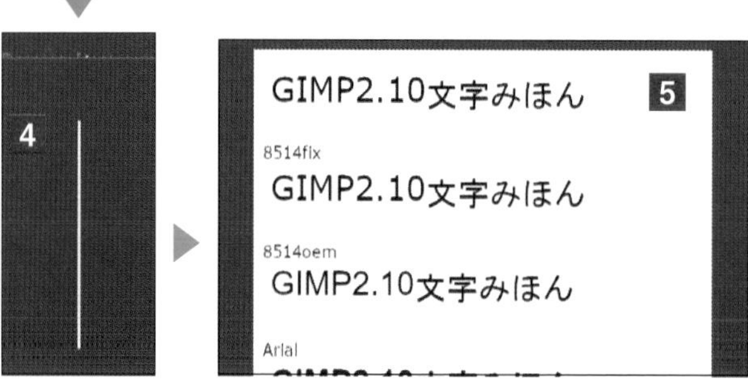

CHECK

作成された一覧表は、フォント名の上に見本の文字が表示されます。ややこしい位置にあるので注意してください。

GIMP2.10文字みほん
8514fix
GIMP2.10文字みほん

CHAPTER

06

色調補正

写真の色や明るさを自動で補正する

[色]メニューの[自動補正]には、暗すぎたり色かぶりした写真を自動で補正する6種類のコマンドがあります。各コマンドに適した画像の傾向を理解して使い分けましょう。

写真の色や明るさの偏りを自動補正するコマンドについて

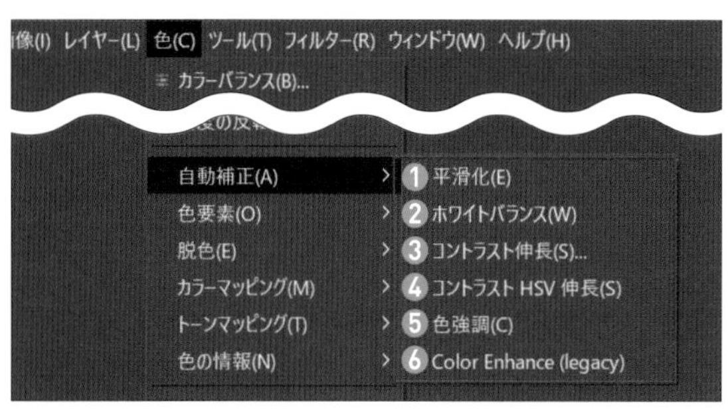

6種類の自動補正コマンド

[色] メニュー→ [自動補正] のサブメニューから6種類のコマンドを選びます❶❷❸❹❺❻。すべての写真をキレイに補正できるわけではないので、コマンドごとに補正に適した写真の傾向を知っておきましょう。

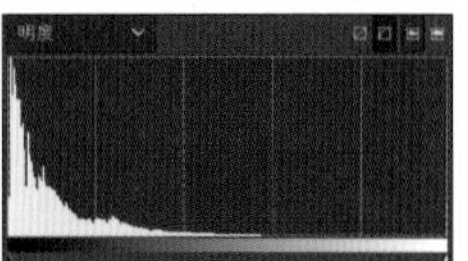

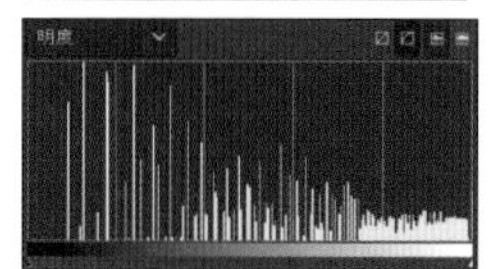

❶ 平滑化

明度のヒストグラムが全体に満遍なく同じ数だけ分布するように調整します。グラフの山が高い階調は間隔を広く分散させます。極端に暗い画像に適用すると、暗くて見えなかったディテールが見えます。補正結果が気に入らないときは、217ページの「暗くて見えない形を明瞭にする」を試してください。

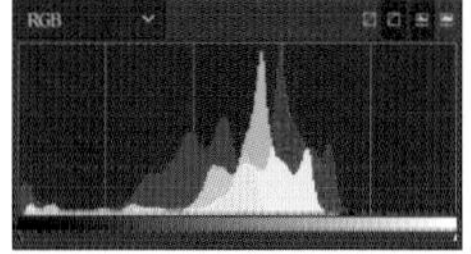

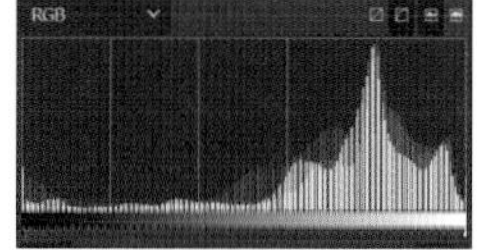

❷ ホワイトバランス

ホワイトバランスは、撮影時の環境光や照明の色の影響を相殺して、白い物が白く見えるように補正する機能です。このコマンドを適用すると、カラーチャンネルのヒストグラムが端まで分布するように補正します。元画像の中で一番明るいピクセルと暗いピクセルがホワイトとブラックになるように調整して、色かぶりした写真を補正します。

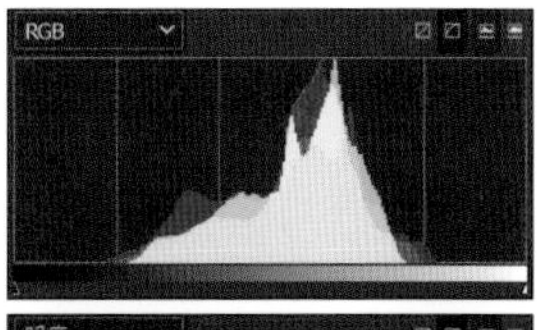

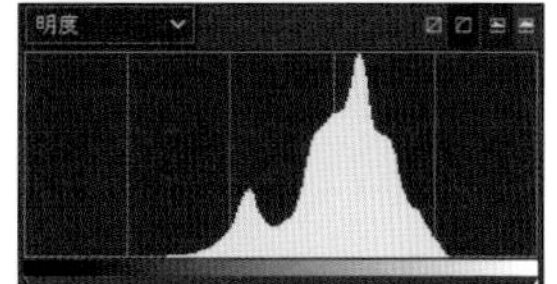

❸コントラスト伸長

コントラストが強くなるように、明るい色はより明るく、暗い色はより暗くなるように補正します。ヒストグラムに偏りがある（特に中央に偏っている）画像の補正に効果的です。コマンドを選択するとダイアログが表示されるので、オプションを設定してから実行します。［Keep colors］❶のチェックを外すとRGBのカラーチャンネルごとにコントラストを強調するため、ホワイトバランスや色調が大きく崩れる恐れがあります。［Non-Linear components］❷はチェックをつけると明暗差をより強調します。

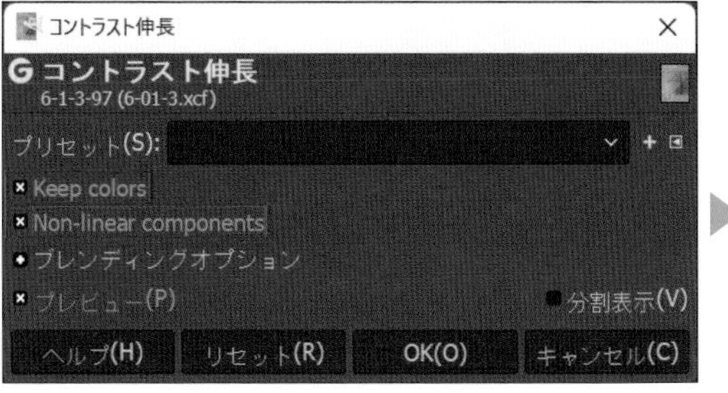

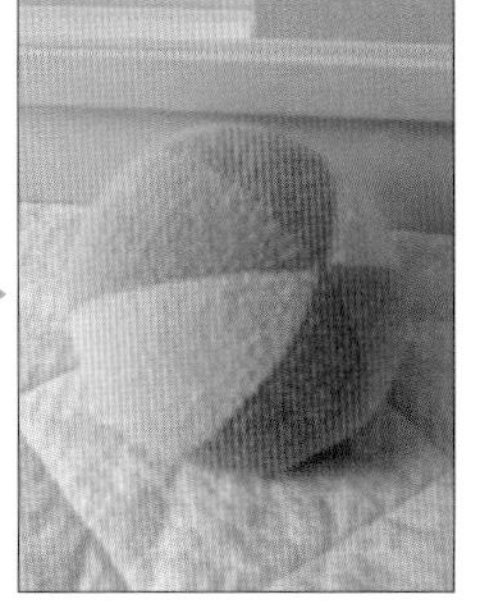

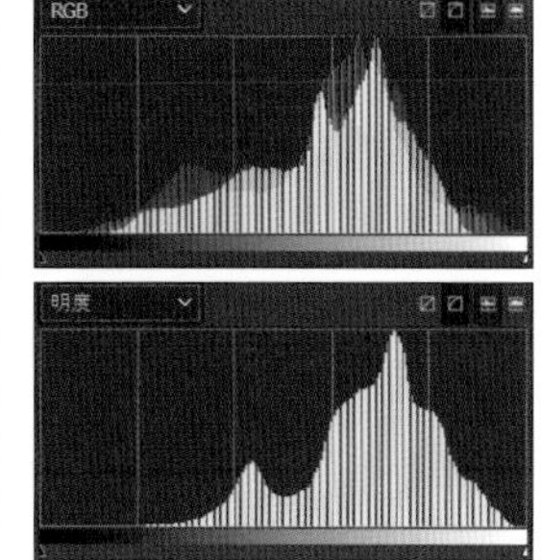

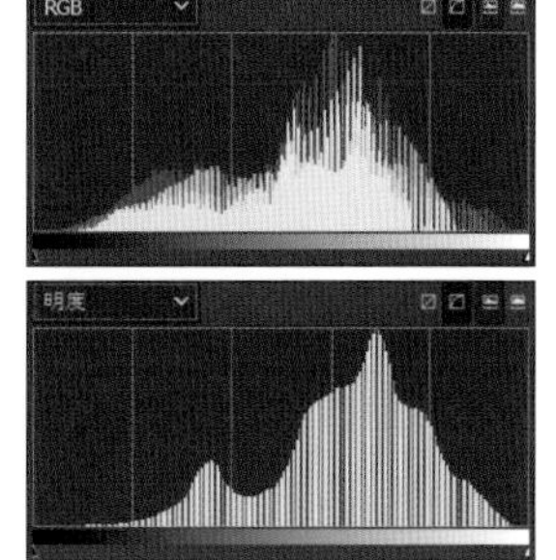

❹コントラストHSV伸長

色相を変えないで彩度と明度のコントラストを強調します。

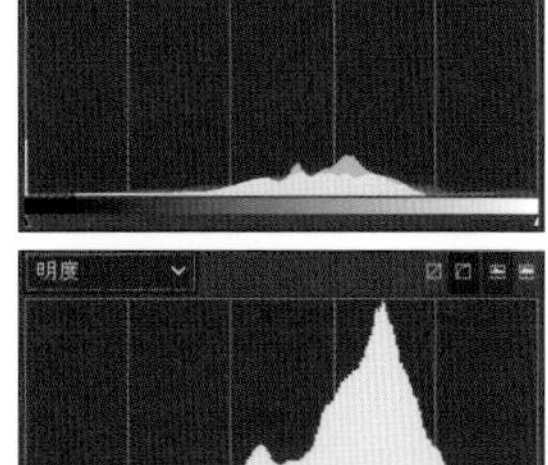

❺色強調

明るさと彩度を強調して、より鮮やかな印象に補正します。

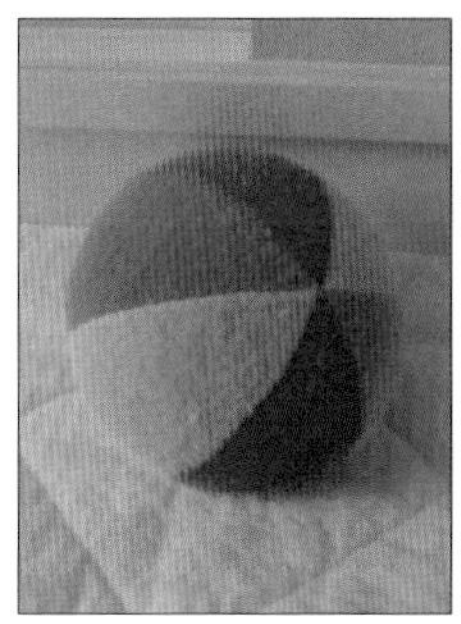

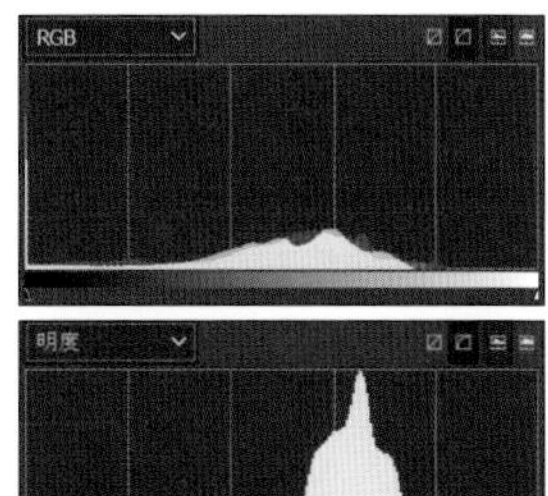

❻Color Enhance(legacy)

色相と明度を変えないで、彩度を強調します。

レベルで色かぶりを補正する

［レベル］ダイアログには、色かぶりを自動で補正するボタンと、ツールを操作して補正する機能があるので、両方試して整えることができます。

サンプルファイル 6-02.xcf

完成図

［自動入力レベル］とスポイトツールを使った色かぶりの修正を試します。

［レベル］でホワイトバランスを補正する

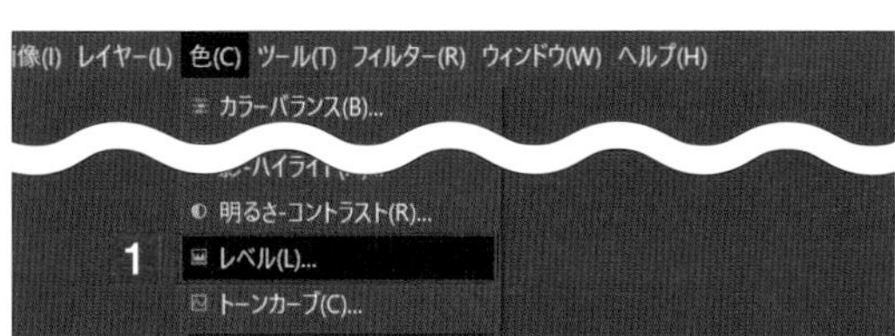
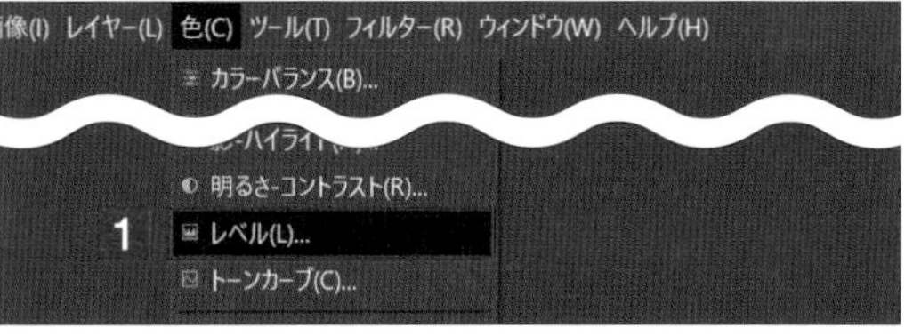

1 ［レベル］を実行する

［色］メニュー→［レベル］をクリックします1。［レベル］ダイアログが表示されます。

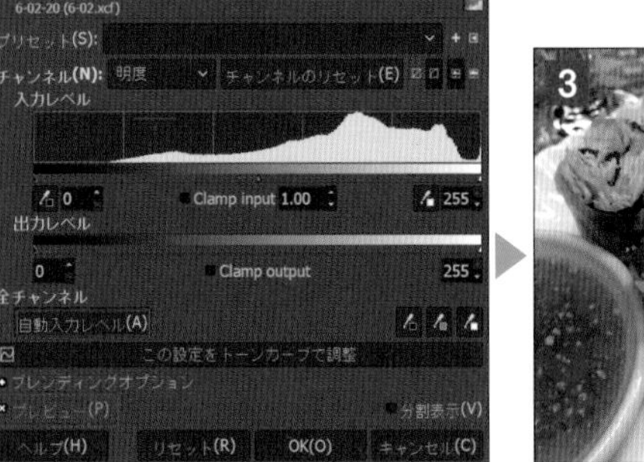

2 ［自動入力レベル］を実行する

［プレビュー］にチェックをつけて1、［自動入力レベル］をクリックします2。色かぶりが補正されるのでプレビュー画像を確認します3。

CHECK

［色］メニュー→［自動補正］→［ホワイトバランス］と同じ補正が適用されます。

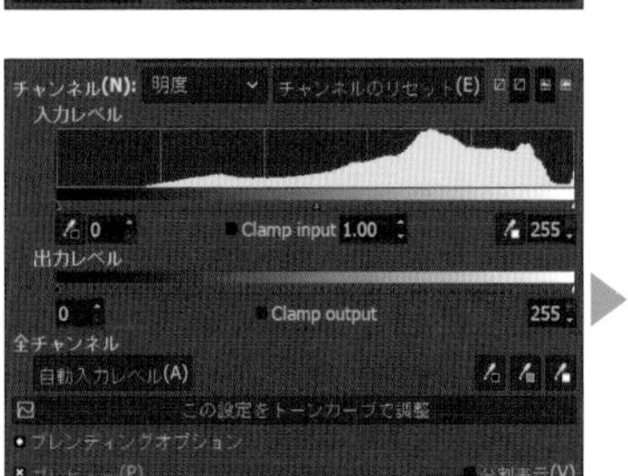

3 リセットして元に戻す

完全に色かぶりがとれていないので、［リセット］をクリックします1。プレビュー画像が［自動入力レベル］をクリックする前に戻ります2。

4 白色点のスポイトを選択する

スポイトのアイコンが３つ並んだ右端の白色点のスポイトをクリックします1。

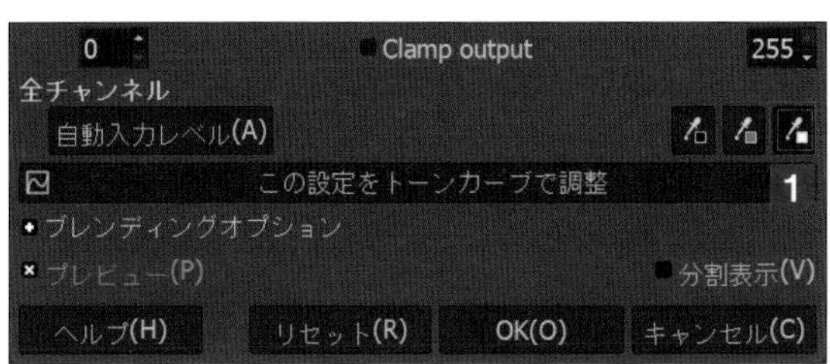

5 ハイライトに近いピクセルをクリックする

ハイライトに近いピクセルをクリックします1。色かぶりが補正されます（明るくなり過ぎました）2。

CHECK

グレー点のスポイトは、白い物体の陰の部分をクリックして、グレーに見えるようにカラーバランスを補正します。これで色かぶりを補正できる場合もあります。

CHECK

完全な白のハイライトをクリックすると補正できません。ハイライトの際（きわ）の少し色がついているピクセルをクリックするのがコツです。白い物体のハイライトであれば、なお良好な結果に近くなります。

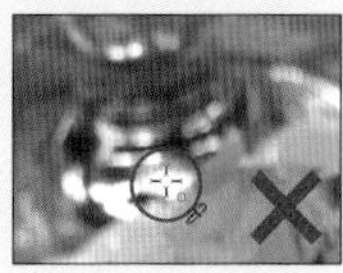

6 クリックする場所を変えて検討する

［リセット］をクリックして1、補正する前に戻したら、スポイトでクリックする場所を変えてクリックします2。補正結果が変わるので、数カ所試して検討します。補正できたら［OK］をクリックします3。

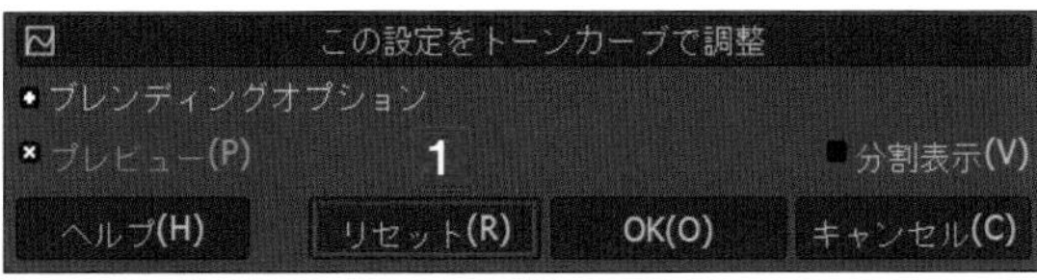

POINT

［レベル］ダイアログでは、ホワイトバランス以外の調整も同時にできます。例えば、明るさを調整したいときは、明度チャンネルのヒストグラムの下にあるグレーの三角形を右にドラッグすると画像が暗くなり、左に移動すると明るくなります。

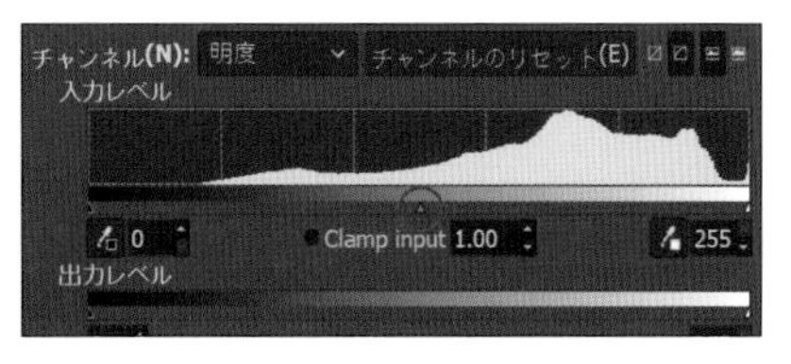

03 色温度を低くして暖かみを演出する

ホワイトバランスを正しくするのがよいとは限りません。被写体を照らす明かりの色で、時間帯や環境をイメージさせる演出になります。

サンプルファイル 6-03.xcf

完成図

ホワイトバランスがとれている写真に、白熱電球で照らした光に近い加工をします。

[色温度]で暖かみのある色合いに加工する

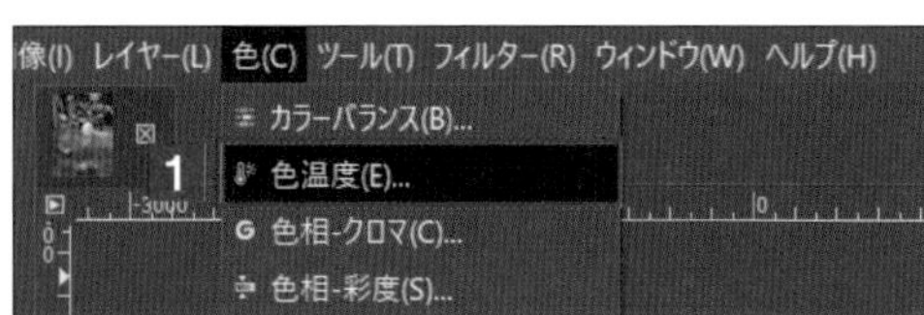

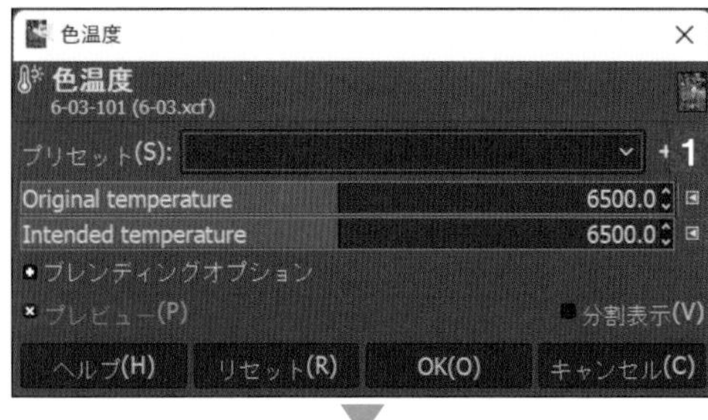

2
1,700 K – Match flame
1,850 K – Candle flame, sunset/sunrise
2,700 K - Soft (or warm) LED lamps
3,000 K – Soft (or warm) white compact fluorescent lamps
3,200 K – Studio lamps, photofloods, etc.
3,300 K – Incandescent lamps
3,350 K – Studio "CP" light

プリセット(S):
Original temperature 3000.0
Intended temperature 6500.0
ブレンディングオプション
プレビュー(P)
分割表示(V)
ヘルプ(H) リセット(R) 3 OK(O) キャンセル(C)

1 [色温度]を実行する

[色]メニュー→[色温度]をクリックします1。[色温度]ダイアログが表示されます。

2 [Original Temperature]で色温度を低く設定する

[Original temperature] の右端の◧をクリックして1、開いたメニューから画像に反映させたい色温度をクリックします（ここでは [3,000K]）2。白熱電球で照らした暖かみのある雰囲気になります。プレビューを確認して [OK] をクリックします3。

CHECK

色温度はスライダーをドラッグして微調整できます。

POINT

この例とは逆に、[色温度] で色かぶりした写真を補正することもできます。例えば、白熱球の光が色かぶりしているときは、[Intended temperature] に白熱球に近い色温度（例えば [3,000K]）を設定します。

明るさの範囲を選んで色を変える

[カラーバランス]は「シャドウ」「ハイライト」「中間調」の範囲を選んで色を変えることができます。RGBの3つの光の強さを調整して色を変えます。

サンプルファイル 6-04.xcf

完成図

[カラーバランス]で葉の色を明るく鮮やかに補正します。

[カラーバランス]でシャドウ部の色調を補正する

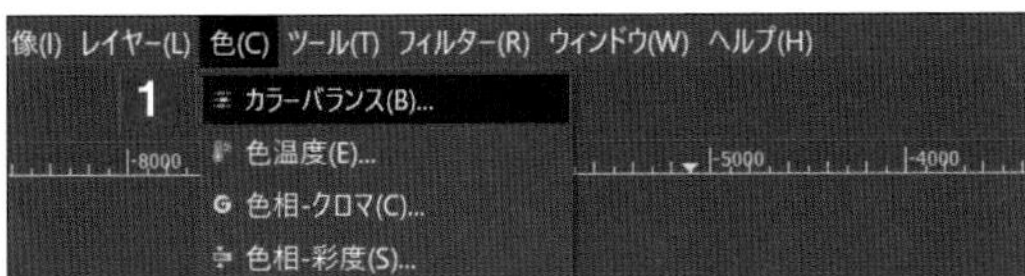

1 [カラーバランス]を実行する

[色] メニュー→ [カラーバランス] をクリックします1。[カラーバランス] ダイアログが表示されます。

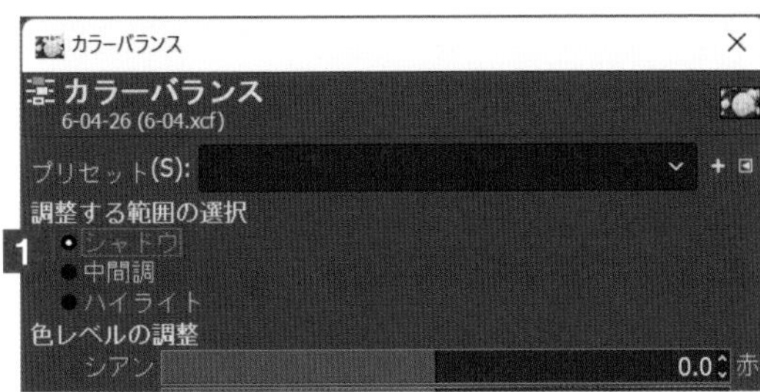

2 調整する範囲を選択する

[調整する範囲の選択] の [シャドウ] にチェックをつけます1。

CHECK

補正対象の葉の色が暗いので、[シャドウ] を選択します。

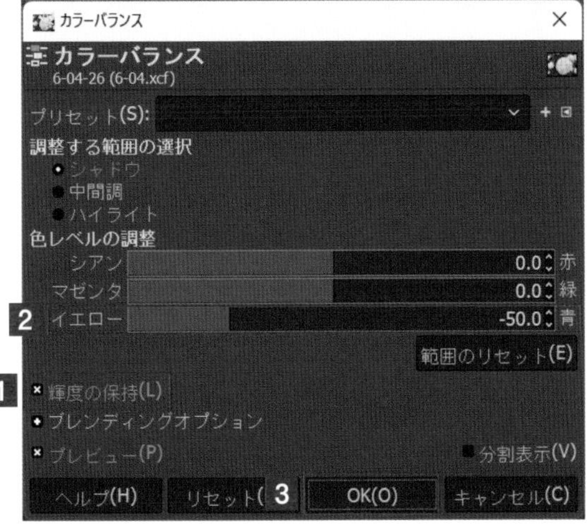

3 カラーバランスを変更する

[輝度の保持] にチェックをつけて1、[イエロー - 青] を「-50」に設定します2。プレビューを確認して [OK] をクリックします3。

CHECK

[シアン - 赤] [マゼンタ - 緑] [イエロー - 青] は補色の組み合わせです。イエロー側に寄せることでブルーの値が下がり、葉の緑が明るくなります。

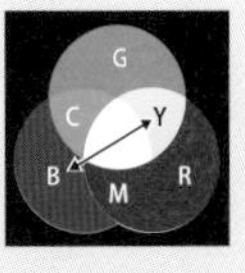

露出が合っていない写真の明るさを補正する

露出が合っていない写真は、ヒストグラムが偏っています。この偏りをシャドウからハイライトまで全体に分布するように補正すると、適正な明るさになります。

サンプルファイル 6-05.xcf

完成図

露出アンダーの写真を［露出］で明るく補正します。

［露出］でヒストグラムの偏りを補正する

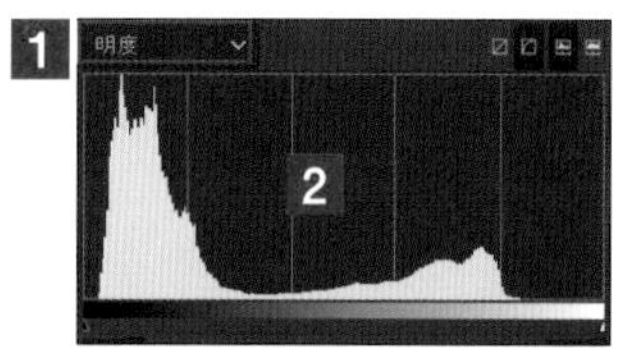

1 ヒストグラムを確認する

［ヒストグラム］ダイアログの［明度］を表示します1。サンプルのように露出アンダーの暗い写真の場合、ヒストグラムが左側に偏っています2。

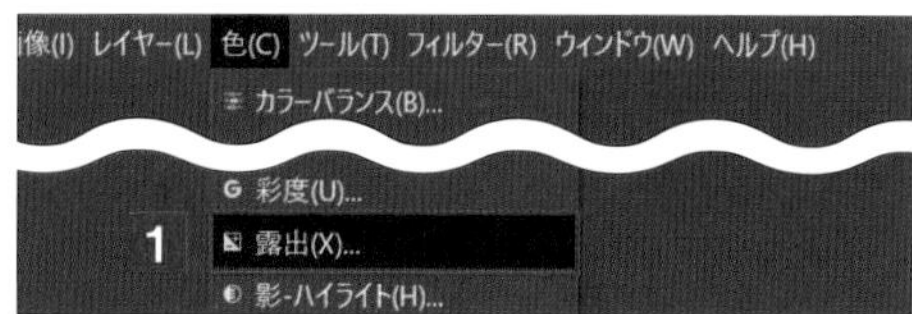

2 ［露出］を実行する

［色］メニュー→［露出］をクリックします1。［露出］ダイアログが表示されます。

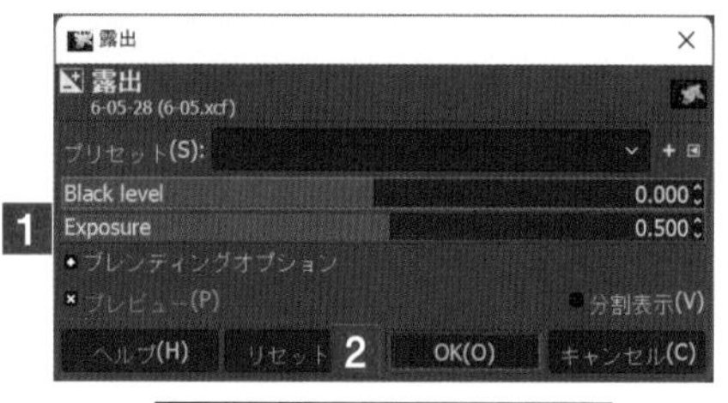

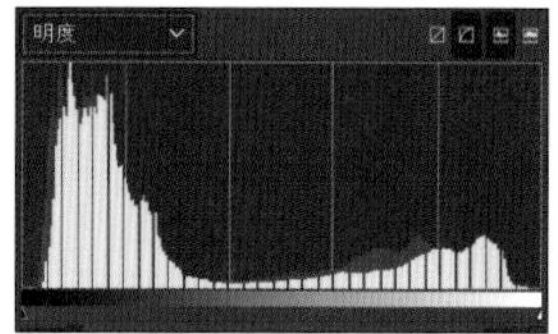

3 ヒストグラムを確認しながら明るさを調整する

［Exposure］を設定します（ここでは「0.5」）1。プレビューを確認して［OK］をクリックします2。

CHECK

［Exposure］のスライダーを右に移動すると明るくなります。このとき［ヒストグラム］ダイアログを確認しながら、右端（ハイライト）のグラフが積み上がり過ぎないように注意します露出オーバーの写真を補正するときは、［Black level］のスライダーを右側に移動します。

POINT

右端のグラフが積み上がるほど明るい部分のディテールが失われます。もっと明るくしたいときは、［明るさ - コントラスト］などでハイライトのディテールを保持したまま中間調を補正するコマンドを利用します。

06 シックな色に補正して落ち着いた雰囲気にする

彩度の高い色はにぎやかで元気なイメージに見えます。彩度を低くするだけで落ち着いた印象に変わります。もちろん、彩度を高くする補正もできます。

サンプルファイル 6-06.xcf

完成図

彩度を下げて落ち着いた雰囲気にします。

[彩度]で彩度を下げる

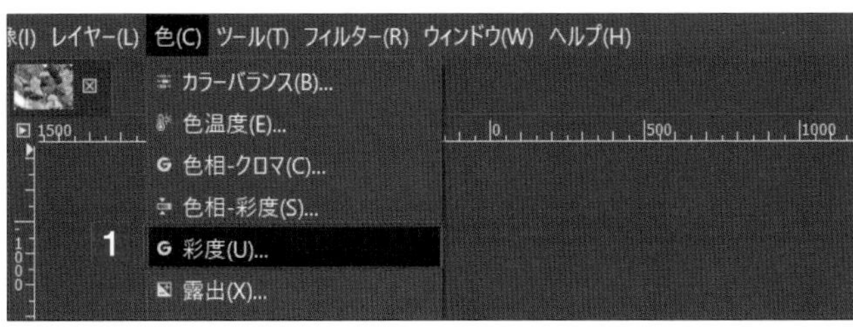

1 [彩度]を実行する

[色] メニュー→ [彩度] をクリックします**1**。[彩度]ダイアログが表示されます。

彩度
6-06-103 (6-06.xcf)
プリセット(S):
1 Scale 0.500
Interpolation Color Space Native
ブレンディングオプション
プレビュー(P) 分割表示(V)
ヘルプ(H) リセット(R 2 OK(O) キャンセル(C)

2 彩度を下げる

[Scale] を設定して(ここでは「0.5」)**1**、彩度を下げます。プレビューを確認して [OK] をクリックします**2**。

POINT

[Interpolation Color Space] で補完する色空間を選択できます。見た目の違いはほとんどありませんが、ヒストグラムが若干変わります。気になる場合は設定を変えて比較してください。

食材に合わせて美味しそうな色に補正する

[色相-彩度]ダイアログは、6色の色相別に彩度を補正できます。食材が新鮮で美味しそうに見えるよう、明るく鮮やかな色に補正します。

サンプルファイル 6-07.xcf

完成図

刺し身(血合い)の「レッド」、大葉の「グリーン」、わさびの「イエロー」の色相別に、新鮮に見える鮮やかな色に補正します。

[色相-彩度]で色相別に補正する

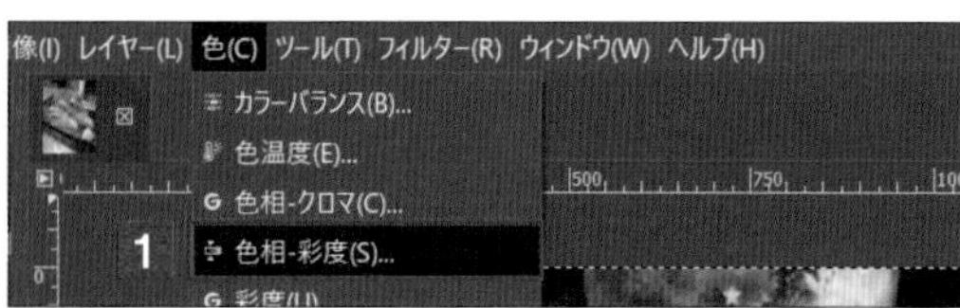

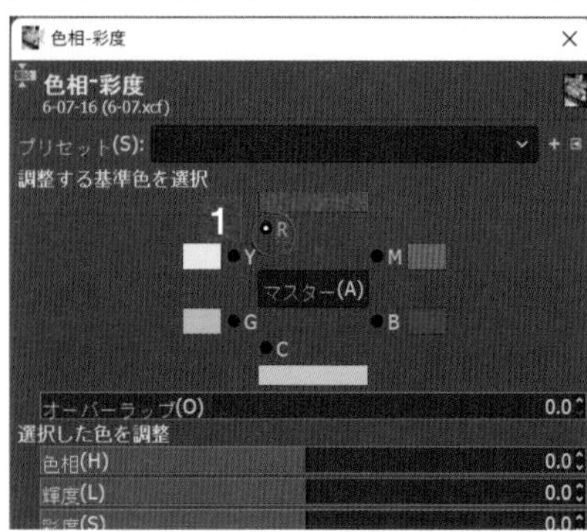

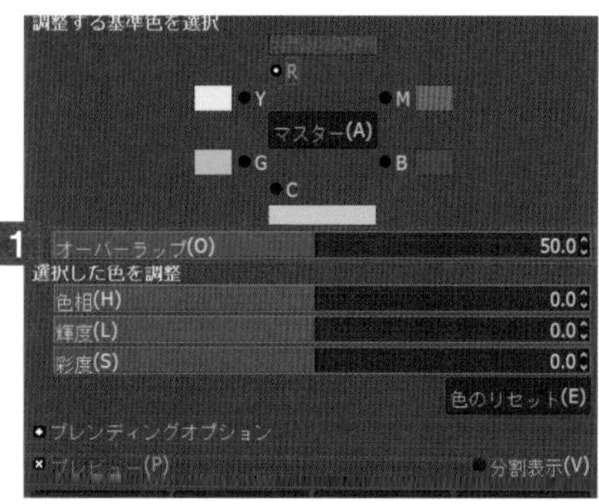

1 [色相-彩度]を実行する

[色]メニュー→[色相-彩度]をクリックします1。[色相-彩度]ダイアログが表示されます。

2 基準色をレッドに設定する

まずはメインの刺し身の血合いの色を補正します。[調整する色を選択]の[R]にチェックをつけます1。

CHECK

[調整する色を選択]にチェックがないときは、すべての色を対象に補正する[マスター]の設定になります。

3 オーバーラップで補正する色相の範囲を広くする

[オーバーラップ]の値を設定します(ここでは「50」)1。

CHECK

[オーバーラップ]の値を上げると、調整する色の範囲が広くなります。補正による色相差ができにくくなる効果があります。

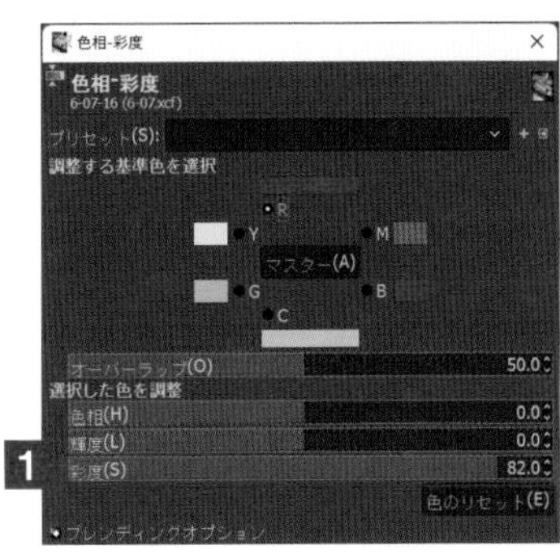

4 レッドの彩度を高くする

[彩度] の値を設定します (ここでは「82」) 1。血合いの色が鮮やかになります2。

CHECK

選択範囲を作成していないので、レッドに近いテーブルの色も変わります。

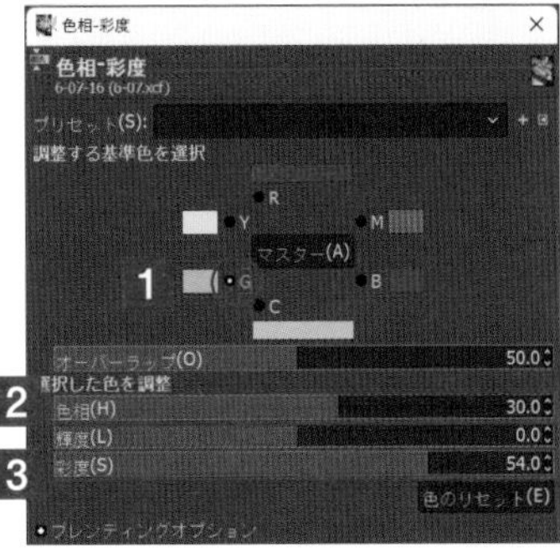

5 基準色をグリーンに設定して色相の変更と彩度を高くする

次は大葉の色を補正します。[調整する色を選択] の [G] にチェックをつけます1。[色相] の値を設定して (ここでは「30」) 2、[彩度] の値を設定します (ここでは「54」) 3。大葉の色が鮮やかになります4。

CHECK

[オーバーラップ] は共通の設定なので、手順3で設定したまま変更しません。

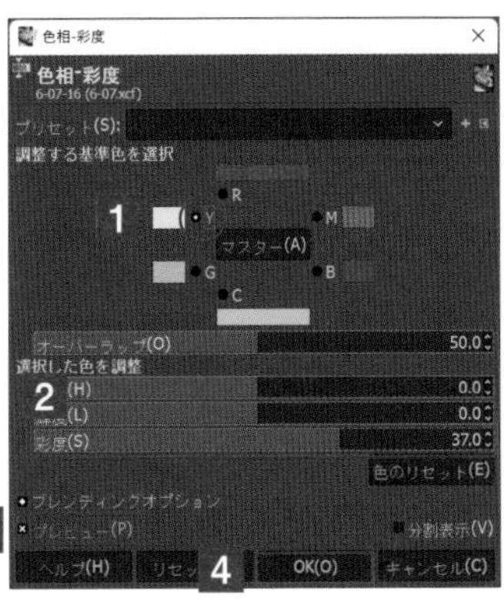

6 基準色をイエローに設定して彩度を高くする

最後にわさびの色を補正します。[調整する色を選択] の [Y] にチェックをつけます1。[彩度] の値を設定します (ここでは「37」) 2。わさびの色が鮮やかになります (大葉の明るい部分も変化します)。[プレビュー] のチェックを切り替えて3、補正前と補正後の違いを確認したら、[OK] をクリックします4。

POINT

各種ダイアログにある [分割表示] にチェックをつけると1、補正前と補正後の表示を同時に確認できます。分割線2はドラッグして移動できます。Ctrl キーを押しながら分割線をクリックすると、水平・垂直が切り替わります。

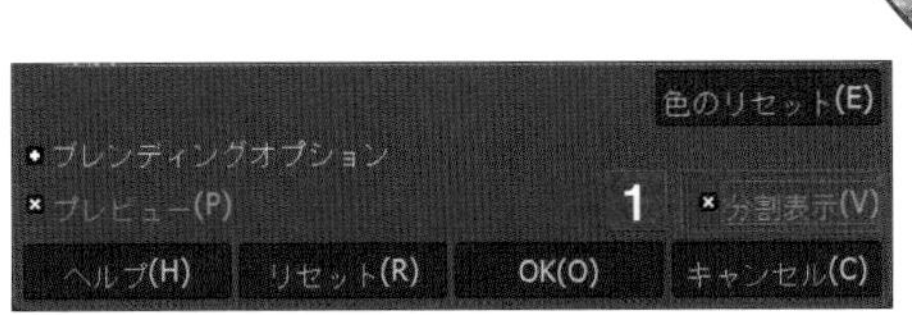

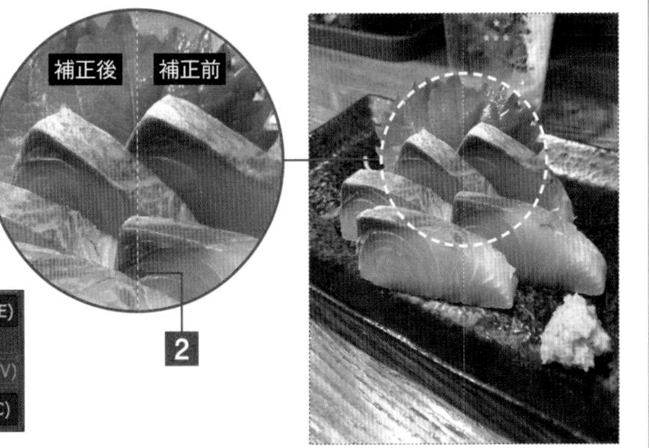

08 コントラストを強くしてメリハリをつける

コントラストの弱い写真を[明るさ-コントラスト]で補正します。ヒストグラムがシャドウやハイライトに寄っているときは、明るさも同時に調整します。

サンプルファイル 6-08.xcf

完成図

露出オーバーでコントラストの弱い写真を、[明るさ-コントラスト]でヒストグラムが全体に分布するように補正します。

[明るさ-コントラスト]でヒストグラムの偏りを補正する

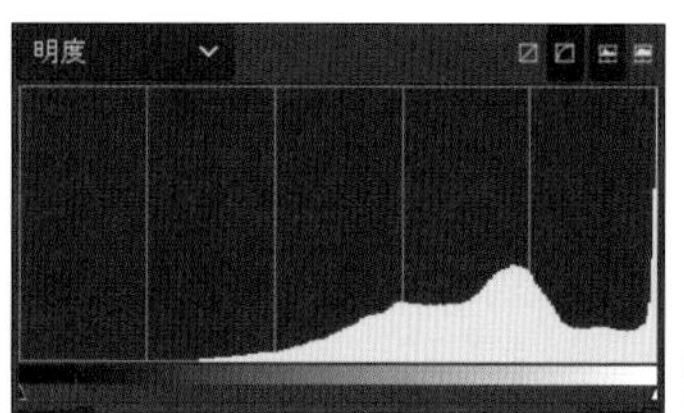

1 ヒストグラムを確認する

[ヒストグラム] ダイアログの [明度] を表示します。サンプルのようにコントラストが低い写真の場合、ヒストグラムが分布する幅が狭くなっています。このサンプルは、ハイライトに寄っている露出オーバーでもあります1。

2 [明るさ-コントラスト]を実行する

[色] メニュー→ [明るさ-コントラスト] をクリックします1。[明るさ-コントラスト] ダイアログが表示されます。

3 ヒストグラムを確認しながら明るさとコントラストを調整する

[コントラスト] を「52」に設定します1。[明るさ] を「-63」に設定します2。プレビューを確認して [OK] をクリックします3。

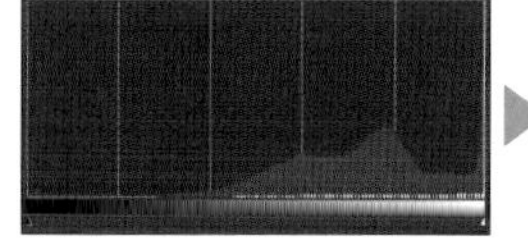

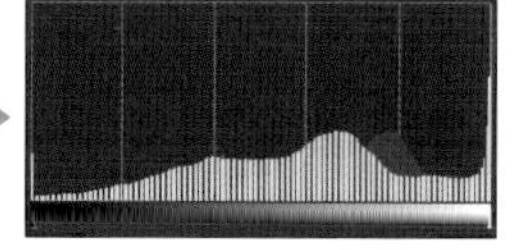

CHECK

[コントラスト] の数値を上げると、ヒストグラムをシャドウとハイライト両方に広げる補正を行います。サンプルのようにハイライト側に偏りがある写真の場合、さらにハイライト側にピクセルが集中してしまうので、[明るさ] の数値を下げてヒストグラムをシャドウ側に寄せて調整します。

逆光を明るく補正する

逆光で暗くなった被写体を補正するときは、[影-ハイライト]で暗い部分の色を残しながら明るく補正します。補正する被写体だけ選択して、背景の色の変更を防ぎます。

サンプルファイル 6-09.xcf

完成図

逆光で暗くなった被写体を選択して、[影-ハイライト]の[Shadows]オプションで影を明るく補正します。

[影 - ハイライト]で影を明るくする

1 被写体を選択する

背景が補正されないように、被写体の輪郭に沿った選択範囲を作成します(サンプルファイルは作成済み)1。

2 [影 - ハイライト]を実行する

[色]メニュー→[影 - ハイライト]をクリックします1。[影 - ハイライト] ダイアログが表示されます。

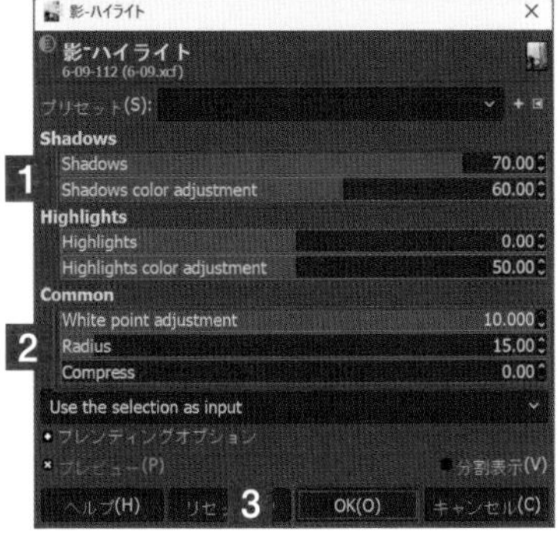

3 影を明るく補正する

[Shadows] を「70」、[Shadows color adjustment] を「60」に設定します1。[White point adjustment] を「10」、[Radius] を「15」、[Compless] を「0」に設定します2。プレビューを確認して[OK]をクリックします3。Shift+Ctrl+A キーを押して選択を解除します4。

CHECK

[Shadows] の数値を上げると影が明るくなります。[Shadows color adjustment] の数値を下げると明るくした影の彩度が下がります。[Wite point adjustment] の数値を上げると選択範囲全体が明るくなります。[Radius] の数値を下げると補正を弱くする中間調の範囲が狭くなります。[Compless] の数値を下げるとシャドウやハイライトへの補正が強くなります。

10 色を極端に変えてポップアート風にする

色相と彩度を大きく変えると、ポップアートのようなインパクトのある画像に変わります。[色相-クロマ]は全部の色を同時に変更できます。

サンプルファイル 6-10.xcf

完成図

色相を反転し、彩度と明度の数値も高くしてポップアート風に加工します。

[色相-クロマ]で一斉に色を変更する

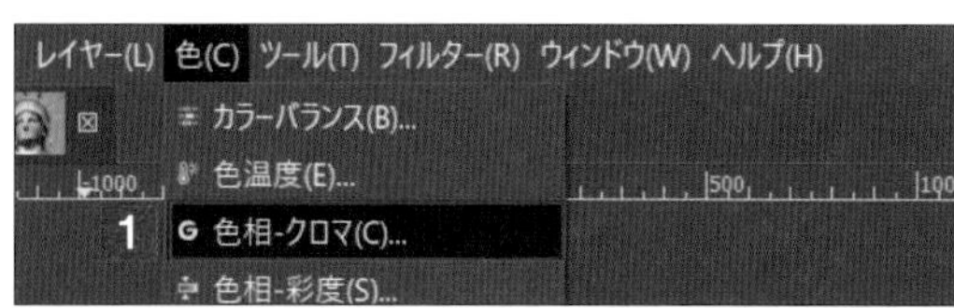

1 [色相-クロマ]を実行する

[色] メニュー→ [色相-クロマ] をクリックします1。[色相-クロマ] ダイアログが表示されます。

2 色相を反転する

[Hue] を「180」に設定します1。色相が反転して補色に変わります。

3 彩度を高くする

[Chroma] を「90」に設定します1。彩度が高くなります。

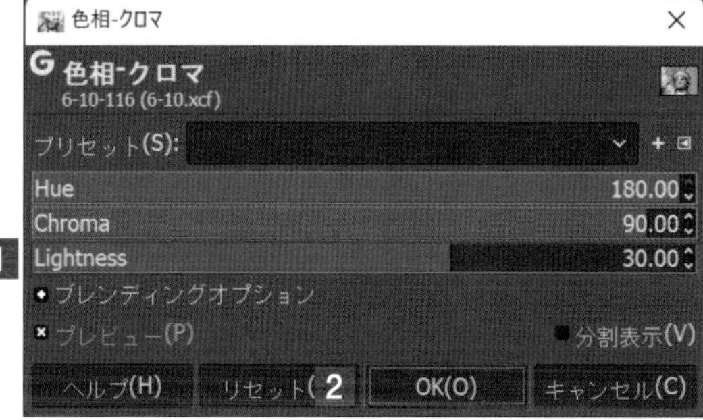

4 明度を高くする

[Lightness] を「30」に設定します1。明度が高くなります。プレビューを確認して [OK] をクリックします2。

11 色相を選んで色を変える

[Lotete Colors]は、色相を基準にして色を変更することができます。変えたい色相と変える色相を色相環でエリア指定できるので、的を絞った色変換ができます。

サンプルファイル 6-11.xcf

完成図

ポットの色をピンクから水色に変更します。

[Rotate Colors]で色相を基準に色を変える

1 [Rotate Colors]を実行する

[色] メニュー→ [カラーマッピング] → [Rotate Colors] をクリックします1。[Rotate Colors] ダイアログが表示されます。

2 補正対象の色相を設定する

[Soce Range] の [From] を「270」、[To] を「356」に設定します1。変更したい色相の範囲がピンク中心になります（色相環の矢印をドラッグして設定することもできます）。

3 変更後の色相を設定する

[Destinations Range]の[From]を「137」、[To]を「209」に設定します1。変更後の色相が水色中心になります。プレビューを確認して [OK] をクリックします2。

POINT

[Gray Handling] は、[Gray Threshold] の指定レベル内の明るさのグレーを、[Hue] と [Saturation] で指定した色に変更します。

12 輝度に合わせてグラデーションを塗る

[グラデーションマップ]は、画像の輝度レベルに合わせてグラデーションカラーに塗り替えます。コマンドを実行する前に[グラデーション]ダイアログでグラデーションを選択します。

サンプルファイル 6-12.xcf

▶

完成図

白いウサギのおもちゃを、ゴールドに塗り替えます。

[グラデーションマップ]で塗り替える

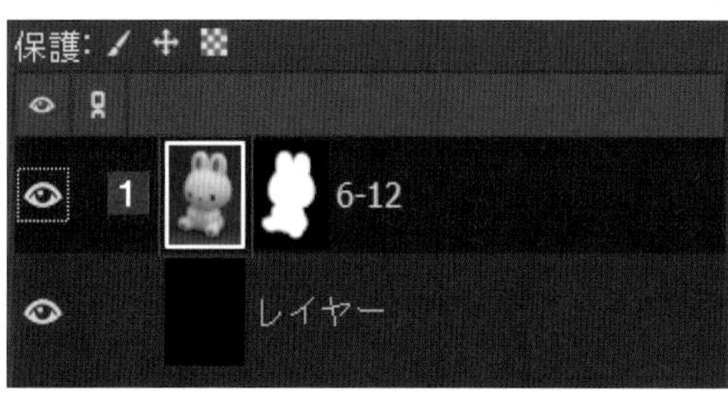

1 グラデーションマップを適用する対象をアクティブにする

サンプルファイルは、背景の黒いレイヤーの上にレイヤーマスクで切り抜いたウサギのレイヤーを重ねています。[レイヤー] ダイアログの「6-12」レイヤーの左のプレビューをクリックしてアクティブにします**1**。

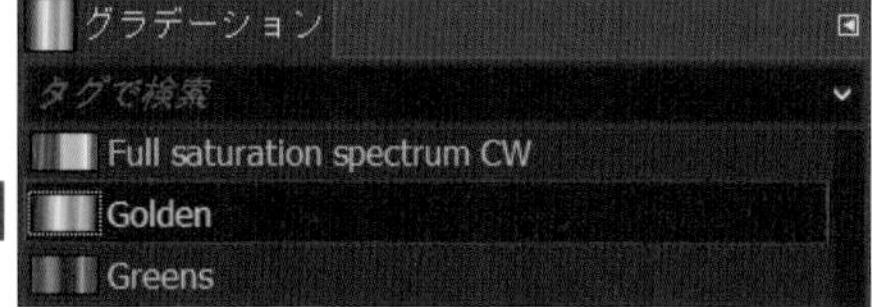

2 塗り替えるグラデーションをアクティブにする

[グラデーション] ダイアログで、塗り替えるグラデーションをクリックします（ここでは [Golden]）**1**。

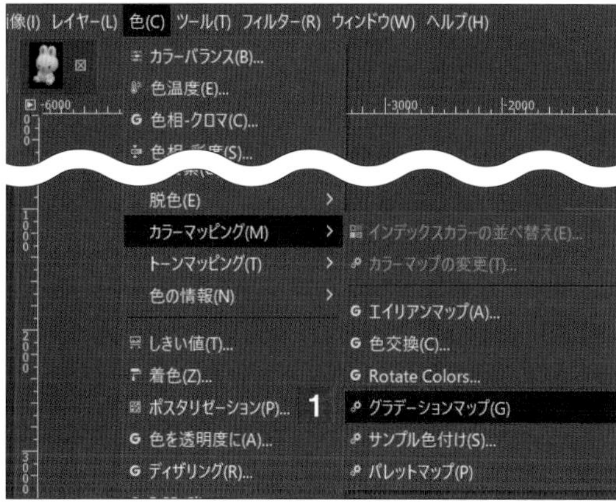

3 [グラデーションマップ]を実行する

[色] メニュー→ [カラーマッピング] → [グラデーションマップ] をクリックします**1**。

CHECK

元画像の輝度の明るさに合わせて、選択したグラデーションの左から右の色に変わります。

指定した色だけ塗り替える

[色交換]は、指定した色のピクセルを塗り替えることができます。単色の塗替えなので、アンチエイリアス処理をしていないイラストの色修正に適しています。

サンプルファイル 6-13.xcf

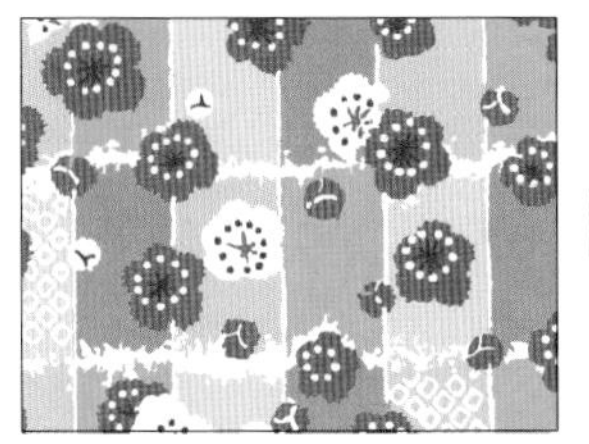

完成図

赤い花びらを橙色に変更します。

[色交換]で色を変える

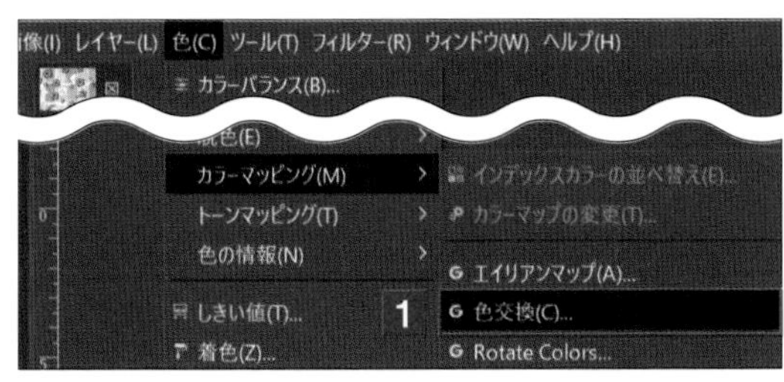

1 [色交換]を実行する

[色] メニュー→ [カラーマッピング] → [色交換] をクリックします1。[色交換] ダイアログが表示されます。

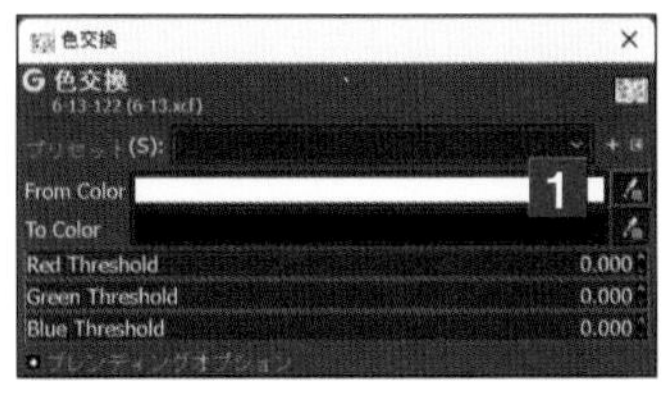

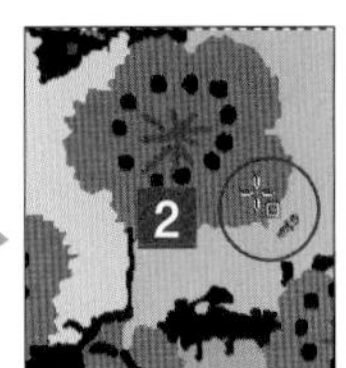

2 スポイトで変更する色を設定する

[From Color] のスポイトをクリックして1、赤い花の上をクリックします2。

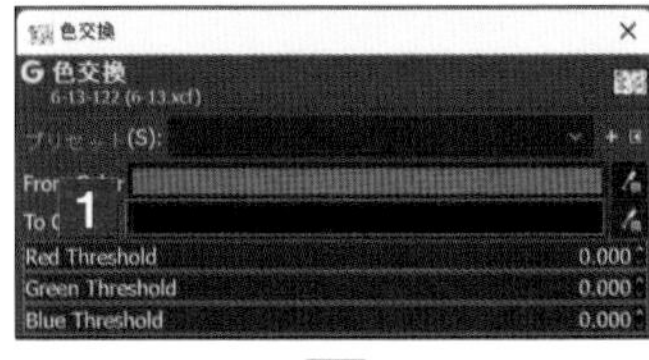

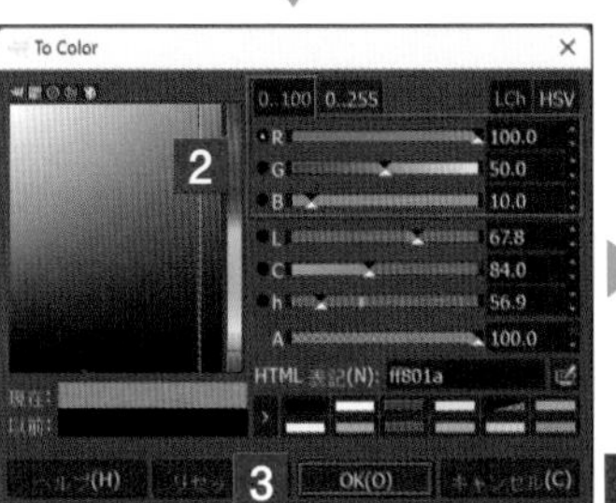

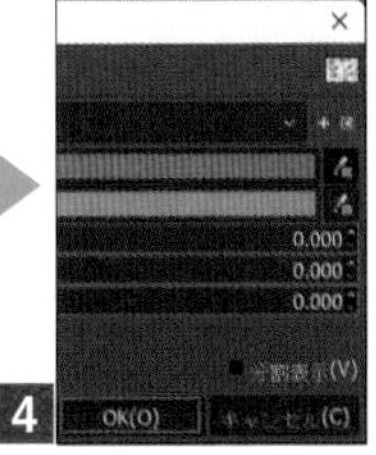

3 ダイアログで新しい色を設定する

[To Color] のカラーボックスをクリックして1、[To Color] ダイアログを表示します。新しい色を設定して（ここでは [0..100] で「R:100 G:50 B:10」）2、[OK] をクリックします3。プレビューを確認して [OK] をクリックします4。

POINT

[レイヤー] メニュー→ [透明部分] → [色を透明度に] は、指定した色の近似色を透明にできます。152 ページの「線画の背景を透明にする」を参照してください。

階調を反転する

[階調の反転]は、RGBチャンネルのヒストグラムが反転する効果があります。明るさと色が反転します。いわゆる色相環の反対の位置の色(補色)に変わります。

サンプルファイル 6-14.xcf

完成図

RGBのヒストグラムを反転します。

[階調の反転]を実行してヒストグラムの変化を確認する

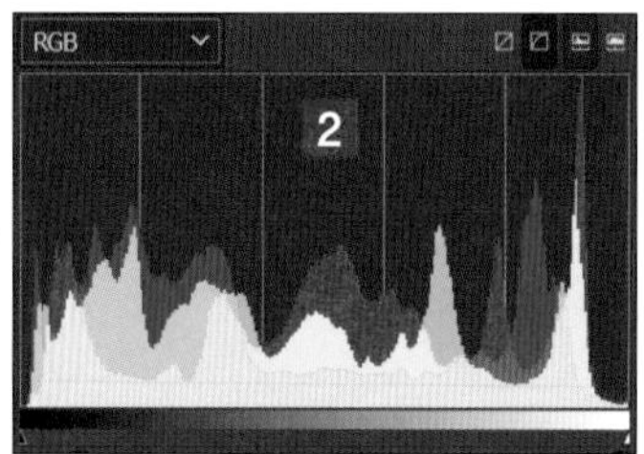

1 ヒストグラムを確認する

[ヒストグラム] ダイアログの表示を [RGB] に設定します1。グラフの形を確認します2。

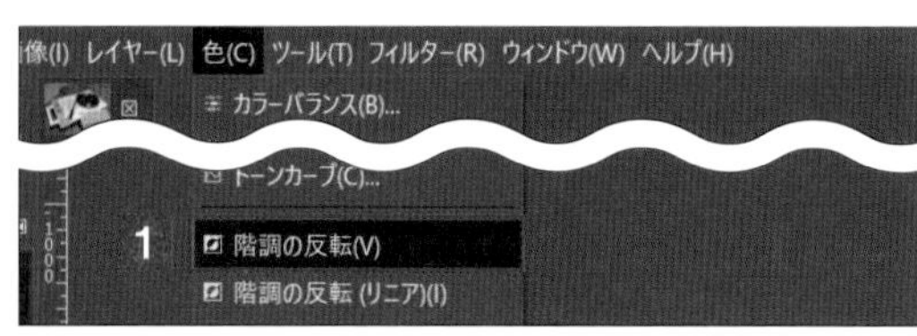

2 [階調の反転]を実行する

[色] メニュー→ [階調の反転] をクリックします1。

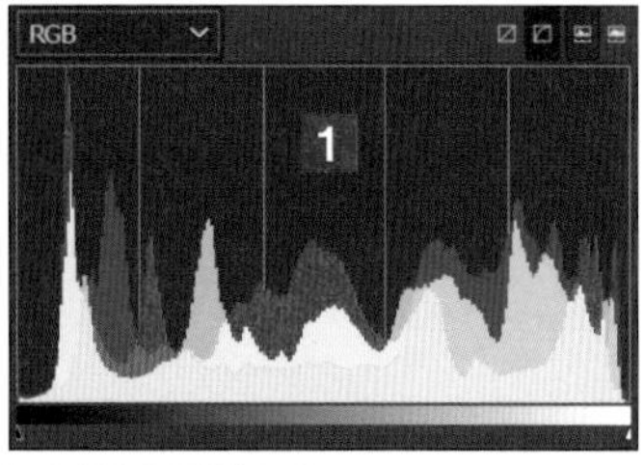

3 ヒストグラムを確認する

[ヒストグラム] ダイアログを確認すると、RGB のグラフが反転していることが確認できます1。

POINT

[色相 - クロマ] や [色相 - 彩度] を実行して、[Hue] を「180」(または「-180」) に設定すると、輝度の変化を抑えて、色相だけ反転します。

明度を反転する

[光度の反転]は明度のヒストグラムが反転する効果があります。色味はそのままで明るさが反転します。影で暗くなっているところの色がわかります。

サンプルファイル 6-15-1.xcf　6-15-2.xcf

完成図

明度のヒストグラムを反転します。

[光度の反転]を実行してヒストグラムの変化を確認する

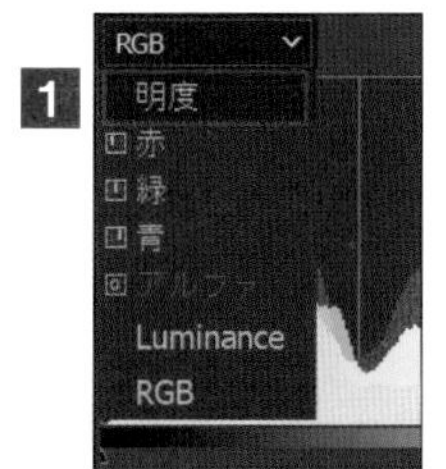

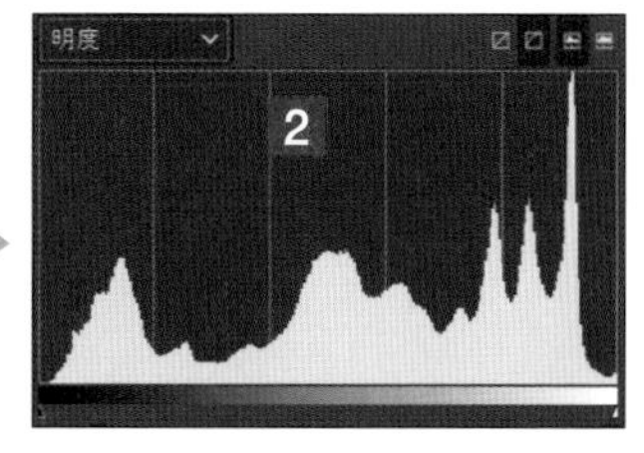

1 ヒストグラムを確認する

サンプルファイルの「6-15-1.xcf 」を開いて、[ヒストグラム] ダイアログの表示を [明度] に設定します1。グラフの形を確認します2。

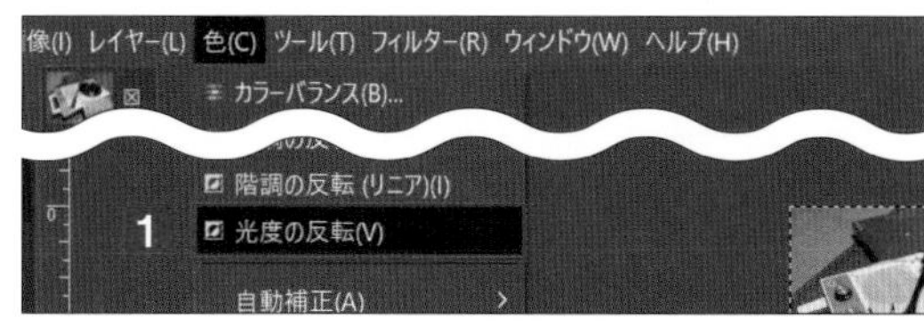

2 [光度の反転]を実行する

[色] メニュー→ [光度の反転] をクリックします1。

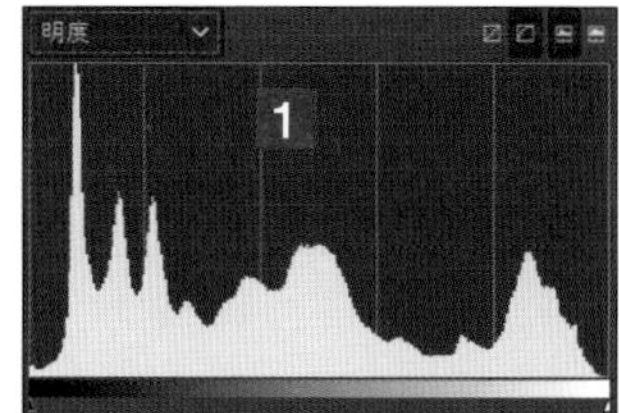

3 ヒストグラムを確認する

[ヒストグラム] ダイアログを確認すると、明度のグラフが反転していることが確認できます1。

POINT

色によって感じる明るさの順番で並んでいるのが [luminance] (輝度) のヒストグラムです。[明度] のヒストグラムは、RGBのどれかひとつの最大値で並びます。サンプルファイルの「6-15-2.xcf」を開いて、[ヒストグラム] ダイアログで [luminance] Aと [明度] Bの表示を確認してください。明度は3つとも同じレベルになります。

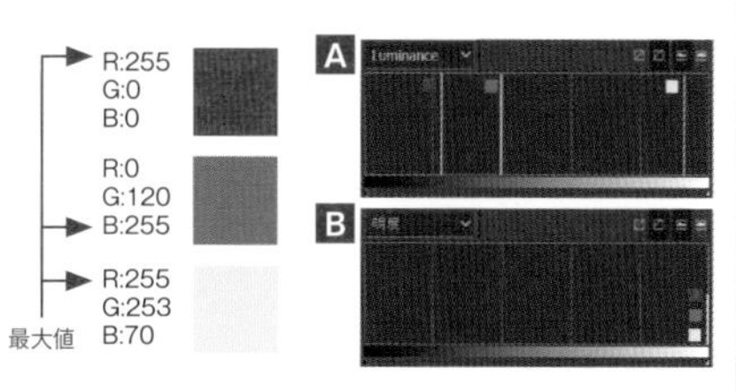

16 カラー写真をグレースケールに変換する

カラー写真をグレースケールに変換するときは、輝度の明るさでモノクロの階調に変換すると違和感がありません。

サンプルファイル 6-16.xcf

完成図

カラー写真を［脱色］でモノクロ階調にして、さらにRGBからグレースケールのモードに変換します。

輝度の変化が少ないモノクロ階調にする

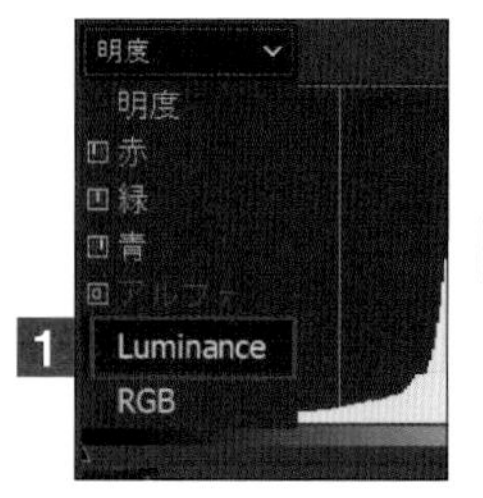

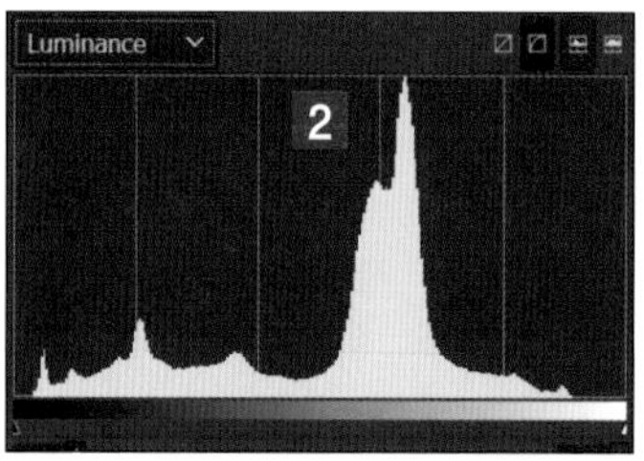

1 ヒストグラムを確認する

［ヒストグラム］ダイアログの表示を[luminance] に設定します1。グラフの形を確認します2。

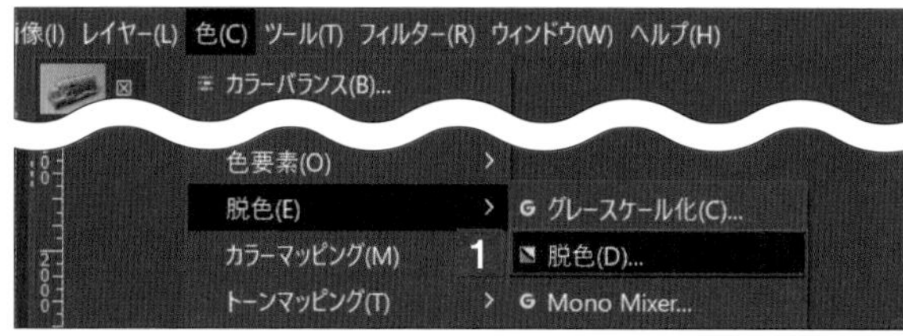

2 ［脱色］を実行する

［色］メニュー→［脱色］→［脱色］をクリックします1。［脱色］ダイアログが表示されます。

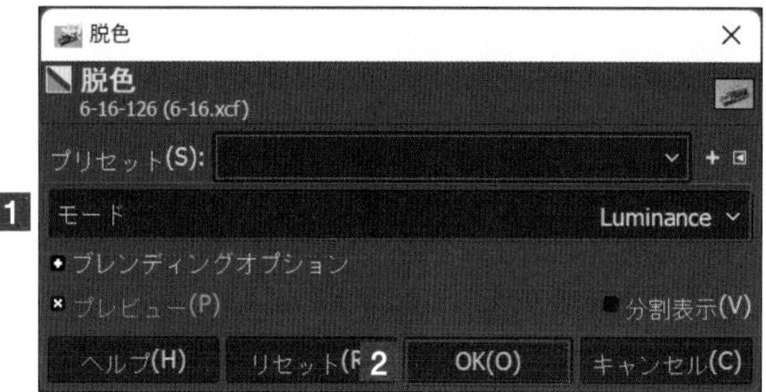

3 輝度の変化が少ないモードを選ぶ

［モード］を切り替えます。[Luma]と[Luminace]をプレビューで比較して、好みの方を設定します1。［OK］をクリックします2。

CHECK

[Luminace] は、リニアRGBを使用して計算し、[Luma] はガンマ補正されたsRGBで計算します。元のカラー画像がガンマ補正されたsRGBなので［Luma］は輝度が変わりません。

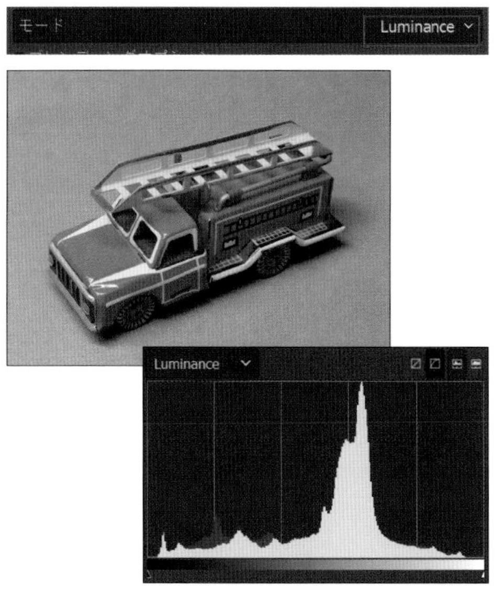

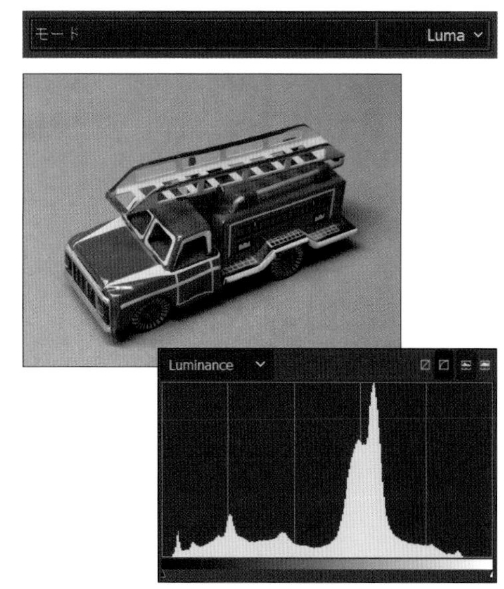

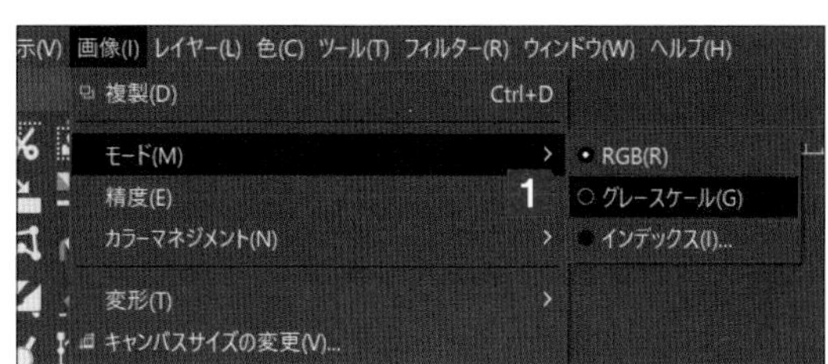

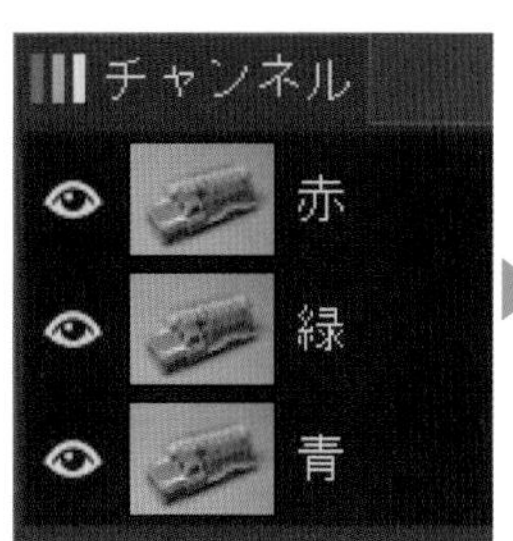

4 グレースケールモードに変換する

［画像］メニュー→［モード］→［グレースケール］をクリックします**1**。［チャンネル］ダイアログが［赤緑青］から［グレー］に変わります**2**。

CHECK

カラー画像を［グレースケール］モードにした場合、［脱色］を［Luminace］に設定した結果と同じになります。

POINT

［画像］メニュー→［脱色］→［Mono Mixer］は、RGBのチャンネル別に階調を調整してモノクロ化できます。［Preserve luminosity］にチェックをつけると**1**、元画像の明度を保持します。

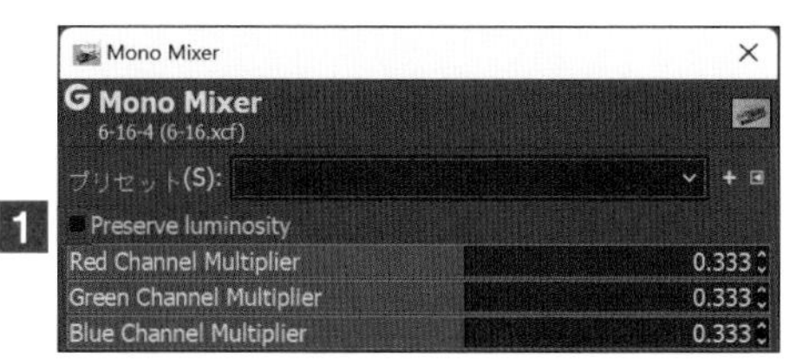

POINT

［画像］メニュー→［脱色］→［グレースケール化］は、陰影を強調したモノクロ階調に変換します。粒子が粗くなりますが、印刷に適したメリハリの効いた画像になります。［Enhance Shadows］にチェックをつけると**1**、より陰影が強調されます。

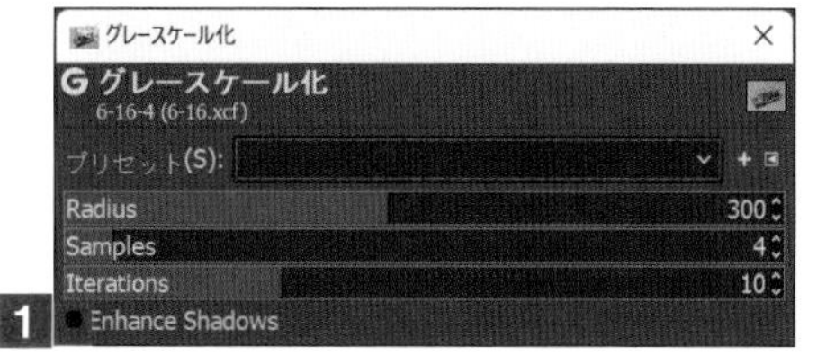

17 セピア色に変えてノスタルジックな雰囲気にする

セピアにする専用の[Sepia]コマンドがありますが、ここでは好みの色に設定できる[着色]コマンドで変更します。グレースケールでは出せないノスタルジックな雰囲気になります。

サンプルファイル 6-17.xcf

完成図

[着色]でセピア色の階調に変換します。

[着色]でセピア色にする

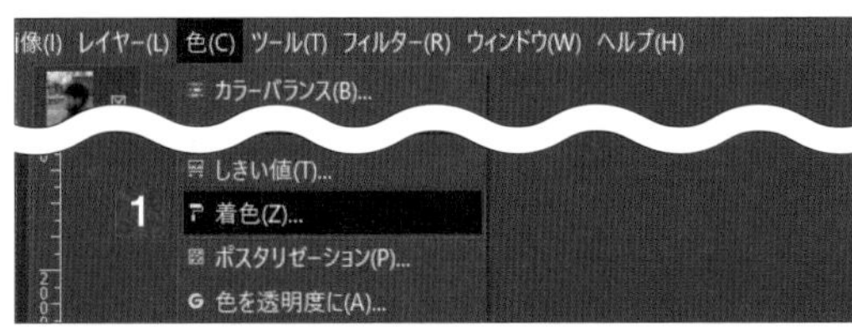

1 [着色]を実行する

[色] メニュー→ [着色] をクリックします1。[着色] ダイアログが表示されます。

着色
着色
6-17-128 (6-17.xcf)
プリセット(S):
1
色相 0.1000
彩度 0.2200
輝度 0.000
色
ブレンディングオプション
プレビュー(P) 分割表示(V)
ヘルプ(H) リセット(R) 2 OK(O) キャンセル(C)

2 色相と彩度を設定する

[色相] と [彩度] を設定します (ここでは「0.1」「0.22」) 1。プレビューを確認して [OK] をクリックします2。

CHECK

[色] のカラーボックスをクリックして表示される [色] ダイアログでカラーの設定もできます。

POINT

[色] メニュー→ [脱色] → [Sepia] は、セピア色に変換します。色の変更はできませんが、[Effect strengyh] で元画像の色とセピア色のブレンド調整ができます。

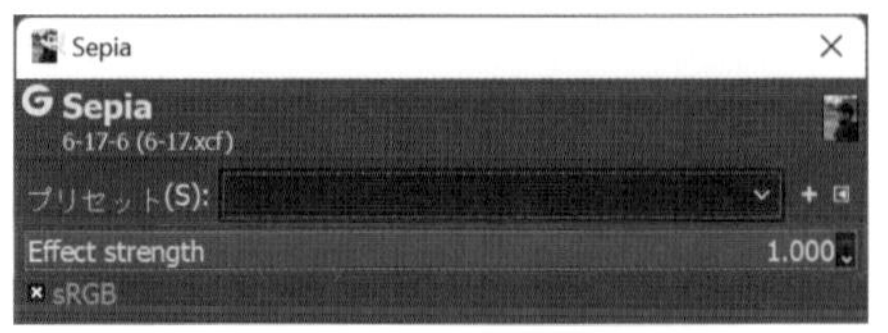

18 白黒2階調に変換にする

カラー写真を[しきい値]で白黒の2値に変換します。「しきい値」を設定するスライダーを左に移動すると白いピクセルが増え、右に移動すると黒のピクセルが増えます。

サンプルファイル 6-18.xcf

完成図

カラー写真を[しきい値]で白黒の2値に変換します。

[しきい値]で白黒2階調に変換する

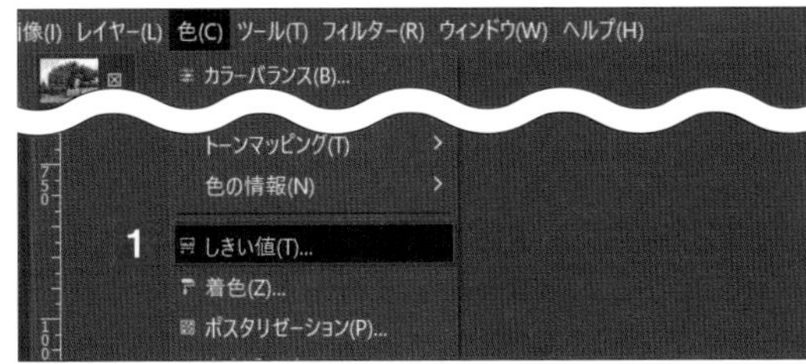

1 [しきい値]を実行する

[色] メニュー→ [しきい値] をクリックします**1**。[しきい値] ダイアログが表示されます。

2 しきい値を設定する

ヒストグラムの下にある三角を移動して、しきい値を設定します（ここでは「93」）。左に移動すると白いピクセルが増えます**1**。プレビューを確認して［OK］をクリックします**2**。

POINT

[画像] メニュー→ [モード] → [グレースケール] または [インデックス] に変換すると、ファイルサイズが小さくなります。ただし、[RGB] 以外のモードでは使用できないツールやコマンドがあるので、モード変更は最後に行います。

色の数を減らしてイラスト調にする

[ポスタリゼーション]で画像の色数を減らして、イラスト調に変換します。色数が少ないほどイラストらしく見えます。RGBの各チャンネルで使う色の数で設定します。

サンプルファイル 6-19.xcf

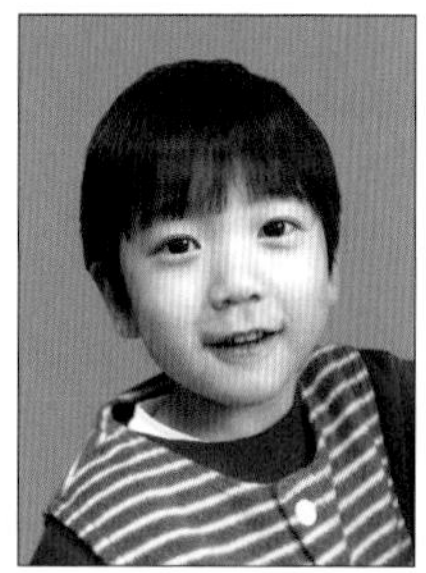

完成図

[ポスタリゼーション]で8色の画像に変換します。

[ポスタリゼーション]で色数を減らす

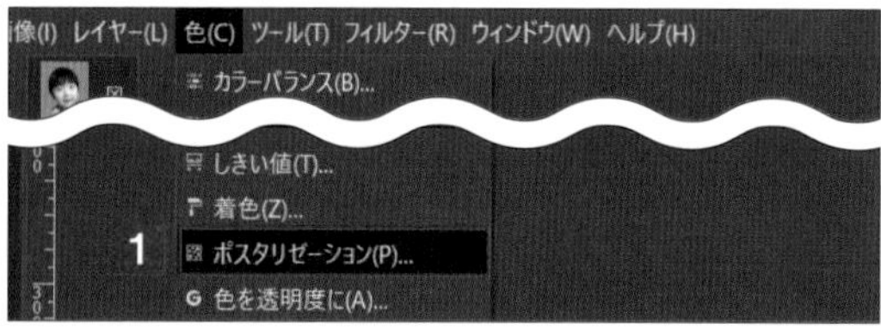

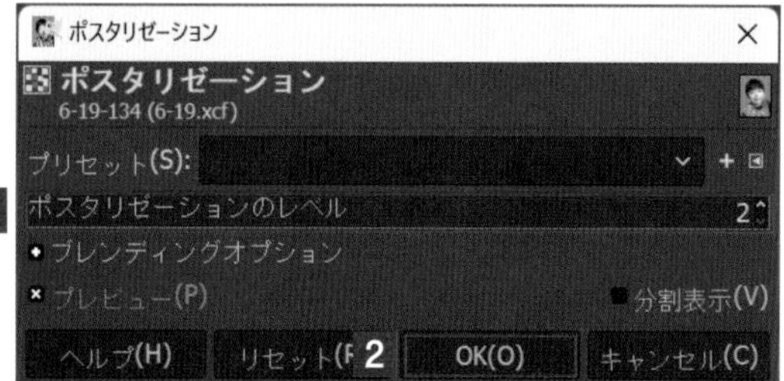

1 [ポスタリゼーション]を実行する

[色] メニュー→ [ポスタリゼーション] をクリックします1。[ポスタリゼーション] ダイアログが表示されます。

2 チャンネルあたりの色数を設定する

[ポスタリゼーションのレベル]を「2」に設定します1。プレビューを確認して [OK] をクリックします2。

CHECK

[ポスタリゼーションのレベル] は、チャンネルあたりの色数を設定します。たとえば、初期設定の「3」の場合、3 (R) × 3 (G) × 3 (B) =27 色になります。色数が少ないほうがイラスト感が強くなります。

POINT

[色] メニュー→ [色の情報] → [色立体分析] をクリックすると、[色立体分析] ダイアログの [異なる色の数] で画像内の色数を確認できます。

暗くて見えない形を明瞭にする

暗い部分の構造がわかりやすくなるように補正します。明るくしても輪郭がハッキリわかるので、写真を資料にしてイラストを描くとき便利です。

サンプルファイル 6-20.xcf

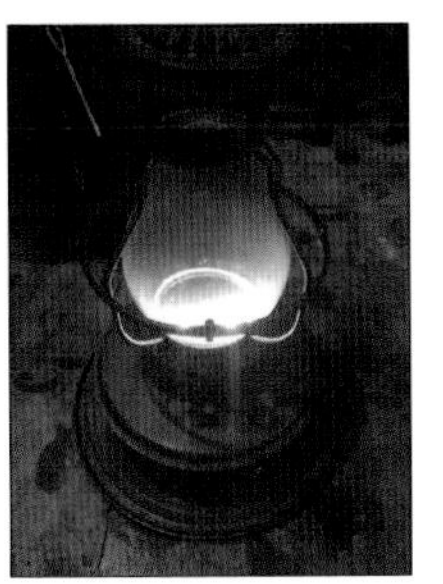

完成図

暗くて見えない部分を、形がわかるようにエッジを強調します。

[レティネックス]で暗い部分を明瞭化する

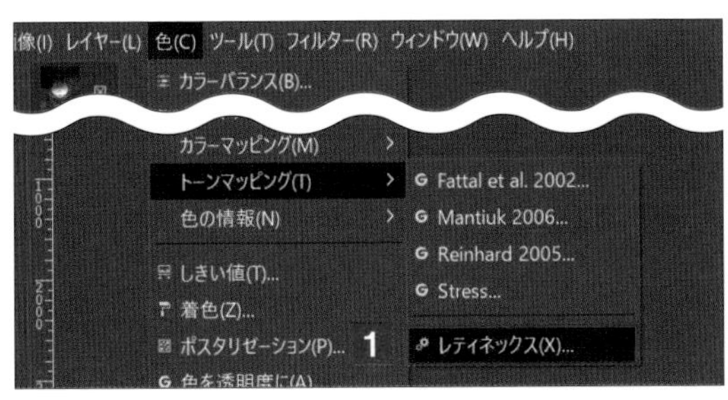

1 [レティネックス]を実行する

[色] メニュー→ [トーンマッピング] → [レティネックス] をクリックします1。[レティネックス] ダイアログが表示されます。

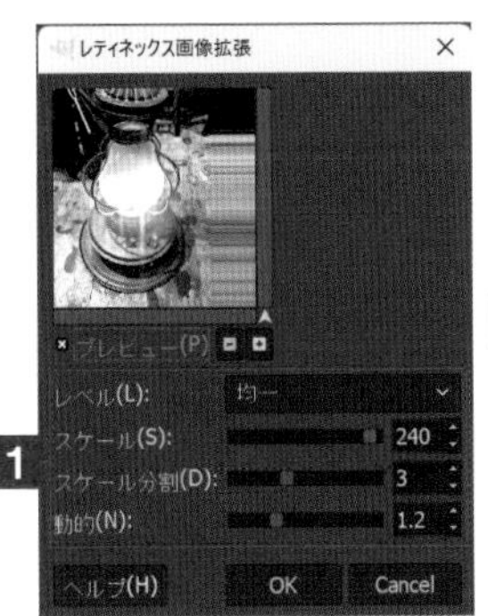

2 オプションを設定する

[レベル] を [均一]、[スケール] を「240」[スケール分割] を「3」、[動的] を「1.2」に設定します1。ダイアログの角を外側にドラッグするとプレビューを広く表示できます2。表示倍率を大きくするときは拡大ボタン⊞をクリックします3。[OK] をクリックします4。

CHECK

[スケール] の値を下げると画像が粗くなります。[スケール分割] の値を上げるとノイズが発生します。[動的] の値を上げると彩度が低くなります。

21 レベルで明るさ／コントラストを補正する

[コントラストHSV伸長]に近い補正を[レベル]を使って手動で補正します。[ヒストグラム]ダイアログを確認しながら、過度に補正しないように注意します。

サンプルファイル 6-21.xcf

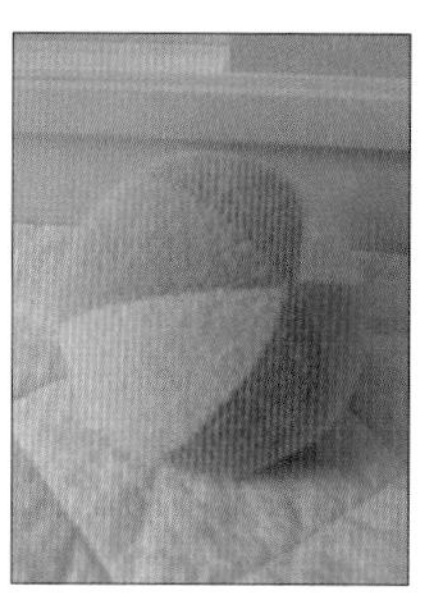

完成図

中央に偏ったヒストグラムを左右に広げてコントラストを強くします。

ヒストグラムを基準に明るさを調整する

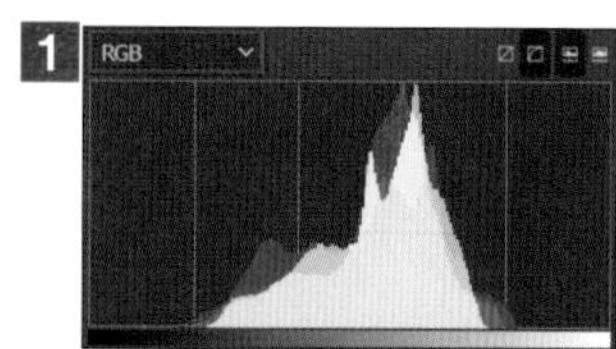

1 ヒストグラムを確認する

[ヒストグラム] ダイアログを [RGB] に設定します1。

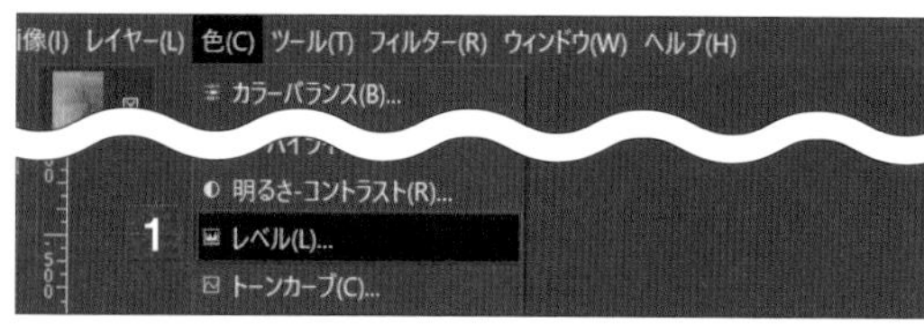

2 [レベル]を実行する

[色] メニュー→ [レベル] をクリックします1。[レベル] ダイアログが表示されます。

3 ヒストグラムを全体に分布させる

[チャンネル] は [明度] のまま1、[入力レベル] の黒点を「40」2、白色点を「215」3にスライダーを移動して、[RGB] のヒストグラムを左右に広げます。両端のグラフが積み上がらないように注意します。プレビューを確認して [OK] をクリックします4。

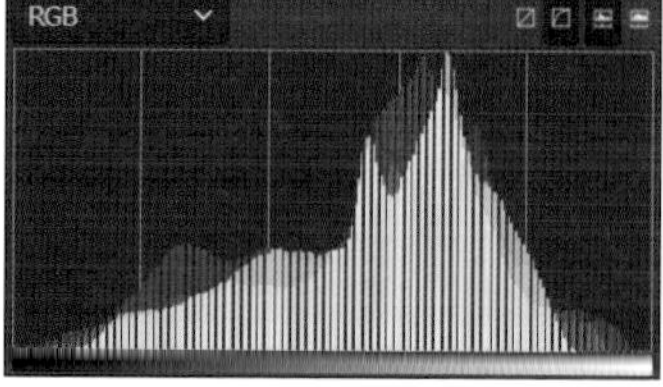

レベルで色かぶりを補正する

[自動入力レベル]やスポイトを使った自動補正の機能を使わずに、手動でホワイトバランスを補正します。RGB各チャンネルの白色点スライダーをいちばん明るいピクセルまで移動します。

サンプルファイル 6-22.xcf

完成図

RGBのチャンネルのヒストグラムを個別に補正して、ホワイトバランスを補正します。

カラーチャンネル別にヒストグラムを調整する

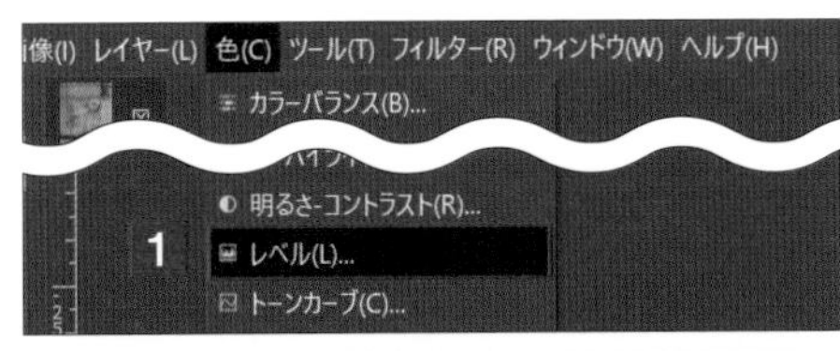

1 [レベル]を実行する

[色] メニュー→ [レベル] をクリックします1。[レベル] ダイアログが表示されます。

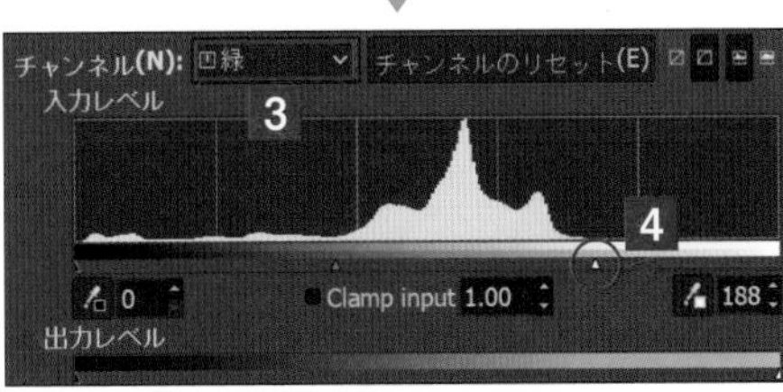

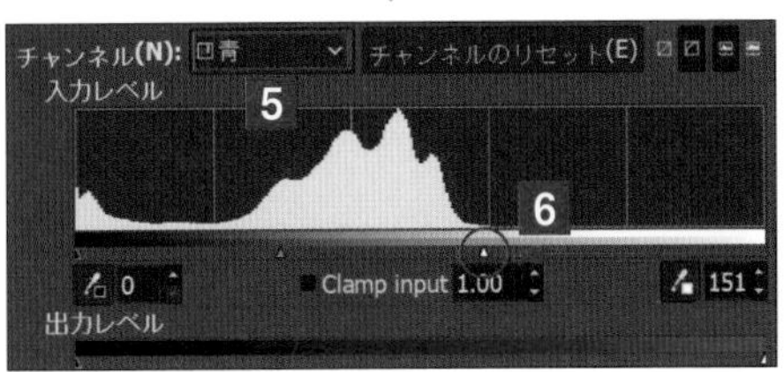

ブレンディングオプション
プレビュー(P)
7
分割表示(V)
ヘルプ(H) リセット(R) OK(O) キャンセル(C)

2 カラーチャンネル別にヒストグラムを調整する

[チャンネル] を [赤] に設定します1。[入力レベル] の白色点スライダーを「196」まで移動します2。[チャンネル] を [緑] に設定して3、白色点スライダーを「188」まで移動します4。[チャンネル] を [青] に設定して5、白色点スライダーを「151」まで移動します6。プレビューを確認して [OK] をクリックします7。

POINT

[ヒストグラム] ダイアログを確認しながら、右端のグラフが積み上がりすぎないないように調整してください。

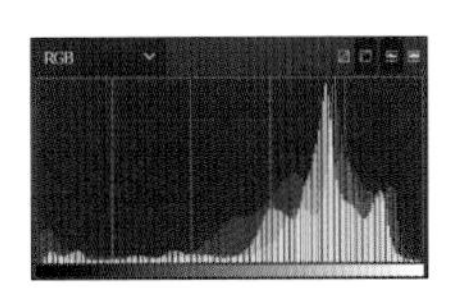

23 トーンカーブで明るさ／コントラストを補正する

218ページと同じ補正を[トーンカーブ]で行い、さらにコントラストを強調します。[トーンカーブ]の方が[レベル]より細かい補正ができます。

サンプルファイル 6-23.xcf

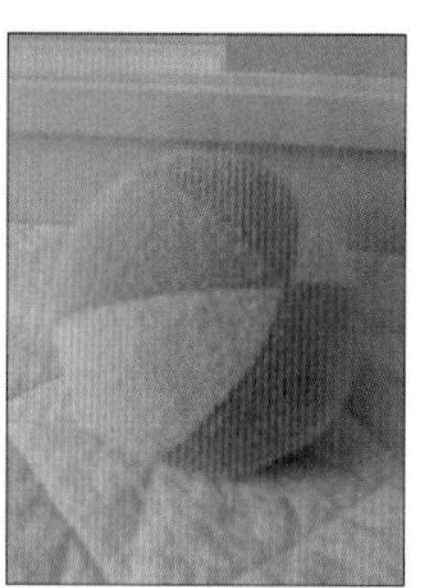

完成図

中央に偏ったヒストグラムを左右に広げると、明暗差がついてコントラストが強くなります。

トーンカーブで明るさを調整する

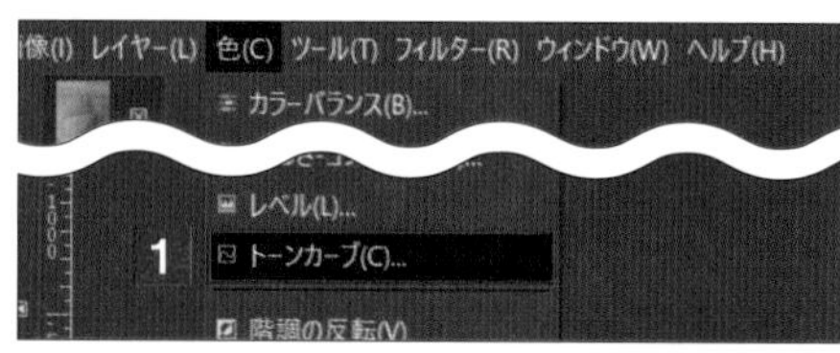

1 [トーンカーブ]を実行する

[色] メニュー→ [トーンカーブ] をクリックします**1**。[トーンカーブ] ダイアログが表示されます。

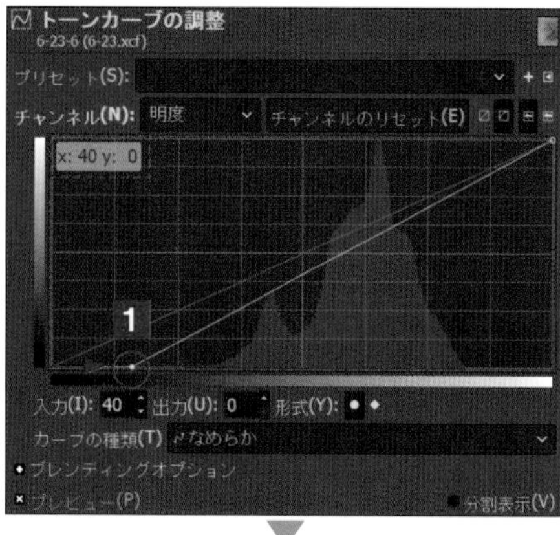

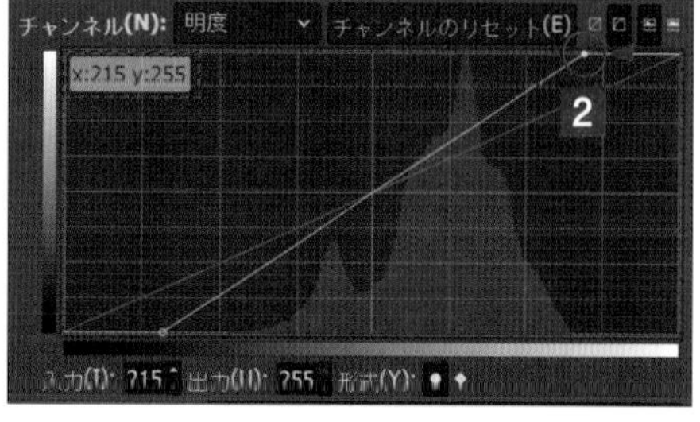

2 ヒストグラムを全体に分布させる

斜めの線の左の端点を水平方向右「x:40 y:0」に移動します**1**。右の端点を水平方向左「x:215 y:255」に移動します**2**。

CHECK

この操作は、218 ページの「レベルで明るさ・コントラストを補正する」で行った補正と同じです。

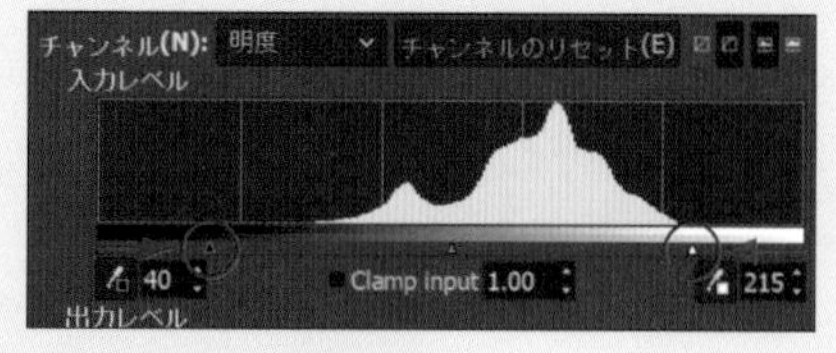

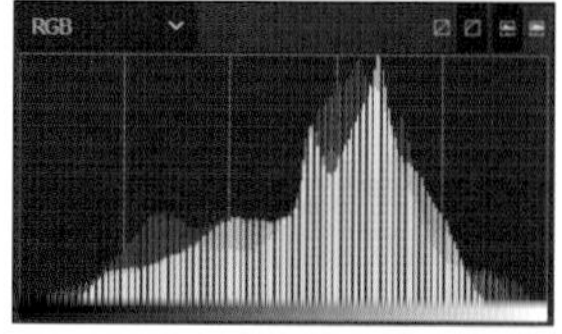

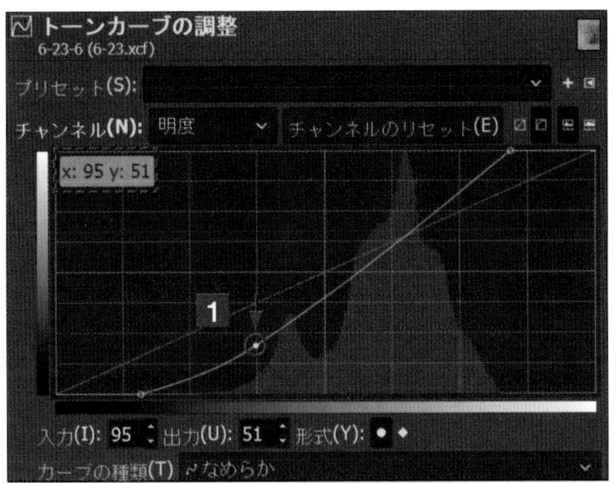

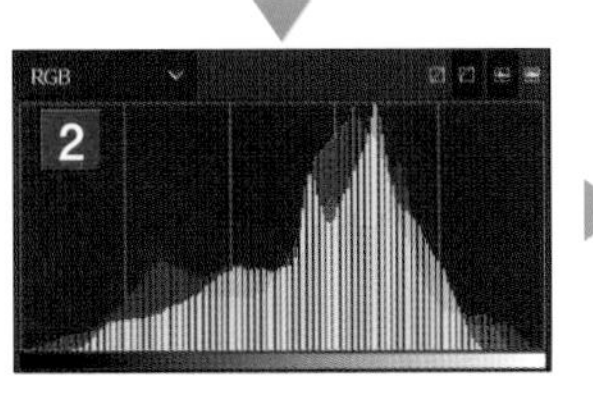

3 ヒストグラムの山を左に寄せて暗くする

カーソルを斜線の上に合わせて、少し下「x:95 y:51」にドラッグします1。ヒストグラムの山が少し左に寄り2、画像が少し暗くなります3。

CHECK

この操作は、［レベル］ダイアログでグレー点のスライダーを右に移動する補正と同じです。

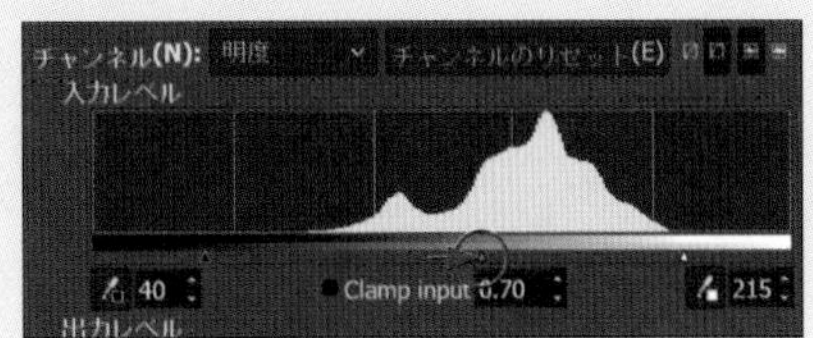

4 明るいピクセルをより明るくする

カーソルをカーブの上に合わせて、少し上（x:160 y:191）にドラッグします1。ヒストグラムのシャドウ側とハイライト側のグラフが高くなり、中間調のグラフが歯抜けに変わります2。暗いピクセルはより暗く、明るいピクセルはより明るくなるため、画像のコントラストが強調されます。プレビューを確認して3、［OK］をクリックします4。

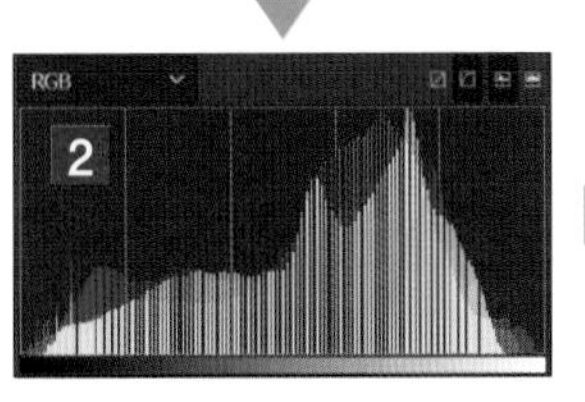

POINT

この補正は、［レベル］では行うことができません。中間調を制御するグレー点を複数作って階調を変更できるのが［トーンカーブ］のメリットです。［レベル］には［トーンカーブ］にないホワイトバランスを自動で調整する［自動入力レベル］とスポイトツールがあります（197ページ参照）。途中まで［レベル］で補正して、［この設定をトーンカーブで調整］をクリックすると補正の続きを［トーンカーブ］にバトンタッチすることができます。

トーンカーブで色かぶりを補正する

219ページと同じ補正を[トーンカーブ]で行います。[トーンカーブ]ダイアログは閉じないで、この設定を次ページのプリセットの保存に使用します。

サンプルファイル 6-24.xcf

完成図

[トーンカーブ]の設定をしたら、次ページに進んでください。

カラーチャンネル別にトーンカーブを調整する

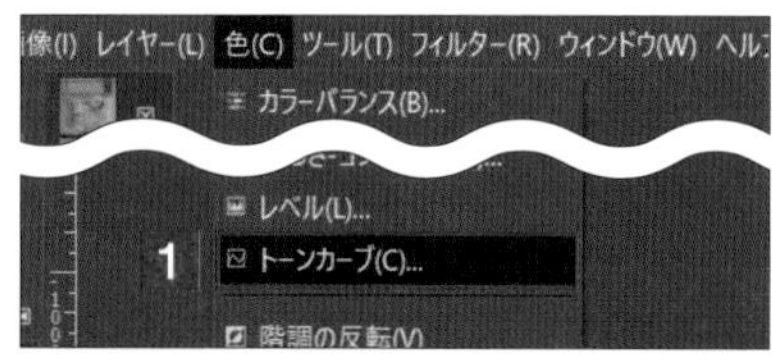

1 [トーンカーブ]を実行する

[色]メニュー→[トーンカーブ]をクリックします1。[トーンカーブ]ダイアログが表示されます。

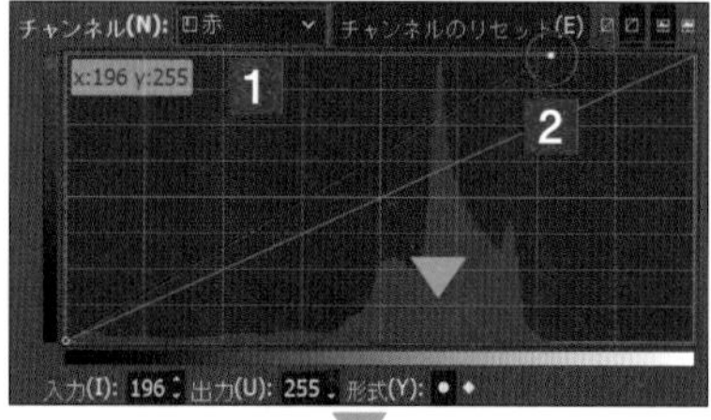

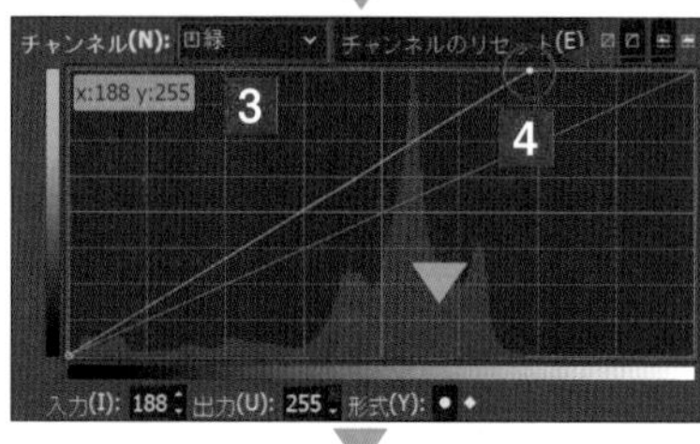

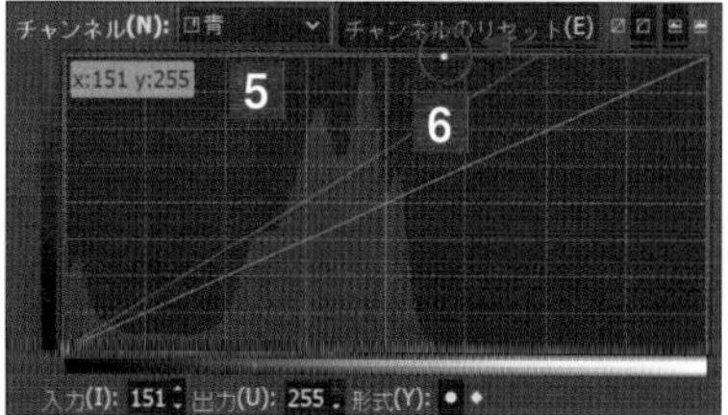

2 カラーチャンネル別にトーンカーブを調整する

[チャンネル]を[赤]に設定します1。右の端点を「x:196 y:255」まで水平移動します2。[チャンネル]を[緑]に設定して3、右の端点を「x:188 y:255」まで移動します4。[チャンネル]を[青]に設定して5、右の端点を「x:151 y:255」まで移動します6。[OK]はクリックしないで次のページに進みます。

CHECK

この操作は、219ページの「レベルで色かぶりを補正する」で行った補正と同じです。

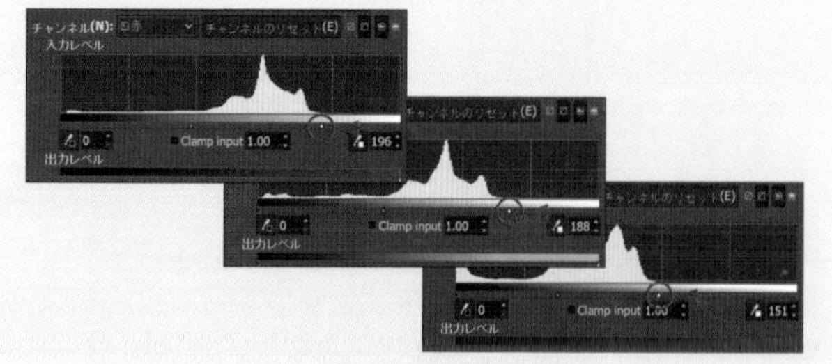

色調補正の設定をプリセットに保存する

前ページで[トーンカーブ]を使った設定をプリセットに保存します。ほかのコマンドのダイアログでも同じ操作でプリセットを保存して、繰り返し同じ設定を適用することができます。

トーンカーブの設定をプリセットに保存する

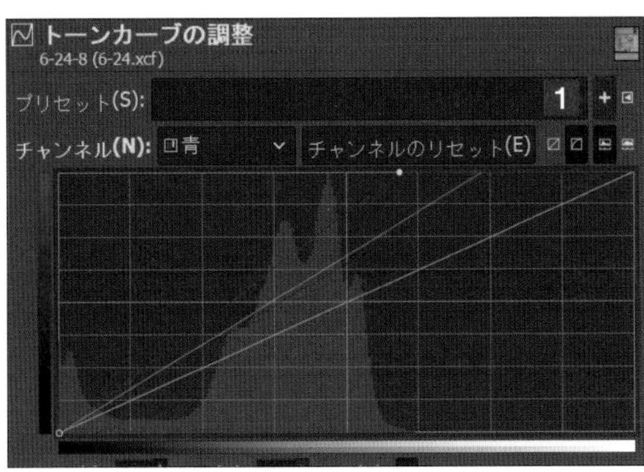

1 設定を確定する前にプリセットを保存する

[トーンカーブ] ダイアログの [現在の設定をプリセットとして名前をつけて保存] ■をクリックします1。

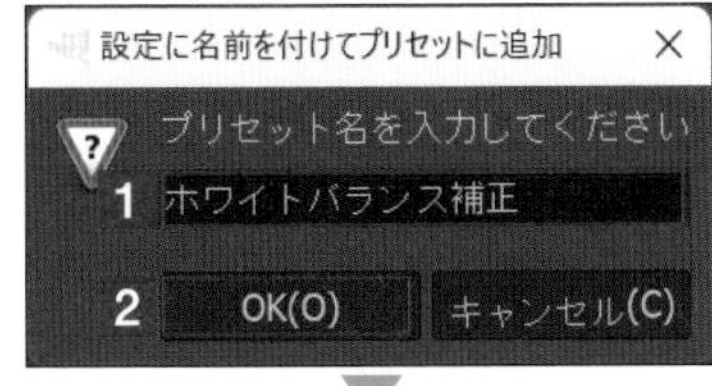

2 プリセット名を入力して保存する

表示された [設定に名前を付けてプリセットに追加] ダイアログで、プリセット名を入力して（ここでは「ホワイトバランス補正」）1、[OK] をクリックします2。[トーンカーブ] ダイアログの [OK] をクリックして3、前ページの操作を確定します。次ページで保存したプリセットを使って色調補正を行います。

POINT

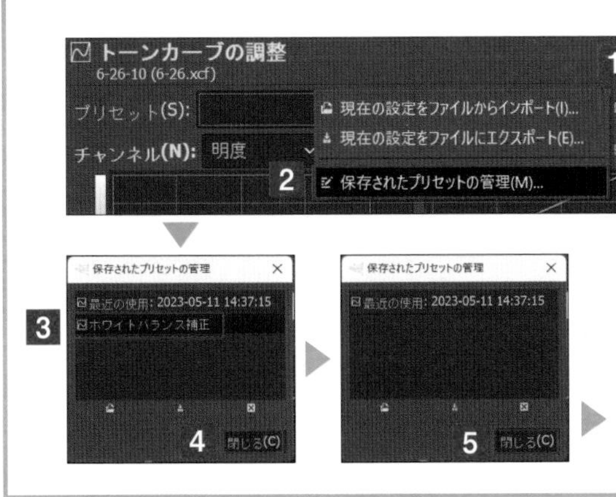

保存したプリセットを削除するときは、何か画像を開いた状態で [トーンカーブ] ダイアログを表示します1。ダイアログメニューにある[保存されたプリセットの管理] をクリックします2。削除するプリセットをクリックしたら3、削除ボタンをクリックます4。プリセットが削除されたら [閉じる] をクリックします5。[トーンカーブ] ダイアログの [キャンセル] をクリックします6。

26 保存したプリセットを使って同じ色調補正を適用する

同じ色かぶりをした写真は、保存したプリセットを使って同じ操作の手間を省くことができます。大量に補正するときの時間短縮に役立ちます。

サンプルファイル 6-26.xcf

完成図

222ページでホワイトバランスを調整した設定を223ページでプリセットに保存して、同じ設定を使って補正します。

保存したプリセットを使って補正する

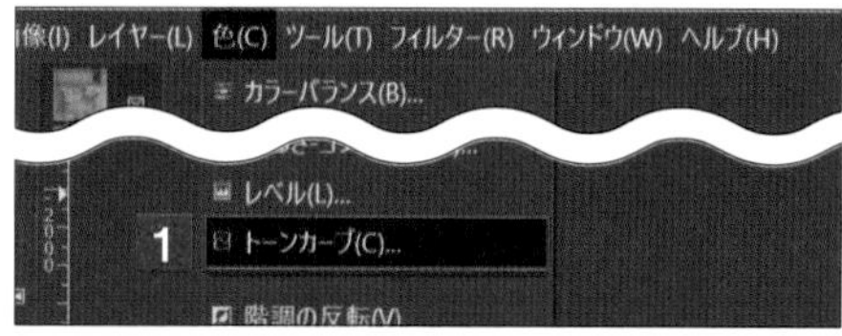

1 [トーンカーブ]を実行する

[色] メニュー→ [トーンカーブ] をクリックします1。[トーンカーブ] ダイアログが表示されます。[トーンカーブ] ダイアログが表示されます。

2 保存したプリセットを選択する

[プリセット] のメニューを開いて、保存したプリセット（ここでは「ホワイトバランス補正」）をクリックします1。プレビューを確認して [OK] をクリックします2。

CHECK

同じ環境と設定で撮影した写真なので、プリセットで補正できました。同じ状態の画像をたくさん補正したいとき便利な機能です。

CHECK

このページの操作を確認したら、前ページの「保存したプリセットを削除する」の操作を行ってください。

CHAPTER

▼

07

THE PERFECT GUIDE FOR GIMP

変形とレタッチ

選択したイメージを移動する

選択したイメージをフロート化すると移動できます。フロート化したレイヤーは新しいレイヤーにするか、固定するかを選択して操作を終了します。

サンプルファイル 7-01.xcf

▶

完成図

選択したイメージを移動して、新しいレイヤーにします。

選択範囲をフロート化して移動する

1 選択範囲を作成する

矩形選択ツールを選択して1、選択範囲を作成します2。

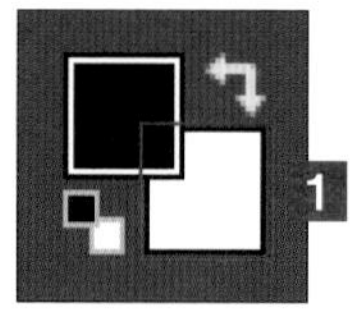

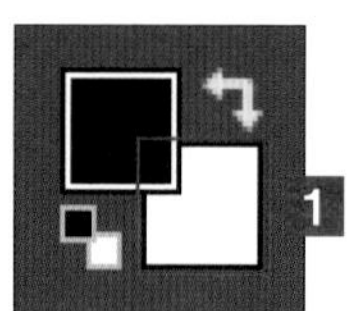

2 背景色を設定する

背景色を設定します（ここではホワイト）1。

CHECK

サンプルファイルの画像(「7-01」レイヤー)はアルファチャンネルがないので、移動した元のピクセルが背景色になります。移動する前に背景色を設定します。

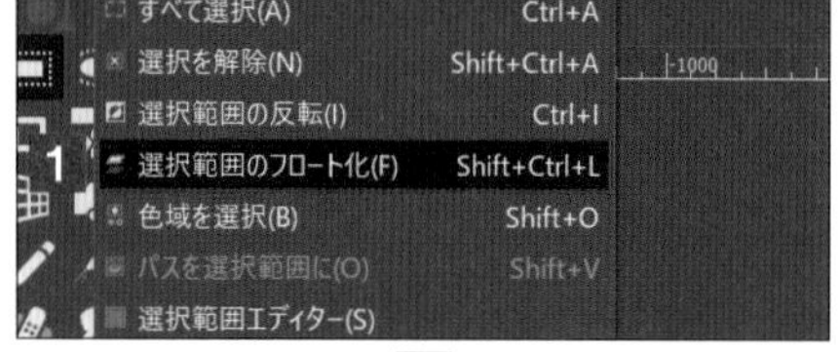

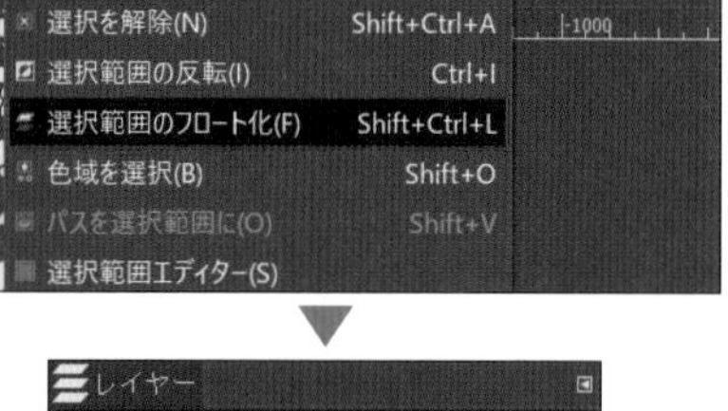

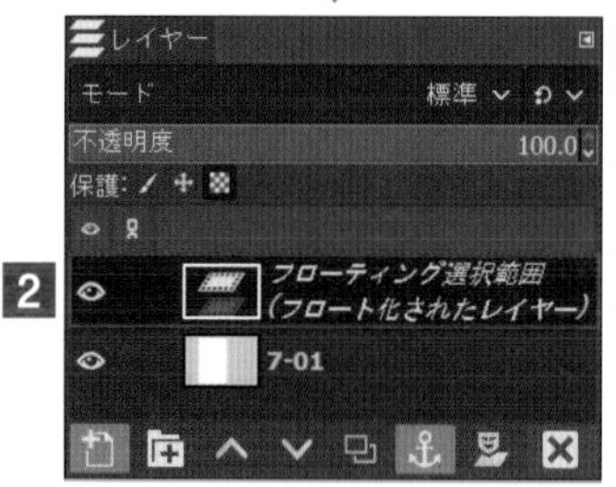

3 選択範囲をフロート化する

[選択] メニュー→ [選択範囲のフロート化] をクリックします1。[フローティング選択範囲] レイヤーが表示されます2。

CHECK

修飾キーで操作する場合は、[選択範囲のフロート化] を実行しないで Ctrl と Alt キーを押しながらドラッグして移動します。

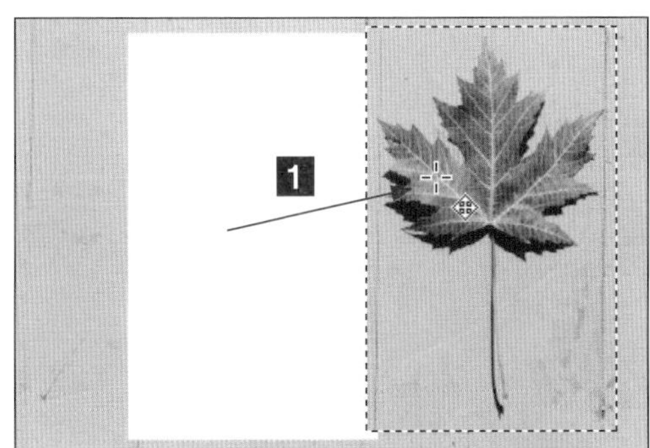

4 選択範囲を移動する

選択範囲の内側にカーソルを重ねてから、ドラッグして移動します1。

5 移動したイメージを新しいレイヤーにする

[レイヤー] ダイアログの [新しいレイヤーの生成] をクリックします1。「フロート化されたレイヤー」として追加されます2。

POINT

新しいレイヤーを作成しないで、元のレイヤーに上書きするときは、[レイヤー] ダイアログの [レイヤーの固定] をクリックするか、移動したあと選択範囲の外側にカーソルを移動して⚓(錨) のマークが表示されたらクリックすると [レイヤーの固定] が実行されます。

POINT

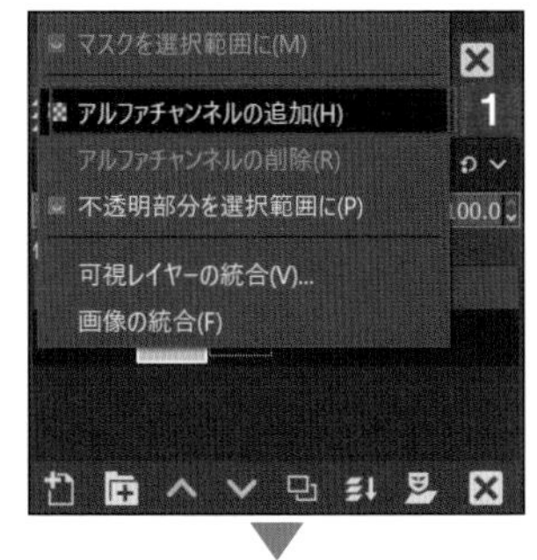

インポートした画像や新しく作成した画像の [背景] にはアルファチャンネルがありません。アルファチャンネルを追加するときは、[レイヤー] メニュー→ [透明部分] → [アルファチャンネルの追加] をクリックするか、[レイヤー] ダイアログのレイヤーを右クリックして [アルファチャンネルの追加] をクリックします1。アルファチャンネルを追加すると、レイヤー名の文字が細くなります2。消しゴムツールを使用したとき（151 ページ参照）や選択範囲したイメージを移動したときピクセルが透明になります3。

アルファチャンネルあり

アルファチャンネルなし

02 選択したイメージを複製移動する

選択範囲のイメージの複製をフロート化して移動します。コピー＆ペースト（貼り付け）でもできますが、修飾キーを使った操作を覚えると便利です。

サンプルファイル 7-02.xcf

完成図

選択したイメージを複製移動します。

Shift + Alt キーを押しながらドラッグする

1 選択範囲を作成する

矩形選択ツールを選択して1、選択範囲を作成します2。

2 選択範囲を複製移動する

Shift + Alt キーを押しながらドラッグします1。

CHECK

Ctrl + Alt キーを押しながらドラッグした場合は、元の選択範囲のピクセルは切り取られます。

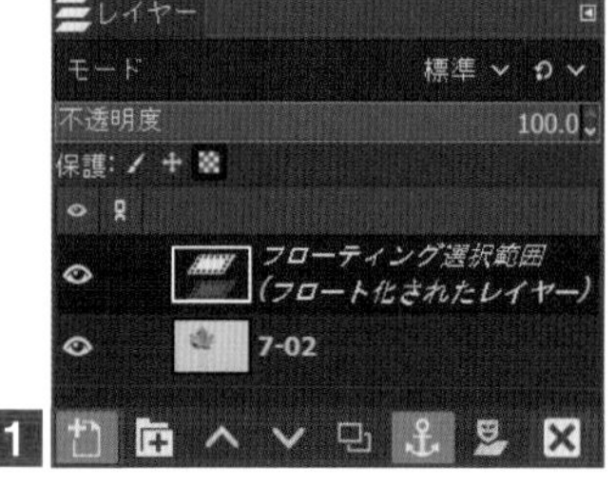

3 複製移動したイメージを新しいレイヤーにする

［レイヤー］ダイアログの［新しいレイヤーの生成］をクリックします1。［フロート化されたレイヤー］として追加されます2。

03 選択したイメージを削除する

アルファチャンネルがないレイヤーは削除したピクセルが背景色になり、アルファチャンネルがあるときは透明になります。

サンプルファイル 7-03.xcf

完成図

選択範囲を削除して透明にします。

選択範囲を作成して削除する

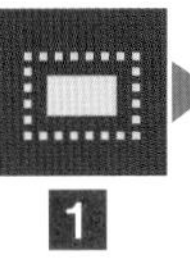

1 選択範囲を作成する

矩形選択ツールを選択して1、選択範囲を作成します2。

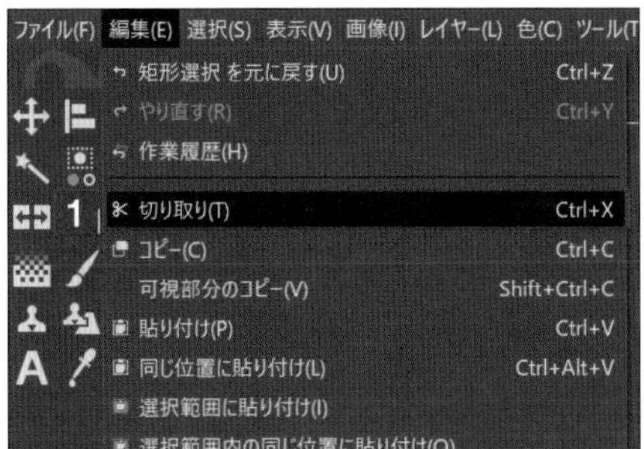

2 [切り取り]を実行する

[編集] メニュー→ [切り取り] をクリックします1。

CHECK

ショートカットキーで操作するときは、Ctrl+X キーを押します。

POINT

サンプルのレイヤーにはアルファチャンネルを追加しています。アルファチャンネルがない場合は、背景色を設定してから1、[切り取り] を実行します2。

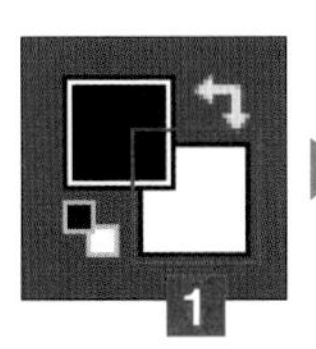
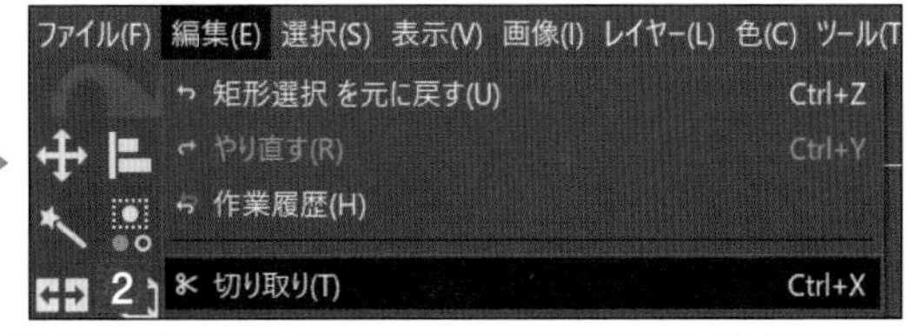

レイヤーからはみ出した分を回り込ませて移動する

レイヤーのサイズや位置は変更しないで、ピクセルをずらすように移動します。キャンバスからはみ出したピクセルを反対側に回り込ませることができます。

サンプルファイル 7-04.xcf

完成図

ゴルフボールが中央に来る位置まで水平方向右に移動して、はみ出した部分を左側に回り込ませます。

[オフセット]ではみ出し部分を回り込ませて移動する

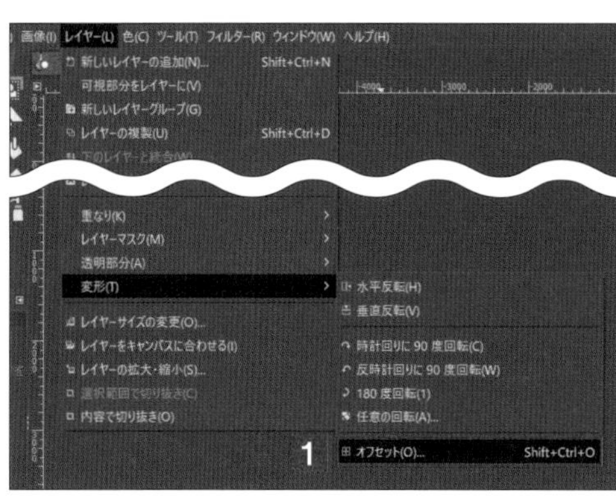

1 [オフセット]を実行する

[レイヤー] メニュー→ [変形] → [オフセット] をクリックします1。[オフセット] ダイアログが表示されます。

CHECK

[オフセット] をショートカットキーで実行するときは、Shift+Ctrl+O キーを押します。

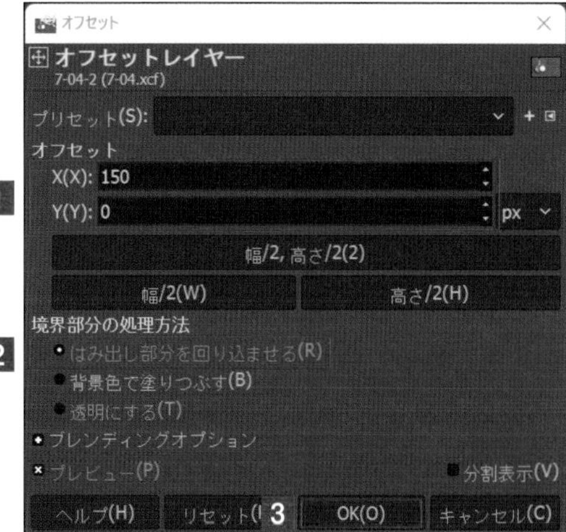

2 オプションを設定する

[オフセット] を設定して（ここでは [X] を 「150」、[Y] を 「0」）1、[はみ出し部分を回り込ませる] にチェックをつけます2。プレビューを確認して [OK] をクリックします3。

CHECK

境界部分の処理方法に [透明にする] を設定するには、対象のレイヤーにアルファチャンネルがないとチェックができません。

レイヤーのイメージを回転する

水平・垂直の傾きを修正するときは定規ツールが便利ですが(070ページ参照)、自由に回転するときは、回転ツールを使います。ドラッグ操作かダイアログに値を入力して回転します。

サンプルファイル 7-05.xcf

完成図

「OPEN」レイヤーのイメージを反時計周りに回転します。

回転ツールでアクティブなレイヤーを回転する

1 回転するレイヤーをアクティブにする

「OPEN」レイヤーをクリックしてアクティブにします1。

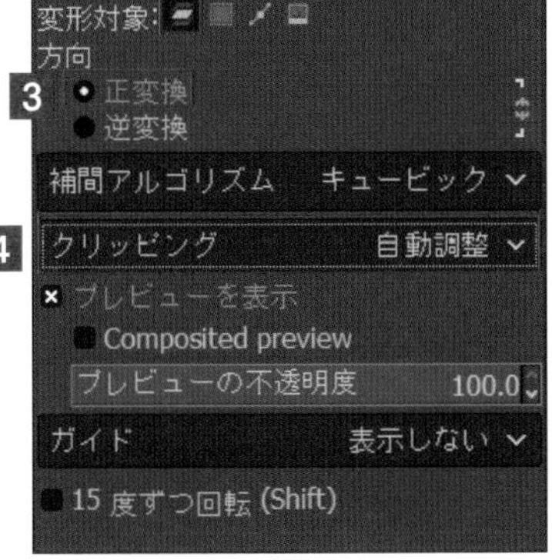

2 回転ツールを選択してオプションを設定する

回転ツールを選択します1。[ツールオプション] ダイアログで、[変形対象] の [レイヤー] をクリックします2。[方向] を [正変換] に設定します3。[クリッピング] を [自動調整] に設定します4。

CHECK

[変形対象] を [レイヤー] に設定して、レイヤーグループをアクティブにすれば、グループ内の複数のレイヤーを回転できます。[画像] に設定したときは、非表示や非アクティブも含むすべてのレイヤーが回転します。拡大・縮小などもレイヤーグループで変形できます。

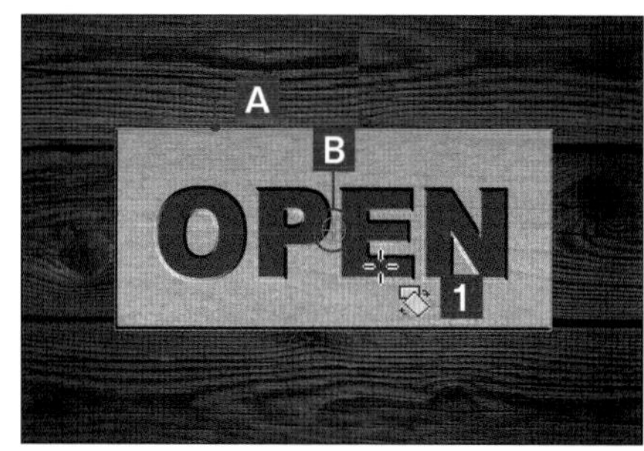

3 イメージをクリックして編集モードにする

「OPEN」のイメージをクリックすると**1**、レイヤーサイズを示すガイド**A**と中心点**B**が表示されます。

CHECK

中心点はドラッグして移動できます（キャンバスの外側にも設定できます）。

回転
角度(A): 2 -10.00
中心の X 座標(X): 640.00
中心の Y 座標(Y): 426.00 px
リセット(R) 再調整(A) 回転(O)
3

4 中心点を軸にドラッグして回転する

中心点を軸にドラッグします**1**。回転角度の端数が気になるときは、[回転]ダイアログの[角度]を整数にします**2**。Enter キーを押すか、[回転] をクリックして**3**、確定します。

CHECK

[ツールオプション] ダイアログの [15度ずつ回転] にチェックをつけなくても、回転するとき Shift キーを押したままドラッグすれば 15 度ずつ回転します。

POINT

[変形対象] を [変更前のレイヤーサイズ] にした場合、レイヤーのサイズと位置を変更しません。レイヤーの外にはみ出したピクセルは削除します**A**。[結果で切り抜き]は、回転したレイヤーの外側は含めないで最大サイズになる矩形のレイヤーサイズに変更します。レイヤーの外にはみ出したピクセルは削除します**B**。[縦横比で切り抜き] は、回転したレイヤーの外側は含めないで回転前のレイヤーと同じ縦横比を保持できる矩形のレイヤーサイズに変更します。レイヤーの外にはみ出したピクセルは削除します**C**。

POINT

[方向] を [逆変換] に設定すると**1**、回転した角度と逆方向にピクセルが回転します。070ページのサンプルを回転ツールで補正するときは、[変形対象] の [画像] をクリックして**2**、[クリッピング] を [結果で切り抜き] に設定します**3**。[ガイド] の分割線を表示して**4**、ガイドが水平・垂直に合う位置まで回転すると**5**、傾いた写真を補正できます。

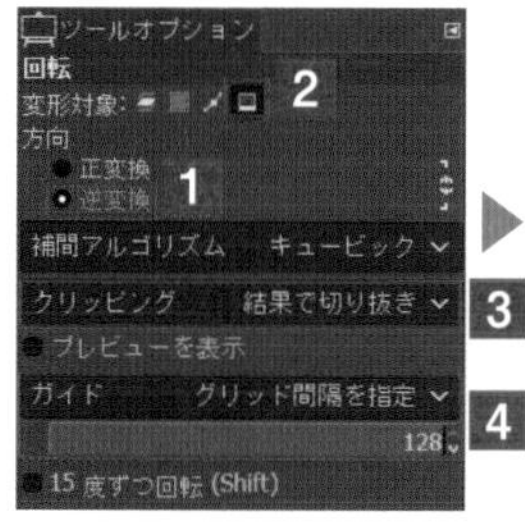

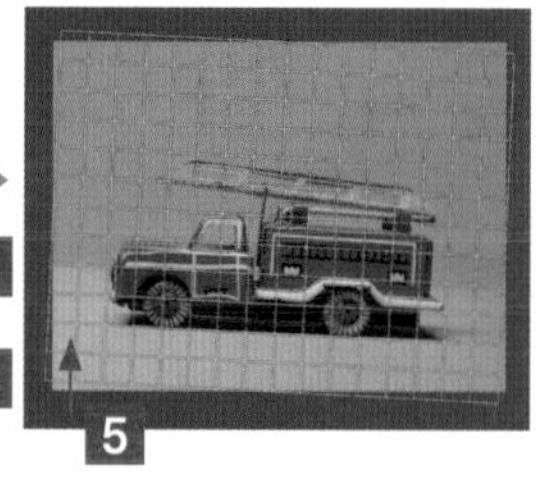

06 イメージを拡大／縮小する

拡大・縮小ツールを使ってイメージのサイズを調整します。縮小すると細部のディテールが失われ、拡大すると画質が下がるので注意してください。

サンプルファイル 7-06.xcf

完成図

「OPEN」レイヤーのイメージを縮小します。

拡大・縮小ツールでアクティブなレイヤーを縮小する

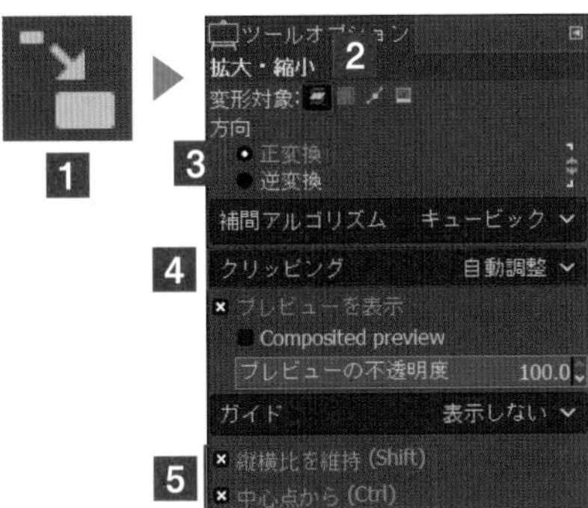

1 拡大・縮小ツールを選択してオプションを設定する

拡大・縮小ツールを選択します1。［ツールオプション］ダイアログで、［変形対象］の［レイヤー］をクリックします2。［方向］を［正変換］に設定します3。［クリッピング］を［自動調整］に設定します4。［縦横比を維持］と［中心点から］にチェックをつけます5。

2 イメージをクリックして編集モードにする

サンプルファイルは、あらかじめ「OPEN」レイヤーをアクティブにしています。「OPEN」のイメージをクリックすると1、レイヤーサイズを示すガイドの四隅と四辺に四角形がついたハンドルAと中心点Bが表示されます。

3 ハンドルを中心点に向かってドラッグして縮小する

ハンドル（どれでもいい）を中心点に向かってドラッグします1。Enter キーを押すか、表示されている［拡大・縮小］ダイアログの［拡大・縮小］をクリックして2、確定します。

CHECK

拡大するときは、中心点から遠ざけるようにハンドルをドラッグします。

イメージを傾斜させる

剪断変形ツールは、入れ違いに平行方向の力かけて変形します。レイヤーを囲む水平線か垂直線のいずれか一辺を同じ方向（水平線は左右、垂直線は上下）にドラッグします。

サンプルファイル 7-07.xcf

完成図

「OPEN」レイヤーのイメージを右に傾けます。

剪断変形ツールでアクティブなレイヤーを変形する

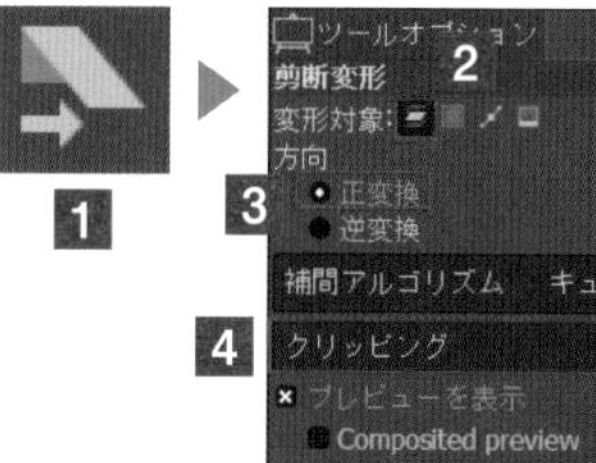

1 剪断変形ツールを選択してオプションを設定する

剪断変形ツールを選択します1。［ツールオプション］ダイアログで、［変形対象］の［レイヤー］をクリックします2。［方向］を［正変換］に設定します3。［クリッピング］を［自動調整］に設定します4。

2 イメージをクリックして編集モードにする

サンプルファイルは、あらかじめ「OPEN」レイヤーをアクティブにしています。「OPEN」のイメージをクリックすると1、レイヤーサイズを示すガイドAが表示されます。

3 ガイドの辺をドラッグして傾斜する

ガイドの上辺の近くで右方向にドラッグします1、下辺は逆の左方向に移動して、ガイド内のイメージが傾斜します。Enter キーを押すか、表示されている［剪断変形］ダイアログの［剪断変形］をクリックして2、確定します。

CHECK

テキストレイヤーも傾斜できますが、変形すると画像レイヤーに変換されます。

3D空間で回転して変形する

3D変換ツールは、レイヤーのイメージを3Dソフトのように奥行きをつけて全方向に回転移動する変形ができます。立体的で俯瞰やアオリで見たような変形ができます。

サンプルファイル 7-08.xcf

完成図

「OPEN」レイヤーのイメージを俯瞰から見た立体的な形状に変形します。

3D変換ツールでアクティブなレイヤーを立体的に変形する

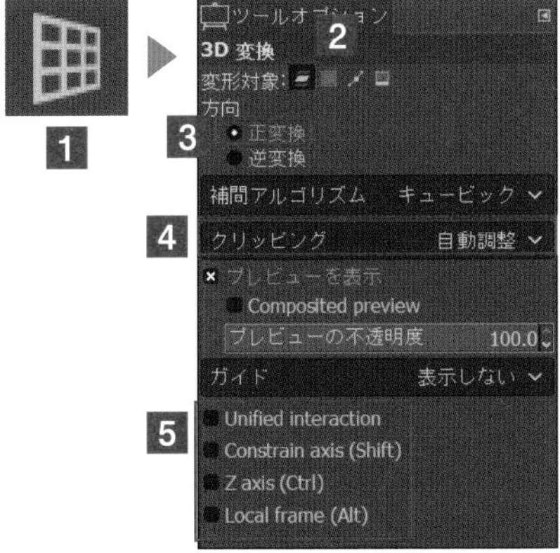

1 3D変換ツールを選択してオプションを設定する

3D変換ツール■を選択します1。[ツールオプション] ダイアログで、[変形対象] の [レイヤー] をクリックします2。[方向] を [正変換] に設定します3。[クリッピング] を [自動調整] に設定します4。下４つのオプションのチェックをすべて外します5。

2 イメージをクリックして編集モードにする

サンプルファイルは、あらかじめ「OPEN」レイヤーをアクティブにしています。「OPEN」のイメージをクリックすると1、レイヤーサイズを示すガイドAが表示されます。表示された [3D変換] ダイアログで、カメラ■が選択されている場合は、消失点Bも表示されます。

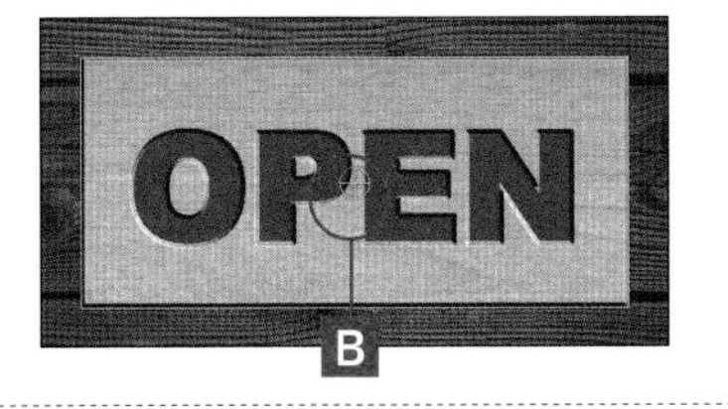

POINT

[Unified interaction] にチェックをつけると、[3D変換] ダイアログのタブを切り替えないで回転■、移動■、カメラ■の変更をドラッグ操作で行えます。

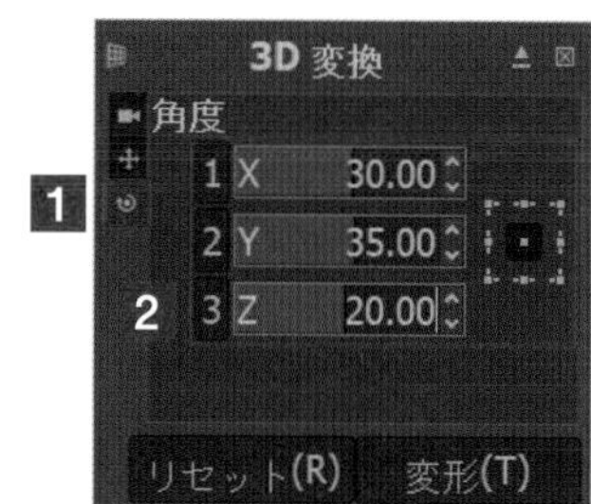

3 イメージを回転する

[3D 変換] ダイアログの「回転」タブをクリックします（表示されているときはそのままで OK）1。イメージをドラッグして回転するか、[角度] を設定します（ここでは [X] を「30」、[Y] を「35」、[Z] を「20」）2。

CHECK

回転する軸の位置を変えるときは、ガイドの位置に対応したボックスをクリックします1。

CHECK

[Constrain axis] にチェックをつけると、X 軸か Y 軸だけで回転します。チェックを外しても、Shift キーを押しながらドラッグすれば同じ操作ができます。上下にドラッグするとA X 軸、左右にドラッグするとB Y 軸で回転します。

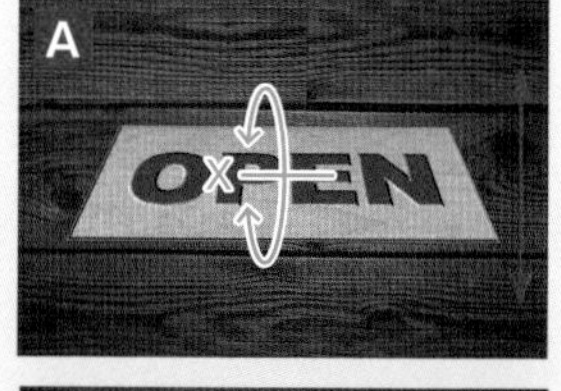

[Z axis] にチェックをつけるか、Ctrl キーを押しながら弧を描くようにドラッグすると、Z 軸で回転します。

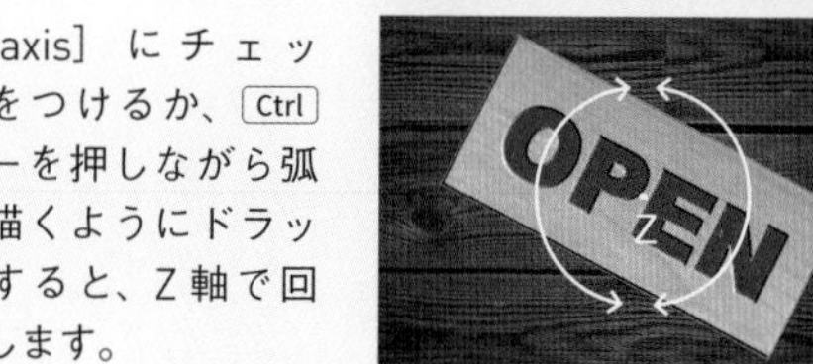

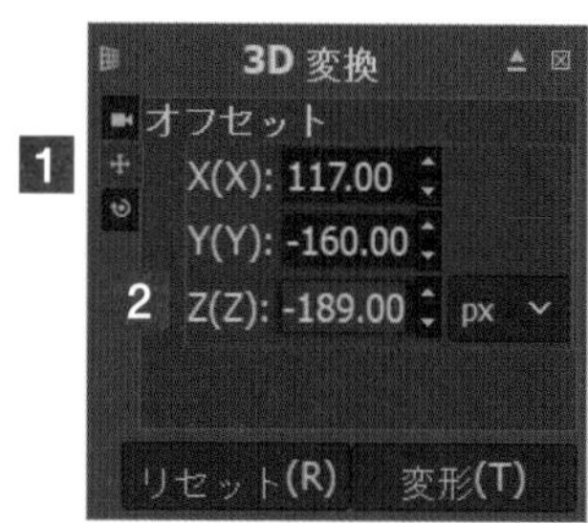

4 イメージを移動する

[3D 変換] ダイアログの「オフセット」タブをクリックします1。オフセットを設定します(ここでは[X]を「117」、[Y] を「-160」、[Z] を「-189」）2。ドラッグでも移動できますが、X 軸と Y 軸しか移動できません。

CHECK

[Z axis] にチェックをつけるか、Ctrl キーを押しながら左右にドラッグすると、Z 軸を移動します。左にドラッグすると1、手前に近くなります。

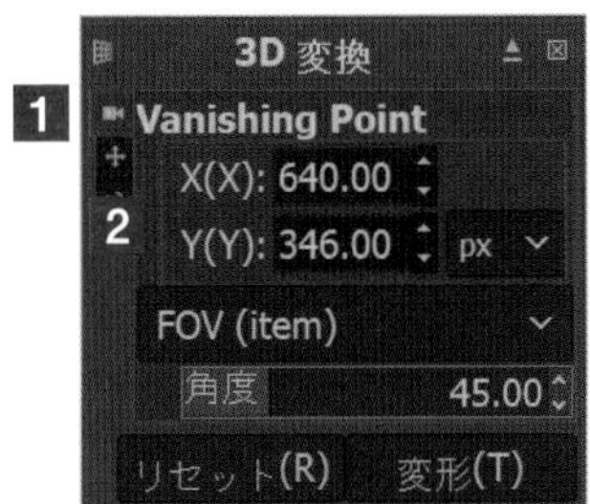

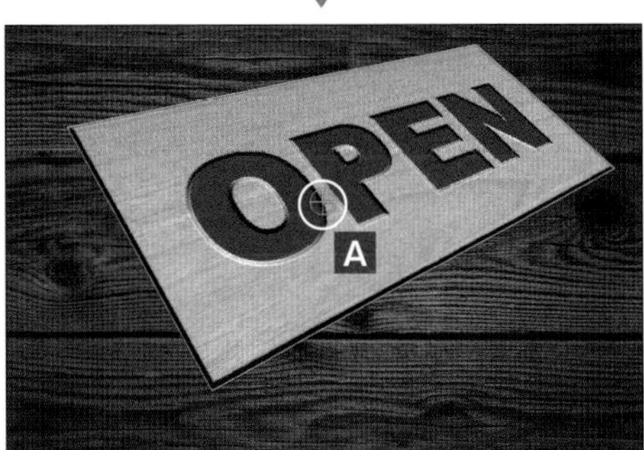

5 消失点を移動する

[3D 変換] ダイアログの「カメラ」タブをクリックします**1**。消失点**A**をドラッグして移動するか、[Vanishing Point] を設定します（ここでは [X] を「640」、[Y] を「346」）**2**。

CHECK

消失点を上に移動すると、上の面が広く見えます。

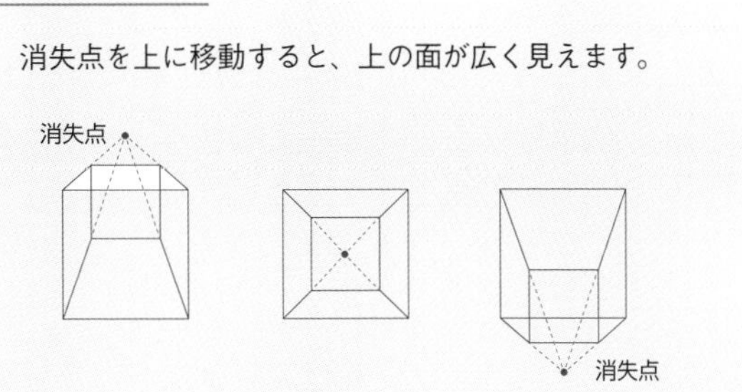

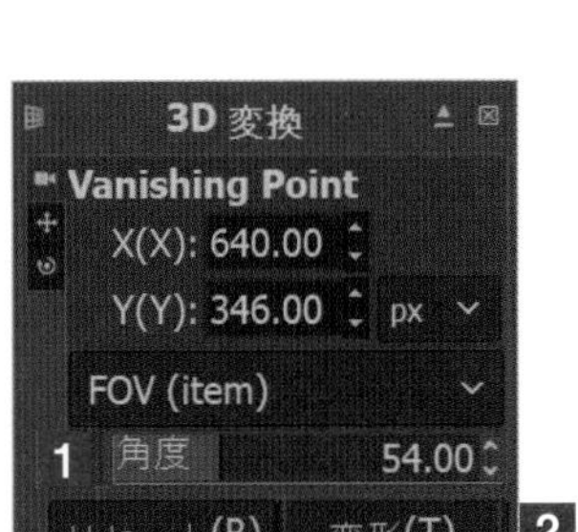

6 焦点距離を設定する

[FOV（item）] の [角度] を設定して（ここでは「54」）**1**、[変形] をクリックして確定します**2**。

CHECK

[角度] の値を大きくすると焦点距離が近くなり、パースがきつくなります。値を小さくすると距離が長くなり、歪みが少なくなります。

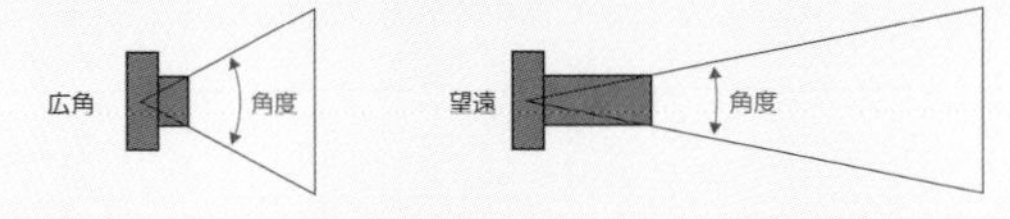

POINT

[Local frame] のチェックを外して移動するときは、キャンバスがファインダーとなる空間でオブジェクトが移動します。[Local frame] にチェックをつけるか、Alt キーを押しながらドラッグすると**1**、アクティブなレイヤーの平面上をイメージが移動します。

09 ハンドル変形① ひとつのハンドルで移動する

ハンドル変形ツールは、作成したハンドルの数で編集できることが変わります。ひとつのハンドルを作成したときは、移動の操作ができます。

サンプルファイル 7-09.xcf

完成図

「HOUSE」レイヤーのイメージを下に移動します。

ハンドルをひとつ作成して移動する

1 ハンドル変形ツールを選択してオプションを設定する

ハンドル変形ツールを選択します1。[ツールオプション] ダイアログで、[変形対象] を [レイヤー] に設定します2。[方向] を [正変換] に設定します3。[クリッピング] を [自動調整] に設定します4。[ハンドルモード] を [追加 / 変形] に設定します5。

2 イメージをクリックしてひとつめのハンドルを作成する

サンプルファイルは、あらかじめ「電話」レイヤーをアクティブにしています。電話のイメージをクリックすると1、クリックした位置にひとつめのハンドルが作成されます。

3 ハンドルをドラッグして移動する

ハンドルを下方向にドラッグすると1、イメージが移動します。Enter キーを押すか、表示されている [ハンドル変形] ダイアログの [変形] をクリックして2、確定します。

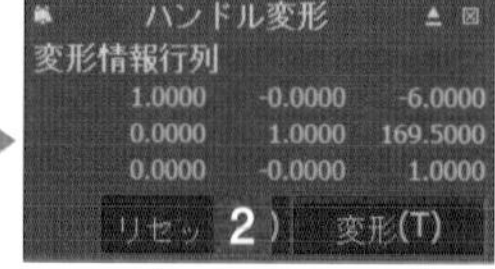

10 ハンドル変形②
ふたつのハンドルで回転する

ハンドル変形ツールでふたつのハンドルを作成すると、拡大／縮小と回転が同時に行えます。最初に作成するハンドルが変形の中心点になります。拡大・縮小の縦横比は維持されます。

サンプルファイル 7-10.xcf

完成図

「電話」レイヤーのイメージを拡大して斜めに傾けます。

ハンドルをふたつ作成して拡大と回転する

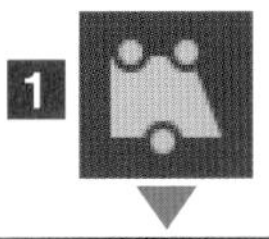

1 ハンドル変形ツールでひとつめのハンドルを作成する

ハンドル変形ツールを選択します（[ツールオプション] ダイアログの設定は 238 ページと同じ）1。サンプルファイルは、あらかじめ「電話」レイヤーをアクティブにしています。「電話」レイヤーの中心をクリックして2、ひとつめのハンドルを作成します。

CHECK

ひとつめのハンドルが変形の中心点になります。

2 ふたつめのハンドルを作成して拡大しながら回転する

ひとつめのハンドルからはなれた位置でマウスボタンを押して1、そのまま斜め外側にドラッグすると2、イメージが拡大して回転します。Enter キーを押すか、表示されている［ハンドル変形］ダイアログの［変形］をクリックして3、確定します。

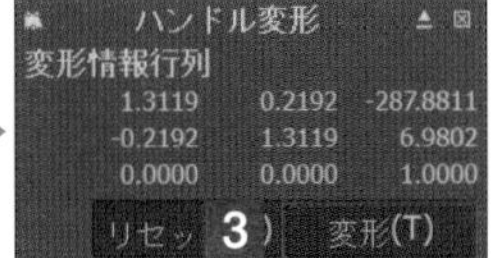

CHECK

縮小するときは、中心点に向かってハンドルを内側にドラッグします。

ハンドル変形③ 3つのハンドルで剪断変形する

ハンドル変形ツールで3つのハンドルを作成すると剪断変形や反転が行えます。ひとつめとふたつめのハンドルをつないだラインが変形の基準軸になります。

サンプルファイル 7-11.xcf

▶

完成図

「HOUSE」レイヤーのイメージを右斜めに傾けます。

ハンドルを3つ作成して剪断変形する

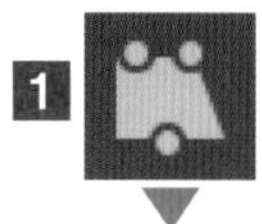

1 変形の基準軸となる ふたつのハンドルを作成する

ハンドル変形ツールを選択します（[ツールオプション] ダイアログの設定は 238 ページと同じ）1。サンプルファイルは、あらかじめ「電話」レイヤーをアクティブにしています。電話の左下2と右下3を順番にクリックして、ふたつのハンドルを作成します。

CHECK

ふたつのハンドルをつなぐラインが変形の基準軸Aになります。

2 3つめのハンドルを作成して剪断変形する

電話の上でマウスボタンを押して1、そのまま右にドラッグすると2、イメージが右に傾きます。Enter キーを押すか、表示されている [ハンドル変形] ダイアログの [変形] をクリックして3、確定します。

CHECK

反転するときは、3 つめのハンドルを基準軸（ひとつめとふたつめのハンドルをつないだライン）の反対側にドラッグします。

ハンドル変形

変形情報行列

1.0016	-0.4450	275.9963
0.0000	1.0000	-0.0000
0.0000	-0.0000	1.0000

リセット(R) 変形(T) 3

ハンドル変形④ 4つのハンドルで遠近法変形する

ハンドル変形ツールで4つのハンドルを作成すると遠近法変形が行えます。イメージの四隅にハンドルを作成して、それぞれのハンドルを移動して変形します。

サンプルファイル 7-12.xcf

完成図

「HOUSE」レイヤーのイメージにアオリのような遠近感をつけます。

ハンドルを4つ作成して遠近法変形する

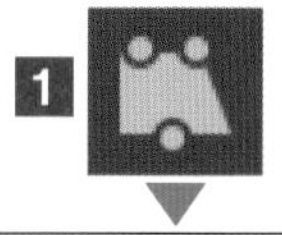

1 イメージの四隅に4つのハンドルを作成する

ハンドル変形ツールを選択します（[ツールオプション] ダイアログの設定は238ページと同じ）1。サンプルファイルは、あらかじめ「電話」レイヤーをアクティブにしています。電話の四隅2345をクリックして、4つのハンドルを作成します。

CHECK

ひとつめのハンドルが変形の中心点になります。

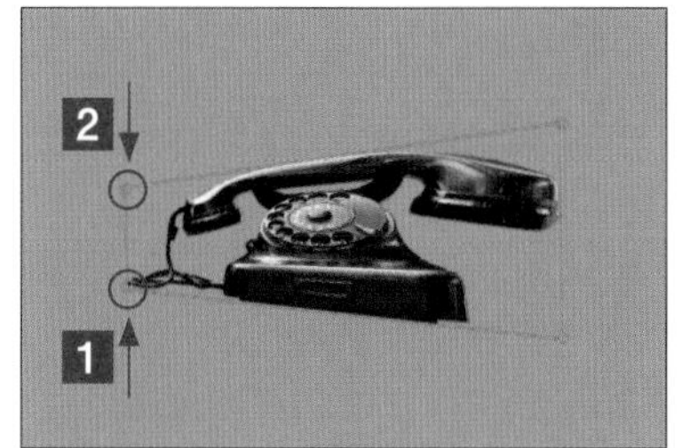

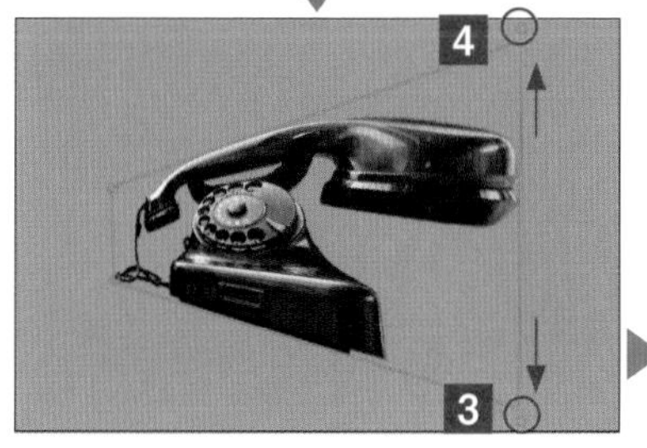

2 4つのハンドルを移動して遠近感をつける

左ふたつのハンドル12を近づけるるようにドラッグします。右ふたつのハンドル34を遠ざけるるようにドラッグします。イメージに遠近感がつきます。Enter キーを押すか、表示されている［ハンドル変形］ダイアログの［変形］をクリックして5、確定します。

CHECK

ハンドルの数を減らしたいときは、［ツールオプション］ダイアログの［削除］にチェックをつけるか、Ctrl キーを押しながらハンドルをクリックします。

0.0635	0.0145	159.8572
-0.3302	0.4071	273.5429
-0.0007	0.0000	1.0000

リセット(R) 変形(T) 5

統合変形①
イメージを移動する

統合変形ツールでハンドルや中心点を避けたガイドの内側をドラッグすると移動します。移動するときに中心点を固定することもできます。

サンプルファイル 7-13.xcf

完成図

「ラジカセ」レイヤーのイメージを右下に移動します。

イメージや中心点を移動する

1 統合変形ツールを選択してオプションを設定する

統合変形ツールを選択します1。[ツールオプション] ダイアログで、[変形対象] を [レイヤー] に設定します2。[方向] を [正変換] に設定します3。[クリッピング] を [自動調整] に設定します4。[制限] [中心点から] [中心点] のチェックはすべて外します5。

CHECK

[制限] (Shift)、[中心点から] (Ctrl)、[中心点] の [スナップ] (Shift) は、チェックしなくて修飾キーを使って有効にできます。[中心点] の [固定] は修飾キーで有効にする操作はできません。

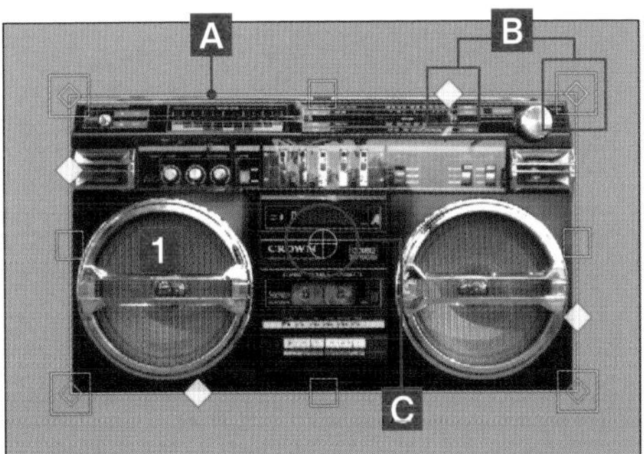

2 アクティブレイヤーのイメージをクリックして編集モードにする

サンプルファイルは、あらかじめ「ラジカセ」レイヤーをアクティブにしています。「ラジカセ」のイメージをクリックすると1、レイヤーサイズを示すガイドAとハンドルBと中心点Cが表示されます。

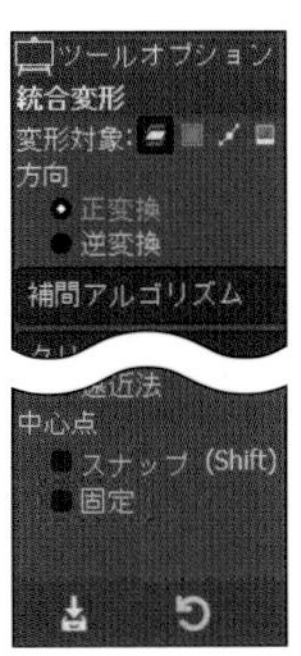

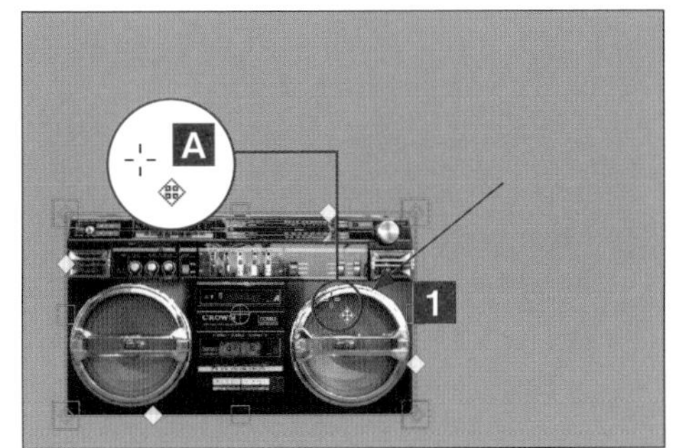

3 中心点も一緒に移動する

カーソルをあわせてAの表示になったらドラッグします1。オプションの[固定]のチェックを外しているので、中心点も一緒に移動します。

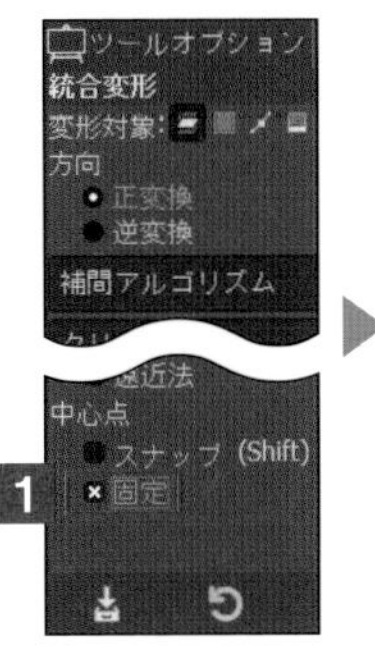

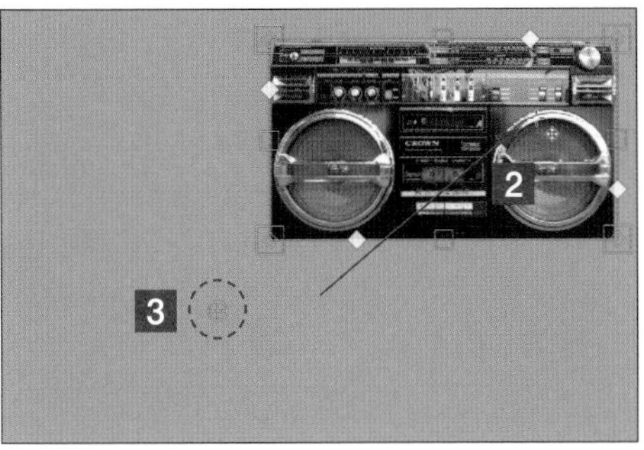

4 中心点を固定して移動する

[ツールオプション]ダイアログの[固定]にチェックをつけます1。ラジカセをドラッグして移動します2。中心点は固定されて動きません3。

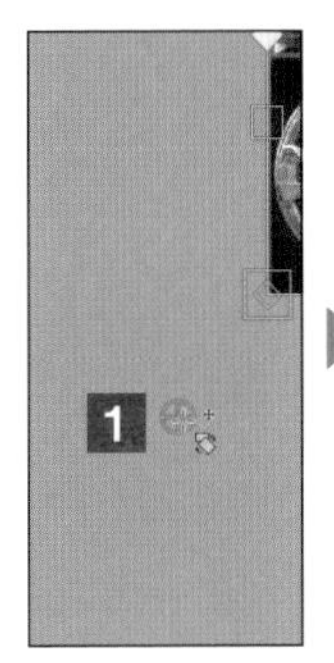

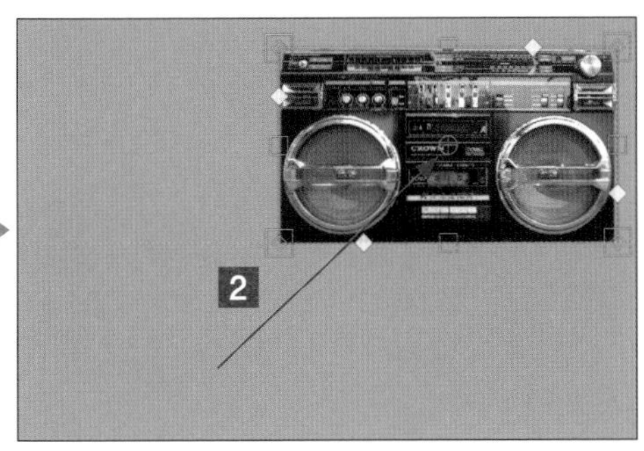

5 中心点をガイドの中央に戻す

中心点が黄色の表示になる位置にカーソルを移動して1、Shift キーを押しながらドラッグします2。オプションの[スナップ]が有効になるので、ガイドの中心に近づくとスナップします。

CHECK

中心点はガイドの四隅の角にもスナップします。

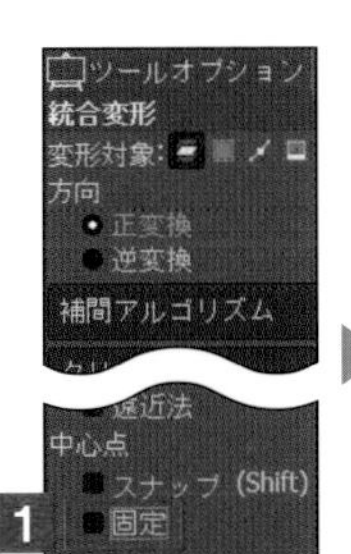

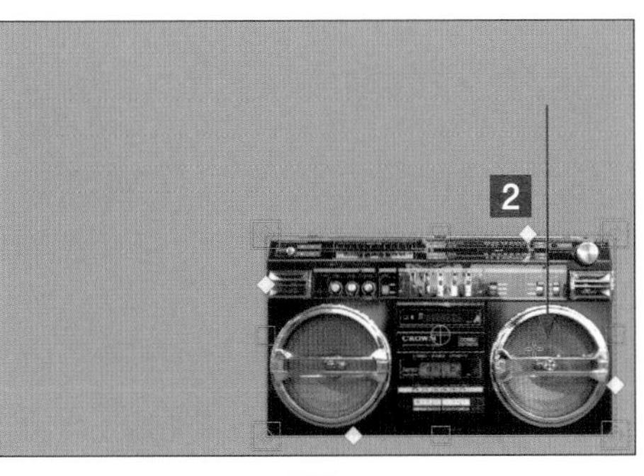

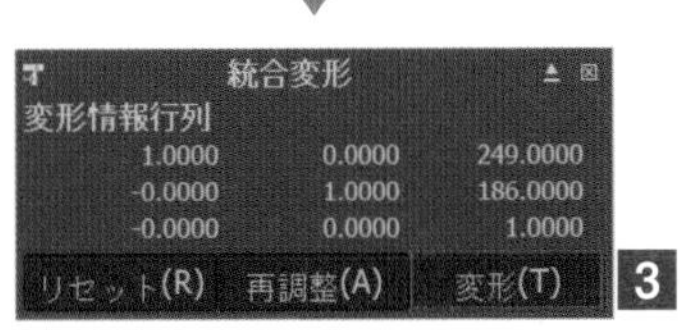

6 中心点も一緒に垂直に移動する

[ツールオプション]ダイアログの[固定]のチェックを外します1。Shift キーを押したままラジカセを下方向にドラッグします2。Shift キーを押すと、移動方向が水平・垂直・45度に制限されます。Enter キーを押すか、表示されている[統合変形]ダイアログの[変形]をクリックして3、確定します。

統合変形②
イメージを回転する

統合変形ツールでガイドやハンドルの外側をドラッグすると、中心点を軸に回転します。Shift キーを押しながらドラッグすると、15度刻みで回転します。

サンプルファイル 7-14.xcf

完成図

「ラジカセ」レイヤーのイメージを45度反時計回りに回転します。

中心点を軸に45度回転する

1 統合変形ツールの編集モードにする

統合変形ツールを選択します（[ツールオプション] ダイアログの設定は 242 ページと同じ）1。サンプルファイルは、あらかじめ「ラジカセ」レイヤーをアクティブにしています。ラジカセのイメージをクリックして2、編集モードにします。

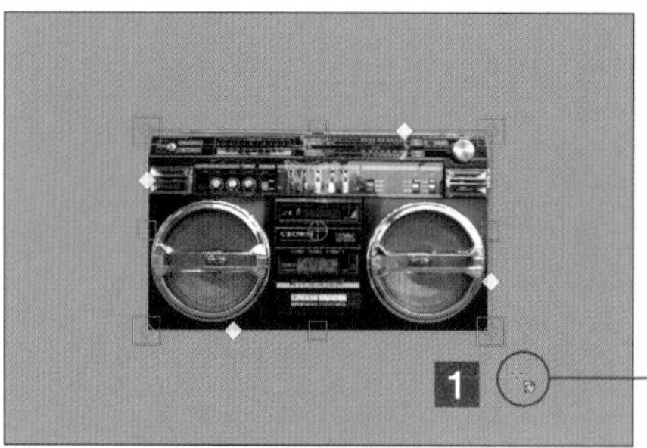

2 ハンドルやガイドの外側にカーソルを移動する

カーソルがAの表示になるラジカセの外側に移動します1。

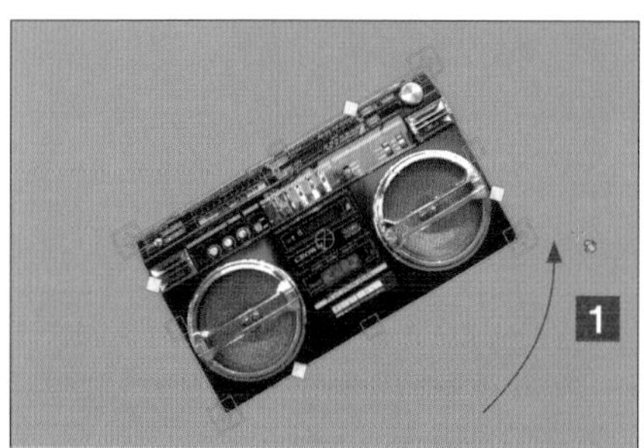

リセット(R) 再調整(A) 変形(T)

3 15度刻みで回転する

Shift キーを押しながら中心点を軸に孤を描くように反時計回りにドラッグします1。Shift キーを押すと、15 度刻みで回転します。Enter キーを押すか、表示されている [統合変形] ダイアログの [変形] をクリックして2、確定します。

15 統合変形③ 四角ハンドルで拡大／縮小する

統合変形ツールで透明な四角形のハンドルをドラッグすると拡大／縮小します。修飾キーを使うと、縦横比を固定したり、中心点から拡大・縮小します。

サンプルファイル 7-15.xcf

完成図

「ラジカセ」レイヤーのイメージの縦横比を保持して中心点から拡大します

縦横比を保持して中心点から拡大する

1

1 統合変形ツールの編集モードにする

統合変形ツールを選択します（[ツールオプション] ダイアログの設定は242ページと同じ）1。サンプルファイルは、あらかじめ「ラジカセ」レイヤーをアクティブにしています。ラジカセのイメージをクリックして2、編集モードにします。

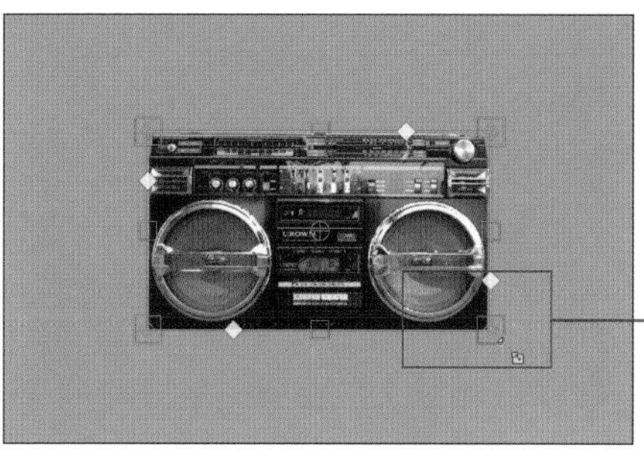

2 透明な四角形ハンドルにカーソルを移動する

透明な四角形の線が黄色く表示される位置にカーソルを移動します1。

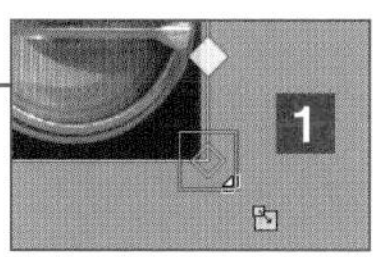

3 縦横比を固定して拡大する

Shift キーと Ctrl キーを押しながらハンドルを外側にドラッグします1。Shift キーが縦横比を保持して、Ctrl キーが中心点から拡大するオプションを有効にします。Enter キーを押すか、表示されている［統合変形］ダイアログの［変形］をクリックして2、確定します。

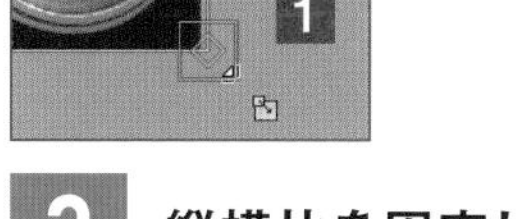

2

16 統合変形④ 菱形ハンドルで剪断変形する

統合変形ツールで四辺にある白い菱形ハンドルをドラッグすると剪断変形します。修飾キーを使うと剪断の変更を辺方向のみに制限したり、対辺も同時に剪断します。

サンプルファイル 7-16.xcf

完成図

「ラジカセ」レイヤーのイメージを中心点を軸に水平方向に剪断変形します。

中心点を軸に水平方向に剪断変形する

1 統合変形ツールの編集モードにする

統合変形ツールを選択します（[ツールオプション] ダイアログの設定は242ページと同じ）1。サンプルファイルは、あらかじめ「ラジカセ」レイヤーをアクティブにしています。ラジカセのイメージをクリックして2、編集モードにします。

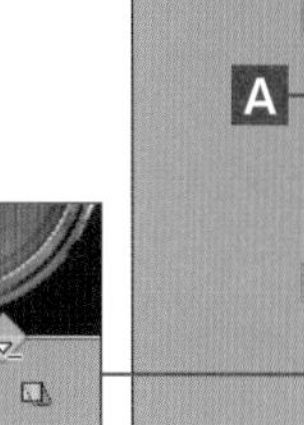

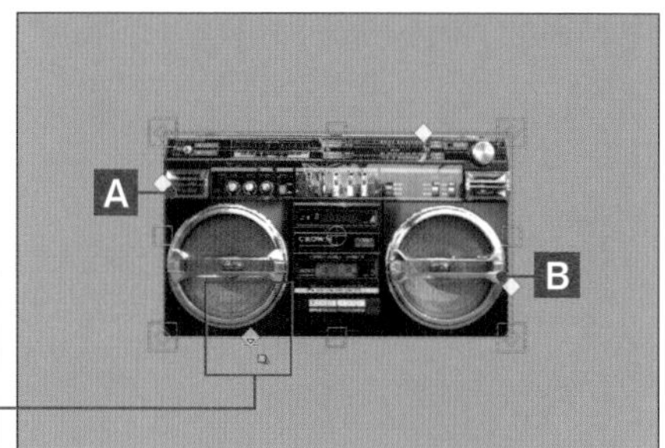

2 下辺の白い菱形のハンドルにカーソルを移動する

下辺（上辺でもOK）の白い菱形のハンドルが黄色い表示になる位置にカーソルを移動します1。

CHECK

垂直方向に剪断変形するときは。AかBのハンドルで操作します。

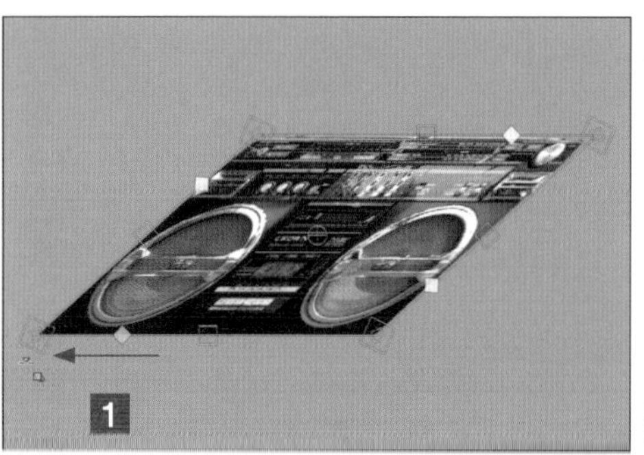

3 移動を水平に制限して剪断変形する

Shift キーと Ctrl キーを押しながらハンドルを水平左方向にドラッグします1。Shift キーがハンドルの移動を水平に制限して、Ctrl キーが対辺を同時に剪断するオプションを有効にします。Enter キーを押すか、表示されている［統合変形］ダイアログの［変形］をクリックして2、確定します。

統合変形⑤ 菱形ハンドルで遠近法変形する

統合変形ツールで四隅にある透明な菱形ハンドルをドラッグすると遠近法変形します。修飾キーでハンドルの移動を水平／垂直／45度に制限したり、中心点の位置を変えずに変形できます。

サンプルファイル 7-17.xcf

完成図

「ラジカセ」レイヤーのイメージを中心点を軸に遠近感をつけた変形をします。

遠近法変形をしてパースをつける

1 統合変形ツールの編集モードにする

統合変形ツールを選択します（[ツールオプション] ダイアログの設定は 242 ページと同じ）1。サンプルファイルは、あらかじめ「ラジカセ」レイヤーをアクティブにしています。ラジカセのイメージをクリックして2、編集モードにします。

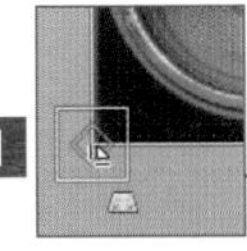

2 下辺の白い菱形のハンドルにカーソルを移動する

左下の角の透明な菱形のハンドルが黄色い表示になる位置にカーソルを移動します1。

リセット(R) 再調整(A) 変形(T) 2

3 ハンドルの移動を垂直に制限して遠近法変形する

Shift キーと Ctrl キーを押しながらハンドルを垂直下方向にドラッグします1。Shift キーがハンドルの移動を垂直に制限して、Ctrl キーが中心点を固定して変形するオプションを有効にします。Enter キーを押すか、表示されている［統合変形］ダイアログの［変形］をクリックして2、確定します。

18 イメージを歪めて変形する

ワープ変形ツールは、ピクセルを直接動かして変形できます。目を大きくしたり、輪郭を変える加工が簡単にでき、元画像から変形画像に変化するアニメーションも作成できます。

サンプルファイル 7-18.xcf

完成図

目を大きくして、小顔にします。

ワープ変形ツールで目を大きくして小顔にする

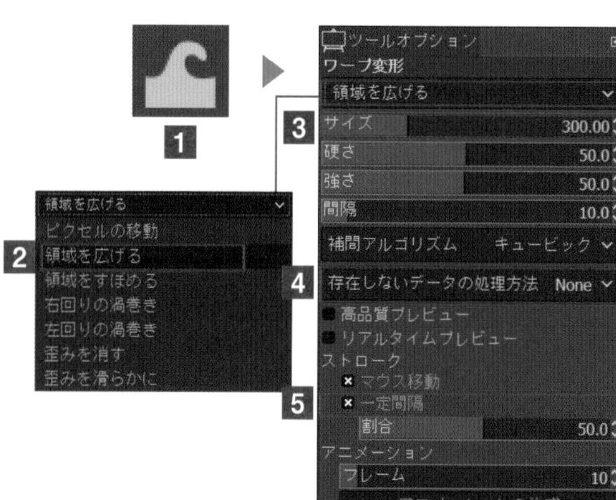

1 ワープ変形ツールを選択してオプションを設定する

ワープ変形ツールを選択します1。[ツールオプション]ダイアログで、処理方法のメニューを開いて[領域を広げる]に設定します2。[サイズ]は変形する目と周辺を含めるくらいの「300」に設定します3。[存在しないデータの処理方法]は[None]にして4、[ストローク]の[一定間隔]にチェックをつけます5。そのほかは初期設定のままです。

2 目を中心に領域を広げる

カーソルの中心を目に合わせます1。マウスボタンを押したままにすると、徐々に目が大きくなります。片方の目も大きくします2。

CHECK

変形の速度が早すぎるときは、[割合]の値を小さくするか、[一定間隔]のチェックを外して、クリックしたときだけ変形するように設定します。

3 処理方法を[ピクセルの移動]にする

[ツールオプション] ダイアログの処理方法を [ピクセルの移動] に設定します1。

1
ツールオプション
ワープ変形
ピクセルの移動
サイズ 300.00

4 ピクセルを移動して小顔にする

口の周辺ピクセルを顔に寄せるようにドラッグします1。左右のバランスを取りながら小顔にします2。Aの頭頂部は、わざとへこむまで変形してください（あとで修正する手順があります）。

1

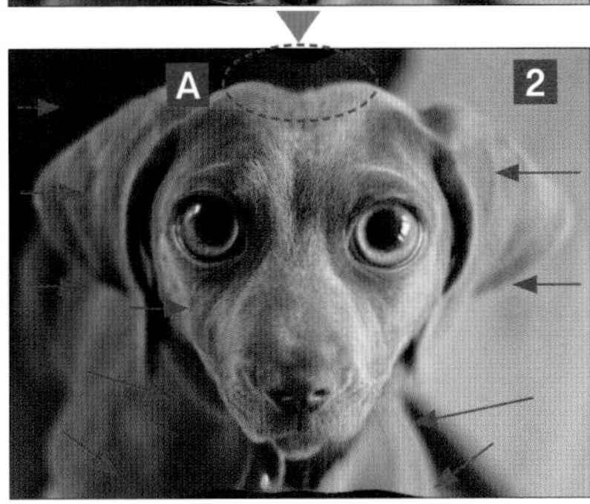

CHECK

・変形する強さのオプション

硬さ	値を小さくすると、カーソルの中心に近いピクセルを集中してひっぱる
強さ	値を大きくすると、ひっぱり続ける力が強くなる
間隔	値を大きくすると、途中でひっぱりが途切れる

5 イメージがないところを補完する

ピクセルををひっぱりすぎてイメージが足りない部分が黒くなります（アルファチャンネルがあるときは透明になる）1。[ツールオプション] ダイアログの [実在しないデータの処理方法] のメニューを開いて[Clamp]に設定します2。単純なイメージなので、違和感なく補完できました3。

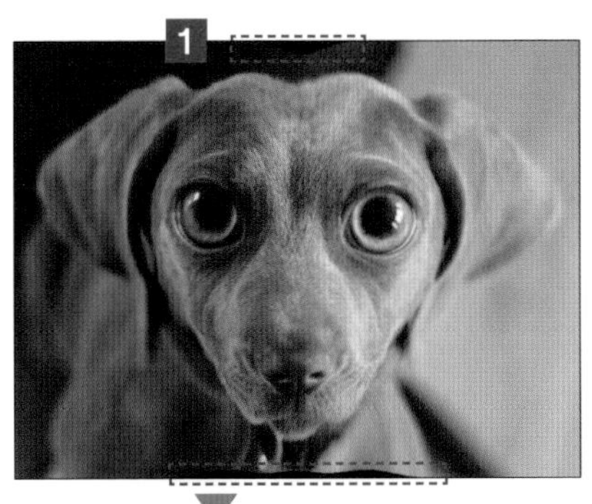

ツールオプション
ワープ変形
ピクセルの移動
サイズ 300.00
硬さ 50.0
強さ 50.0
間隔 10.0
補間アルゴリズム キュービック
存在しないデータの処理方法 Cla...
高品質プレビュー
リアルタイムプレビュー

2
存在しないデータの処理方法 None
None
Clamp
Loop

CHECK

背景が砂利や芝生のようなイメージのときは[実在しないデータの処理方法] を [Loop] に設定します。

3

6 処理方法を[歪みを消す]にする

[ツールオプション] ダイアログの処理方法を [歪みを消す] に設定します1。

7 歪みすぎた部分を消す

変形しすぎた頭頂部付近をクリックして、へこみを修正します1。

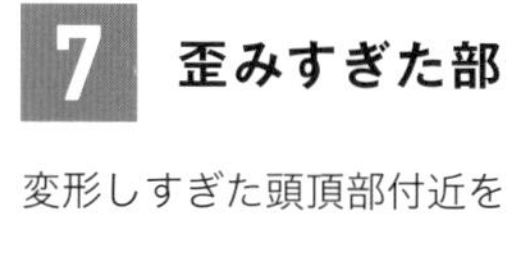

ツールオプション
ワープ変形
1 歪みを滑らかに
サイズ 300.00

8 処理方法を[歪みを滑らかに]にする

[ツールオプション] ダイアログの処理方法を [歪みを滑らかに] に設定します1。

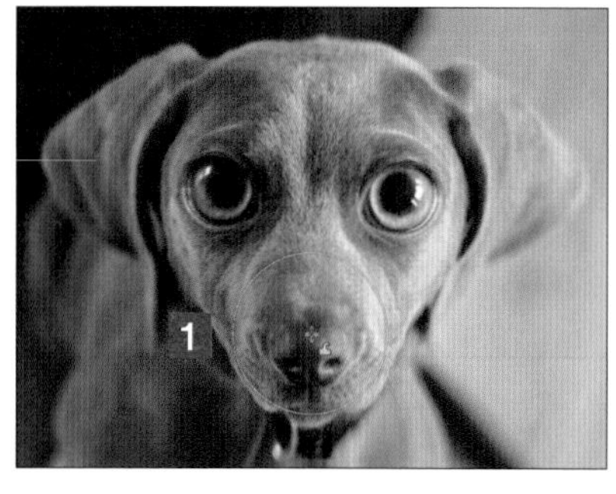

9 歪みを滑らかにする

鼻をクリックして歪みを抑えます1。

CHECK

[存在しないデータの処理方法] [歪みを消す] [歪みを滑らかにする] の操作は、ワープ変形ツールで編集した直後に実行してください。保存や別のツールを使う操作を行うと実行できません。

POINT

ワープ変形ツールの[ツールオプション]ダイアログにある[アニメーション]の [フレーム数] を設定して1、[アニメーションの作成] をクリックすると2、元画像からワープ変形ツールで編集した画像に変化するアニメーションをレイヤーに分けて作成します。この操作は、ワープ変形ツールで編集した直後に実行してください。保存や別のツールを使う操作を行うと実行できません。アニメーション GIF の書き出しは、342 ページを参照してください。

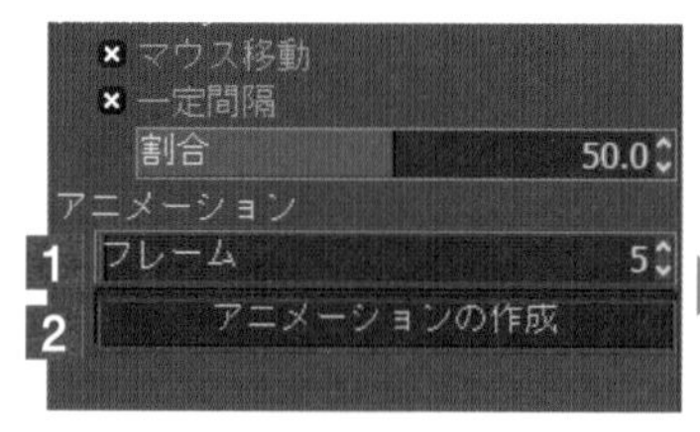

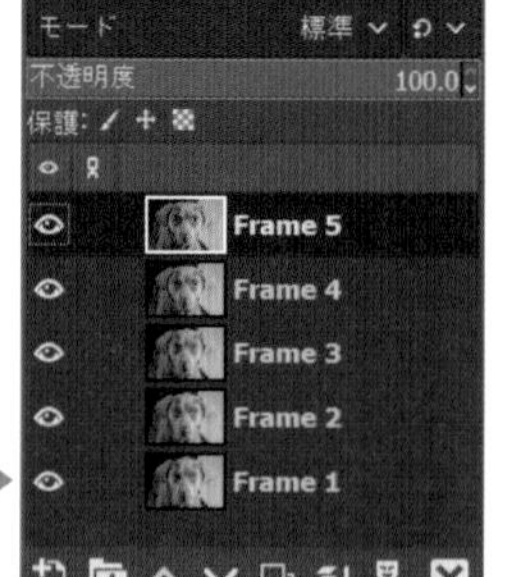

Frame1(元画像)

Frame2

Frame3

Frame4

Frame5(変形画像)

19 イメージを囲んだケージの形を変えて変形する

ケージ変形ツールは、アンカーポイントでつないだ線でイメージを囲み、一周したあとにアンカーポイントを移動すると、ケージ(囲み線)の形に合わせてイメージが変形します。

サンプルファイル 7-19.xcf

完成図

切ったチーズを元の位置に戻します。

ケージのアンカーポイントを移動して変形する

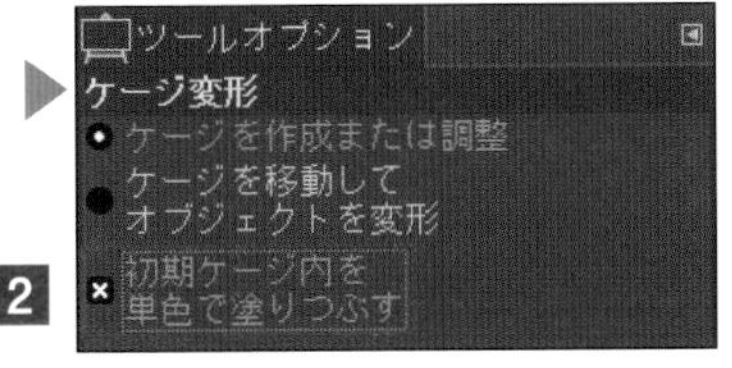

1 ケージ変形ツールでイメージを囲む

ケージ変形ツールを選択します1。[ツールオプション]ダイアログの[初期ケージ内を単色で塗りつぶす]にチェックをつけます2。

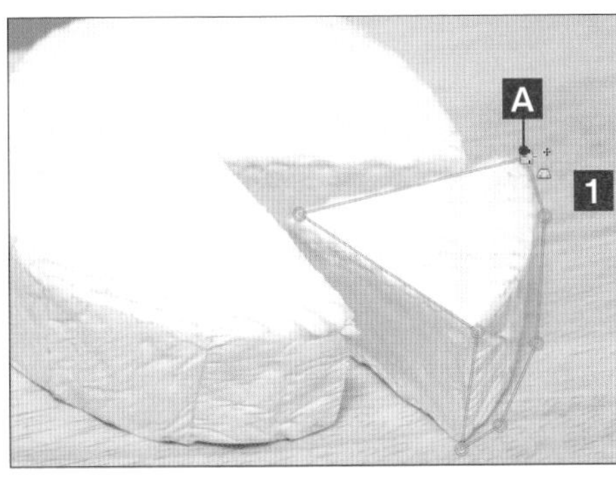

2 ケージを作成する

切ったチーズの外側を囲むケージを作成します1。ここでは最初にAの位置から順番にクリックしました。

CHECK

最初にクリックするアンカーポイントの位置にあるピクセルが[初期ケージ内を単色で塗りつぶす]の塗り色になります。

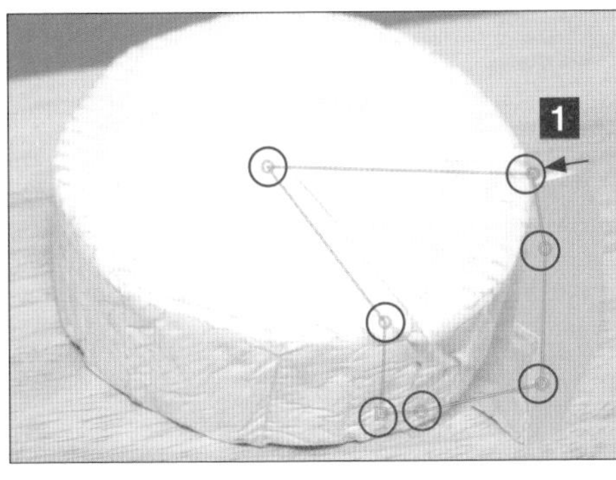

3 アンカーポイントを移動して変形する

アンカーポイントをドラッグして1、元の位置に移動します。Enterキーを押すと確定します。

POINT

うまく変形できないときは、[ツールオプション]ダイアログの[ケージを作成または調整]をチェックして、ケージを作り直してください。

20 周辺のイメージを利用して隙間を埋める

修復ブラシツールを使うと、周辺のイメージをスタンプソースにして不要な物を消したり、ケージ変形でできた隙間を埋めることができます。

サンプルファイル 7-20.xcf

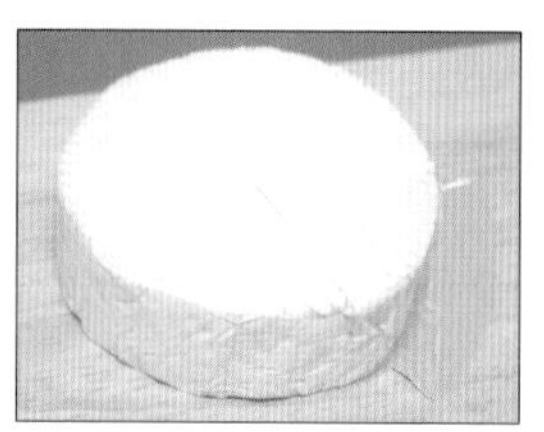

▶

完成図

チーズの切れ目を消したり、ケージ変形で単色の塗りつぶされた範囲を周辺のイメージで塗りつぶします。

周辺のイメージをコピーして隙間を埋める

1 修復ブラシツールを選択してオプションを設定する

修復ブラシツールを選択して1、［ツールオプション］ダイアログで［2.Hardness050］ブラシを選択します2。サイズを設定します（ここでは「60」）3。［動的特性］を［Dynamics Off］に設定します4。［位置合わせ］を［揃える］に設定します5。ほかは初期設定のままです。

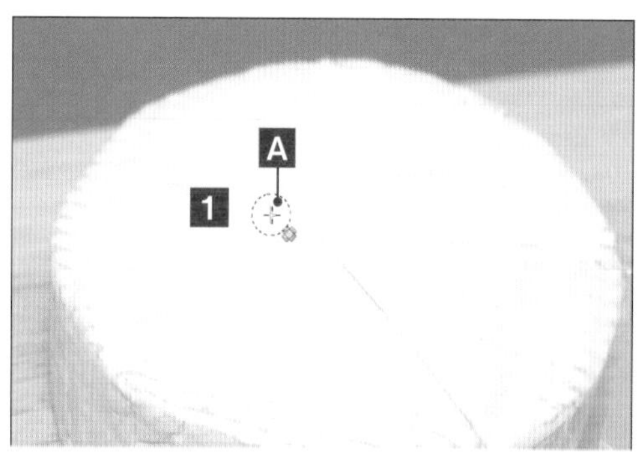

2 チーズを修正するためのスタンプソースを設定する

チーズから修正します。切れているところから少しはなれたAの位置を Ctrl キーを押しながらクリックします1。

3 チーズを修正する

カーソルを切れ目に合わせます1。右にドラッグして切れ目を消します2。スタンプソースの位置を示すカーソルAも一緒に移動します。Bの位置を Ctrl キーを押しながらクリックして3、スタンプソースを再設定したら、カーソルを切れ目に合わせて、右下にドラッグします4。

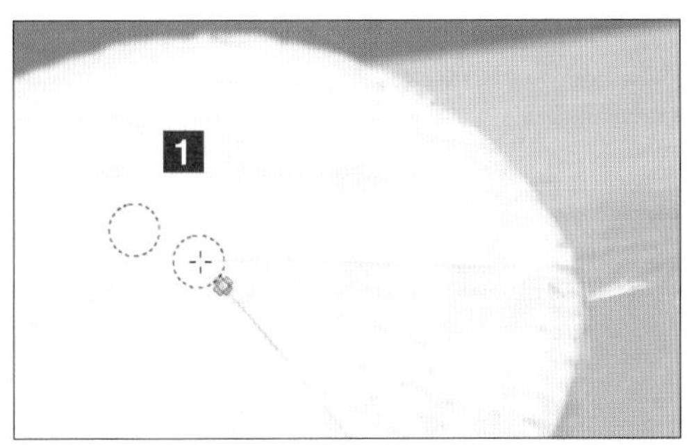

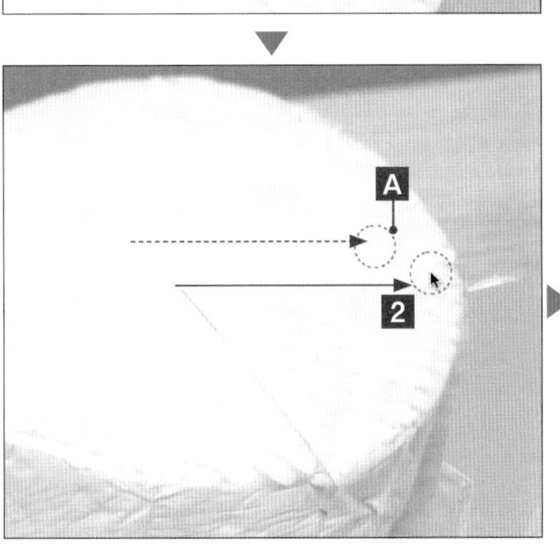

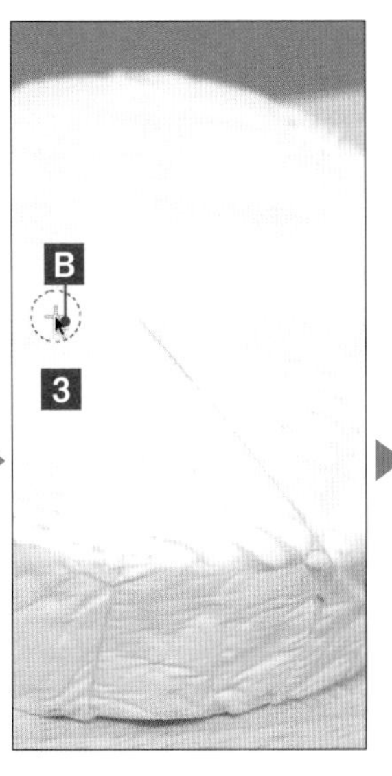

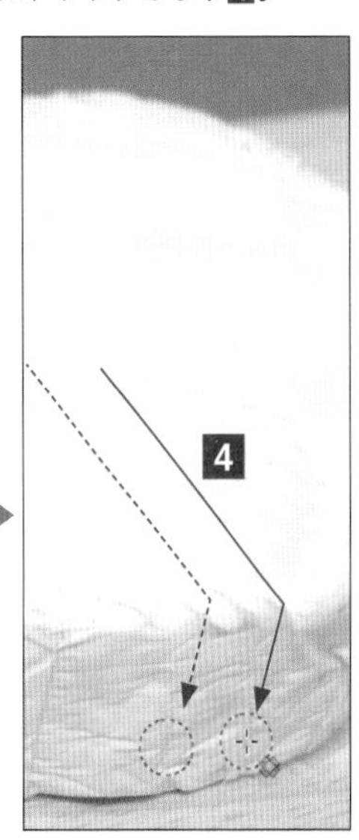

4 まな板を修正するためのスタンプソースを設定する

ケージ変形で単色で塗りつぶされた部分や、不要なイメージを修正します。塗りつぶしから少し離れたAの位置を Ctrl キーを押しながらクリックして1、スタンプソースを設定します。

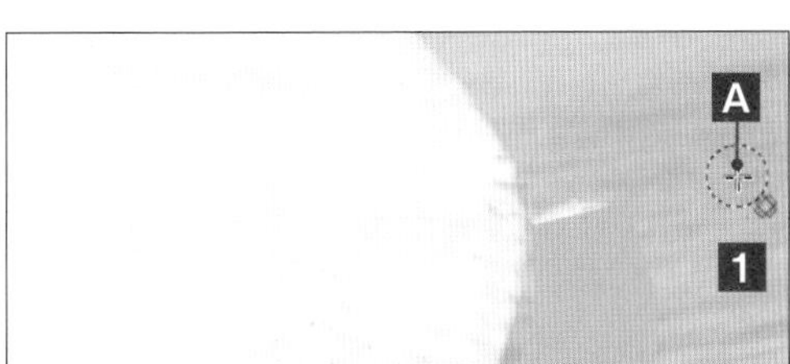

5 まな板を修正する

カーソルを塗りつぶしに合わせます1。数回ドラッグして2、周辺のまな板のイメージに塗り替えます。

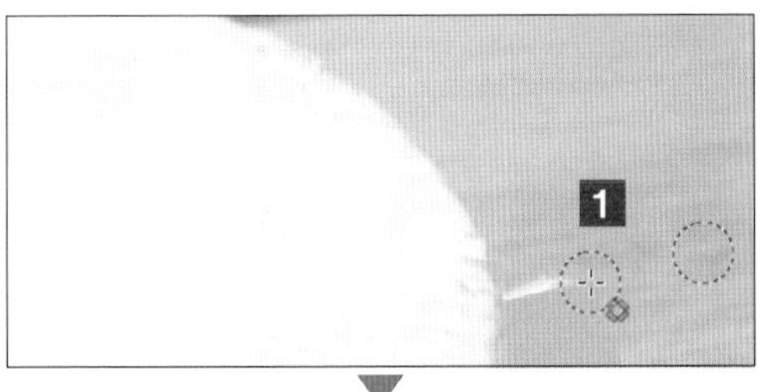

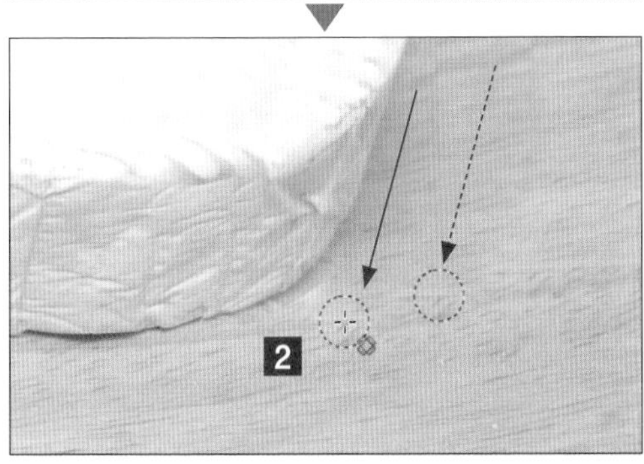

CHECK

スタンプソースがキャンバスの外に出てしまうときは、スタンプソースの位置を再設定してください。

遠近感に合わせてイメージを転写する

遠近スタンプで描画ツールは、コピーソースのイメージを遠近法のパースに合うように、自動で変形しながら転写することができます。

サンプルファイル 7-21.xcf

完成図

タイルのイメージを転写して、マンホールを消します。

遠近スタンプで描画ツールでパースに合わせて描画する

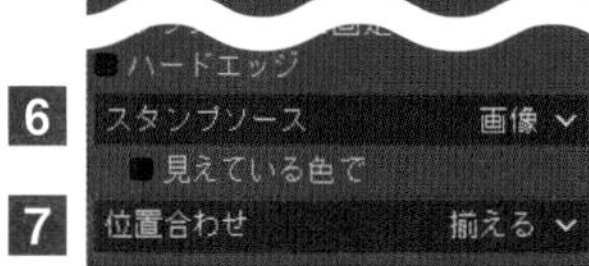

1 遠近スタンプで描画ツールを選択してオプションを設定する

遠近スタンプで描画ツールを選択して1、［ツールオプション］ダイアログの［パース（遠近感）の設定］にチェックをつけます2。［2.Hardness075］ブラシを選択します3。サイズを設定します（ここでは「60」）4。［動的特性］を［Dynamics Off］に設定します5。［スタンプソース］を［画像］に設定します6。［位置合わせ］を［揃える］に設定します7。ほかは初期設定のままです。画像をクリックしてハンドルを表示します8。

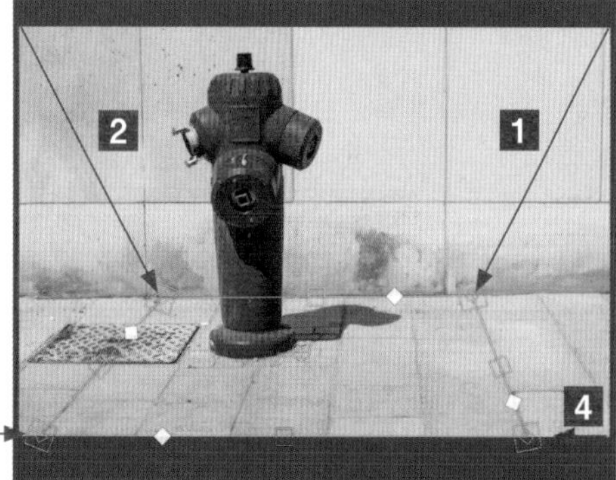

2 画像に合わせてパースを設定する

角にある透明な菱形をドラッグして1234、タイルの形に合うパースに変形します。

CHECK

菱形の線が黄色く表示される位置にカーソルを合わせます。四角のハンドルを動かさないように注意します。

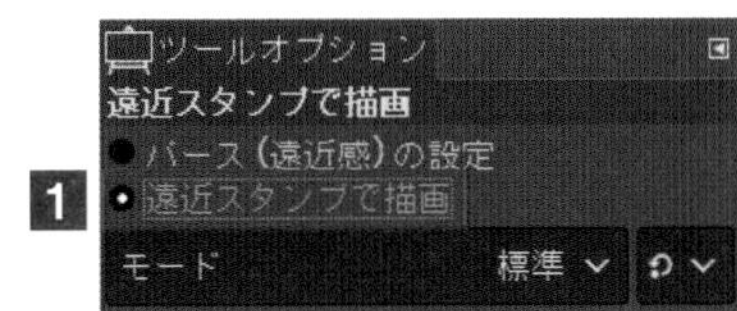

3 ［遠近スタンプで描画］に切り替える

［ツールオプション］ダイアログの［遠近スタンプで描画］にチェックをつけます1。

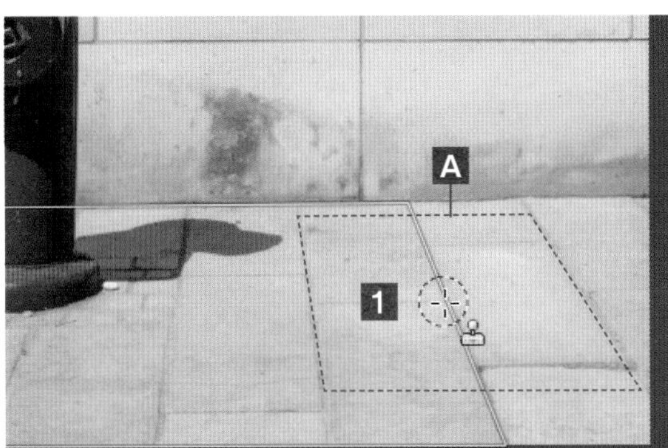

4 スタンプソースを設定する

影がないタイルAのエリアを転写します。タイルの境界に合わせて Ctrl キーを押しながらクリックします1。

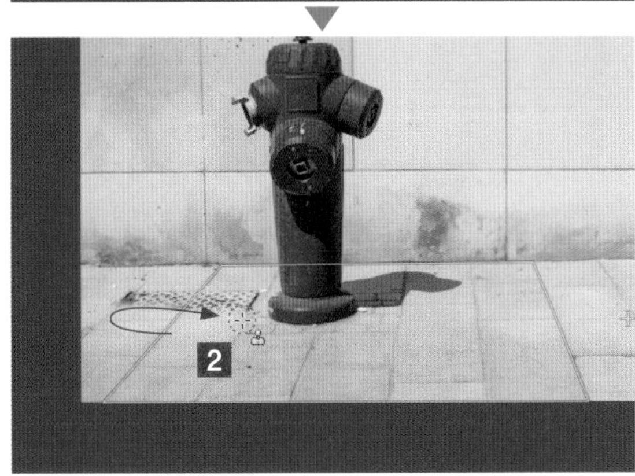

5 マンホールをタイルに塗り替える

カーソルをマンホールまで水平移動したら1、ドラッグします2。消火栓にペイントしないように気をつけてドラッグして3、マンホールをタイルに塗り替えます。描画を終了するときは、遠近スタンプで描画ツール以外のツールを選択します。

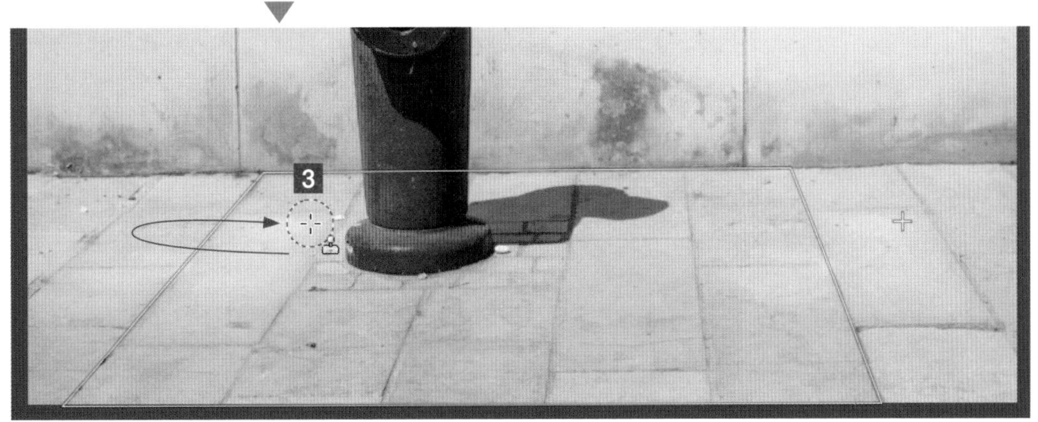

CHAPTER 07 変形とレタッチ

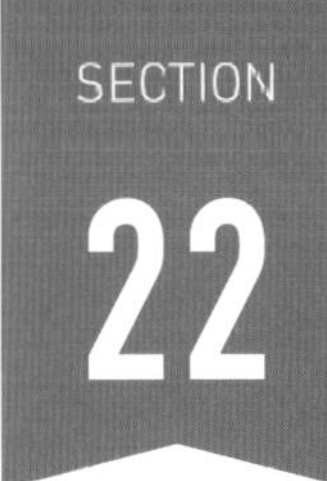

部分的に明るさを調整する

暗室ツールは、ブラシを使った部分的な明るさの調整ができます。画像を暗く（濃く）するのが[焼き込み]、明るく（薄く）するのが[覆い焼き]です。

サンプルファイル 7-22.xcf

完成図

ぬいぐるみの暗い部分を［覆い焼き］で明るくして、明るい部分を［焼き込み］で暗くして平均化します。

[覆い焼き]で明るくして[焼き込み]で暗くする

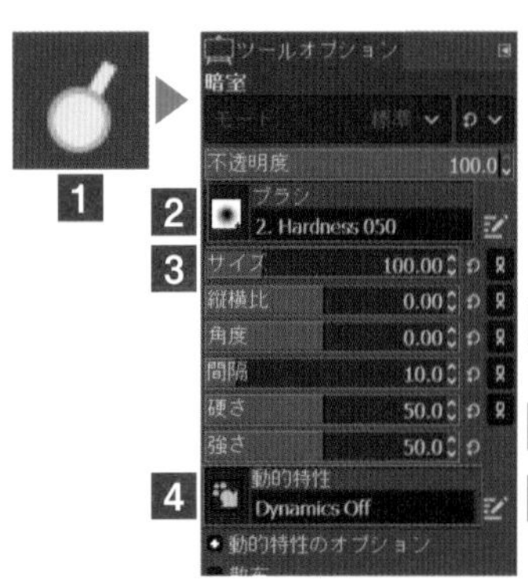

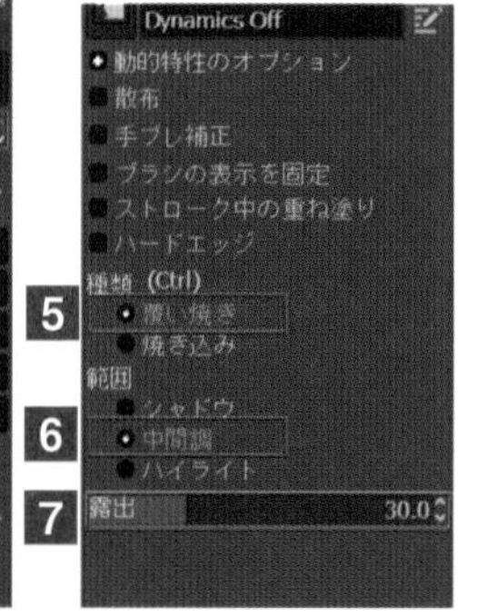

1 暗室ツールを選択してオプションを設定する

暗室ツールを選択して1、[ツールオプション]ダイアログで［2.Hardness050］ブラシを選択します2。サイズを設定します(ここでは｢100｣)3。［動的特性］を［Dynamics Off］に設定します4。[種類]を[覆い焼き]に設定します5。[範囲]を［中間調］に設定します6。［露出］を設定します（ここでは「30」）7。ほかは初期設定のままです。

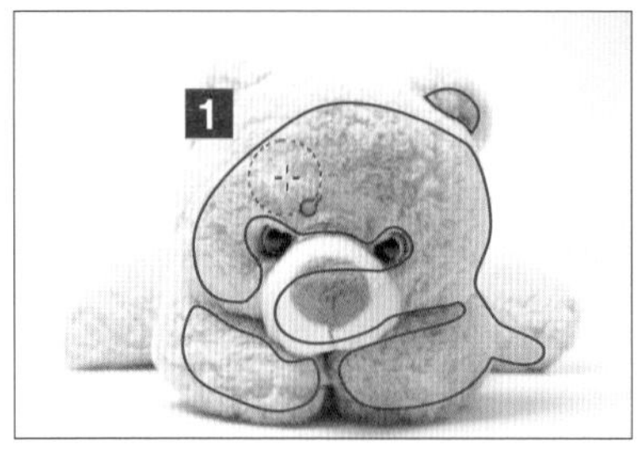

2 ［覆い焼き］で暗いところを明るくする

暗いところ（赤い線）をドラッグやクリックして明るくします1。効果が弱いところは複数回ドラッグを重ねます。

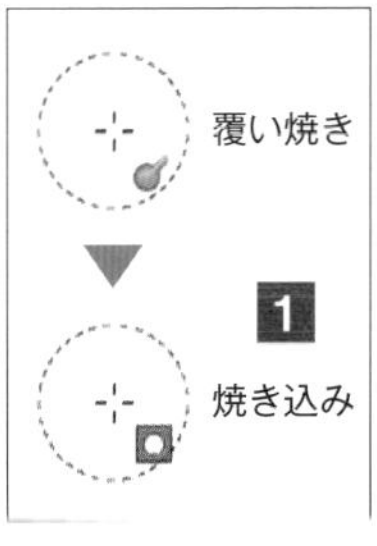

3 ［焼き込み］で明るいところを暗くする

Ctrl キーを押したままにすると、［焼き込み］に切り替わります1。Ctrl キーを押したままドラッグやクリックを繰り返して2、徐々に明るいところ（青い線）を暗くします。

部分的にぼかしたりシャープにする

ぼかし / シャープツールは、ブラシを使って部分的なぼかしとシャープの加工ができます。シャープはかけすぎると極端に画質が下がるので注意してください。

サンプルファイル 7-23.xcf

完成図

奥の花をぼかして、手前の花をシャープにします。

修飾キーでぼかしとシャープを切り替える

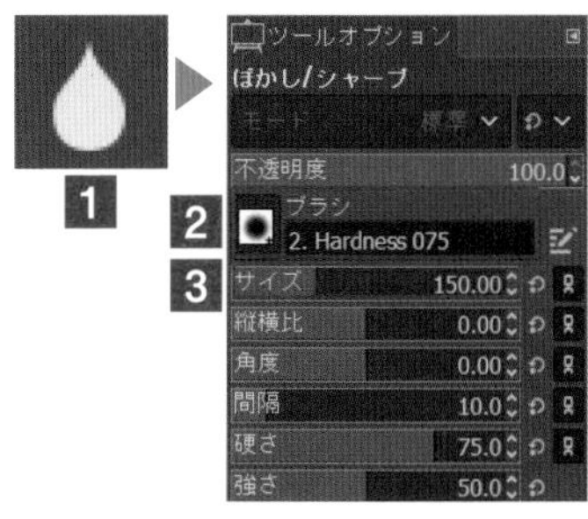

1 ぼかし / シャープツールを選択してオプションを設定する

ぼかし / シャープツールを選択して1、[ツールオプション] ダイアログで [2.Hardness075] ブラシを選択します2。サイズを設定します（ここでは「150」）3。[動的特性] を [Dynamics Off] に設定します4。[種色混ぜの類] を [ぼかし] に設定します5。[割合] を設定します（ここでは「100」）6。ほかは初期設定のままです。

CHECK

変化をわかりやすくするために [割合] の値を最大にしています。

2 奥の花をぼかす

奥の花（赤い線の範囲）をドラッグしてぼかします1。

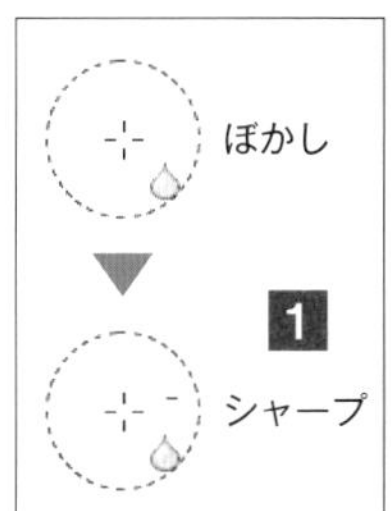

3 手前の花をシャープにする

Ctrl キーを押したままにすると、[シャープ] に切り替わります1。Ctrl キーを押したままドラッグして2、手前の花（青い線の範囲）をシャープにします。

合成する切り抜きイメージの境界の色を整える

毛がある被写体を切り抜くと境界部分に背景の色が残り、合成先の背景に馴染みません。手間はかかりますが、にじみツールで元画像の背景色を取り除くことできれいな合成ができます。

サンプルファイル 7-24.xcf

完成図

境界に残った元画像の背景色を取り除き、背景色をブラックにします。

にじみツールで色を伸ばす

1 レイヤーの透明部分を保護する

［レイヤー］ダイアログの「アヒル」レイヤーをクリックします**1**。［透明部分を保護］をクリックします**2**。

CHECK

透明部分を保護して、現在の切り抜きより外側に描画できないようにします。

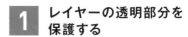

2 にじみツールを選択してオプションを設定する

にじみツールを選択して**1**、［ツールオプション］ダイアログで［2.Hardness100］ブラシを選択します**2**。サイズを設定します（ここでは「7」）**3**。［動的特性］を［Dynamics Off］に設定します**4**。［割合］を設定します（ここでは「100」）**5**。［流量］を設定します（ここでは「0」）**6**。ほかは初期設定のままです。

CHECK

［割合］の値を大きくすると、色を伸ばす（にじませる）力が強くなります。［流量］を「0」にしないと描画色が混ざってしまいます。

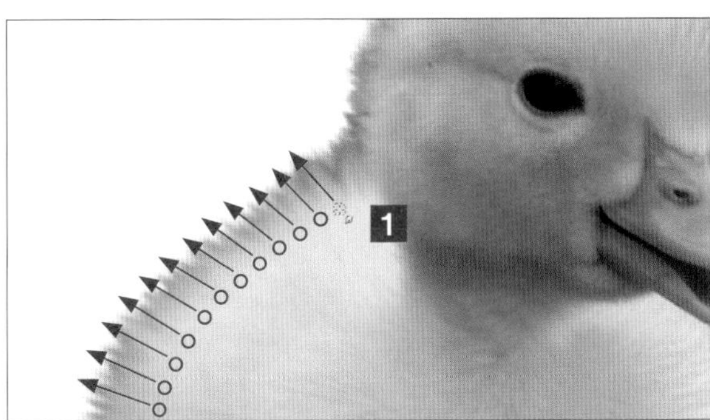

3 色をのばして元画像の背景色を塗り替える

背景色が残っていない位置から毛の先端までドラッグします1。くちばしや脚の境界線は修正しません。

CHECK

サンプルの画像は下の画像から切り抜きました。毛の先端に透けている背景の色を塗り替えます。

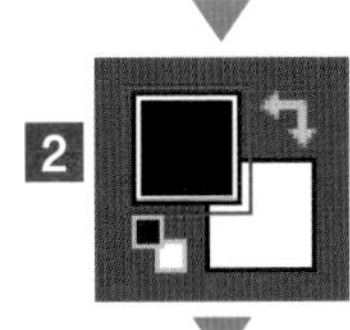

4 背景の色を変えて確認する

元画像の背景色を消したら1、ホワイトの以外の背景色でも違和感がないか確認します。描画色をブラックに設定したら2、「背景」レイヤーをアクティブにして3、[新しいレイヤーの追加]をクリックします4。表示された［新しいレイヤー］ダイアログの［塗りつぶし色］を［描画色］に設定して5、[OK]をクリックします6。

CHECK

ここでは背景色をブラックにしていますが、実際は合成する背景のイメージや色に設定します。

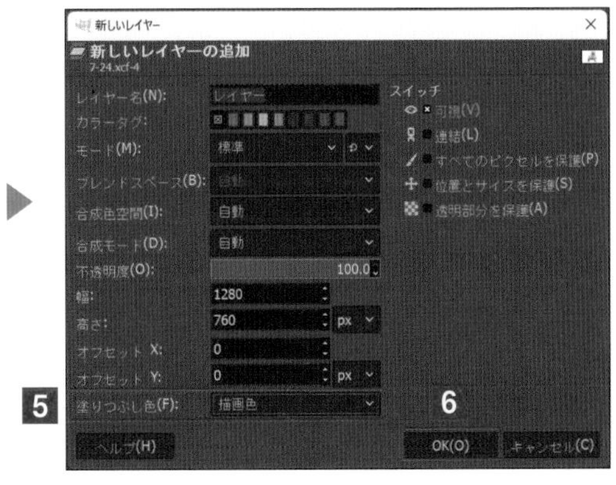

POINT

画像を合成するために背景を透明にするには、アルファチャンネルを使う方法と、レイヤーマスクを使う方法があります。消しゴムツールや［切り取り］を使うときは、レイヤーにアルファチャンネルを追加しないと透明になりませんが（151ページ参照）、レイヤーマスクで透明にするときは、アルファチャンネルは必要ありません（128ページ参照）。機能的に変わらないですが、レイヤーマスクは［レイヤー］メニューの［内容で切り抜き］（110ページ参照）が適用できません。切り抜いた画像ピッタリのレイヤーサイズにしたいときは、［レイヤー］メニュー→［レイヤーマスク］→［レイヤーマスクの適用］をクリックして、アルファチャンネルに変換してから、［内容で切り抜き］を適用します。

POINT

アルファチャンネルで透明にしても、元のイメージを再表示できます。消しゴムツールを選択して1、［ツールオプション］ダイアログの［逆消しゴム］にチェックつけます2。切り抜いた「アヒル」レイヤーの［透明部分を保護］を解除して3、透明部分をドラッグすると4、透明にしたイメージを表示することができます。ただし、にじみツールでレタッチしたところは元には戻りません。

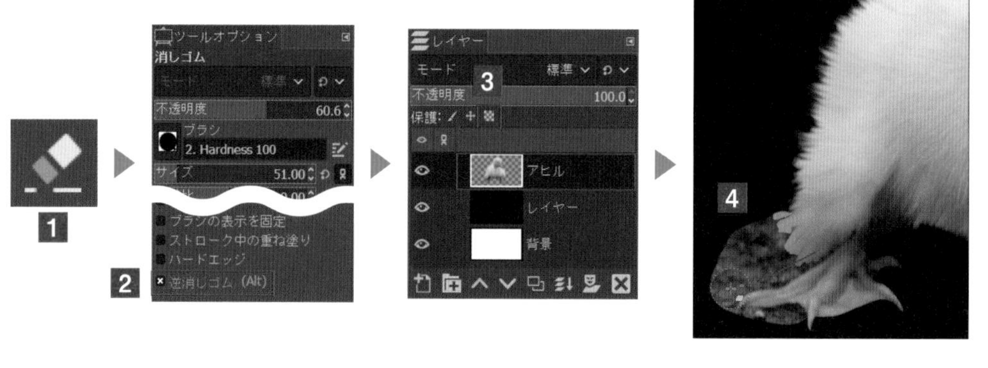

POINT

レタッチしたところを修正できるように追加したレイヤーに描画するときは、にじみツールを選択して1、［ツールオプション］ダイアログの［見えている色で］にチェックをつけます2。この場合、ペイントするレイヤーに［透明部分を保護］のオプシションが使えないので、「アヒル」レイヤーのプレビューを Alt キーを押しながらクリックして3、アヒルと同じ選択範囲を作成しておき、その範囲からハミ出さないように制限して描画します。

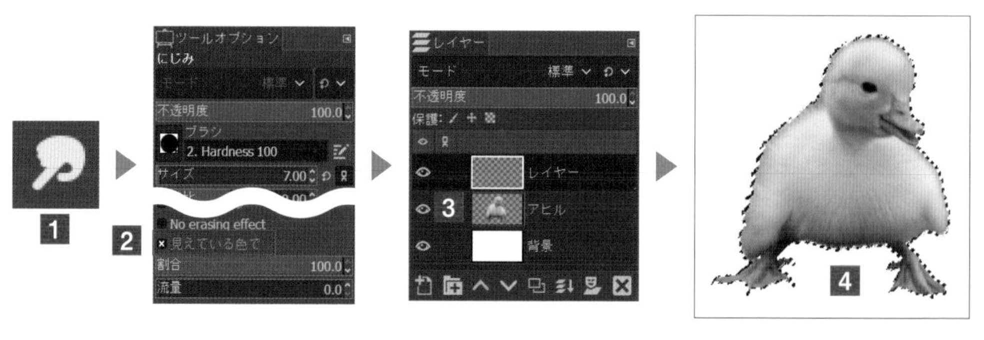

CHAPTER

▼

08

[フィルター加工]

ぼかし①
遠くの背景を強くぼかす

[焦点ぼかし]は、「ぼかしをかける範囲」「徐々にぼかしがかかる範囲」「ぼかさない範囲」の3つエリアに分けて、部分的にぼかしをかけることができます。

サンプルファイル ▶ 8-01.xcf

完成図

石にぼかしがかからないように別レイヤーに分けて、背景の手前から奥に向かってぼかしを強くします。

[焦点ぼかし]の形を[Horizontal]にしてぼかす

1 ぼかしをかけない石を選択する

ぼかしをかけない石を選択します（サンプルファイルは作成済み）1。

ファイル(F) 編集(E) 選択(S) 表示(V) 画像(I) レイヤー(L) 色(C) ツール(T)
元に戻す(U) Ctrl+Z
やり直す(R) Ctrl+Y
作業履歴(H)
切り取り(T) Ctrl+X
1 コピー(C) Ctrl+C
可視部分のコピー(V) Shift+Ctrl+C

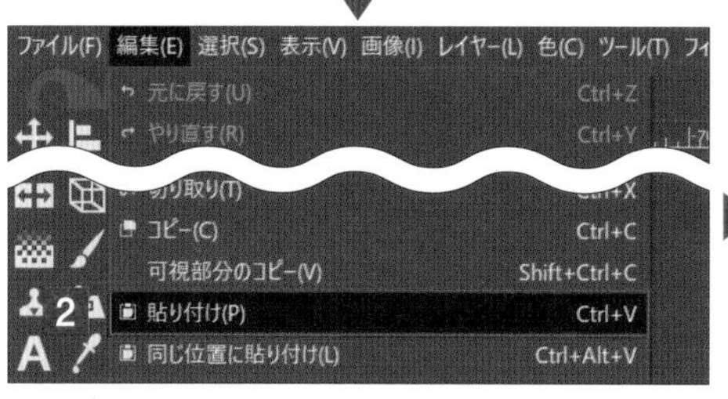

2 石だけのレイヤーを作成する

[編集] メニュー→ [コピー] をクリックします1。[編集] メニュー→ [貼り付け] をクリックします2。[レイヤー] ダイアログの [新しいレイヤーの追加] をクリックします3。[背景] レイヤーをクリックしてアクティブにします4。

ル(T) フィルター(R) ウィンドウ(W) ヘルプ(H)
"ハイパス" の再適用(P) Ctrl+F
"ハイパス" の再表示(E) Shift+Ctrl+F
最近使ったフィルター(U)
すべてのフィルターのリセット(F)
1
ぼかし(B) 焦点ぼかし(F)...
強調(H) ガウスぼかし(G)...
変形(D) レンズぼかし(N)...

3 [焦点ぼかし]を実行する

[フィルター]メニュー→[ぼかし]→[焦点ぼかし]をクリックします1。[焦点ぼかし] ダイアログが表示されます。

4 ぼかしの形を設定する

[Shape] のメニューを開いて [Horizontal] をクリックします1。

CHECK

ぼかしの形を [Circle] (円形)、[Square] (四角形)、[Diamond] (菱形) を設定したときは、ガイドについている丸いハンドルをドラッグして、形状の縦横比を変えることができます。

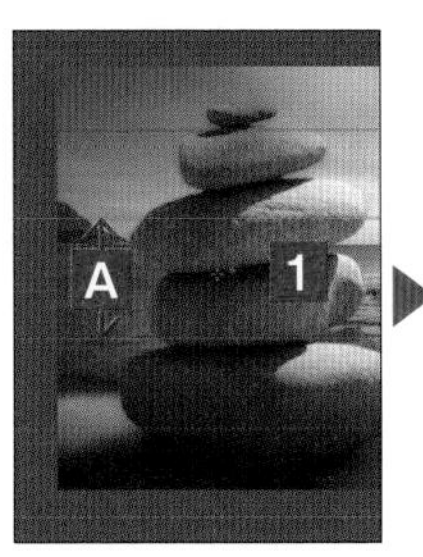

5 ぼかさない範囲を設定する

ぼかさない範囲Aにカーソルを合わせて1、画面の下までドラッグします2。

CHECK

ガイドとガイドの間をドラッグすると、ガイド全体が移動します。

6 ぼかしをかける範囲を設定する

Bの線ガイドを画面の上端までドラッグします1。Cの破線ガイドを下にドラッグして2、ぼかしをかける範囲を少し広げます。

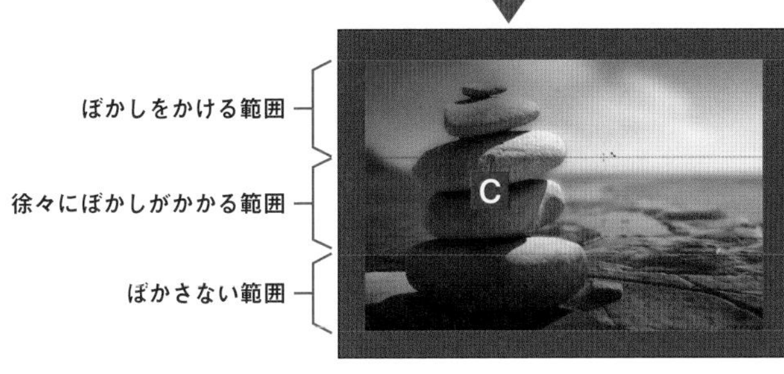

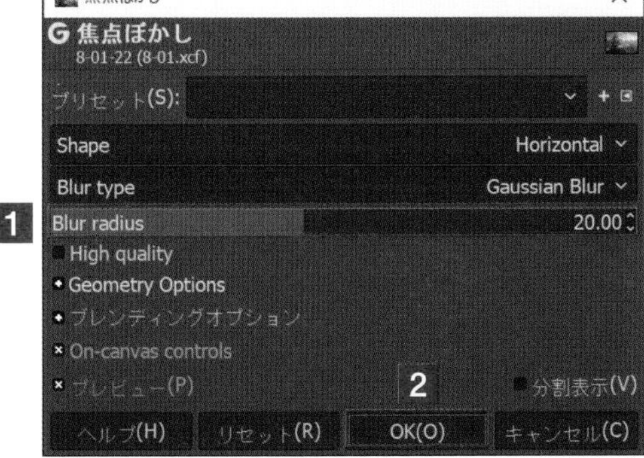

7 ぼかしの強さを設定する

[焦点ぼかし] ダイアログの [Blur radius] の値を設定して (ここでは「20」) 1、[OK] をクリックします2。

CHECK

[Blur radius] の値を大きくすると、ぼかしが強くなります。

02 ぼかし②
プライバシーを保護する

ブログやSNSに写真を載せるときは、プライバシーや肖像権などを侵害していないか注意してください。許可を得ていない人が写り込んでいるときは特定できないようにぼかしをかけます。

サンプルファイル 8-02.xcf

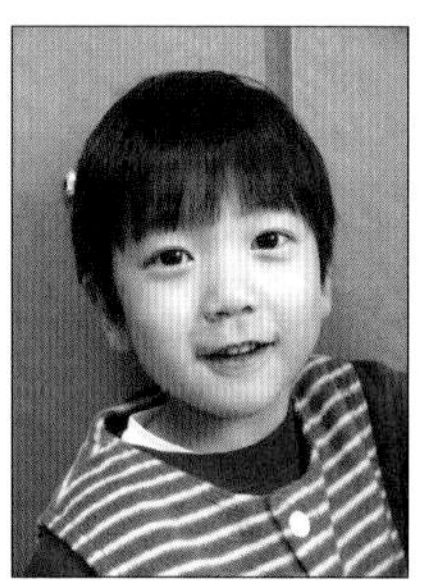

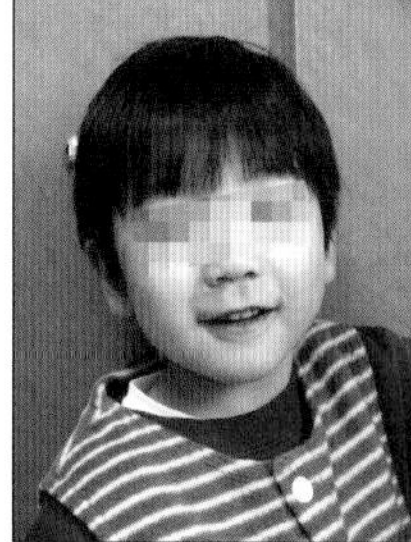

完成図

目にモザイク処理をします。

[モザイク処理]でぼかす

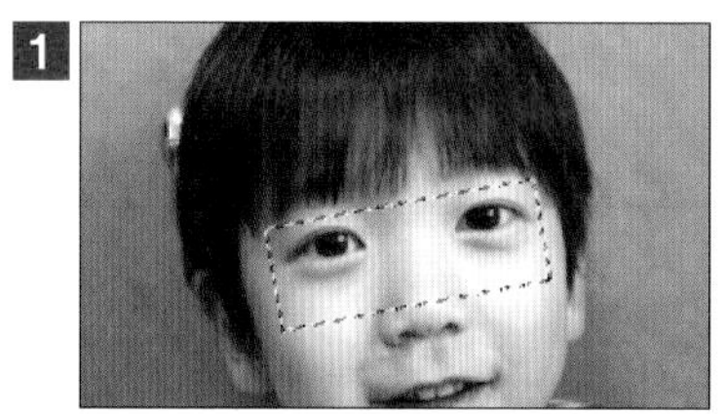

1 ぼかしをかける範囲を選択する

ぼかしをかける範囲を選択します（サンプルファイルは作成済み）1。

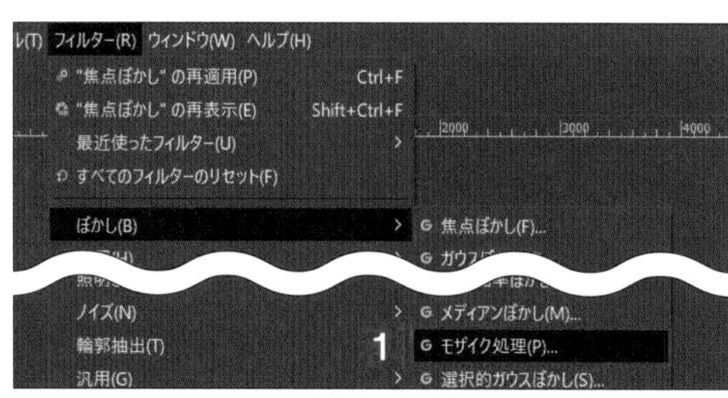

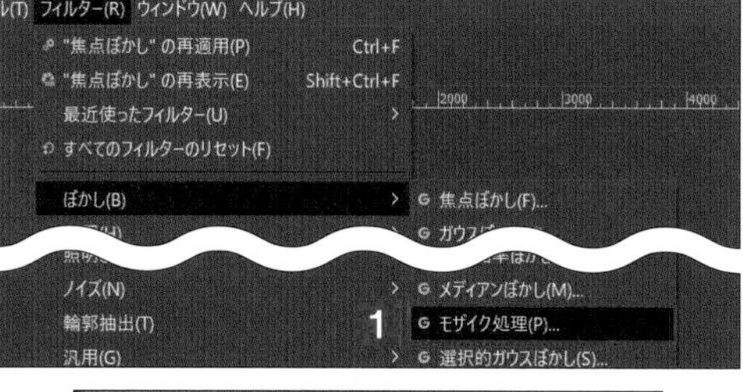

2 [モザイク処理]を実行する

[フィルター] メニュー→ [ぼかし] → [モザイク処理] をクリックします1。[モザイク処理] ダイアログが表示されます。

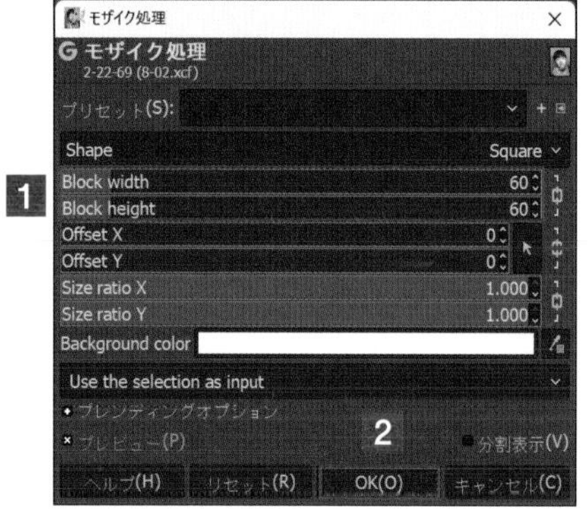

3 ブロックのサイズを設定する

[モザイク処理] ダイアログの [Block Width] [Block Height] を設定して（ここでは「60」）1、[OK] をクリックします2。

CHECK

ぼかしが弱いと、遠くから見たり、縮小表示にしたときに形が見えてしまうことがあります。

ぼかし③ スピード感をつける

[円形モーションぼかし]や[線形モーションぼかし]など、ぼかす方向を一定にると、動きのある表現ができます。大きくぼかすほど、スピード感がでます。

サンプルファイル 8-03.xcf

完成図

背景は車の進行方向にぼかして、タイヤは回転しているようにぼかします。

背景を水平にぼかしてタイヤを円形にぼかす

1 車と影を選択する

車と車の影を選択します（サンプルファイルは作成済み）1。

2 レイヤーを複製する

[レイヤー] ダイアログの下にある [レイヤーの複製] をクリックします1。

CHECK

レイヤーを複製しても、選択範囲は解除されません。

3 複製したレイヤーの車を切り取る

「背景 コピー」レイヤーがアクティブな状態で1、[編集] メニュー→ [切り取り] をクリックします2。[レイヤー] ダイアログのプレビューで切り取られているのを確認します3。

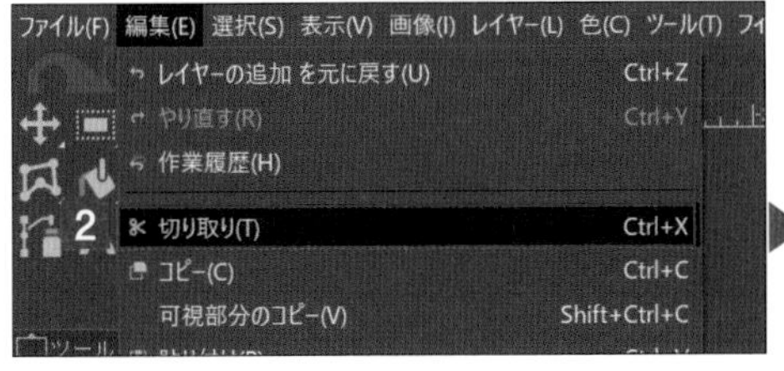

3

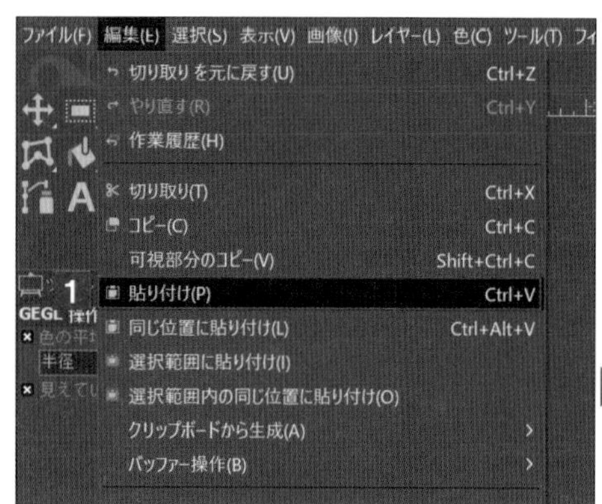

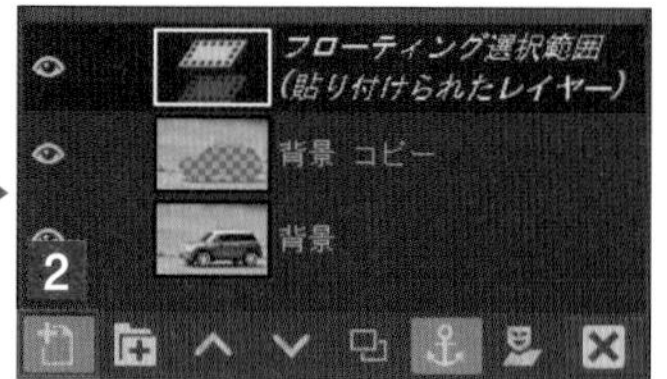

4 切り取った車を貼りつけて新しいレイヤーにする

［編集］メニュー→［貼り付け］をクリックして1、［レイヤー］ダイアログの下にある［新しいレイヤーの生成］をクリックします2。

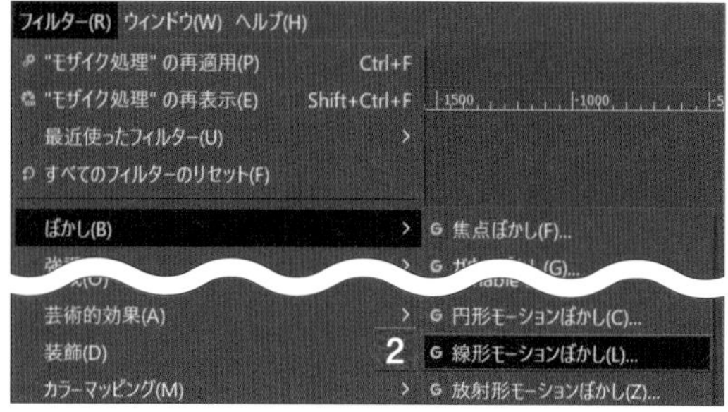

5 ［線形モーションぼかし］を実行する

「背景 コピー」レイヤーをクリックして1、［フィルター］メニュー→［ぼかし］ ›［線形て　ションぼかし］をクリックします2。［線形モーションぼかし］ダイアログが表示されます。

6 水平方向にぼかしをつける

ぼかしのオプションを設定して（ここでは［Length］を「150」、［Angle］を「0」）1、［OK］をクリックします2。

POINT

「背景」レイヤーを非表示にすると、ぼかしをかけた「背景 コピー」レイヤーの端や削除した車の左右が半透明になっているのが確認できます。この半透明部分のイメージを補っているのが「背景」レイヤーのイメージです。

CHAPTER 08 フィルター加工

7 車のレイヤーをアクティブにする

「貼り付けられたレイヤー」をクリックして1、最前面にある車のレイヤーをアクティブにします。

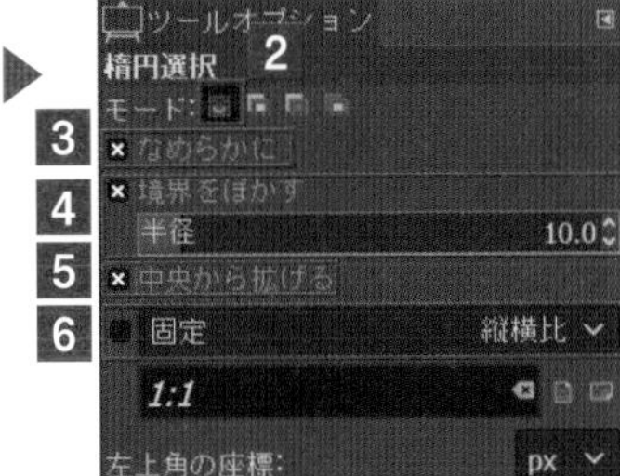

8 楕円選択ツールのオプションを設定する

楕円選択ツールを選択して1、[[ツールオプション] ダイアログ] ダイアログの [選択範囲を新規作成または置き換えます] をクリックします2。[なめらかに] にチェックをつけます3。[境界をぼかす] にチェックをつけて [半径] を設定します（ここでは「10」）4。[中央から広げる] にチェックをつけます5。[固定] のチェックを外します6。

9 タイヤを囲む選択範囲を作成する

前輪ホイールの中心からドラッグしたら1、Enter キーを押して2、ホイールとタイヤを囲む選択範囲を作成します。

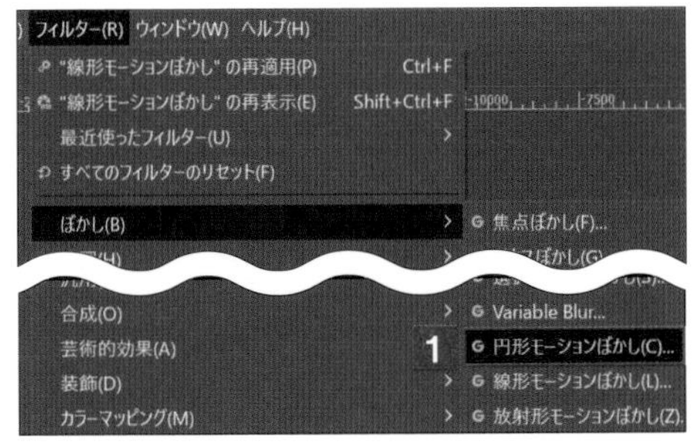

10 [円形モーションぼかし] を実行する

[フィルター] メニュー→ [ぼかし] → [円形モーションぼかし] をクリックします1。[円形モーションぼかし] ダイアログが表示されます。

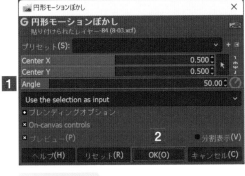

11 タイヤが回転して見える ぼかしをつける

ぼかしのオプションを設定して（ここでは [Angle] を「50」）1、[OK] をクリックします2。同じ手順で後輪を選択して、[円形モーションぼかし] を適用します3。

CHECK

ぼかしの量を角度で設定します。

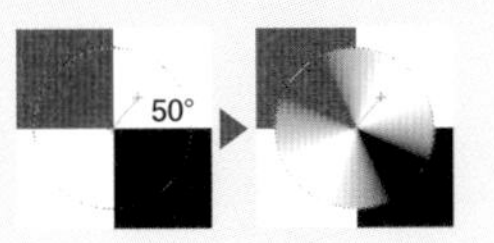

POINT

・ぼかしフィルター

焦点ぼかし	焦点から徐々にぼかしが強くなるぼかしのグラデーションをつけることができる
ガウスぼかし	全体を均等にぼかす。水平と垂直の値に差をつけると方向性のあるぼかしになる 元画像
レンズぼかし	[Aux input] に設定したマスクイメージの階調差を使用して、ぼかしの強さを調節できる。マスクのブラックはぼかしをかけないで、ホワイトは最大値でぼかす。[Highlight factor] の値を大きくすると、玉ボケ（キラキラした丸い光）の効果をつけることができる 玉ボケ
平均曲率ぼかし	エッジを保持してぼかす。[Iterations] の値を大きくすると、ぼかしが強くなる。ノイズや小さい傷を軽減する
メディアンぼかし	エッジを保持してぼかす。ノイズや小さい傷を軽減する。[Percentile] の中央値（50）を基準に、値を小さくすると暗い色が暗い明るい色を侵食するようにぼかし、値を大きくすると明るい色が暗い色を侵食するようにぼかす
モザイク処理	設定したサイズのカラーブロックに変換する
選択的ガウスぼかし	コントラストの低い色だけぼかしてエッジを保持する。[Max. delta] の値を大きくすると、ぼかしを適用するコントラスト差の範囲が広くなる
Variable Blur	[Aux input] に設定したマスクイメージの階調差を使用して、ぼかしの強さを調節できる。マスクのブラックはぼかしをかけないで、ホワイトは最大値でぼかす
円形 / 線形 / 放射形 モーションぼかし	それぞれ円形、線形、放射状の方向性のあるぼかしをつけることができる。初期設定はアクティブなレイヤーまたは選択範囲の中央にぼかしの中心が設定されるが、中心点は左の＋をドラッグして移動できる。右の＋をドラッグして、左の＋から離れるほど、ぼかしが強くなる
タイル化可能 ぼかし	パターンのように画像をタイル状に並べても、四辺の継ぎ目が目立たないぼかしをつける。ぼかし具合は［ガウスぼかし］に似ている

強調①
エッジを強調する

[シャープ(アンシャープマスク)]でコントラストを強調して、境界線を際立たせます。小さいサイズで印刷するときは、コントラスト強めのほうがメリハリがついてちょうどよく見えます。

サンプルファイル 8-04.xcf

▶

完成図

キーボードの文字がハッキリ見えるように強調します。

[シャープ(アンシャープマスク)]で明瞭化する

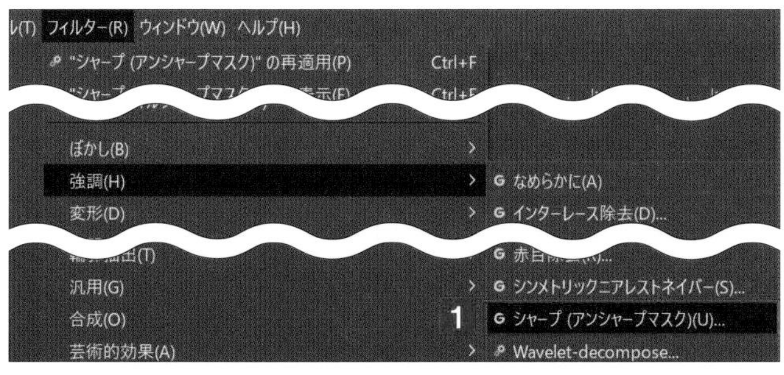

1 [シャープ(アンシャープマスク)]を実行する

[フィルター]メニュー→[強調]→[シャープ（アンシャープマスク)]をクリックします**1**。[シャープ(アンシャープマスク)]ダイアログが表示されます。

シャープ (アンシャープマスク)
シャープ (アンシャープマスク)
8-04-40 (8-04.xcf)
プリセット(S):
1 Radius 9.000
Amount 2.000
Threshold 0.000
クリッピング 自動調整
ブレンディングオプション
プレビュー(P) **2** 分割表示(V)
ヘルプ(H) リセット(R) OK(O) キャンセル(C)

2 オプションを設定して適用する

明瞭化のオプションを設定して（ここでは([Radius]を「9」、[Amoount]を「2」、[Threshold]を「0」）**1**、[OK]をクリックします**2**。

CHECK

・オプションについて

Radius（半径）	明瞭化の効果をつける範囲の半径をピクセル（0.1 ～ 120）で設定する
Amoount（量）	明瞭化の強さ（0 ～ 5）を設定
Threshold（しきい値）	どれくらいコントラストの差があれば境界線として明瞭化の対象にするかを設定する。値（0 ～ 255）を大きくすれば対象が減る

強調② 美肌用に最適化したレタッチ

フィルターの[強調]にある[Wavelet-decompress]を適用すると、美肌のレタッチに最適なレイヤー構造に分解します。単純にぼかしてごまかすだけでない、高品質な美肌ができます。

サンプルファイル 8-05.xcf

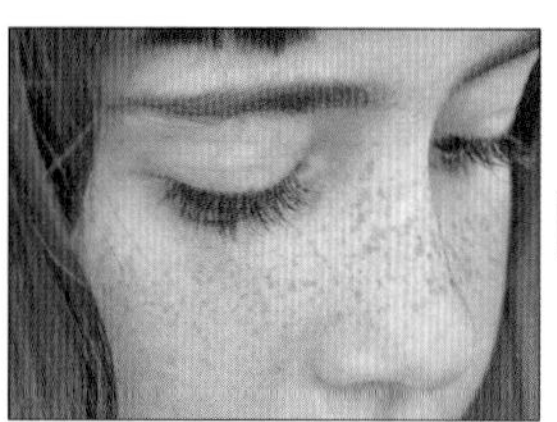

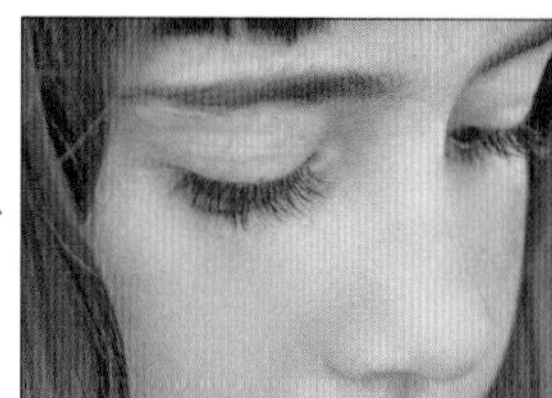

完成図

細かいシワと肌の質感は残して、そばかすだけを消します。

[Wavelet-decompress]で美肌レタッチ用に最適化する

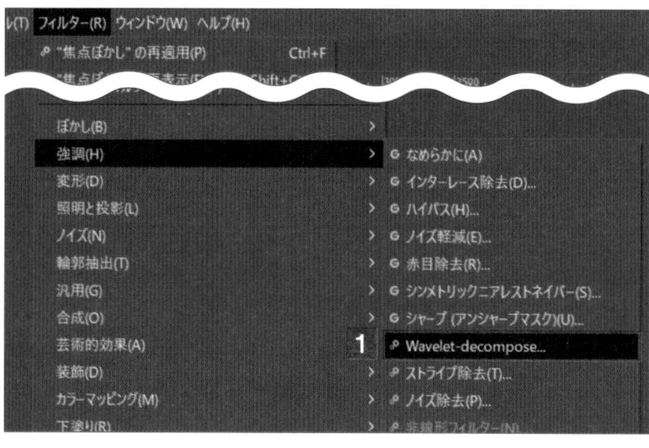

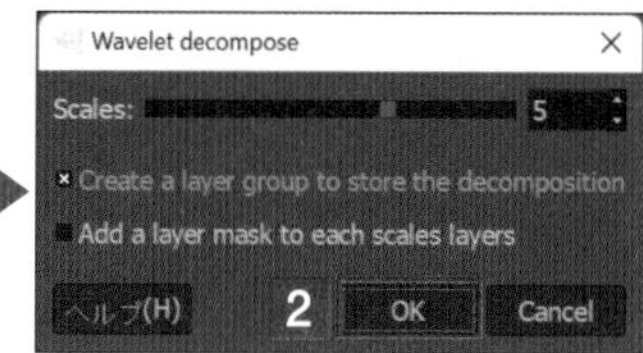

1 [Wavelet-decompress]を実行する

[フィルター] メニュー→ [強調] → [Wavelet-decompress] をクリックします 1。[Wavelet-decompress] ダイアログが表示されたら、初期設定のまま [OK] をクリックします 2。

CHECK

[Wavelet-decompress] を実行すると、毛やシワ、シミやそばかすなどのディテールがサイズ別に分類された [Scales1] から [Scales5] のレイヤー A と、それ以外の全体的なコントラストと色を表示した [Residual] レイヤー B を含んだ [Decompsition] グループ C が作成されます。[Residual] の上にある [Scales1] から [Scales5] を [微粒結合] D で重ねると、元の画像「8-05」E と同じイメージが表示できる構造になっています。[Residual] レイヤーにはそばかすのイメージがないので、[Scales1] から [Scales5] のレイヤーの中にあるそばかすを消すレタッチを行います。

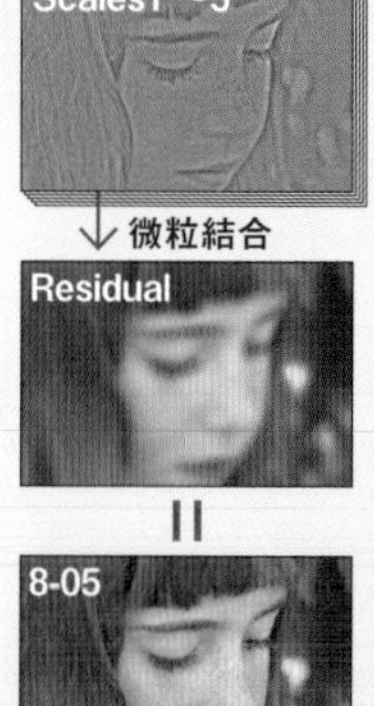

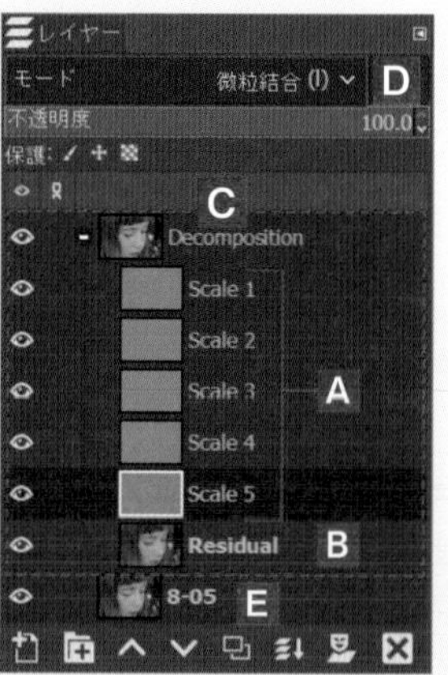

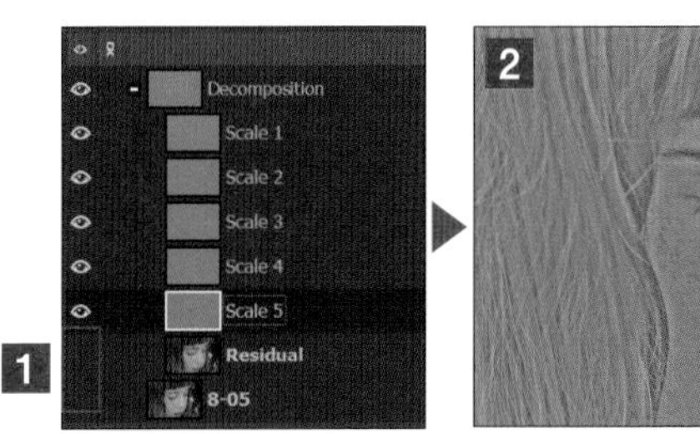

2 Scalesレイヤーだけを表示する

［レイヤー］ダイアログの一番下にある「8-05」と「Residual」レイヤーを非表示にします1。色を抜いたグレーの表示になります2。

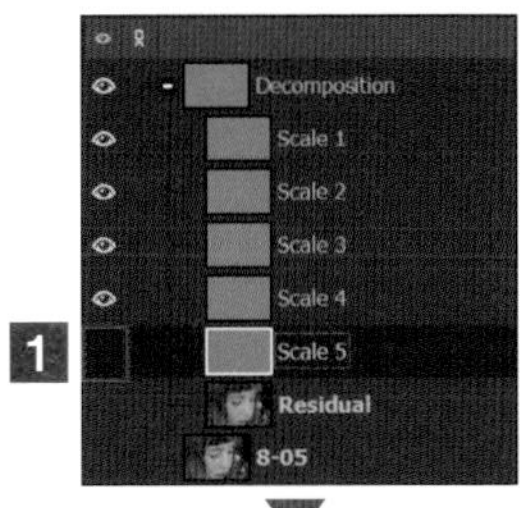

3 そばかすのディテールがあるレイヤーを探す

「Scale5」から順番に非表示にして123、そばかすのディテールがあるScalesレイヤーを確認します（ここでは「Scale5」「Scale4」「Scale3」のレイヤーが該当）。確認したら、「Scale5」「Scale4」「Scale3」の表示を戻します4。

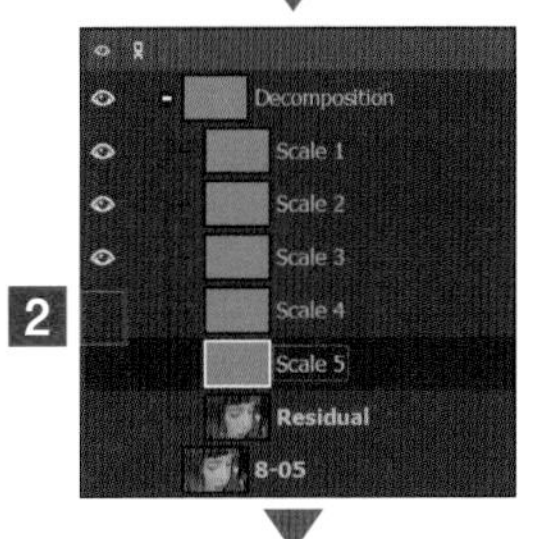

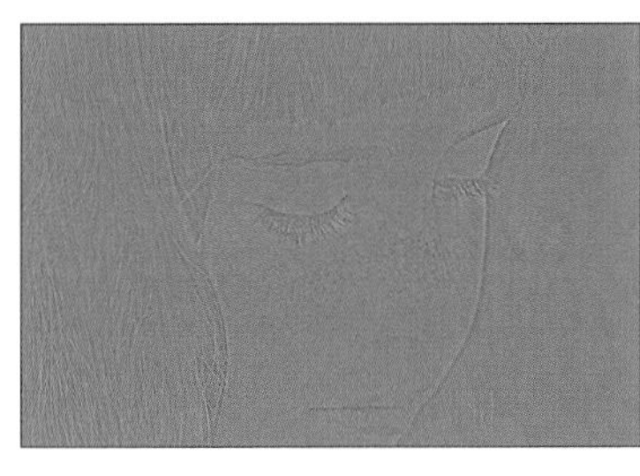

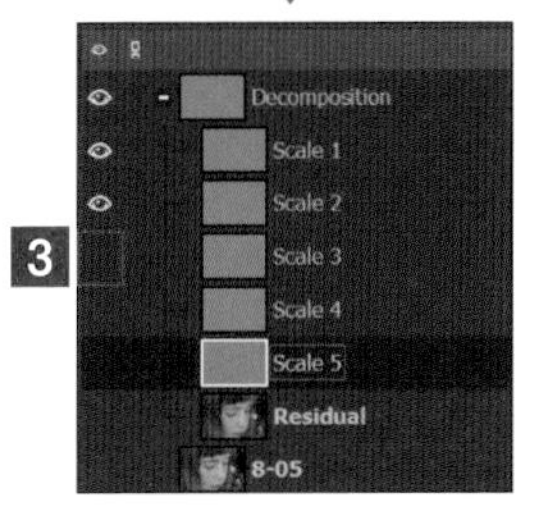

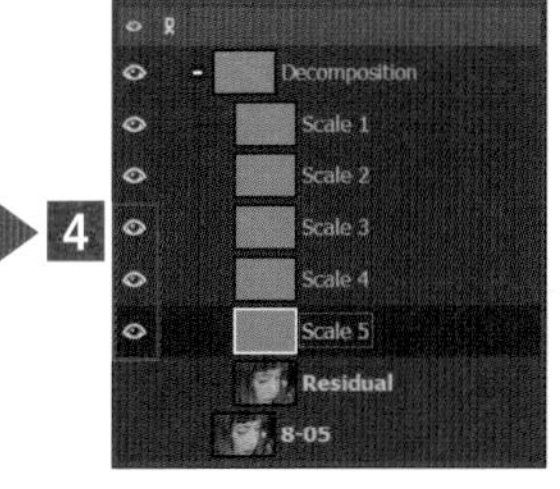

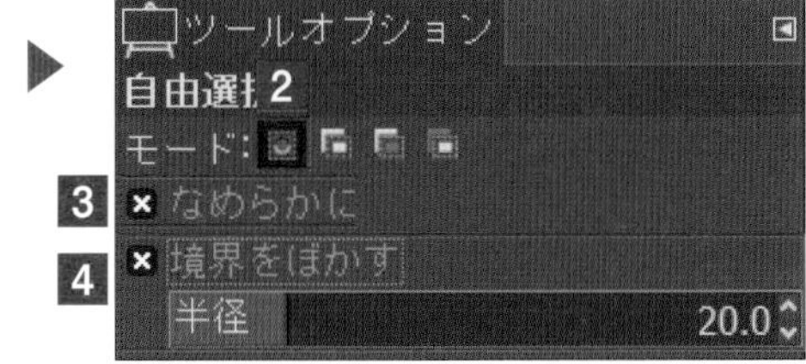

4 自由選択ツールを選択してオプションを設定する

自由選択ツールを選択して1、［ツールオプション］ダイアログの［選択範囲を新規作成または置き換えます］をクリックします2。［なめらかに］チェックをつけます3。［境界をぼかす］にチェックをつけて、［半径］を「20」に設定します4。

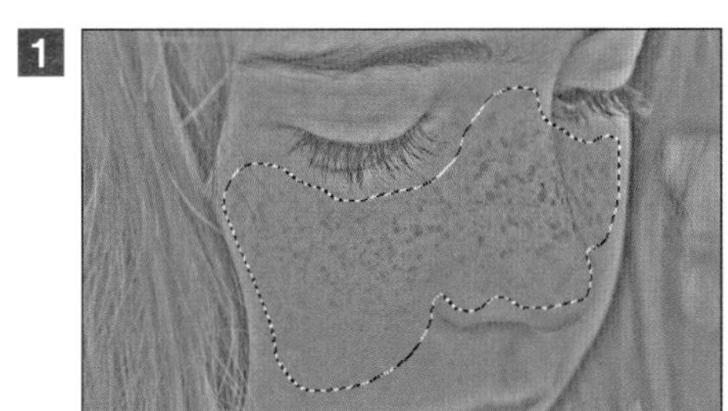

5 そばかすを選択する

自由選択ツールで、そばかすを囲む選択範囲を作成します1。

6 描画色を設定する

描画色を「R:128 G:128 B:128」のグレーに設定します❶。

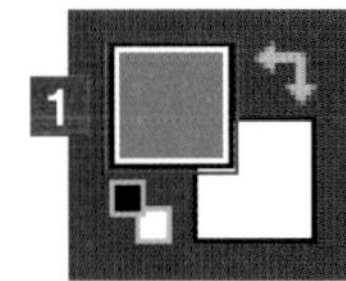

CHECK

［描画色の変更］ダイアログのRGBの設定を［0..255］に切り替えて「128」に設定します。

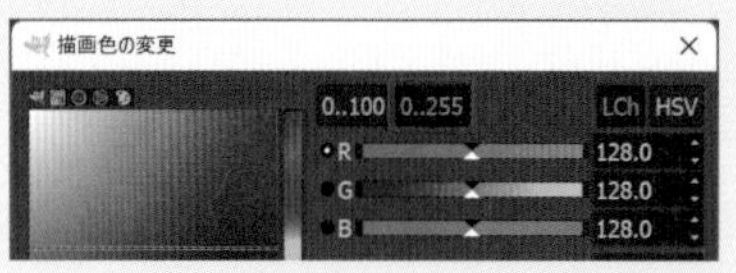

7 選択範囲のそばかすを塗りつぶす

［レイヤー］ダイアログで「Scale5」レイヤーがアクティブなのを確認して❶、［編集］メニュー→［描画色で塗りつぶす］をクリックします❷。［レイヤー］ダイアログで「Scale4」レイヤーをクリックして、❸、［編集］メニュー→［描画色で塗りつぶす］をクリックします❹。同様に「Scale3」レイヤーをクリックして❺、描画色で塗りつぶします❻。

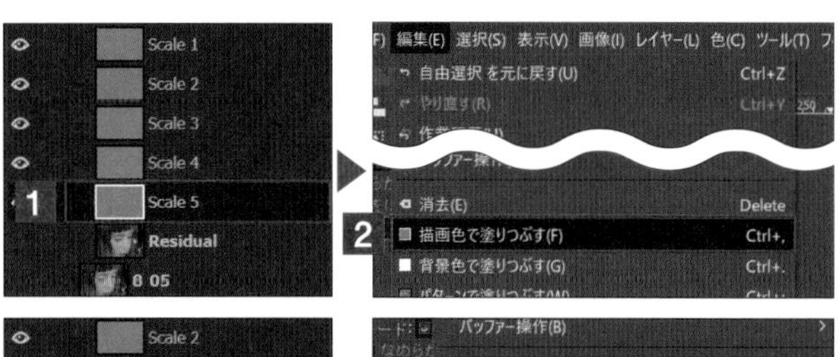

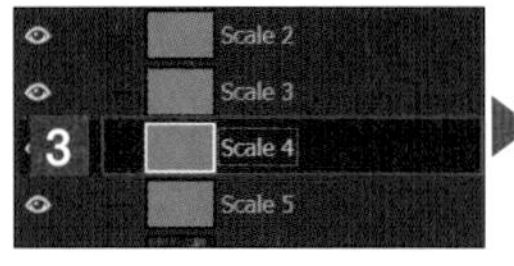

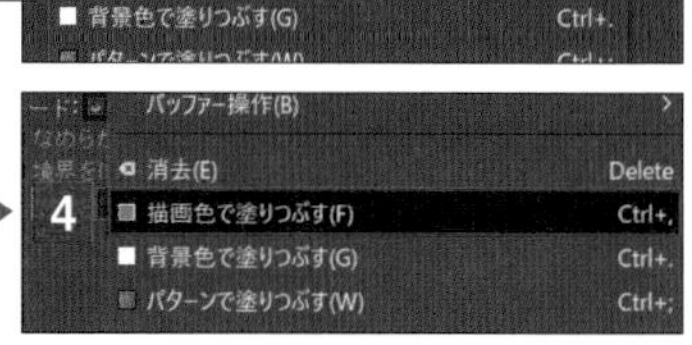

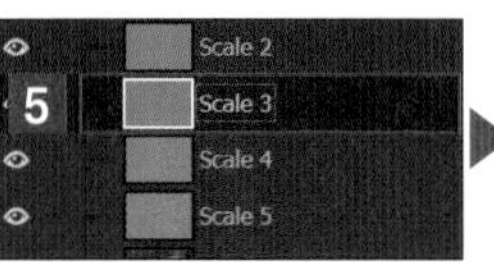

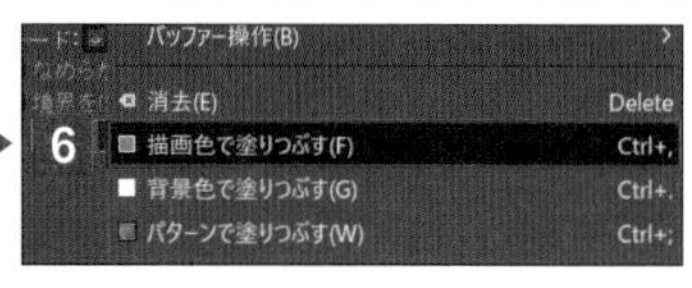

8 ［Residual］レイヤーを表示する

［選択］メニュー→［選択を解除］をクリックします❶。［レイヤー］ダイアログで「Residual」レイヤーを表示します❷。元画像の肌の質感を残したまま、そばかすが消えています❸。

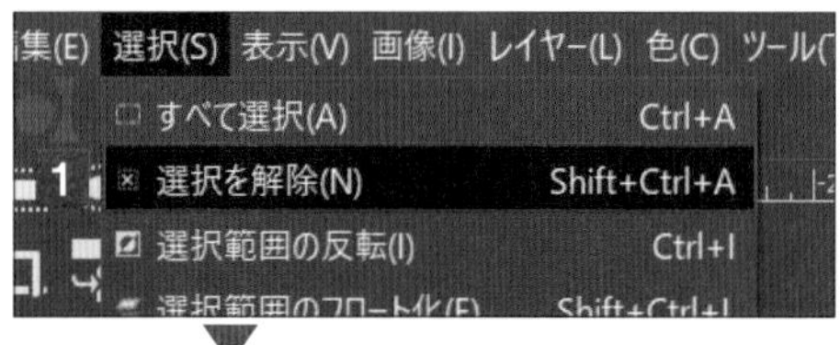

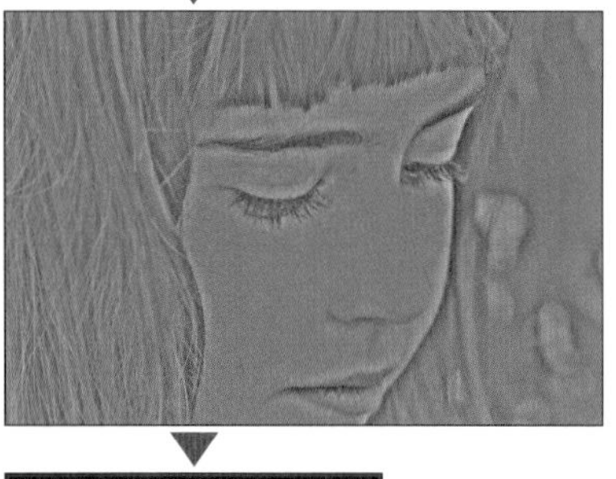

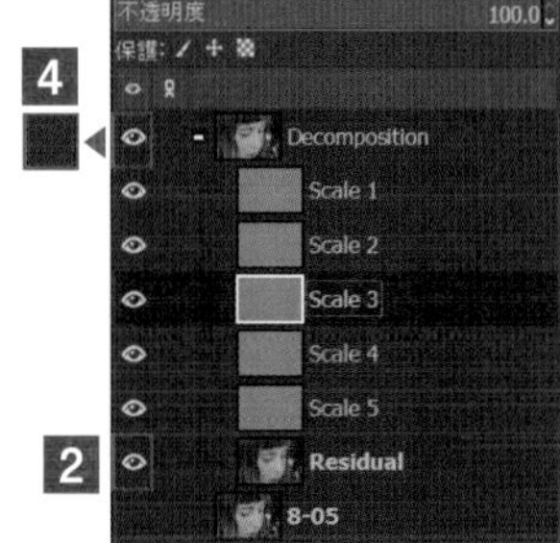

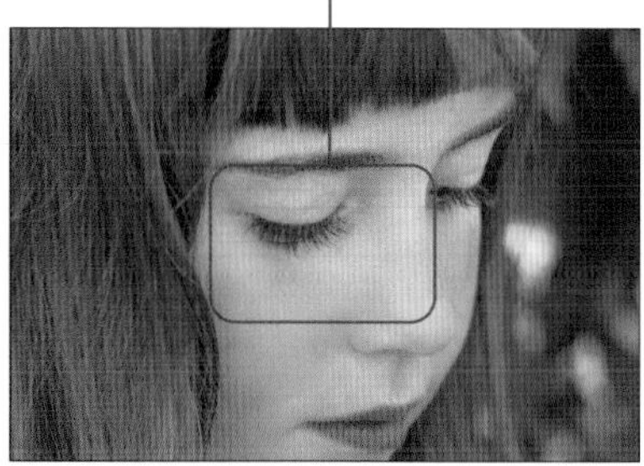

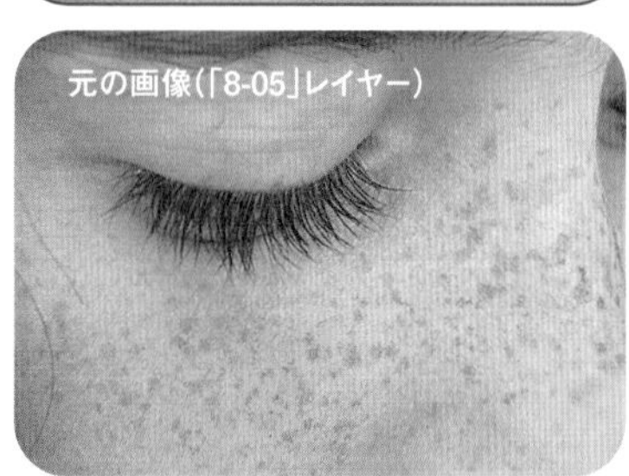

POINT

・強調フィルター

なめらかに	ピクセルのギザギザが目立たないようにアンチエイリアス効果をつけてなめらかにする
インターレース除去	ビデオをキャプチャした画像の走査線を除去する
ハイパス	コントラストが強い部分だけを残したグレー地の画像に変換する。この画像を元画像の上に［ソフトライト］［ハードライト］［オーバーレイ］などのモードで重ねると、メリハリの効いた画像になる
ノイズ軽減	ノイズを軽減する。ただし［Strength］（強さ）の値を上げると、ぼかしが増える
赤目除去	赤を黒に変換する。赤目の部分だけ選択して適用する
シンメトリック ニアレストネイバー	エッジを保持してノイズを軽減する。［Radius］（半径）の値を大きくすると、同じ色になる範囲が多くなるので、絵画的な画像になる
シャープ （アンシャープマスク）	ノイズや傷を増やすことなくエッジを強調してシャープにする
Wavelet decompose	美肌のレタッチに最適なレイヤー構造に分解する
ストライプ除去	低品質のスキャナーで発生する縦縞を除去する
ノイズ除去	ホコリやキズ、印刷物をスキャンした画像のモアレを軽減する
非線形フィルター	タイプの異なる3種類のフィルターを選ぶ。［透明度を用いた平均］は平滑化、［最適化］はノイズ除去、［縁強調］は境界線の強調に適している

変形①
明るさに応じた凹凸をつける

[エンボス]フィルターは、画像の明るさに応じて凹凸のあるレリーフを作成します。明るい部分を盛り上げて、暗い部分を彫ります。照明も変更できます。

サンプルファイル 8-06.xcf

完成図

文字を立体的にして、斜め上から照明をあてます。

[エンボス]で凹凸をつける

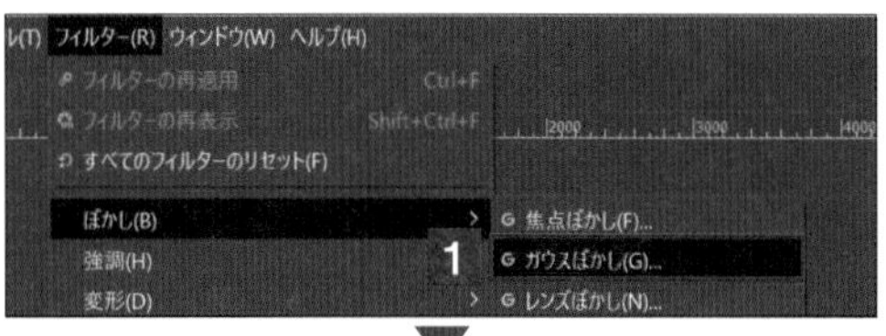

1 ぼかしをつける

[フィルター] メニュー→ [ぼかし] → [ガウスぼかし] をクリックします1。[ガウスぼかし] ダイアログが表示されたら、初期設定([Size X] と [Size X] が「1.5」)のまま [OK] をクリックします2。

CHECK

ぼかしのグラデーションが徐々に盛り上がる厚みになります。

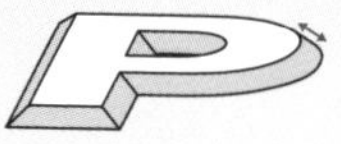

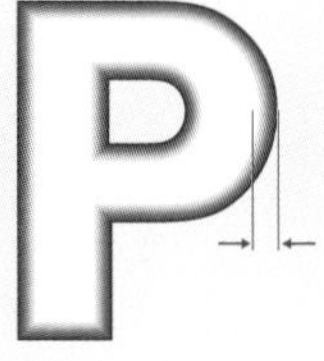

2 [エンボス]を実行する

[フィルター] メニュー→ [変形] → [エンボス] をクリックします1。[エンボス] ダイアログが表示されます。

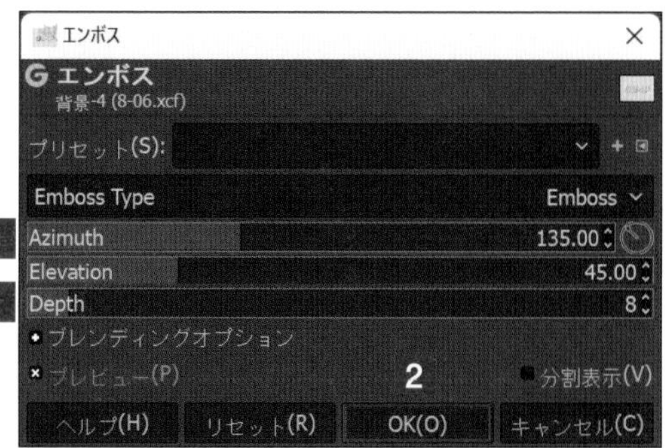

3 照明を設定する

エンボスのオプションを設定して（ここでは［Azimuth］を「135」、［Deps］を「8」、ほかは初期設定のまま）**1**、［OK］をクリックします**2**。

CHECK

・オプションについて

Azimuth（方位角）	コンパスのポイント（0 ～ 360）に応じた照明の位置を設定する。南が画像の上（90°）にあると仮定すると、東 は右（0°）になる
Elevation（標高）	照明の高さを地平線（0°）、天頂（90°）、反対側の地平線（180°）の間で設定する
Depth］（深さ）	値を大きくすると凹凸が深くなる

POINT

・変形フィルター①

レンズ効果	画像を球体レンズで見たような歪みをつけて変形する。［Lens refraction index］でレンズの屈折率を設定する。「1」にすると歪みがつかない 元画像
エンボス	画像の明るさに応じて凹凸のあるレリーフを作成する。明るい部分を盛り上げて、暗い部分を彫る。照明も変更できる
彫金	白黒の画像に変換する。水平線の間隔を 2 ～ 16 に設定できる
レンズ補正	広角レンズや望遠レンズで発生しやすい樽型や糸巻き型の歪みを補正する（073 ページ参照）
万華鏡	万華鏡のように画像をミラーコピーして並べる。［Center Y］や［Trim Y］を変更すると、万華鏡を回転したときのように変化する

変形②
オフセット印刷のように表現する

[新聞印刷]フィルターは、アナログ印刷を擬似的に表現できます。オフセット印刷の網点が面白い効果になります。印刷に使用するときはモアレが出やすいので注意してください。

サンプルファイル 8-07.xcf

完成図

オフセット印刷のCMYKの網点を重ねたイメージに変換します。

[新聞印刷]でオフセット印刷の効果をつける

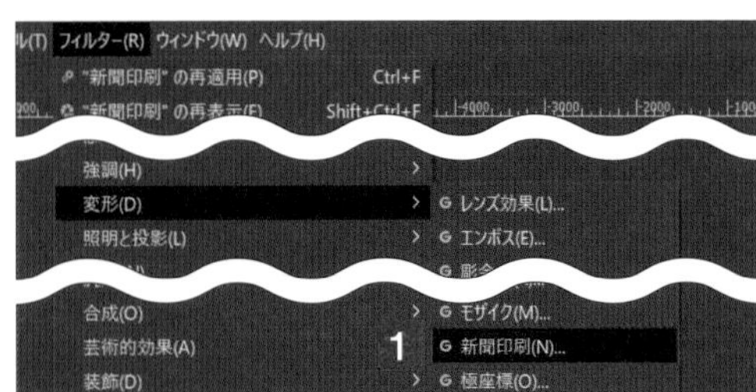

1 [新聞印刷]を実行する

[フィルター] メニュー→ [変形] → [新聞印刷] をクリックします1。[新聞印刷] ダイアログが表示されます。

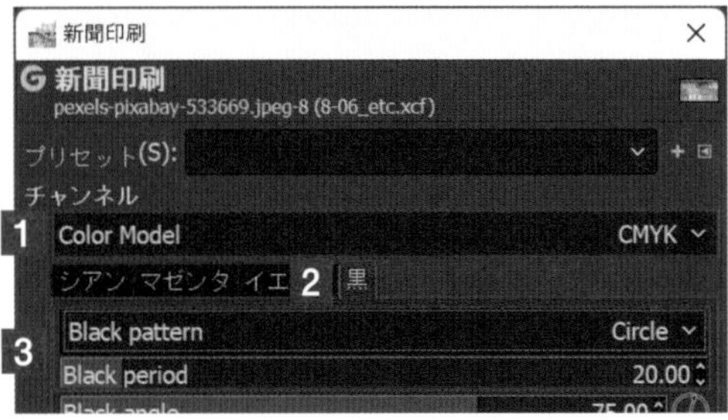

2 CMYKチャンネルの[黒]を設定する

[Color Model] を [CMYK] に設定します1。[黒] タブ2の [Black pattern] を [Circle]、[Black period] を設定します（ここでは「20」）3。

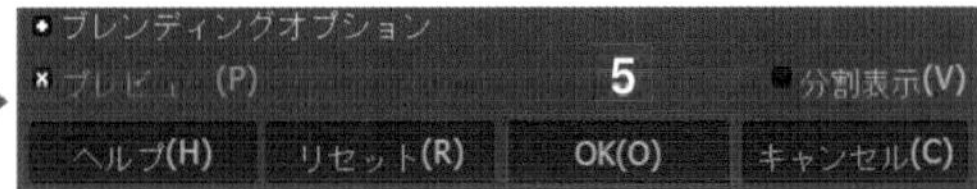

3 [シアン][マゼンタ][イエロー]のpatternとperiodを同じ設定にする

[シアン] タブをクリックして1、[Cyan pattern] を [Circle]、[Cyan period] を設定します（ここでは「20」）2。マゼンタ3とイエロー4も同様に設定します。[OK] をクリックします5。

POINT

・変形フィルター②

モザイク	モザイクアートのような、不定形のタイル状に変換する 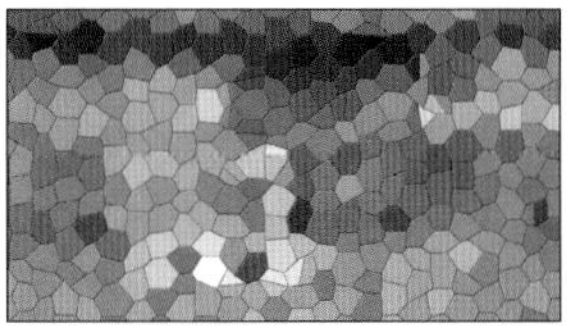
新聞印刷	アナログ印刷のアミ点などを擬似的に表現する
極座標	画像の両端をつないだ円形に変形する 
波紋	画像を波形に変形する。波の方向は［Angle］で設定する 
ずらし	不規則な距離で水平または垂直方向にピクセルを移動する 
球面化	［レンズ効果］に似ているが、円柱に画像を貼りつけたような変形もできる
明度伝搬	7種類のモードに従って侵食作用が働く。初期設定の［More White］は明るい色が暗い色を侵食する
ビデオ	古いテレビの表示を擬似的に再現する

波	水面に石を投げて同心円に広がる波のように画像が変形する 
渦巻と吸い込み	画像をつまんでひねるような変形ができる 
風	エッジの色を伸して、風や動きを表現する 
Emboss (legacy)	RGBモードの画像だけに適用できる。［エンボス］はRGBとグレースケールの画像に適用できる
カーブに沿って曲げる	上辺と下辺のカーブを個別に設定して、画像を曲げる 
ページめくり	ページの隅がめくれているイメージにする。選択範囲を作成すれば、大きさを調整できる 

画像の四隅を暗くする

[ビネット]フィルターは、画像の中心にだけ照明が当たっているような効果をつけることができます。おのずと視線が誘導され、中心の被写体を強調することができます。

サンプルファイル 8-08.xcf

完成図

画像の四隅を暗くします。

[ビネット]で周辺光量落ちの効果をつける

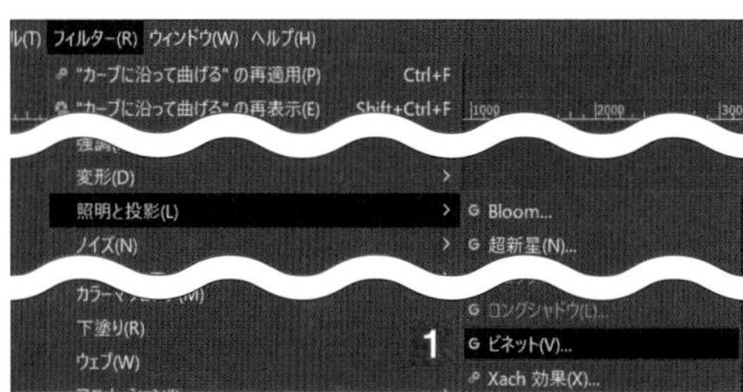

1 [ビネット]を実行する

[フィルター] メニュー→ [照明と投影] → [ビネット] をクリックします1。[ビネット] ダイアログが表示されます。

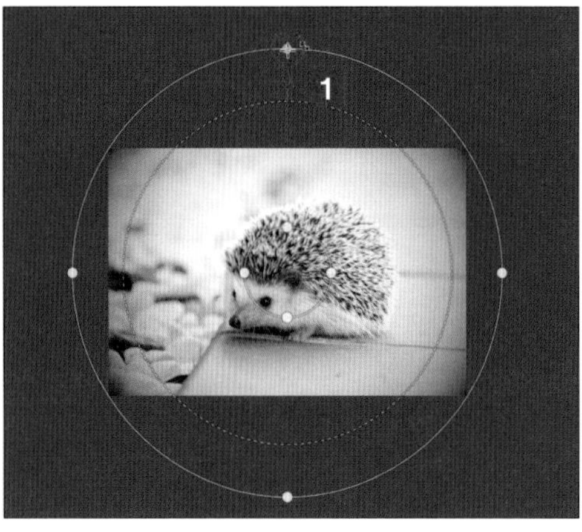

2 ビネット形状の縦横比を設定する

一番外側のガイド線の上にあるハンドルを上方向にドラッグして1、ビネットの形状を正円に変形します。

CHECK

このハンドルは[ビネット]ダイアログの[Squeeze]と連動しています。数値指定でも設定できます（ここでは「-0.298」)。

ビネット
8-08-30 (8-08.xcf)
プリセット(S):
Vignette shape Circle
Color
Radius 1.200
Softness 0.800
Gamma 2.000
Proportion 1.000
Squeeze -0.298
Center X 0.500
Center Y 0.500

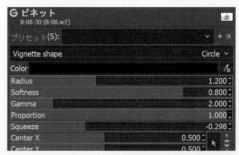

CHECK

[ビネット] ダイアログの [Radius] の値が変化する直前までハンドルを移動します。

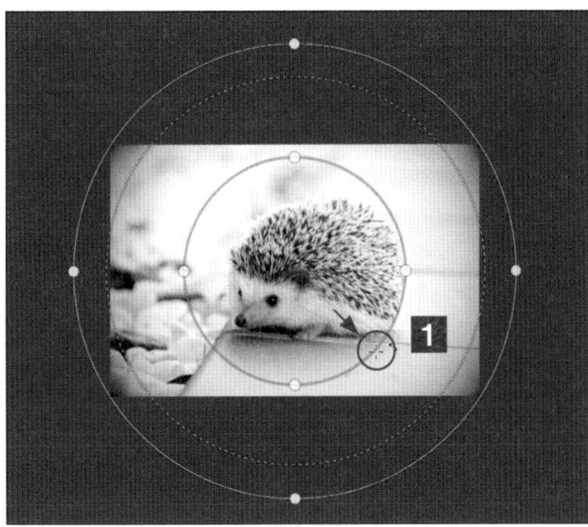

3 不変領域を設定する

一番内側のガイド線より内側は明るさが変わりません。ガイドを（ハンドル以外）を外側にドラッグして1、ハリネズミが入るサイズに変更します。

CHECK

このガイドは［ビネット］ダイアログの［Softness］と連動しています。数値指定でも設定できます（ここでは「0.5」）。

4 暗さの中間を設定する

破線のガイド線は、暗さが中間になる位置を設定します。この破線を外側にドラッグして1、外側と内側のガイドの中間に設定します。［ビネット］ダイアログの［OK］をクリックします2。

CHECK

このガイドは［ビネット］ダイアログの［Gamma］と連動しています。数値指定でも設定できます（ここでは「1」）。

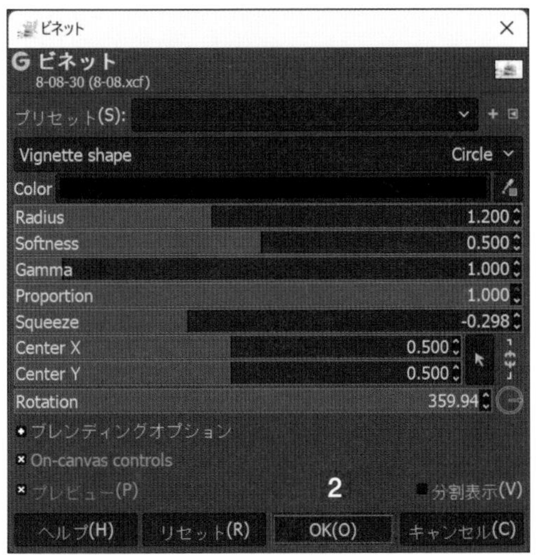

POINT

［Vinette shape］オプションでビネットの形状を変えることができます。

Square

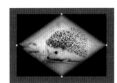

Diamond

Horizonal

Vertical

CHAPTER 08 フィルター加工

POINT

・照明と投影フィルター

Bloom	明るい領域に発光している効果を追加する 元画像  ▶ 
超新星	恒星が起こす大規模な爆発のイメージを追加する 
レンズフレア	光量の強い光源に向かって撮影したときに映る光源の周りの光輪や光線を追加する 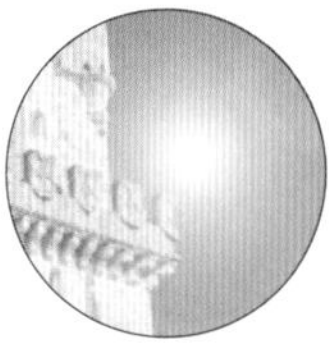 
きらめき	ハイライトに光条をつけてキラキラ感を追加する  
グラデーションフレア	レンズフレアの効果を［設定］タブのオプションや、［選択］タブの［編集］でカスタマイズできる
ライト効果	電球やスポットライトで照らした照明効果を追加する 
ドロップシャドウ	不透明ピクセルの影を同じレイヤーに追加する
ドロップシャドウ（レガシー）	不透明ピクセルの影を背面レイヤーに追加する
ロングシャドウ	立体感のある不透明ピクセルの影を同じレイヤーに追加する
遠近法	遠近感のある不透明ピクセルの影を背面レイヤーに追加する
ビネット	画像の四隅を光量が落ちたように暗くする
Xach 効果	選択範囲したイメージやアルファチャンネルに半透明の 3D 効果をつける

ISO感度が高いときのザラザラ感を加える

暗い環境で写真を撮るとき、ブレないようにシャッタースピードを速くする代わりに、ISO感度を高くします。このとき発生する輝度ノイズに似たザラザラしたノイズを追加します。

サンプルファイル 8-09.xcf

▶

完成図

輝度ノイズのザラザラした感じを加えます、

[RGBノイズ]で輝度ノイズを加える

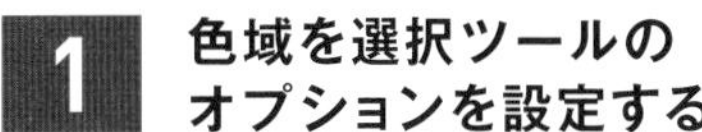

1 色域を選択ツールのオプションを設定する

色域を選択ツールを選択して1、[ツールオプション]ダイアログの[選択範囲を新規作成または置き換えます]をクリックします2。[なめらかに]にチェックをつけます3。[境界をぼかす]にチェックをつけて、[半径]を「10」に設定します4。[しきい値]を「0」に設定5、[判定基準]を[Composite]に設定します6。[マスク描画]にチェックをつけます7。

1

▼

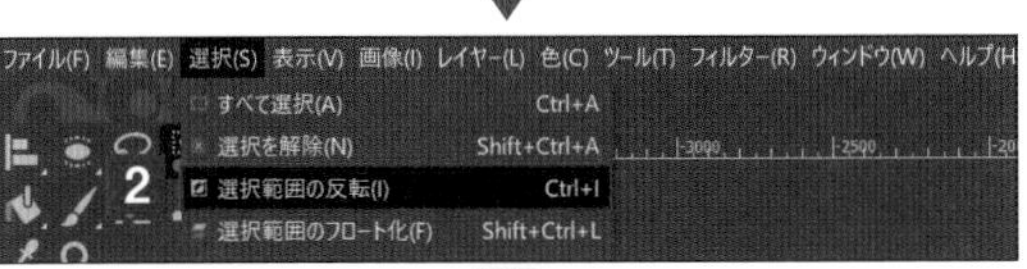

▼

2 ハイライトを選択してから選択範囲を反転する

ハイライトの上をドラッグして選択範囲を作成します1。[選択]メニュー→[選択範囲の反転]をクリックして2、ハイライト以外を選択範囲にします3。

CHECK

ハイライト部分にノイズを加えないために、ハイライト以外の選択範囲を作成します。

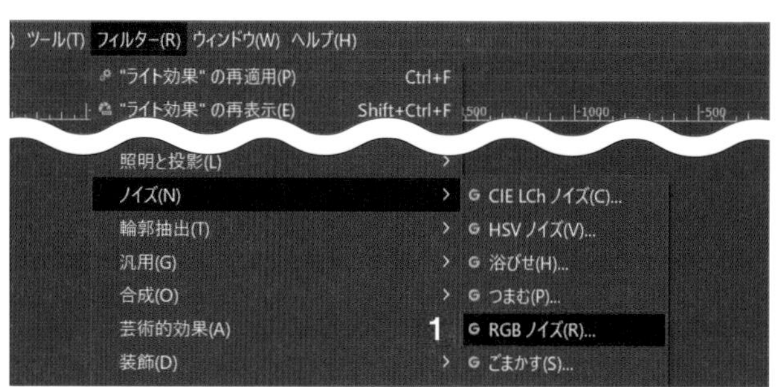

3 [RGB ノイズ]を実行する

[フィルター] メニュー→ [ノイズ] → [RGB ノイズ] をクリックします**1**。[RGB ノイズ] ダイアログが表示されます。

4 輝度ノイズに似た設定にする

[Correlated noise] と [Linear RGB] にチェックをつけて、[Independent RGB] と [Gaussian distribution] のチェックを外します**1**。ほかは初期設定のまま[OK]をクリックします**2**。

CHECK

この設定は、輝度ノイズに似たザラザラ感にする設定です。カラーノイズを加えたいときは、[Independent RGB] にチェックをつけます。

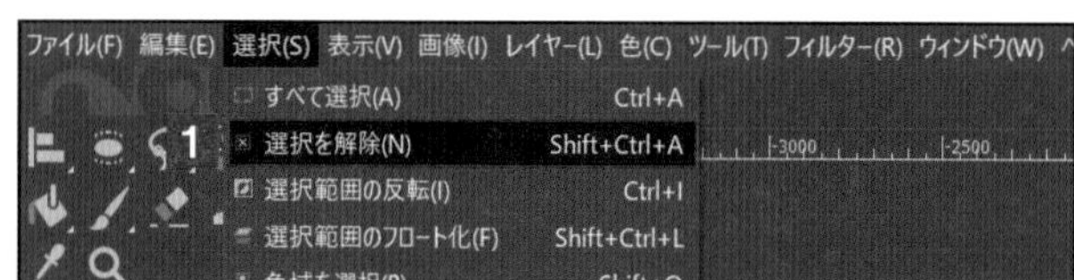

5 ハイライトの選択範囲を解除する

[選択] メニュー→ [選択を解除] をクリックします**1**。

POINT

・ノイズフィルター

CIE LCh ノイズ	CIE 仕様に従って、[Lightness (明度)]、[Chroma (彩度)]、[Hue (色相)] のオプション設定でノイズを追加する
HSV ノイズ	[Hue (色相)]、[Saturation (彩度)]、[Value (明度)] のオプション設定でノイズを追加する
浴びせ	[Randomization (%)] で変更する割合を設定して、ランダムな色に置き換える
つまむ	[Randomization (%)] で変更する割合を設定して、そのピクセルと隣接ピクセルからランダムに選択されたピクセル値で置き換える
RGB ノイズ	RGB カラーモデルを使用して、各ピクセルの R、G、B の値に追加される
ごまかす	ランダムに選ばれたピクセルが下にずれ落ちたように見える
拡散	[Horizontal] と [Vertical] に指定した範囲内のピクセルをランダムに交換する。新しい色は追加されない

写真を漫画風の線画にする

漫画の背景に使えそうな線画に変換します。輪郭用の画像とベタ塗り用の画像でレイヤーを分けて合成するのがポイントです。

サンプルファイル 8-10.xcf

▶

完成図

白黒の線画に変換します。

輪郭用の画像とベタ塗り用の画像を合成する

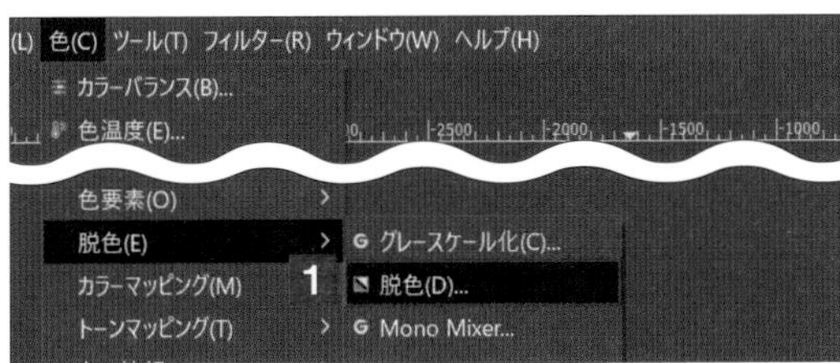

1 カラー写真を脱色する

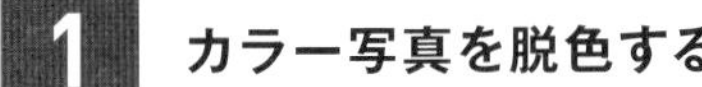

［色］メニュー→［脱色］→［脱色］をクリックします1。［脱色］ダイアログが表示されたら、初期設定のまま［OK］をクリックして2、モノクロ階調に変換します3。

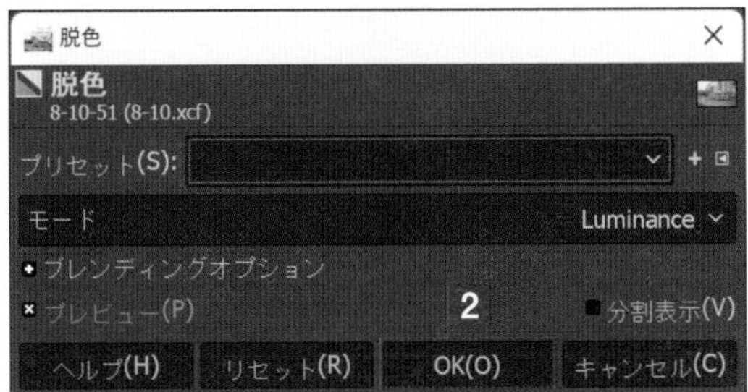

▶

2 レイヤーを複製する

［レイヤー］ダイアログの［レイヤーの複製］をクリックします1。

▶

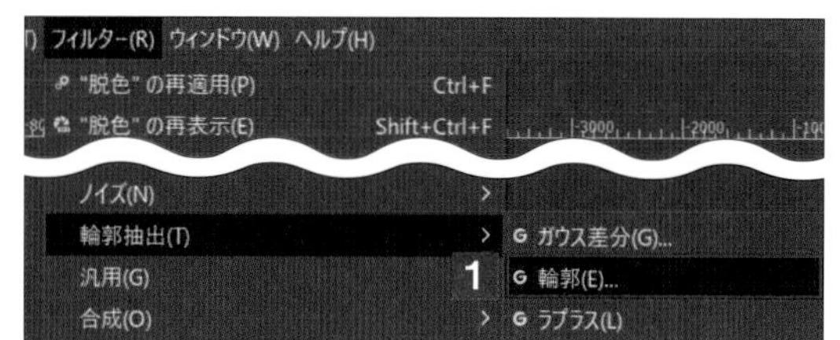

3 ［輪郭］を実行する

［フィルター］メニュー→［輪郭抽出］→［輪郭］をクリックします1。［輪郭］ダイアログが表示されます。

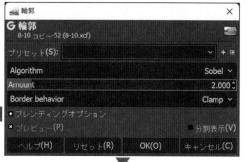

4 輪郭を抽出する

［ブレンディングオプション］の■をクリックして1、表示された［モード］を［除算］に設定します2。［Amount］を設定して（ここでは「3」）3、［OK］をクリックします4。線画のようなイメージになります5。

CHECK

［Amount］の値を大きくすると、線が太くなります。

5 輪郭用の画像のモードを［乗算］に設定する

「8-10 コピー」レイヤーのモードを［乗算］に設定して1、「8-10」レイヤーが透けて見える状態にします2。

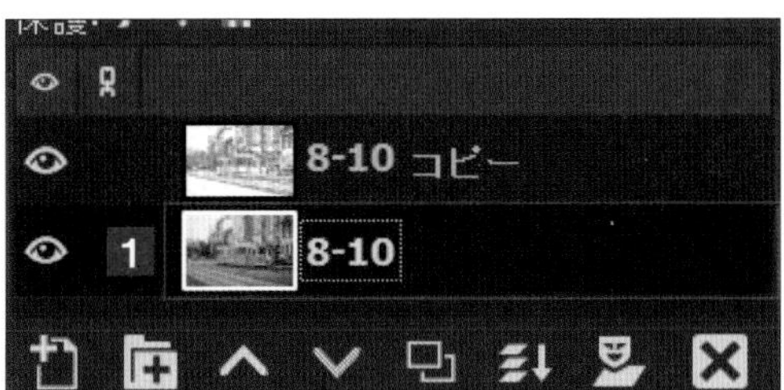

6 「8-10」レイヤーをアクティブにする

「8-10」レイヤーをクリックして1、アクティブにします。

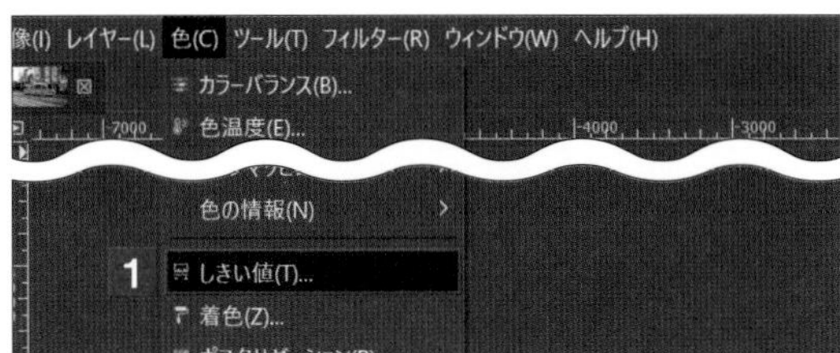

7 [しきい値]を実行する

[色] メニュー→ [しきい値] クリックします1。[しきい値] ダイアログが表示されます。

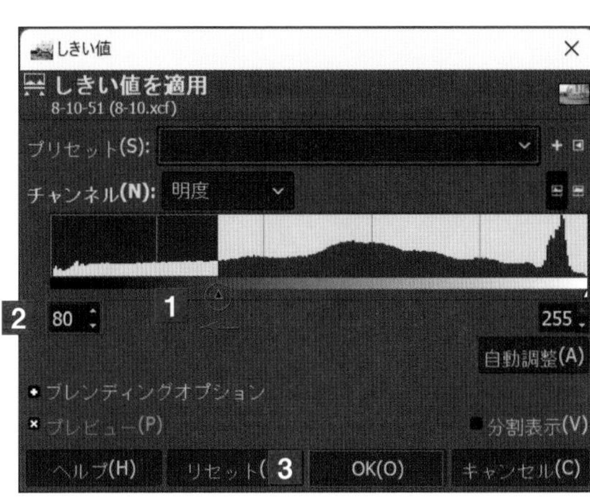

8 ベタ塗りのバランスを調整する

ヒストグラムの中央にある黒い三角を左に少しドラッグして1、ここでは「80」に設定します2。[OK] をクリックします3。

POINT

・輪郭抽出フィルター

ガウス差分	ふたつの異なるサイズのガウスぼかしを実行して、差分から輪郭を検出する。ほとんどの場合、[Radius 2] を [Radius 1] よりも小さく設定するとよい結果が得られる
輪郭	6 種類のアルゴリズムを選んで輪郭を検出する
ラプラス	細いピクセル幅の境界線を生成するラプラシアン法を使用して画像の輪郭を検出する
ネオン	輪郭を抽出してネオンサイン風に仕上げる
ソーベル	水平と垂直の輪郭線を別々に抽出する
画像の勾配	ひとつまたはふたつのグラデーション方向の輪郭を検出する
Difference of Gaussians (legacy)	ふたつの異なるサイズのガウスぼかしを実行して、差分から輪郭を検出する。ダイアログ内でプレビューを確認する

文字を太くする

テキストバーの太字(182ページ参照)が適用できない場合、テキストを背景つきの画像に変換して、[明るさの最大値]か[明るさの最小値]で文字を太くします。

サンプルファイル ▶ 8-11.xcf

完成図

文字を画像にして太くします。

[明るさの最大値]で文字を太くする

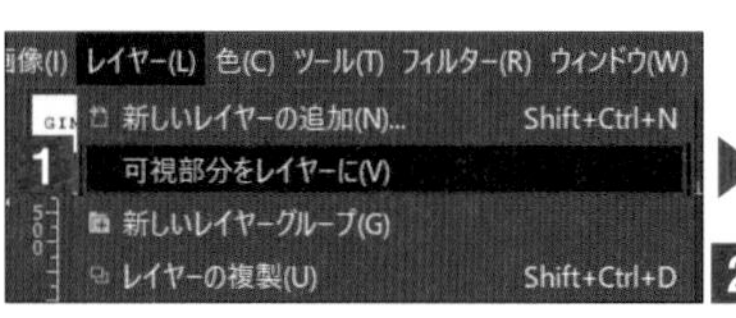

1 テキストを背景つきの画像に変換する

[レイヤー] メニュー→ [可視部分をレイヤーに] をクリックして1、背景とテキストを統合した新しいレイヤーを作成します2。

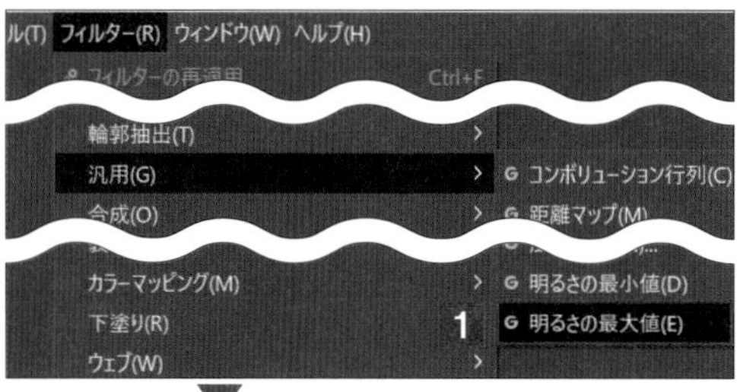

2 [明るさの最大値]を実行する

[フィルター] メニュー→ [汎用] → [明るさの最大値] をクリックすると1、暗い色 (文字) が明るい色 (背景) に広がって、文字が太くなったように見えます2。繰り返し [明るさの最大値] を実行してもう一段階太くします3。

CHECK

文字が明るくて背景が暗い場合は、[明るさの最小値] を実行すると、文字が太くなります。

POINT

・汎用フィルター

コンボリューション行列	オリジナルのフィルターを作成できる
距離マップ	色の境界距離をグレーのぼかしで表示する
法線マップ	3DCG で凹凸をつけるためのマッピングデータに変換する
明るさの最小値	明るい色が暗い色に広がる
明るさの最大値	暗い色が明るい色に広がる

複数の画像をフィルムのイメージにはめ込む

複数の画像をスプロケットホール(フィルムを巻くための歯車に引っ掛ける穴)がついたアナログフィルムのイメージの枠に自動ではめ込みます。

サンプルファイル 8-12a.xc 8-12b.xcf 8-12c.xcf

完成図

3枚の写真をフィルムの枠にはめ込んだ、新しい画像を作成します。

複数の画像をフィルムの枠に合成する

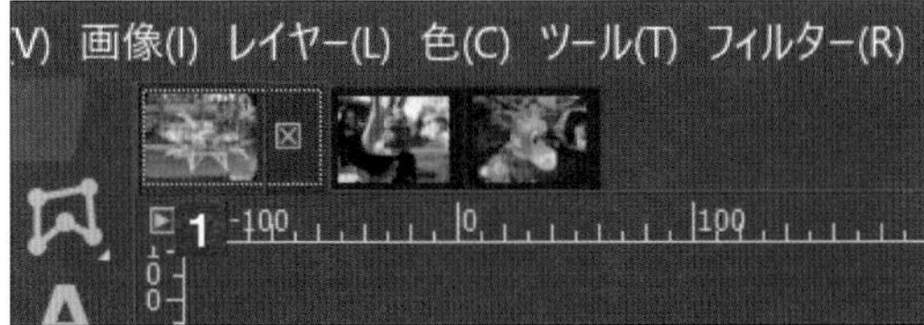

1 はめ込む画像を開く

ここで使用するサンプルファイルの3点だけを開いて、フィルムの1コマ目に入れたい画像の「8-12a.xcf」タブをクリックして1、アクティブにします。

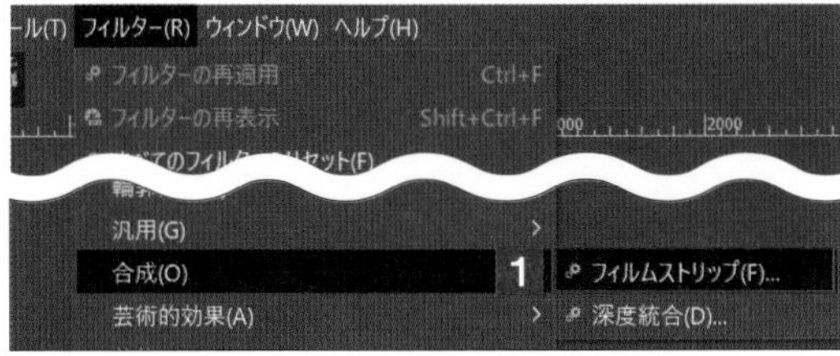

2 [フィルムストリップ]を実行する

[フィルター] メニュー→ [合成] → [フィルムストリップ] をクリックします1。[フィルムストリップ] ダイアログが表示されます。

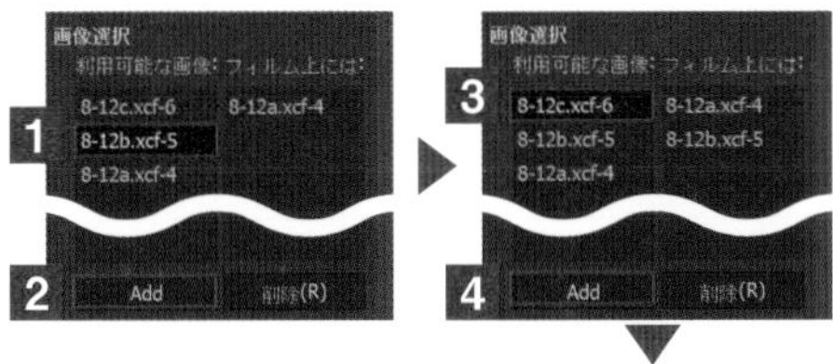

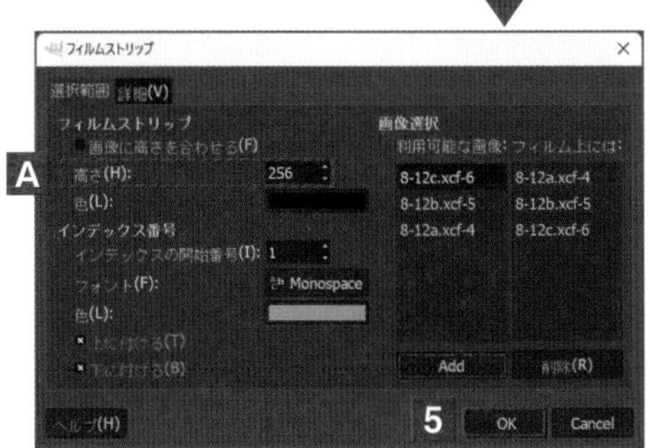

3 はめ込む順番で追加する

[利用可能な画像] の「8-12b.xcf」をクリックして1、[Add]をクリックします2。次に「8-12c.xcf」をクリックして3、[Add] をクリックします4。ほかは初期設定のまま [OK] をクリックします5。

CHECK

枠も含めて高さが 256 ピクセル (A) の新しい画像が作成されます。

13 ふたつのレイヤーをマスク処理して統合する

[深度統合]は、ふたつの異なる画像やレイヤーを統合するフィルターです。それぞれ表示しない部分をマスクで指定します。ただし、画像やレイヤーは同じサイズにしないと統合できません。

サンプルファイル ▶ 8-13.xcf

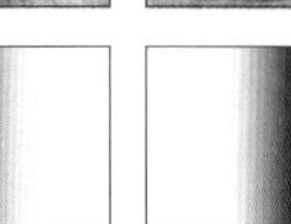

完成図

「モザイク」と「ネコ」のレイヤーを左右半分ずつ境目にぼかしをつけて統合します。

[深度統合]でふたつのレイヤーを統合する

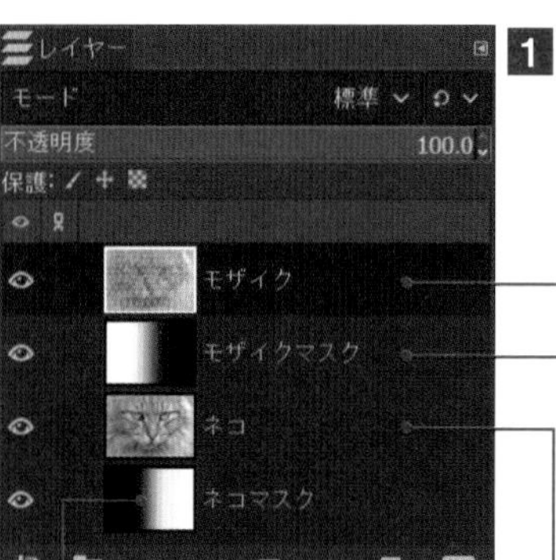

1

1 サンプルファイルのレイヤーを確認する

サンプルファイルを開いたら、各レイヤーのイメージを確認します1。

CHECK

「モザイク」レイヤーは、「ネコ」レイヤーを複製して、[フィルター] メニューの [変形] にある [モザイク] で作成したイメージです。[モザイク] ダイアログで [Tile geometory] を [Triangles] の三角形のタイルに変更して、タイルのサイズは [Tile size]、タイルの境界線の太さは [Tile spacing]、色は [Joints color] で設定しました。

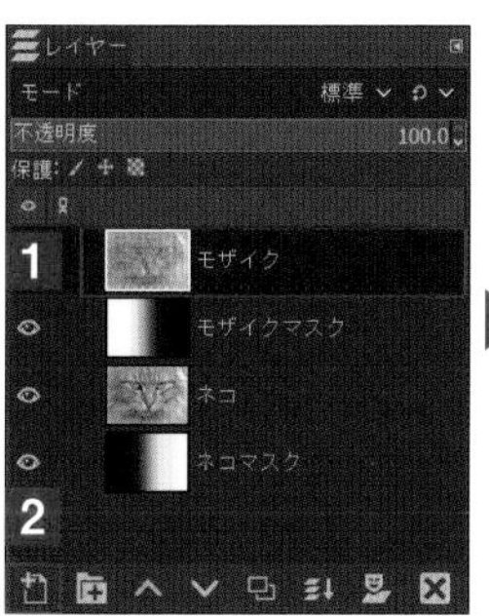

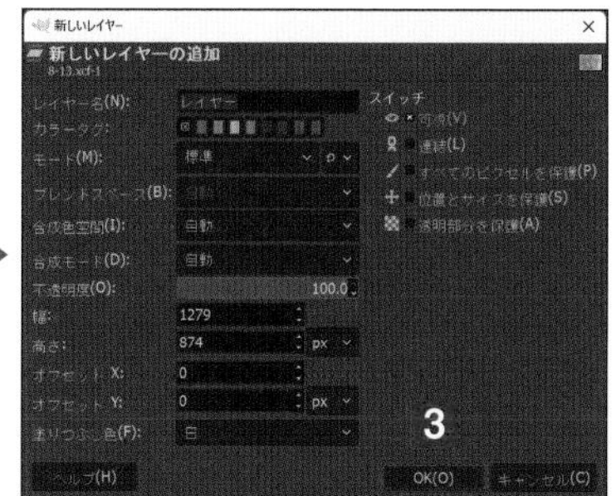

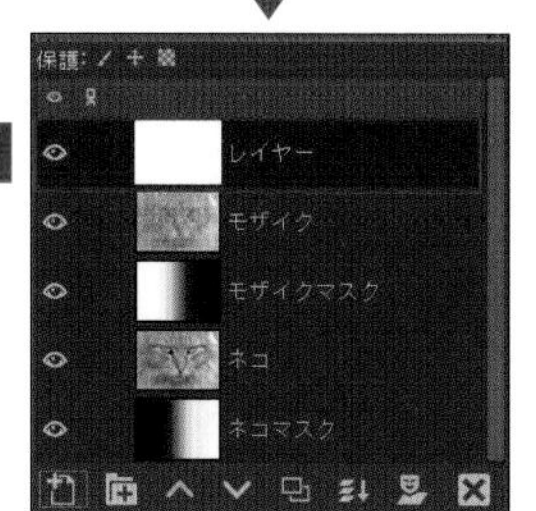

2 統合用のレイヤーを作成する

「モザイク」レイヤーをクリックしてアクティブにしてから**1**、[レイヤー] ダイアログの [新しいレイヤーの追加] をクリックします**2**。[新しいレイヤー] ダイアログが表示されたら、[OK] をクリックして**3**、最前面に新しいレイヤーを作成します**4**。

CHECK

ここでは [塗りつぶし色] を [白] に設定していますが、[透明] やほかの色で作成してもかまいません。

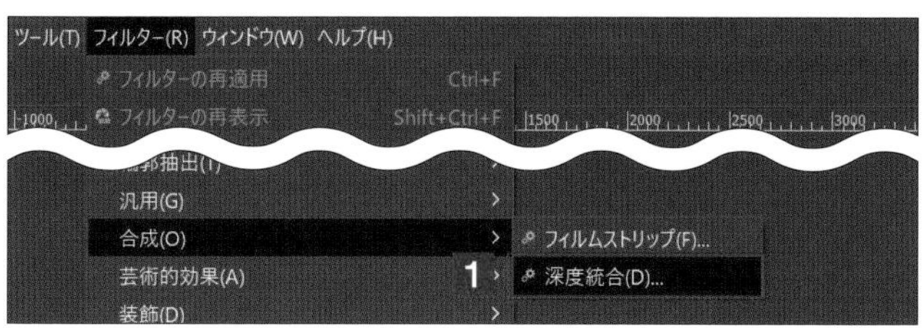

3 [深度統合]を実行する

[フィルター] メニュー→ [合成] → [深度統合] をクリックします**1**。[深度統合] ダイアログが表示されます。

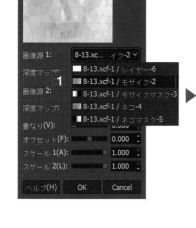

4 ソース画像と深度マップを設定する

[画像源 1] のメニューを開いて「モザイク」レイヤーをクリックして設定します**1**。その下の [深度マップ] は「モザイクマスク」を設定します**2**。[画像源 2] は「ネコ」レイヤーを設定します**3**。その下の [深度マップ] は「ネコマスク」を設定します**4**。

CHECK

この段階で左右の画像の境界線がシャープなのがプレビューで確認できます。マスク画像にぼかしをつけても反映されないことが確認できます。

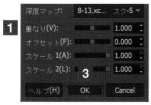

5 [重なり]を設定する

[重なり] をに設定します（ここでは「1」）**1**。左右の境界線にぼかしがついたのがプレビューで確認できます**2**。[OK] をクリックします**3**。

CHAPTER 08 フィルター加工

写真を鉛筆の線画にしてキャンバス地に描く

輪郭線を鉛筆画風にアレンジして、フィルターで作成したキャンバス地に重ねます。モードと不透明度で線画とキャンバス地を一体化します。

サンプルファイル 8-14.xcf

完成図

キャンバスの上に鉛筆で描いたような線画を作成します。

輪郭線の抽出とキャンバス地の作成をフィルターで作成

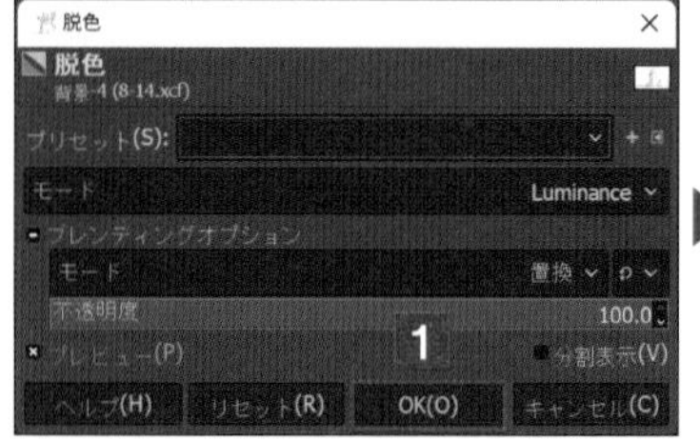

1 写真を脱色する

[色] メニュー→[脱色]→[脱色] をクリックして[脱色] ダイアログが表示されたら、初期設定のまま [OK] をクリックして1、グレートーンに変換します2。

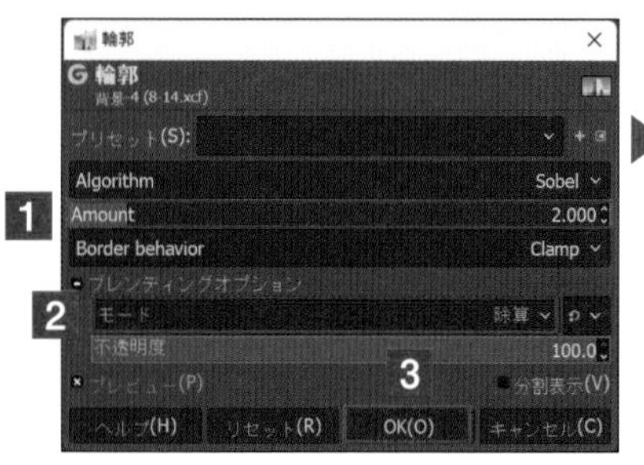

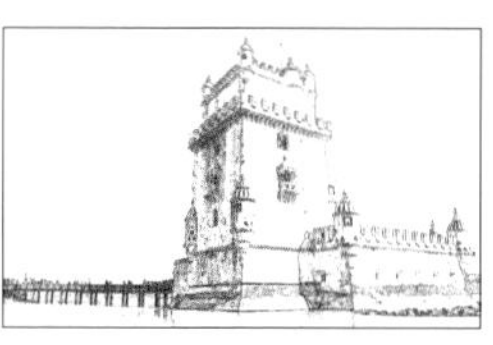

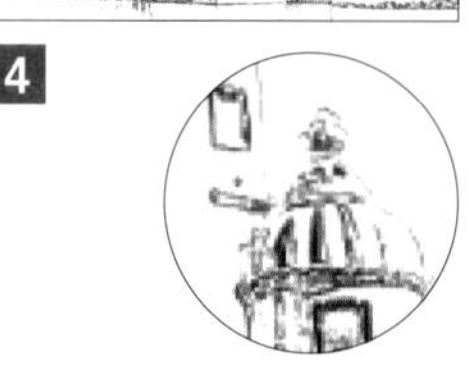

2 輪郭線を抽出する

[フィルター] メニュー→ [輪郭抽出] → [輪郭] をクリックして [輪郭] ダイアログが表示されたら、[Amount] を(ここでは「2」)設定して1、[ブレンディングオプション] の [モード] を [除算] に設定します2。[OK]をクリックすると3、輪郭線が抽出されます4。

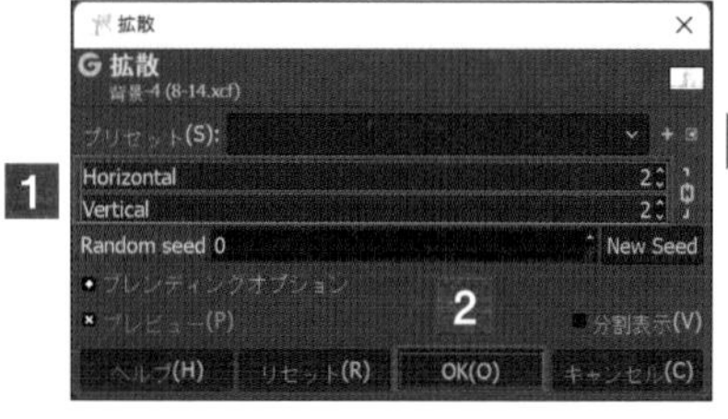

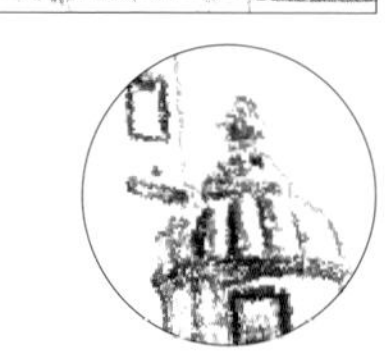

3 [拡散]のノイズで鉛筆画のタッチにする

[フィルター] メニュー→ [ノイズ] → [拡散] をクリックして [ノイズ] ダイアログが表示されたら、[Holizontal] と [Vertical] を設定して(ここでは「2」)1、[OK] をクリックすると2、鉛筆画のタッチに近くなります3。

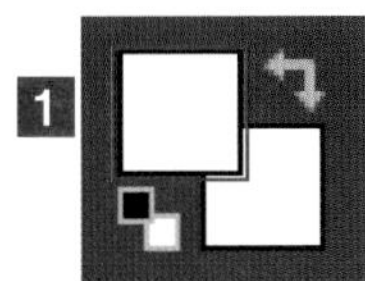

4 キャンバスの地色を描画色に設定する

描画色を設定します（ここでは［0...100］で「R:100 G:100 B:86」）1。

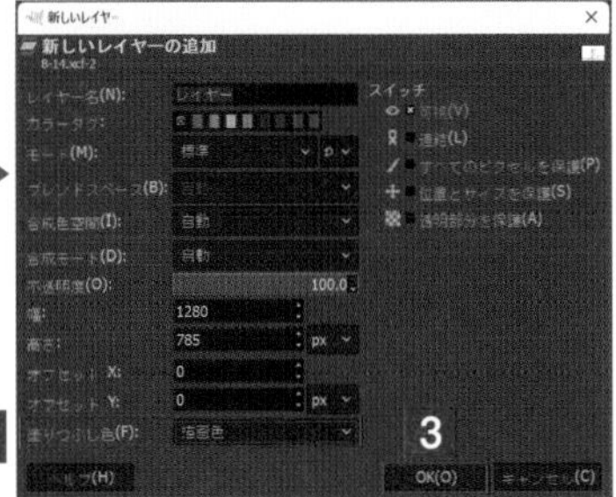

5 描画色で塗りつぶした新しいレイヤーを追加

［レイヤー］ダイアログの［新しいレイヤーの追加］をクリックします1。［新しいレイヤー］ダイアログが表示されたら、［塗りつぶし色］を［描画色］に設定して2、［OK］をクリックします3。

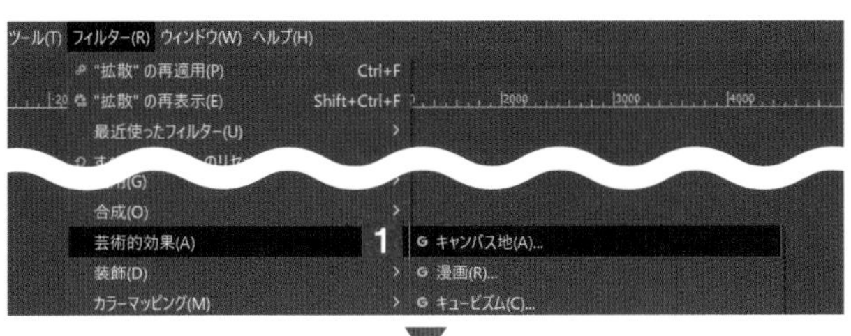

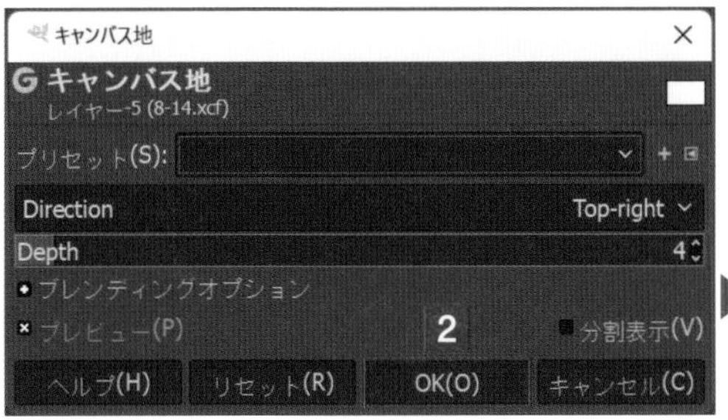

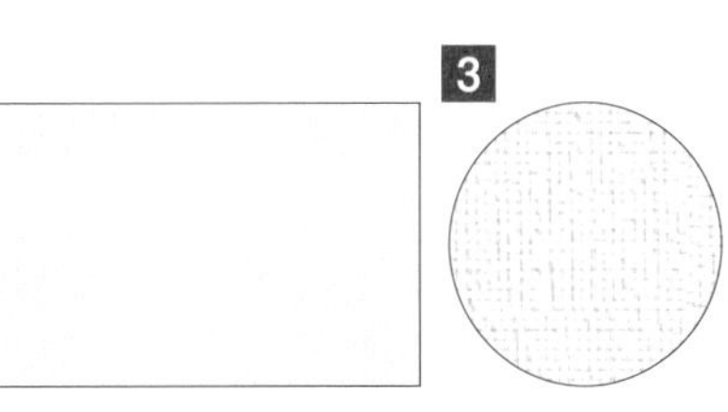

6 ［キャンバス地］を実行する

［フィルター］メニュー→［芸術的効果］→［キャンバス地］をクリックして1、［キャンバス地］ダイアログが表示されたら、初期設定のまま［OK］をクリックします2。追加したレイヤーにキャンバス地のテクスチャが追加されます3。

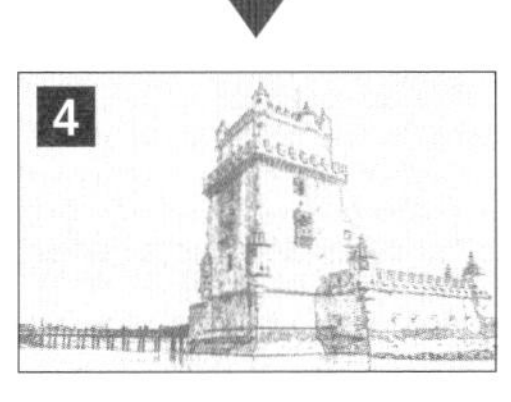

7 線画を前面に移動して［乗算］モードにする

「背景」レイヤーを「レイヤー」の上にドラッグして1、前面に移動します。「背景」レイヤーの［モード］を［乗算］に設定して2、［不透明度］を設定します（ここでは「80」）3。キャンバス地のテクスチャーが線画にも反映されます4。

水彩画風に着色する

フィルターの[水彩]を適用しただけでは水彩画のようには見えません。塗り絵をする感覚てひと手間加えるだけで、水彩画っぽく見せることができます。

サンプルファイル 8-15.xcf

完成図

キャンバスの上に鉛筆で描いたような線画を作成します。

[水彩]フィルターをかけたイメージをマスクで表示する

1

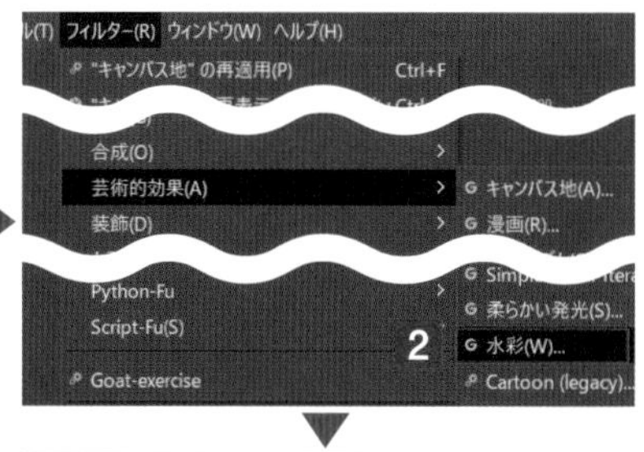

3

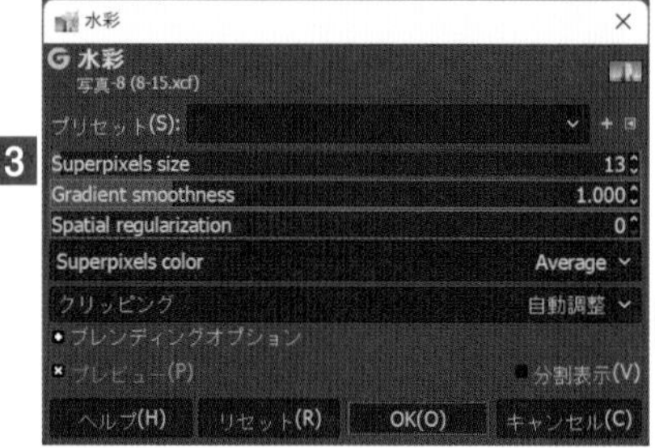

1 [水彩]を実行する

「写真」レイヤーがアクティブな状態で、[フィルター] メニュー→ [芸術的効果] → [水彩] をクリックします1。[水彩] ダイアログが表示されたら、[Superpixels size]を設定して(ここでは「13」)2、[OK]をクリックします3。類似色がまとまり単純化して絵画的になりますが、水彩画のようには見えません4。

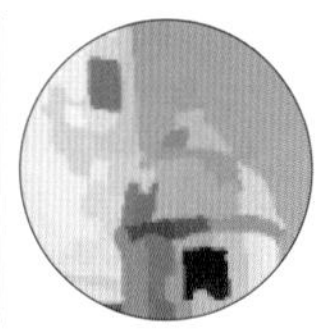

1

2 「写真」レイヤーのモードを[乗算]に設定する

「写真」レイヤーのモードを [乗算] に設定します1。キャンバスのテクスチャが現れます2。

2

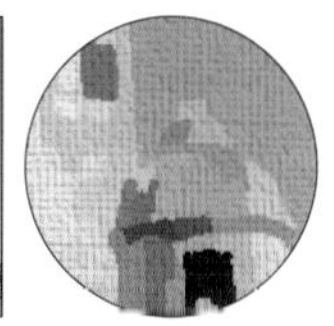

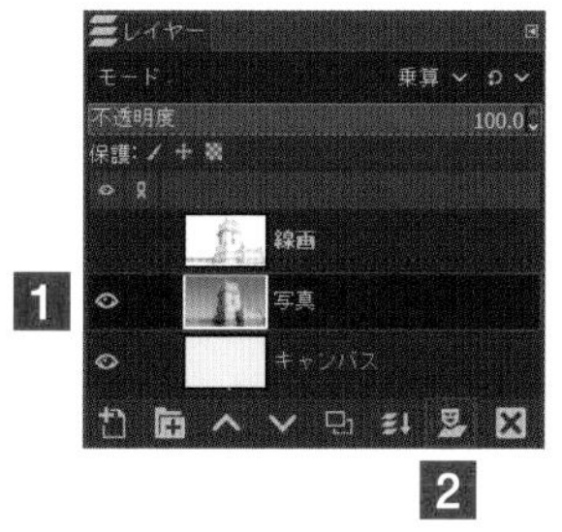

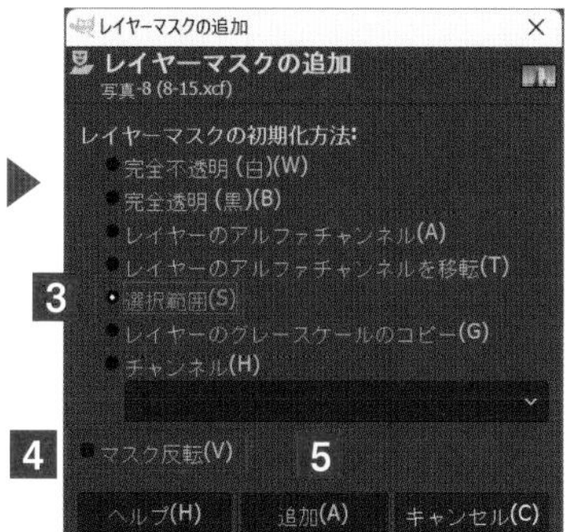

3 「写真」レイヤーをマスクする

「写真」レイヤーがアクティブな状態で1、［レイヤーマスクの追加］をクリックします2。［レイヤーマスクの追加］ダイアログが表示されたら、［選択範囲］にチェックをつけます3。［マスク反転］のチェックを外して4、［追加］をクリックします5。

4 「線画」レイヤーを表示する

「線画」レイヤーの左端をクリックして1、「線画」レイヤーを表示します2。

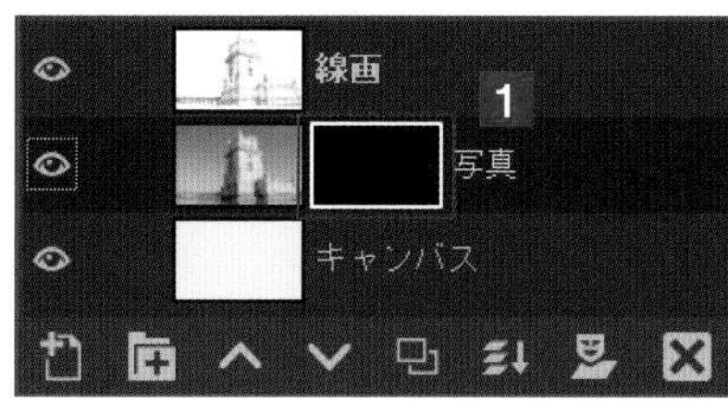

5 「写真」レイヤーのマスクをアクティブにする

「写真」レイヤーのマスクプレビューが白い枠線で囲まれているのを確認します1。白い枠線がない（アクティブでない）場合は、マスクのプレビューをクリックしてください。

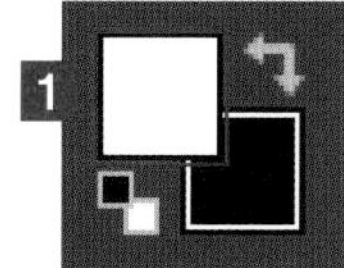

6 描画色をホワイトに設定する

描画色をホワイトに設定します1。

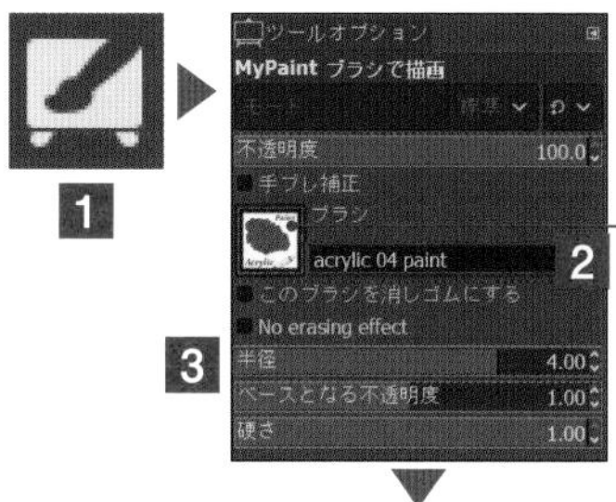

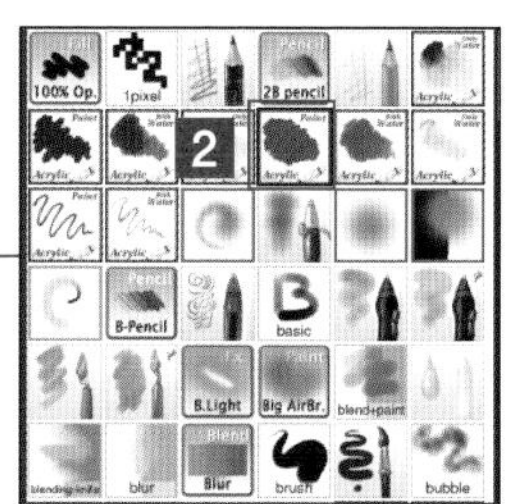

7 おおまかに「写真」レイヤーを表示する

MyPaint ブラシで描画ツールを選択して1、［ブラシ］を［acrylic 04 paint］に設定します2。［半径］を設定します（ここでは「4」）3。あえて塗り残しを作りながらおおまかに塗ります4。

CHECK

塗りを修正するときは、描画色をブラックに設定します。

1

2

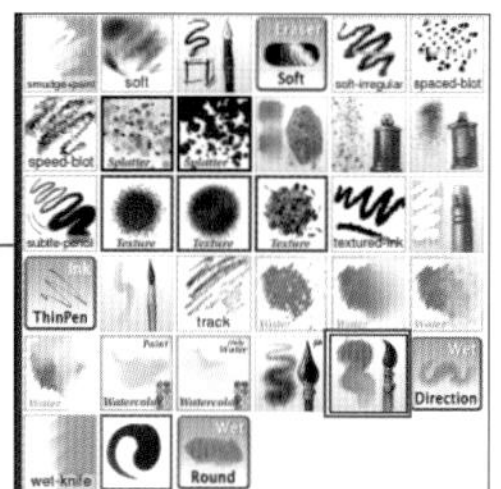

8 水彩らしいぼかしをつける

［ブラシ］を［watercolor glazing］に設定します**1**。［半径］を設定します（ここでは「3」）**2**。「写真」レイヤーのレイヤーマスクイメージにぼかしをつけます**3**。

CHECK

マスクイメージをペイントしているので、色を変えたりすることができません。水彩の雰囲気に近くなったら、［レイヤーマスクの適用］を実行して、直接ピクセルを編集できる状態に変えてブラッシュアップしてください。

POINT

・芸術的効果フィルター

キャンバス地	キャンバスのテクスチャーをつける
漫画／Cartoon (legacy)	輪郭を黒く縁取る
キュービズム	四角いタイルを不規則に散りばめたようになる
ガラススタイル	チェック柄のガラス越しに見える効果をつける
油絵化	類似色がまとまり単純化して絵画的になる
写真コピー／Photocopy (legacy)	白黒のコピーのようになる
Simple Linear Iterative Clustering (SLIC)	色を平均化して単純化する。ポスタリゼーションの効果がつく
柔らかい発光／Softglow (legacy)	ソフトフォーカスのような効果をつける
水彩	類似色がまとまり単純化して絵画的になる
GIMPressionist	用紙、ブラシ、ストロークなどを組み合わせて絵画的な効果をつける
プレデター	サーモグラフィーのような画像になる
ヴァン ゴッホ風	画像の特定の方向がぼやける
織物	編み込みの陰影をつける
覆布化	布のようなテクスチャーをつける

画像の縁にあいまいなぼかしをつける

画像を縁取るぼかしを追加します。均一なグラデーションではないのが特徴です。ぼかしをつけない粒状にすることもできます。

サンプルファイル 8-16.xcf

完成図

画像の縁に白いあいまいなぼかしをつけます。

[ファジー縁取り]で曖昧なぼかしをつける

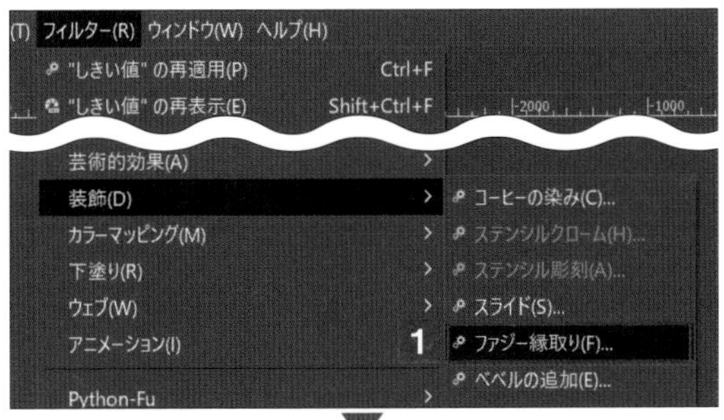

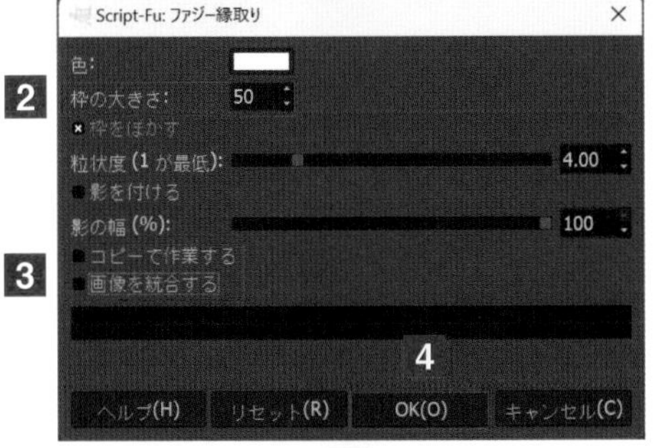

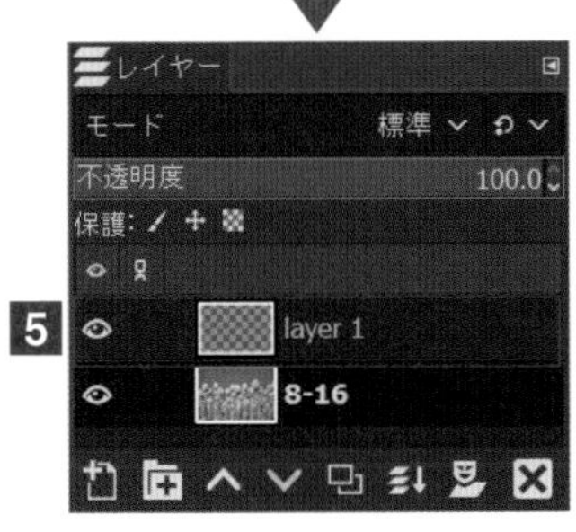

1 [ファジー縁取り]を実行する

[フィルター] メニュー→ [装飾] → [ファジー縁取り] をクリックします**1**。[ファジー縁取り] ダイアログが表示されたら、[枠の大きさ] を設定します（ここでは「50」）**2**。[コピーで作業する] と [画像を統合する] のチェックを外します**3**。ほかは初期設定のまま [OK] をクリックします**4**。ぼかしのレイヤーが追加されます**5**。

CHECK

[コピーで作業する] にチェックをつけると、新しい画像にコピーしてぼかしをつけます。[枠をぼかす] のチェックを外して、[粒状度] を「1」にすると、砂状のぼかしがつきます。

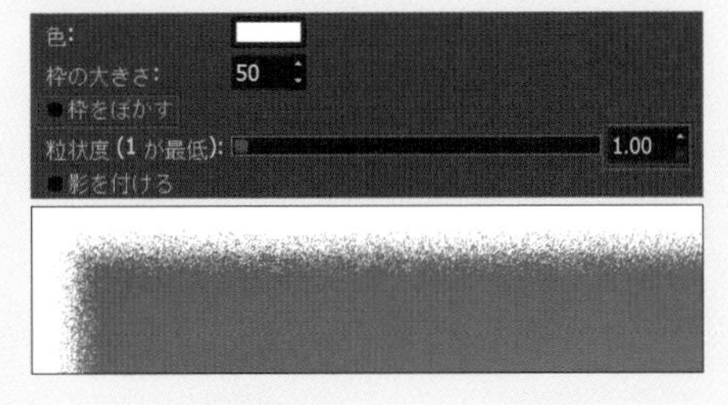

POINT

・装飾フィルター

コーヒーの染み	コーヒーをこぼしたような染みが描かれたレイヤーを追加する
ステンシルクローム	グレースケール、アルファチャンネルなしの画像を元にメタリック調の光沢感をつけた新しい画像を作成する 元画像 ▶
ステンシル彫刻	グレースケール、アルファチャンネルなしの画像に適用する。合成する（彫刻化する）画像はRGBでもよいが、同じサイズにする。ステンシルのような穴を開けたイメージの新しい画像を作成する GIMP ▶ Script-Fu: ステンシル彫刻 / 彫刻化する画像: 8-16-P3.xcf-9 / 8-16-P3-41 / 白い部分を彫刻化する / ヘルプ(H) リセット(R) OK(O) キャンセル(C) 白い部分を彫刻化する：オフ
スライド	アナログフィルムのイメージの枠にはめ込む
ファジー縁取り	画像の縁にあいまいなぼかしをつける
ベベルの追加	選択範囲に立体的な陰影をつける
角丸め	画像の四隅に丸みをつける。影も追加できる
古い写真	古い写真のイメージに変換する。セピア色にするかカラーを維持するか選択できる
霧	霧や煙のようなイメージが描かれたレイヤーを追加する
枠の追加	画像の縁を立体的な枠で囲んだレイヤーを追加する

継ぎ目のないパターンを作成する

画像の一部を使ってパターンを作成するとき、フィルターの[シームレスタイル]を使うと、簡単に継ぎ目が出ない処理ができます。

サンプルファイル 8-17.xcf

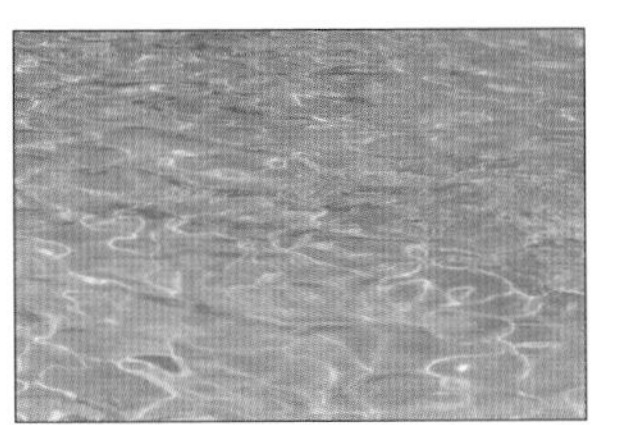

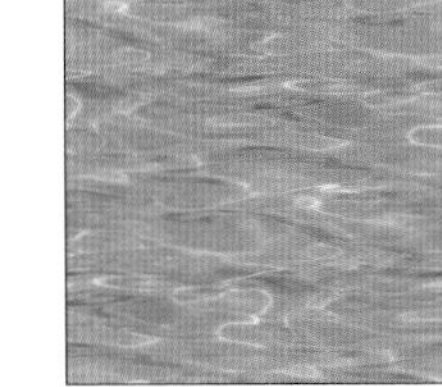

完成図

画像の一部をシームレスなパターン用の画像に加工します。

[シームレスタイル]で継ぎ目をなくす

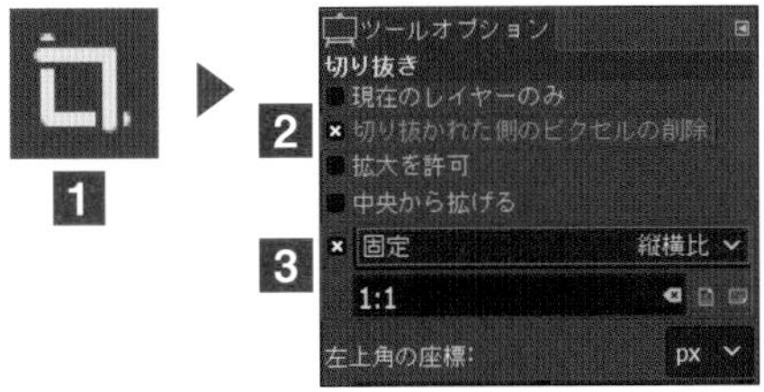

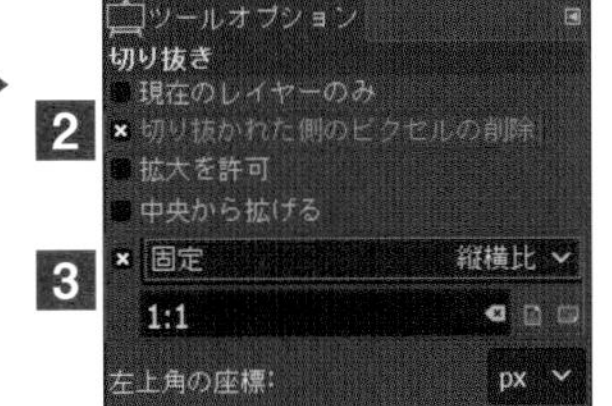

1 切り抜きツールを設定する

切り抜きツールを選択します1。[[ツールオプション] ダイアログ] ダイアログの [切り抜かれた側のピクセルの削除] にチェックをつけます2。[固定　縦横比] にチェックをつけて比率を「1：1」に設定します3。

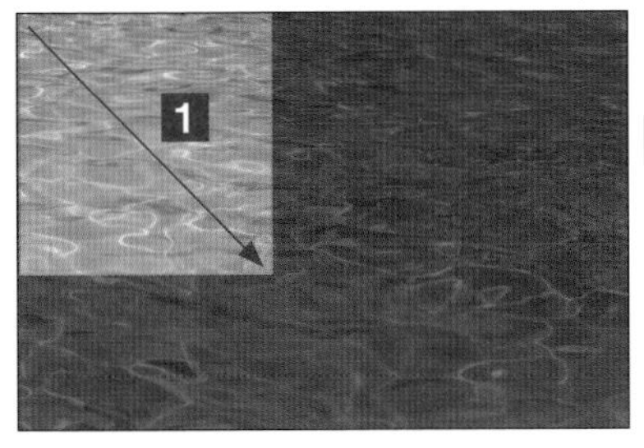

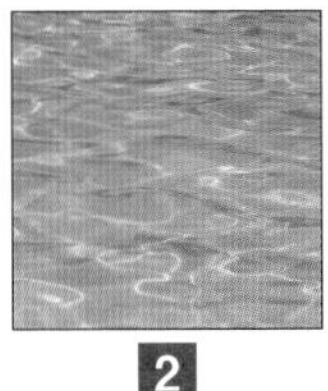

2 画像の一部を切り抜く

画像の左上 400 ピクセル四方を選択します1。Enter キーを押して切り抜きます2。

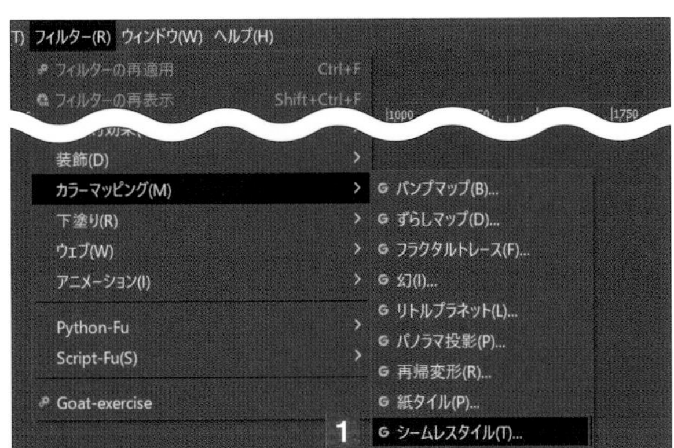

3 [シームレスタイル]を実行する

[フィルター] メニュー→ [カラーマッピング] → [シームレスタイル] をクリックします1。[シームレスタイル] ダイアログが表示されたら、[OK] をクリックします2。

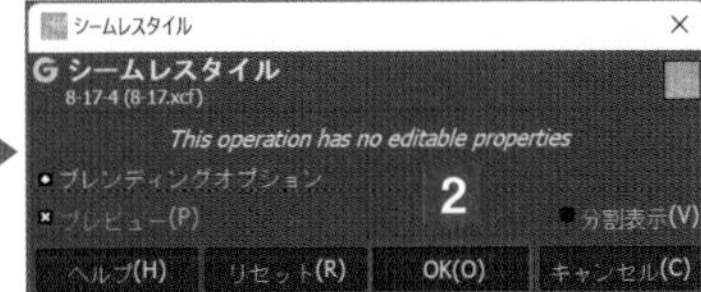

18 画像を並べてパターンの継ぎ目をチェックする

前頁で作成したパターン用の画像を並べて、継ぎ目がないか確認します。わざわざパターンを作成しなくても、事前にフィルターの[並べる]で確認できます。

サンプルファイル 8-18.xcf

完成図

元の画像を3×3並べた画像を作成します。

[並べる]でパターンの継ぎ目を確認する

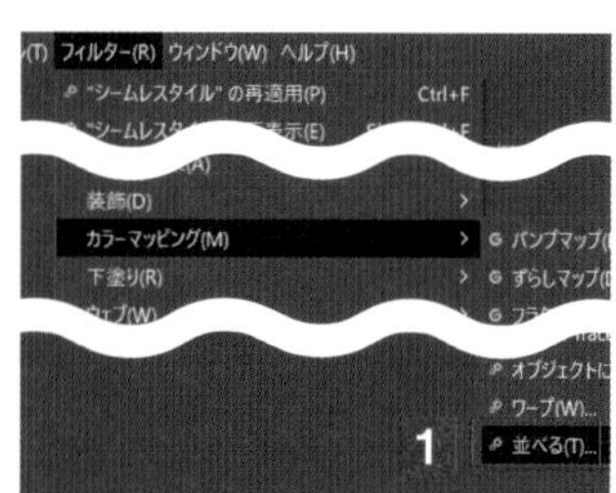

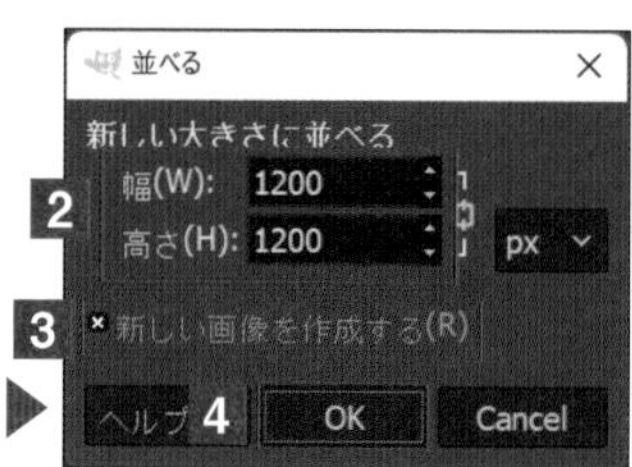

1 [並べる]を実行する

[フィルター] メニュー→ [カラーマッピング]→[並べる]をクリックします**1**。[並べる] ダイアログが表示されたら、[幅] と [高さ] を「1200」(元画像の3倍) に設定して**2**、[新しい画像を作成する] にチェックをつけて**3**、[OK] をクリックします**4**。

POINT

・カラーマッピングフィルター

バンプマップ	バンプ画像と合成してエンボス効果をつける
ずらしマップ	グレースケール画像の明暗差でずらしの効果をつける
フラクタルトレース/Fractal Trace (legacy)	画像をフラクタルにマッピングする。「マンデルブロ」か「ジュリア」のタイプを選べる (legacy はマンデルブロのみ)
幻	万華鏡のような効果をつける
リトルプラネット	360°カメラの正距円筒図法画像を全天球に変換する
パノラマ投影	360°カメラの正距円筒図法画像をパノラマに変換する
再帰変形	画像の中に更に小さい同じ画像があり、その中に更に同じ画像があるドロステ効果をつける
紙タイル	画像をいくつかの正方形にカットしてランダムにずらす
シームレスタイル	タイル状に並べても継ぎ目がでない処理をする
オブジェクトにマップ	平面、球体、直方体、円柱のいずれかにマッピングしたように変形する
ワープ	グレースケール画像の明暗差でずらしの効果をつける。ずらさないマスクも設定できる
並べる	指定サイズに合わせて画像をタイル状に並べる

集中線を入れる

漫画でスピード感や緊迫感を表現するときに使われる集中線を入れます。中心の位置を設定するオプションがないので、レイヤーのサイズを変更して調整します。

サンプルファイル 8-19.xcf

完成図

ネコの顔を中心に集中線のレイヤーを追加します。

集中線の中心をレイヤーサイズで調整する

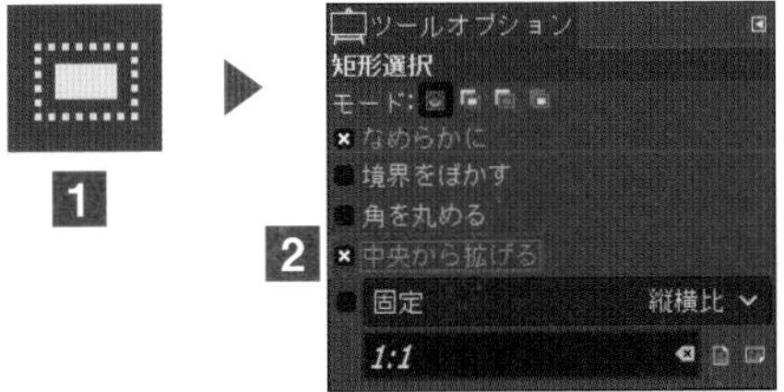

1 矩形選択ツールを設定する

矩形選択ツール■を選択します1。[[ツールオプション] ダイアログ] ダイアログの [中央から広げる] にチェックをつけます2。

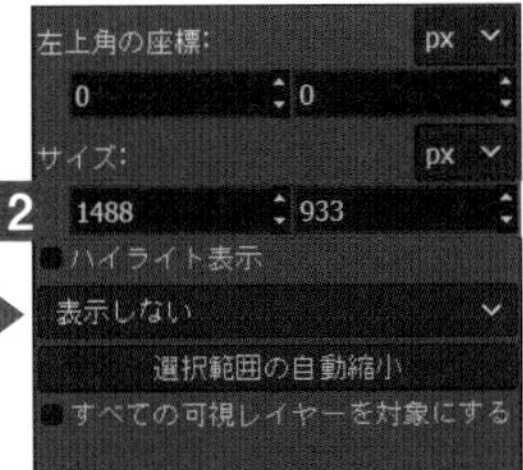

2 中心にする位置からドラッグする

ネコの顔の中心から、いちばん遠くにあるキャンバスの角までドラッグします1。[ツールオプション] ダイアログの [サイズ] を確認します2。

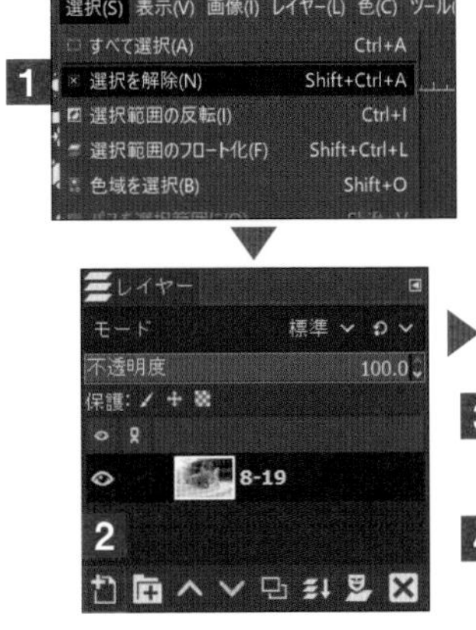

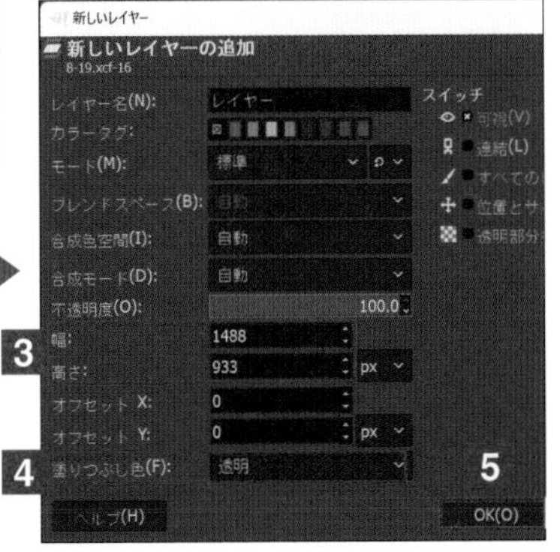

3 新しいレイヤーを追加する

[選択] メニュー→ [選択を解除] をクリックします1。[レイヤー] ダイアログの [新しいレイヤーの追加] ■をクリックします2。[新しいレイヤー] ダイアログが表示されたら、[幅] と [高さ] に手順2で確認した値を設定します3。[塗りつぶし色] を [透明] に設定して4、[OK] をクリックします5。

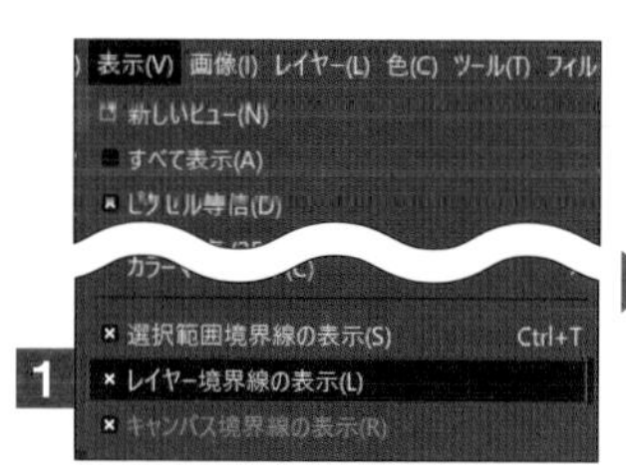

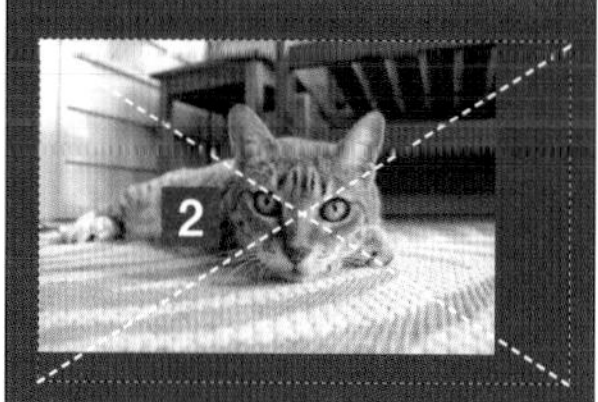

4 レイヤーの境界線を表示する

[表示] メニュー→ [レイヤー境界線の表示] にチェックをつけて1、追加したレイヤーの中心が、集中線の中心にしたい位置と合っているか確認します2。

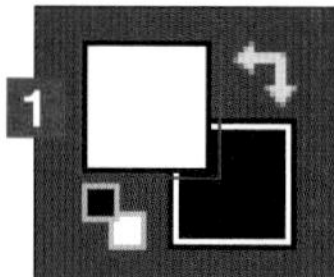

CHECK

描画色が集中線の色になります。

5 描画色を設定する

描画色を設定します（ここではホワイト）1。

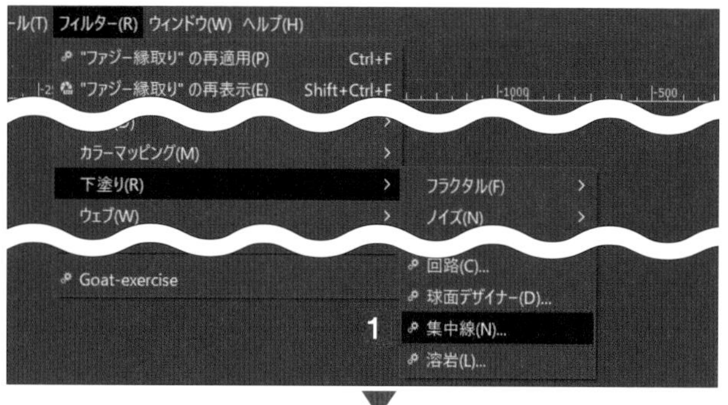

6 [集中線]を実行する

[フィルター]メニュー→[下塗り]→[集中線] をクリックします1。[集中線] ダイアログが表示されたら、オプションを設定して（ここでは [線数] を「60」、[オフセット半径] を「300」、ほかは初期設定のまま）2、[OK] をクリックします3。

CHECK

[線数] は 40 ～ 1000 の間で設定できます。[角度] の値を大きく（最大 10）すると、エッジに向かって広がる線の幅が広くなります。[オフセット半径] はレイヤーの中心から線を入れない範囲です。[複雑度] の値を大きく（最大 2000）すると、線の始まる位置のズレが大きくなります。

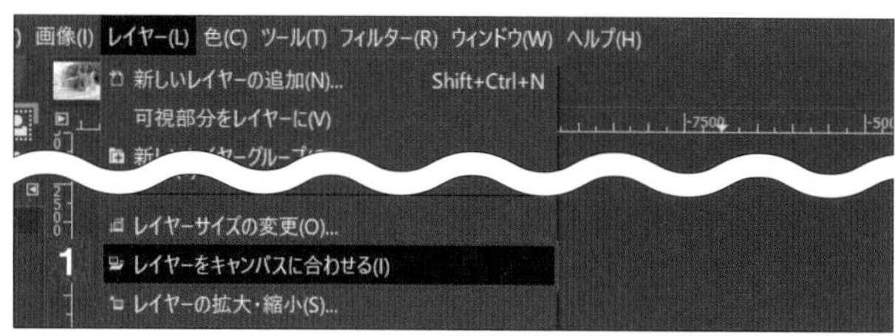

7 レイヤーをキャンバスに合わせる

[レイヤー] メニュー→ [レイヤーをキャンバスに合わせる] をクリックします1。レイヤーのサイズがキャンバスと同じになります2。

CHECK

レイヤーをキャンバスに合わせる前に [表示] メニュー→ [すべて表示] をクリックすると、集中線はキャンバスの外に描かれていないのが確認できます。

POINT

・下塗りフィルター

フラクタル	規則的なフラクタルのパターン画像を作成する **IFSフラクタル**　**フラクタルエクスプローラー**　**炎**
ノイズ	不規則なノイズ画像を作成する **セルノイズ**　**パーリンノイズ**　**プラズマ**
パターン	さまざまなパターン画像を作成する **市松模様**　**迷路**　**Spiral**
Spyrogimp	スピログラフ（曲線による幾何学模様を描くための定規）で描いたような模様を作成する
シェイプ（Gfig）	幾何学図形を作成する（154 ページ参照）
回路	プリント基板のような画像を作成する
球面デザイナー	3D ソフトのように質感や照明を設定した球体画像を作成する
集中線	集中線の画像を作成する
溶岩	溶岩みたいな画像を作成する

・ウェブフィルター

半統合	アルファチャンネルがない画像形式にあたかも半透明のような効果を加える
イメージマップ	画像上にクリック感応領域を配置する
画像分割	マウスに反応する画像を HTML 言語のテーブルを用いて構成する

POINT

・アニメーションフィルター

ブレンド	前後のレイヤーの画像が徐々に入れ替わる中間イメージを自動生成する。最背面のレイヤーにホワイトだけのレイヤーを入れて最低3枚のレイヤーで作成する 再生は背面レイヤーから
回転する球体	画像を球体にマッピングして回転するアニメーションを自動生成する
焼き付け	発光する垂直ラインが水平に移動して前後のレイヤーの表示を切り替える中間イメージを自動生成する
波	水面に石を投げたときのように同心円に広がる波のアニメーションを自動生成する
波紋	水面がゆれるようなアニメーションを自動生成する
GIF 用最適化	ファイルサイズが小さくなるように、変化している部分だけ描き換えたレイヤーに作り直す。[GIF 用最適化] と [差分最適化] で画像の残し方が若干異なる
差分最適化	
再生	複数レイヤーで作成したアニメーションをテスト再生するウィンドウが開く
最適化の解除	最適化した画像を元のレイヤー画像に戻す

CHAPTER

09

THE PERFECT GUIDE FOR GIMP

パスの操作

パスの基本知識

パスは、選択範囲の作成や、塗りつぶし、境界線に沿った線の描画などに使用します。直線や曲線を正確に作成できるので、滑らかでシャープなイメージを作成できます。

パスについて

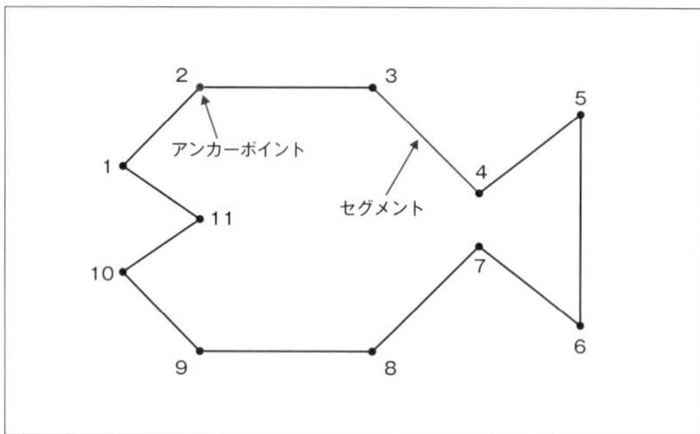

点つなぎで形をつくる

番号がついた点を順番に線でつないでイラストを描く「点つなぎクイズ」をした経験はありませんか？パスはそれと同じものです。作りたい形になる点を順番に設定しながら線をつなぎます。グラフィックソフトでは、この点のことを「アンカーポイント」、つないだ線のことを「セグメント」と呼びます。

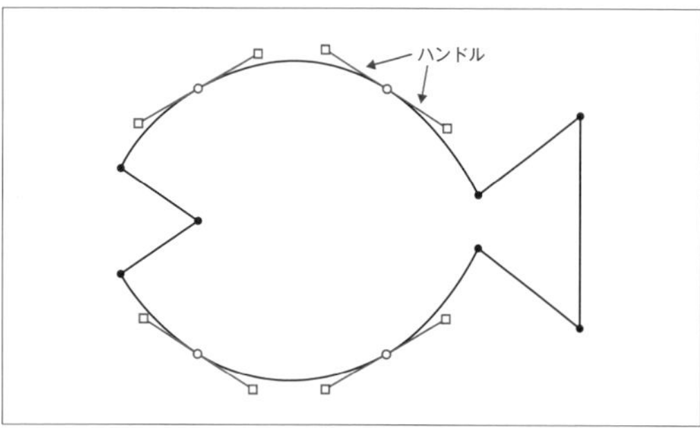

曲線にしたいときは？

「点つなぎクイズ」のように直線だけでつなぐのではカクカクした形にしか作成できません。曲線にするには、点（アンカーポイント）と一緒に「ハンドル」を設定します。自転車のハンドルもカーブで曲がるときに動かすので意味としては似ていますが、パスのハンドルは直感で理解するのが難しいので、何回も練習しないと思い通りの曲線は描けません。しかし、慣れてしまえば、フリーハンドより滑らで綺麗な曲線を描けるので、作品のクォリティを上げるためには欠かせないツールです。

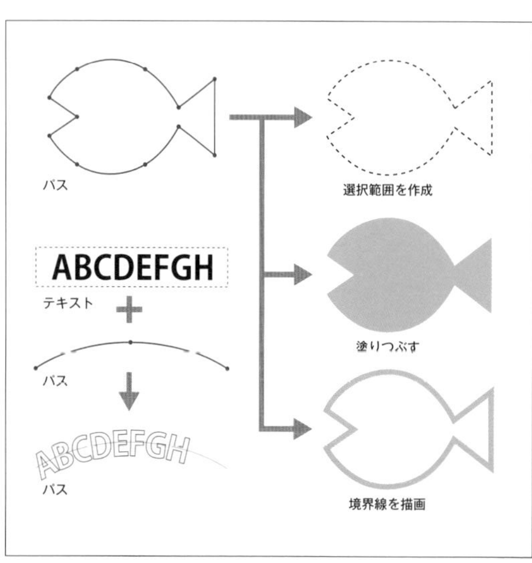

パスの用途

パス自体は、印刷することができません。パスを元に選択範囲を作成する。パスの境界線の内側を塗りつぶす。境界線に沿って線を描く。パスに沿ってテキストを配置することに利用します。

POINT

パスを SVG 形式でエクスポートして、Inkskape などのドローソフトでパスを使用することもできます（335 ページ参照）。

作成したパスの表示について

パスを選択すると アンカーポイントが表示され、曲線のアンカーポイントを選択するとハンドルが表示されます。パスは印刷されないオブジェクトなので、編集しないときは非表示にします。

パスを選択してセグメントやアンカーポイントを表示する

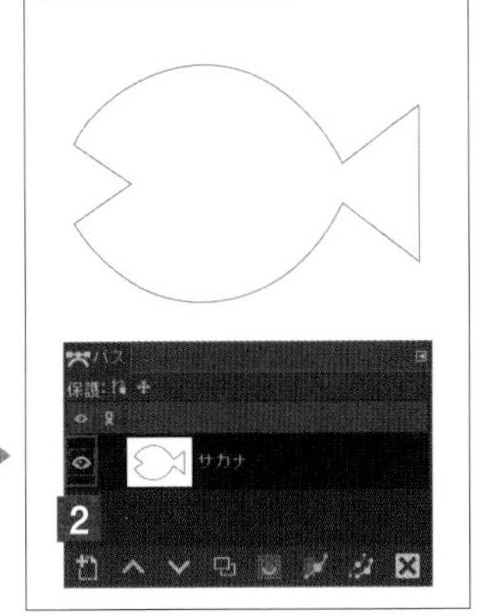

パスを表示する

作成したパスの表示は、[パス] ダイアログで設定します。左端の四角をクリックして1、目のアイコンが表示されたらパスを表示する設定になります2。

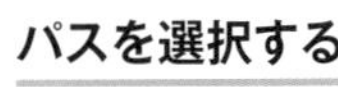

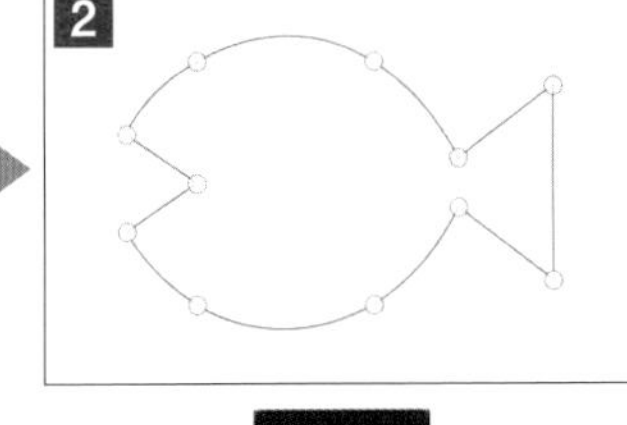

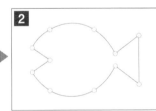

パスを選択する

[パス] ダイアログのプレビューをダブルクリックすると1、パスを選択した状態になり、アンカーポイントが表示されます2。同時にパスツール3も選択されます。

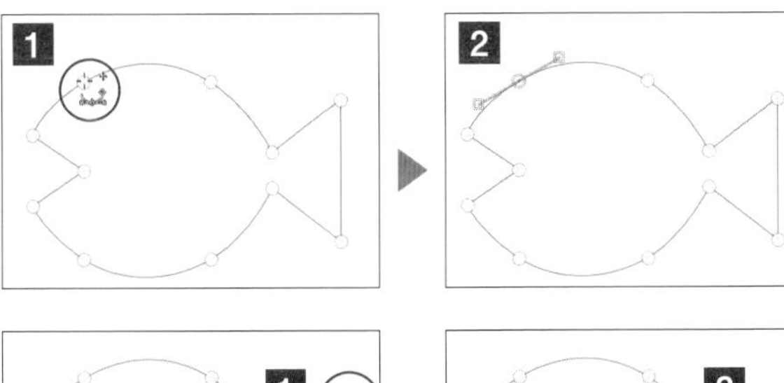

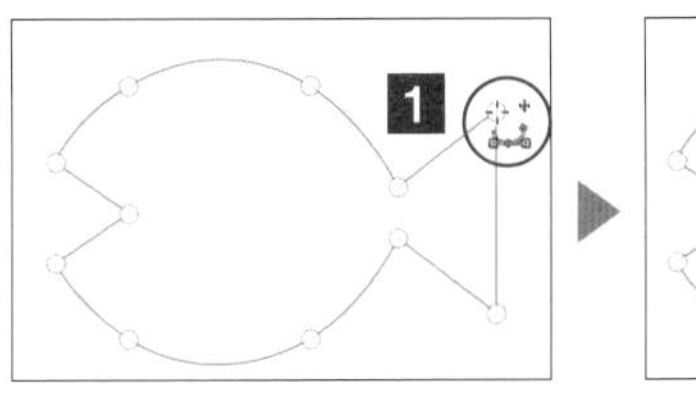

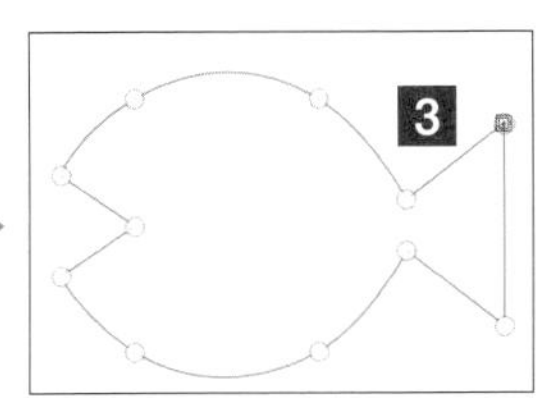

アンカーポイントを選択する

アンカーポイントの選択は、パスツールでクリックします1。アンカーポイントにハンドルが2本あるときは、選択したアンカーポイントを透明な丸◎で表示して2、ハンドルが1本または0本のときは透明な四角形□が表示されます3。

03 直線だけのパスを作成する

順番にクリックして直線だけのパスを作成します。慌ててクリックするとハンドルが伸びてしまうので、マウスを止めてゆっくりクリックしてください。

サンプルファイル 9-03.xcf

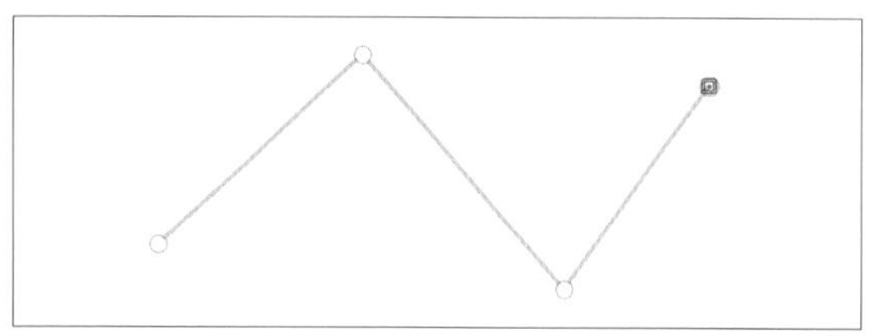

完成図

下絵の点を順番にクリックして、直線のパスを作成します。

パスツールでクリックしてセグメントをつなぐ

1

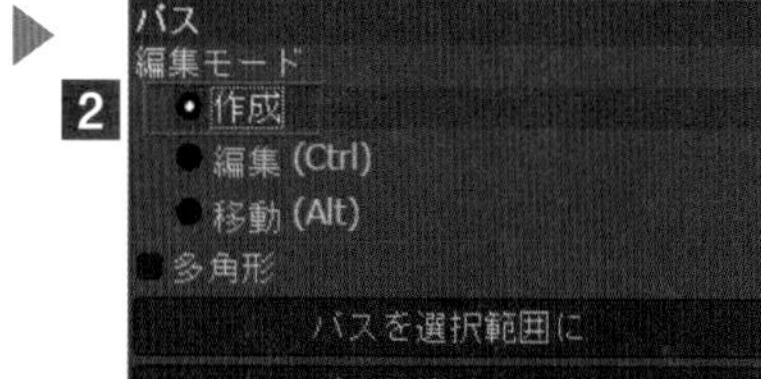

2

1 パスツールを選択する

パスツールを選択して1、[ツールオプション] ダイアログの [作成] にチェックをつけます2。

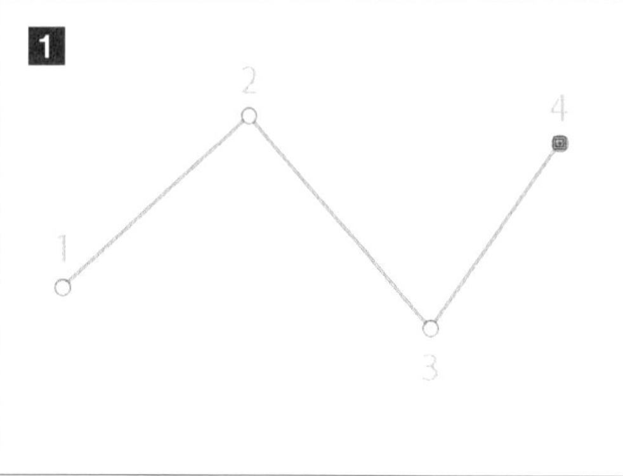

2 順番にクリックする

サンプルファイルの下絵の●を、1番から4番まで順番にクリックします1。

CHECK

クリックする位置を間違えてアンカーポイントを作成したときは、Ctrl+Z キーを押して操作を取り消すか、パスツールでアンカーポイントをドラッグして位置を直します。

POINT

パスの作成を終了するときは、パスツール以外のツールを選択します。例外として、パスツールを選択するショートカットキー（B）を押すと、パスツールのままパスの作成が終了できます。続けて新しいパスを作成するときに便利です。

04 終点にハンドルを設定して曲線のセグメントを作成する

最初のアンカーポイントにはハンドルを設定しないで、終点のハンドルでセグメントの曲がり具合を調整します。カーソルの反対側のハンドルの長さと角度で設定します。

サンプルファイル 9-04.xcf

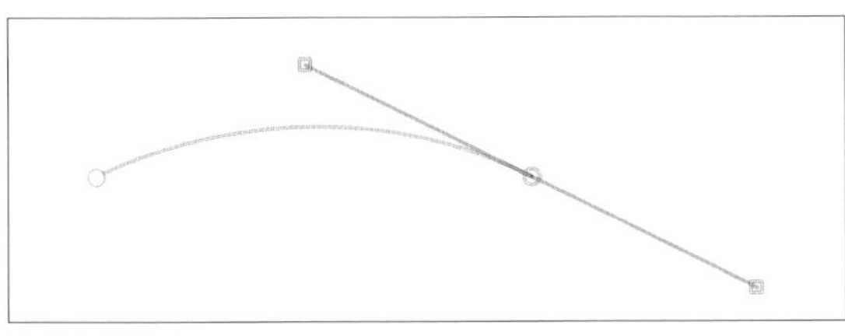

完成図

始点のアンカーポイントにはハンドルなし。終点のアンカーポイントにハンドルを設定して曲線のセグメントを作成します。

終点のアンカーポイントにハンドルを設定する

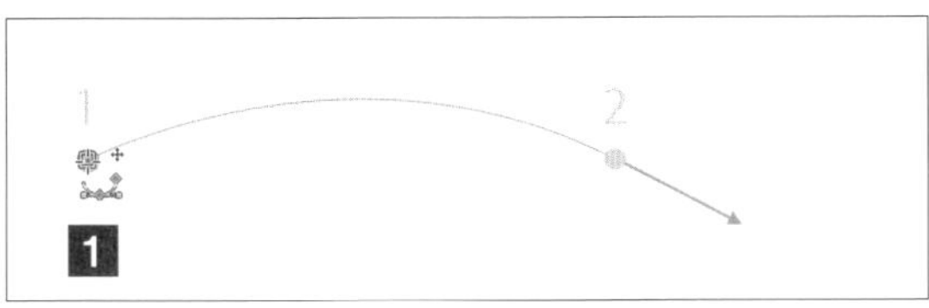
1
2
1

1 パスツールで始点をクリックする

パスツールでサンプルファイルの下絵の1番をクリックします1。

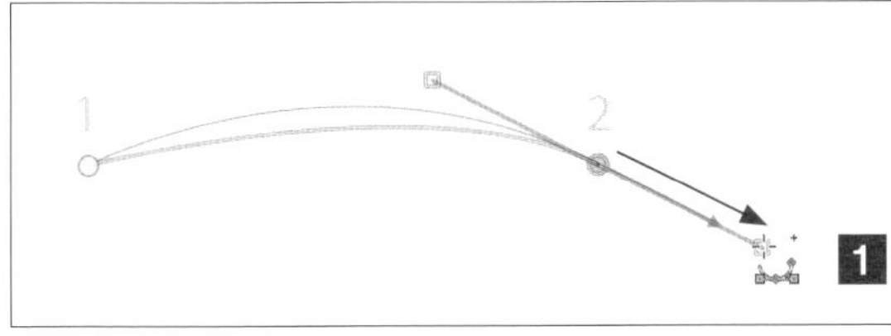
1
2
1

2 終点でドラッグしてハンドルを伸ばす

2番から矢印──▶の方向にドラッグします1。

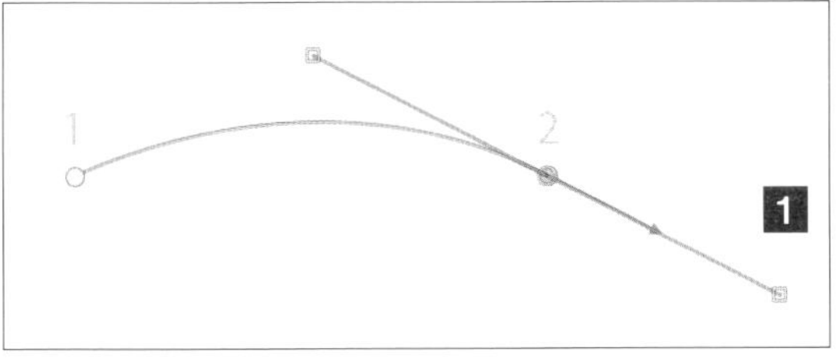
1
2
1

3 下絵のカーブに合わせてハンドルを確定する

セグメントのカーブが下絵のカーブと合う位置までハンドルを伸ばしたら、マウスボタンをはなします1。

POINT

パスツールでドラッグすると、アンカーポイントから同じ長さと角度の2本のハンドルが伸びます。このとき、カーソル側のハンドルは次に作成するセグメントのカーブを決めるハンドルです。

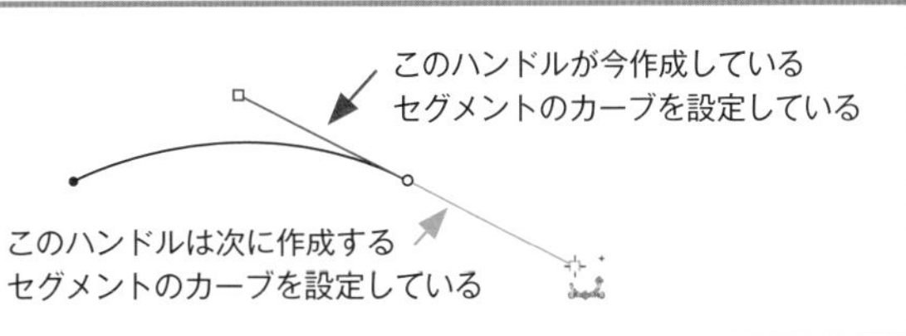
このハンドルが今作成している
セグメントのカーブを設定している
このハンドルは次に作成する
セグメントのカーブを設定している

SECTION 05

始点にハンドルを設定して曲線のセグメントを作成する

始点のアンカーポイントにハンドルを設定するときは、曲がり具合を予想してハンドルの長さや方向を決めなければなりません。うまくできなくても修正できるので安心です。

サンプルファイル 9-05.xcf

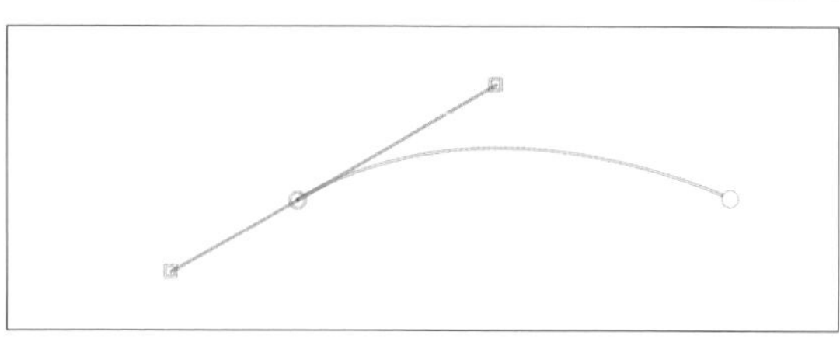

完成図

ハンドルの角度と長さを予想して、始点のアンカーポイントのハンドルを設定します。失敗しても修正できます。

始点のアンカーポイントにハンドルを設定する

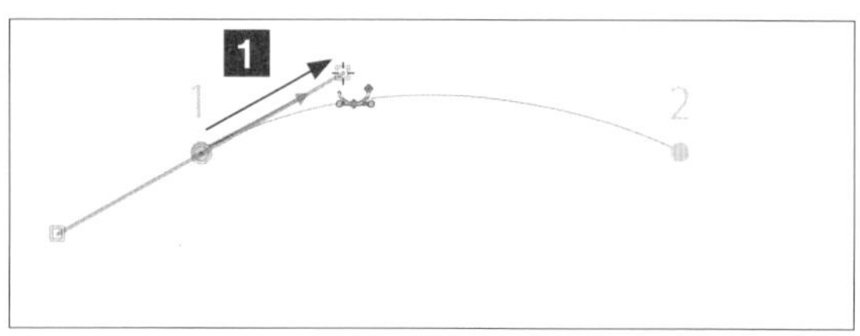

1 始点でドラッグしてハンドルを伸ばす

サンプルファイルの下絵の１番から、矢印の方向にドラッグします1。長さはあとで修正するので適当でかまいません。

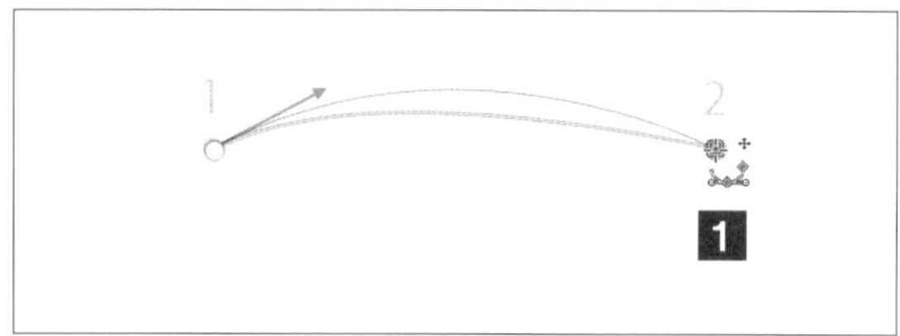

2 終点でクリックする

２番をクリックします1。

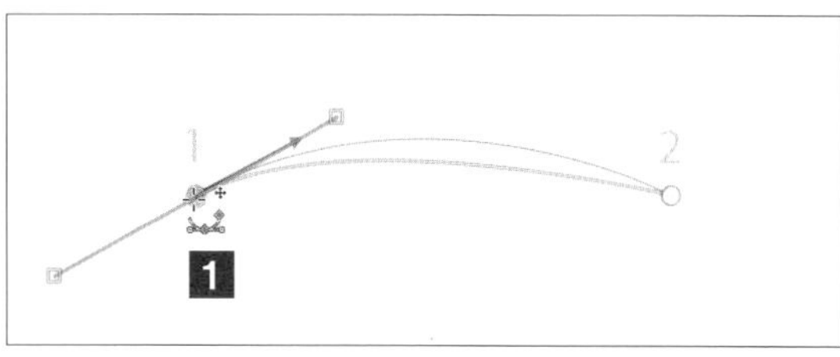

3 ハンドルを表示する

１番のアンカーポイントをクリックして1、ハンドルを表示します。

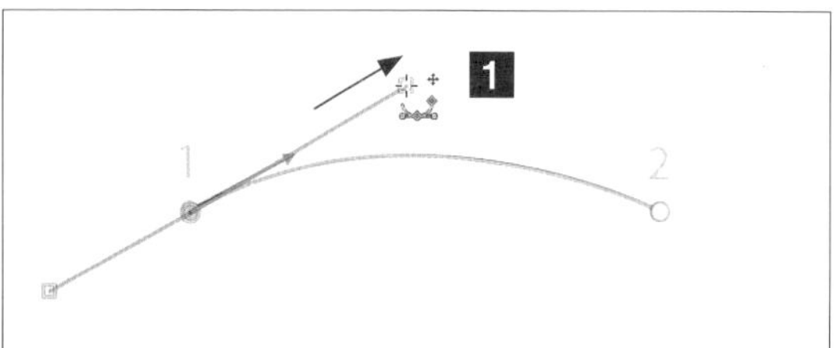

4 ハンドルを修正する

ハンドルの先端をドラッグして1、下絵のカーブに合わせます。

06 両端点にハンドルを設定して曲線のセグメントを作成する

両端点のアンカーポイントにハンドルを設定するときは、セグメントの始点側と終点側の曲がり具合を分担してハンドルを設定します。

サンプルファイル 9-06.xcf

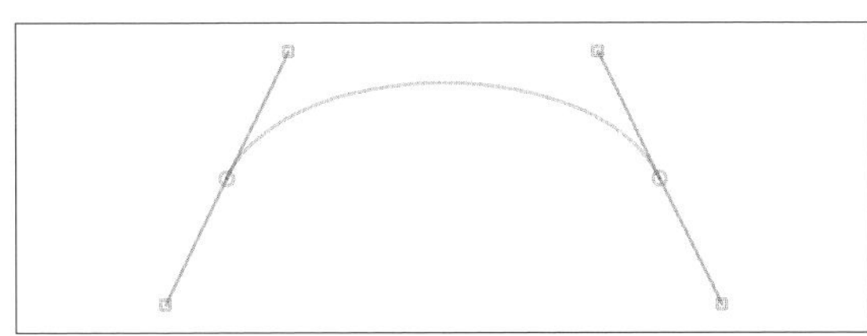

完成図

セグメントのカーブを2本のハンドルで分担して作成します。

始点と終点のアンカーポイントにハンドルを設定する

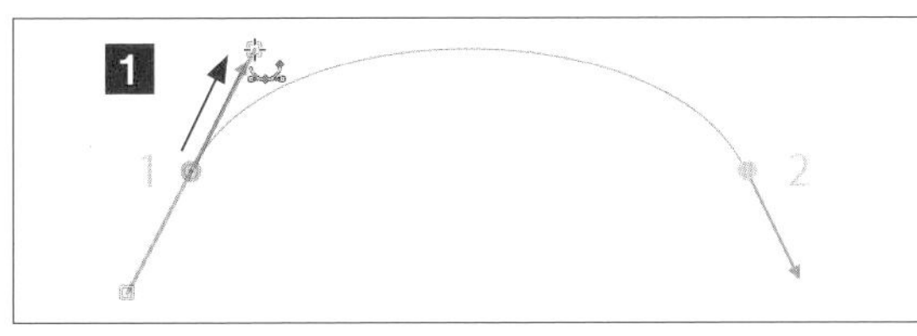

1 始点でドラッグしてハンドルを伸ばす

サンプルファイルの下絵の１番から、矢印の方向にドラッグします1。長さはあとで修正するので適当でかまいません。

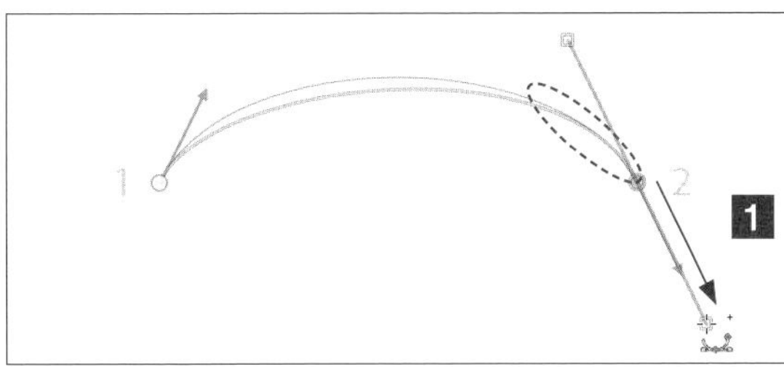

2 終点でドラッグする

２番から矢印の方向にドラッグします1。始点側のカーブは無視して、破線で囲んだ終点側のアンカーポイントに近いカーブを下絵に合わせます。

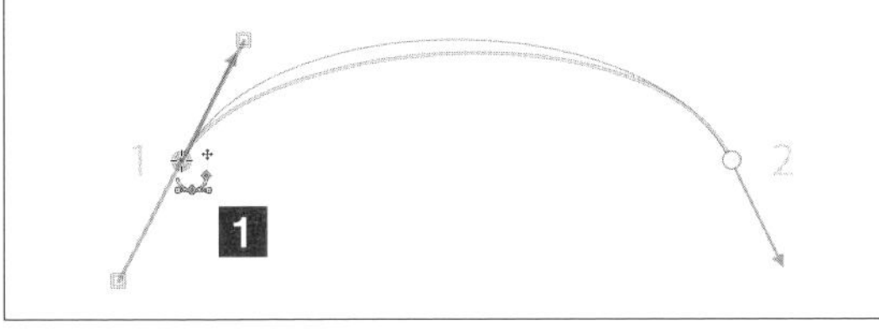

3 ハンドルを表示する

１番のアンカーポイントをクリックして1、ハンドルを表示します。

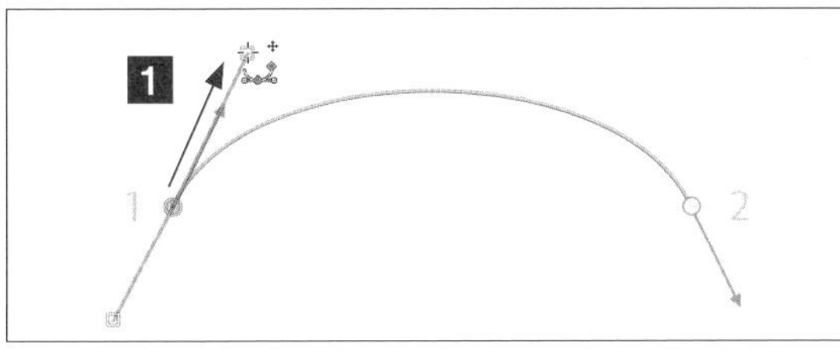

4 ハンドルを修正する

ハンドルの先端をドラッグして1、始点側のカーブを下絵に合わせます。始点側のハンドルの修正だけで合わないときは、終点側のアンカーポイントをクリックしてハンドルを修正します。

複雑なカーブのパスを作成する

複雑なカーブのパスは、複数のセグメントに分けて作成します。アンカーポイントのふたつのハンドルが一直線になっていると、セグメントのつなぎ目が滑らかなカーブになります。

サンプルファイル 9-07.xcf

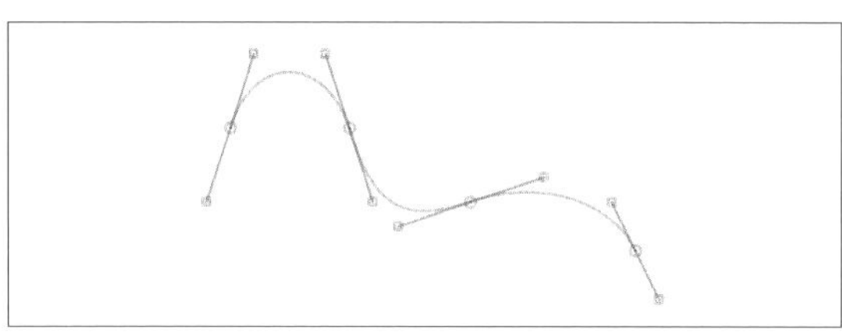

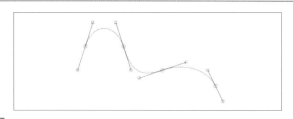

完成図

連続でハンドルつきのアンカーポイントを設定して、曲線のセグメントだけのパスを作成します。

曲線セグメントを連続して作成する

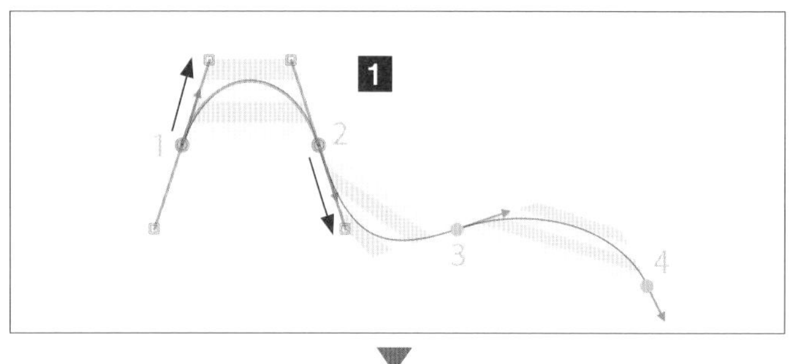

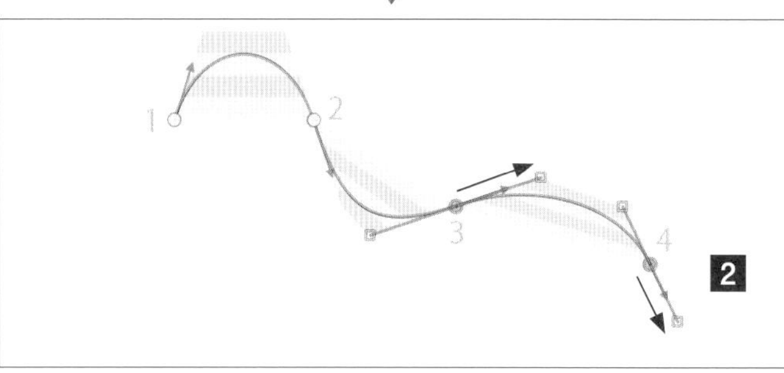

1 始点から順番にドラッグする

パスツールでサンプルファイルの下絵の1番から順番にドラッグして1 2、曲線のセグメントを連続して作成します。

CHECK

ハンドルを修正するときは、Shift キーを押しながらドラッグして、反対側のハンドルも一緒に動かします。

POINT

曲線のセグメントは、アンカーポイントとハンドルで囲んだ内側に作成されます。曲線のセグメントを山に例えると、山の頂上より少し高く（山の高さの約1/3くらい高く）設定するのが目安です。

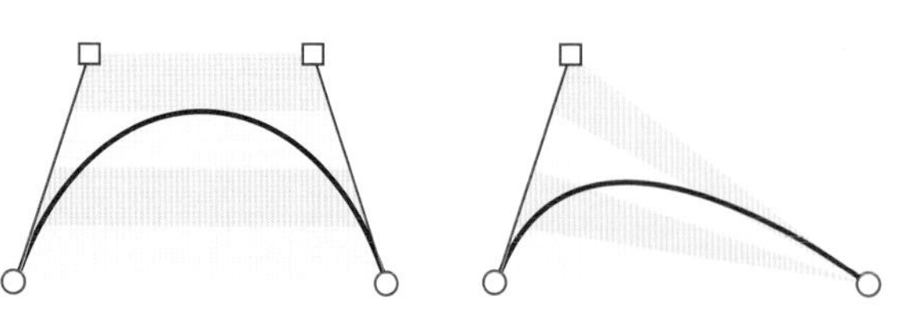

ハンドルの向きを変えてカーブを作成する

ハンドルの向きを一直線に揃えないで方向を変えると、カーブの向きを変えたセグメントを作成できます。ハンドルを一直線に伸ばした後に、もう一度ハンドルを動かします。

サンプルファイル 9-08.xcf

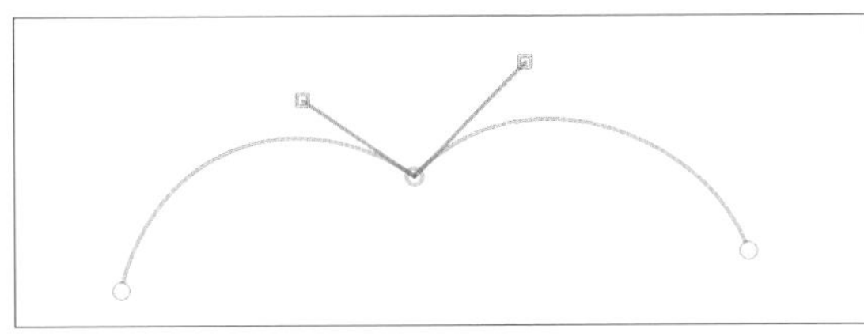

完成図

一直線に伸ばしたハンドルから、次に作成するセグメントのハンドルの向きを変えて、カーブを作成します。

次のセグメントのハンドルの向きを変える

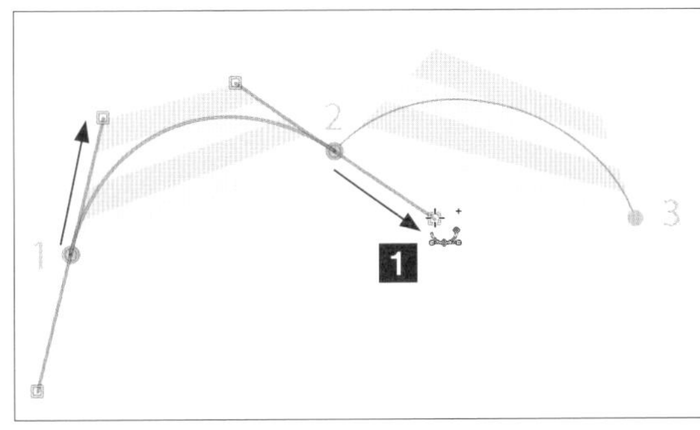

1 曲線セグメントを作成する

パスツールでサンプルファイルの下絵の１番と２番を順番にドラッグして1、曲線を作成します。

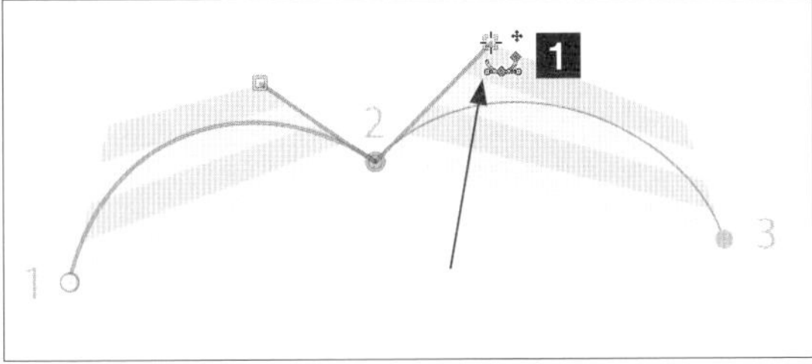

2 次のセグメントのハンドルだけ向きを変える

マウスボタンをはなして、もう一度ハンドルの先端をドラッグすると1、次のセグメントのハンドルだけ向きが変わります。

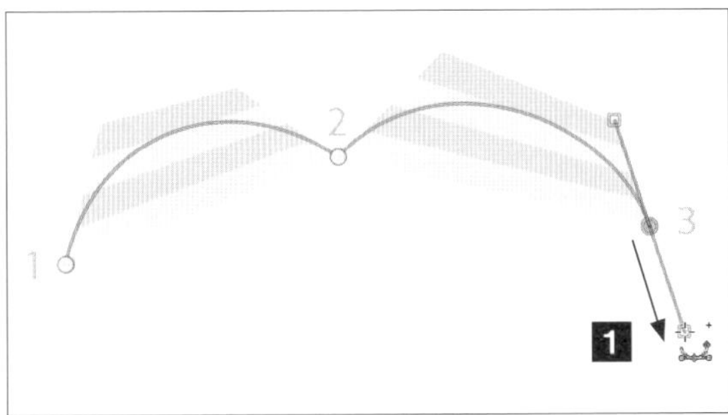

3 次のアンカーポイントを設定してセグメントを作成する

３番でドラッグすると1、最初に作成した曲線セグメントの向きとは違う曲線のセグメントが作成されます。

09 曲線から直線に変わるパスを作成する

曲線セグメントの終点に設定した次のセグメント用のハンドルを削除して、次のセグメントを直線にします。効率のよい修飾キーを使った操作で覚えましょう。

サンプルファイル 9-09.xcf

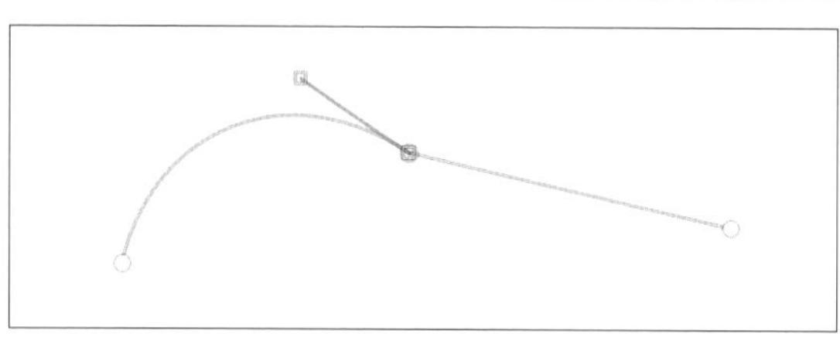

完成図

曲線セグメントを作成した次に直線セグメントを作成します。

次に作成するセグメントのハンドルを削除する

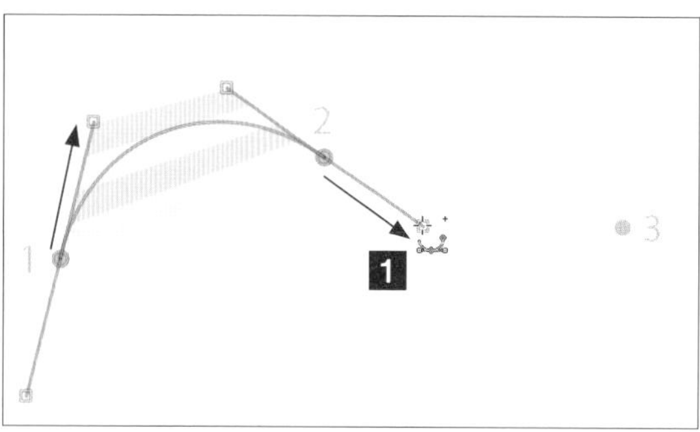

1 曲線セグメントを作成する

パスツールでサンプルファイルの下絵の1番と2番を順番にドラッグして1、曲線のセグメントを作成します。

2 次のセグメントのハンドルを削除する

次に作成するセグメントのハンドルの先端をCtrlキーとShiftキーを押しながらクリックして1、ハンドルを削除します2。

CHECK

ハンドルの削除は、パスツールの［編集モード］を［編集］にして、Shiftキーを押しながらハンドルの先端をクリックします。［ツールオプション］ダイアログで変更しなくても、Ctrlキーを押したままにすると一時的に［編集モード］が［編集］になります。

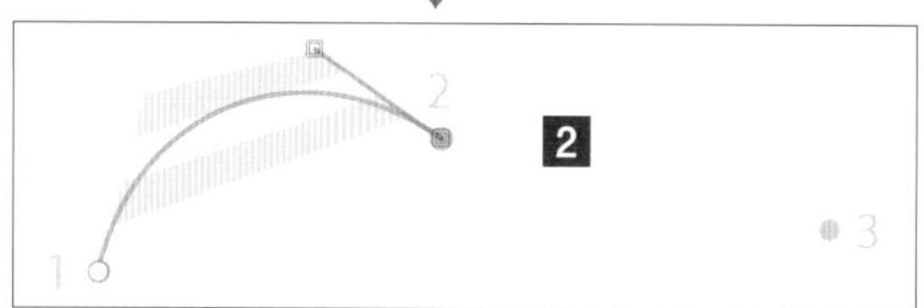

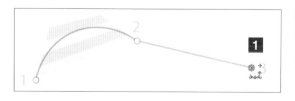

3 直線セグメントを作成する

3番の位置でクリックすると1、直線のセグメントが作成されます。

直線から曲線に変わるパスを作成する

直線セグメントのハンドルのない終点から、次のセグメント用のハンドルを伸ばして、次の曲線セグメントを作成します。効率のよい修飾キーを使った操作で覚えましょう。

サンプルファイル 9-10.xcf

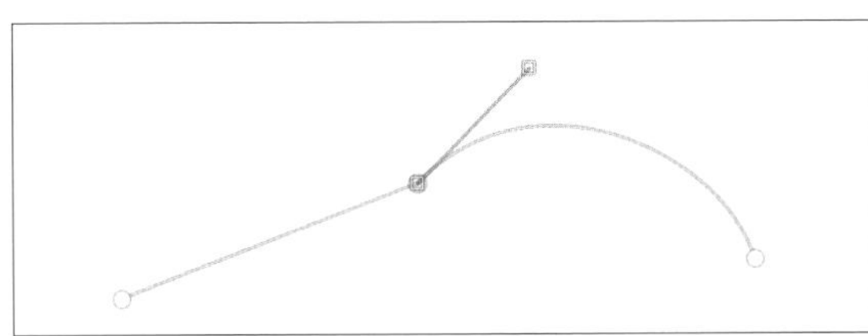

完成図

直線セグメントを作成した次に曲線セグメントを作成します。

次に作成するセグメントのハンドルを伸ばす

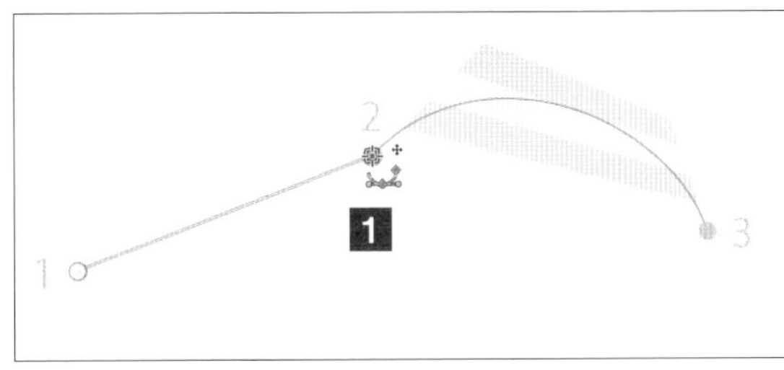

1 直線セグメントを作成する

パスツールでサンプルファイルの下絵の1番と2番を順番にクリックして1、直線のセグメントを作成します。

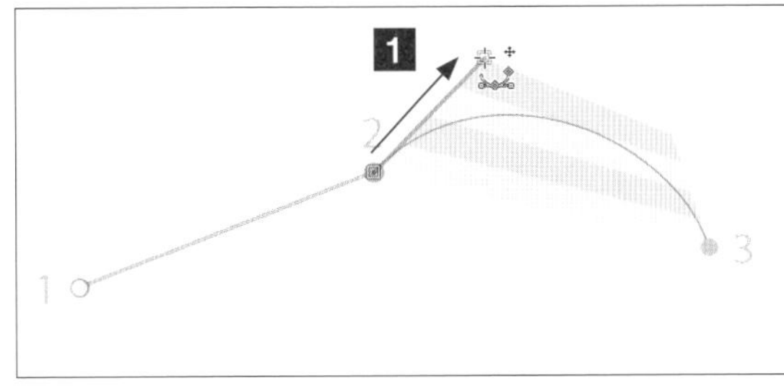

2 次のセグメントのハンドルを伸ばす

Ctrl キーを押しながら2番のアンカーポイントからドラッグして1、ハンドルを伸ばします。

CHECK

作成したアンカーポイントからハンドルを伸ばすときは、パスツールの[編集モード]を[編集]にして、アンカーポイントをドラッグします。[ツールオプション]ダイアログで変更しなくても、Ctrl キーを押したまままにすると一時的に[編集モード]が[編集]になります。

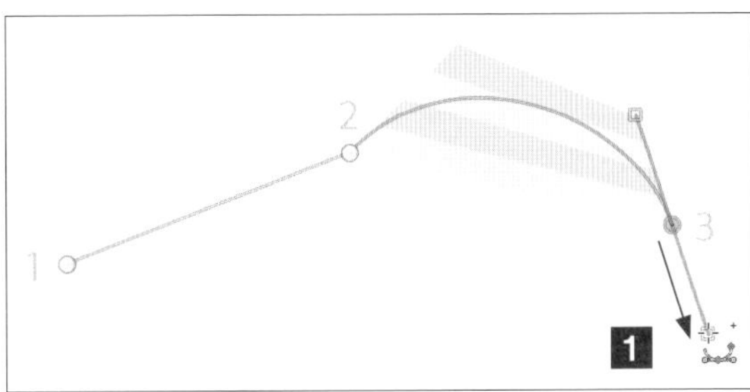

3 曲線セグメントを作成する

3番の位置でドラッグすると1、曲線のセグメントが作成されます。

11 一直線のハンドルを作り直す

ハンドルの向きが違うアンカーポイントを、一直線に揃ったハンドルに作り直します。修飾キーを押すタイミングとマウス操作が少し複雑になります。

サンプルファイル 9-11.xcf

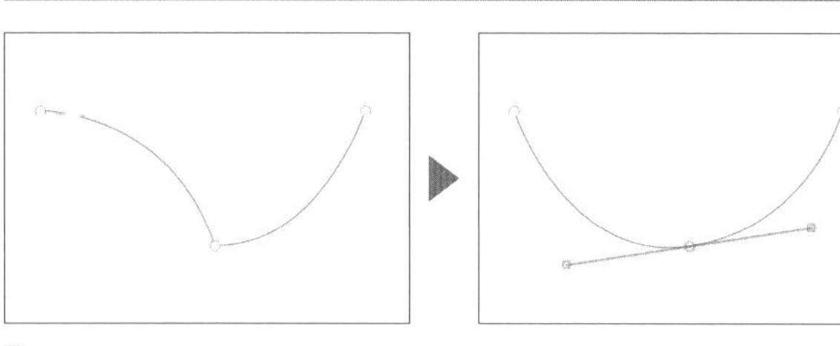

完成図

ハンドルの向きが違うアンカーポイントのハンドルを作り直して、滑らかな曲線のパスにします。

Shift キーでハンドルの向きを揃える

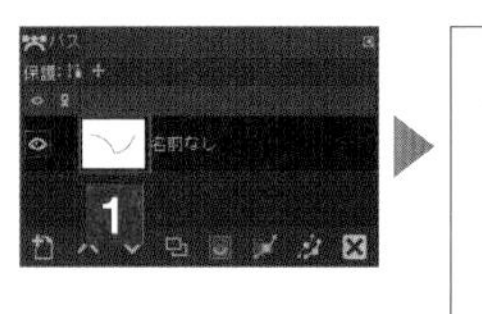

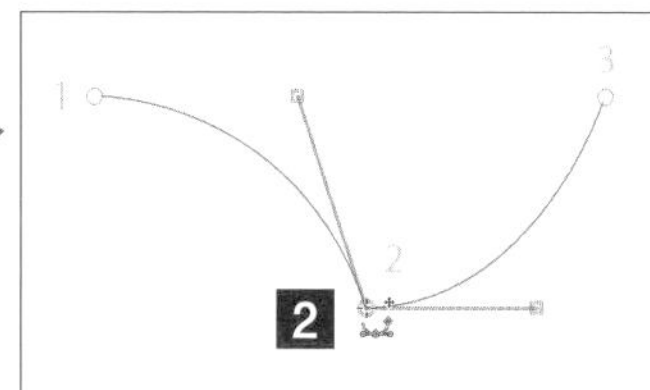

1 アンカーポイントを選択してハンドルを表示する

[パス] ダイアログの「名前なし」のプレビューをダブルクリックしてパスを選択したら**1**、2 番のアンカーポイントをクリックして**2**、ハンドルを表示します。

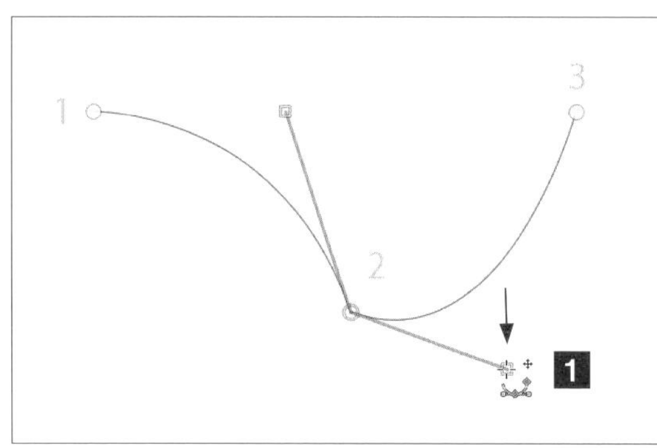

2 [編集モード]の[編集]でハンドルを動かす

[ツールオプション] ダイアログで [編集モード] を [編集] にするか、[作成] のまま Ctrl キーを押しながらハンドルの先端を移動します**1**。マウスボタンはまだはなさないでください。

CHECK

反対側のハンドルを移動しても OK です。

3 Shift キーでハンドルを一直線にする

マウスボタンを押したまま、さらに Shift キーを押して移動すると、反対側のハンドルが一直線に揃います。揃ったら、ハンドルの角度や長さを調整してマウスボタンをはなします**1**。

12 パスの続きを作成する

作成途中で閉じたサンプルファイルのパスを表示して、端点のアンカーポイントから続きのセグメントを追加します。パスを閉じていなければ、続きを作成することができます。

サンプルファイル 9-12.xcf

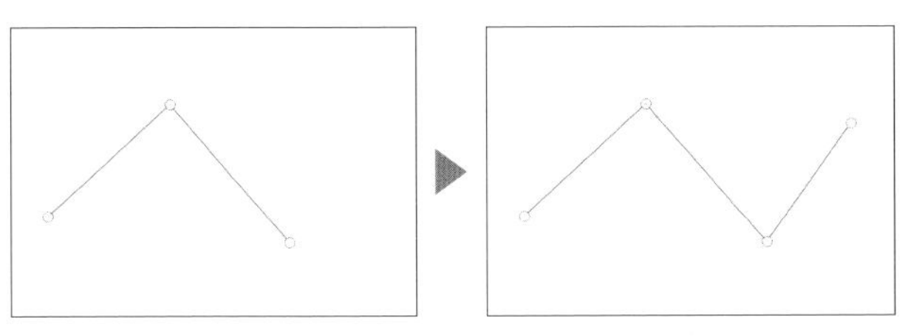

完成図

描きかけのパスの続きを作成します。

パスツールで端点のアンカーポイントをクリックする

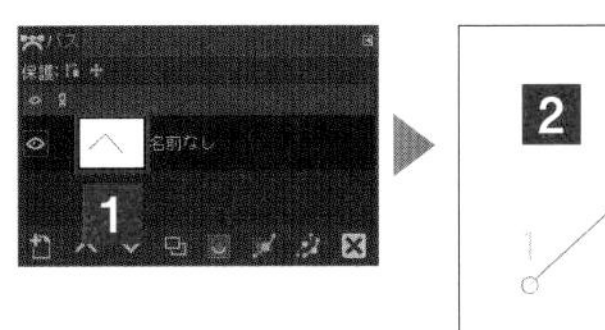

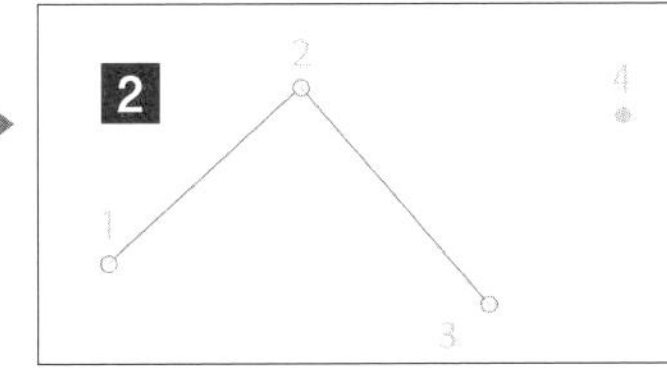

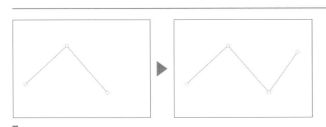

1 パスを選択して アンカーポイントを表示する

[パス] ダイアログの「名前なし」のプレビューをダブルクリックして1、アンカーポイントを表示します2。

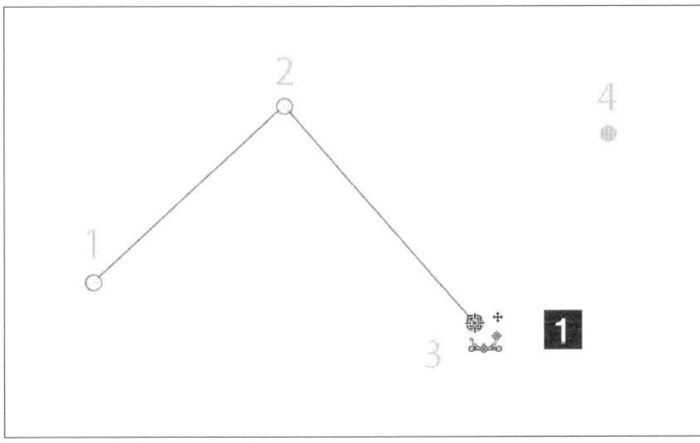

2 端点のアンカーポイントを クリックする

パスの端にある3番のアンカーポイントをクリックします1。

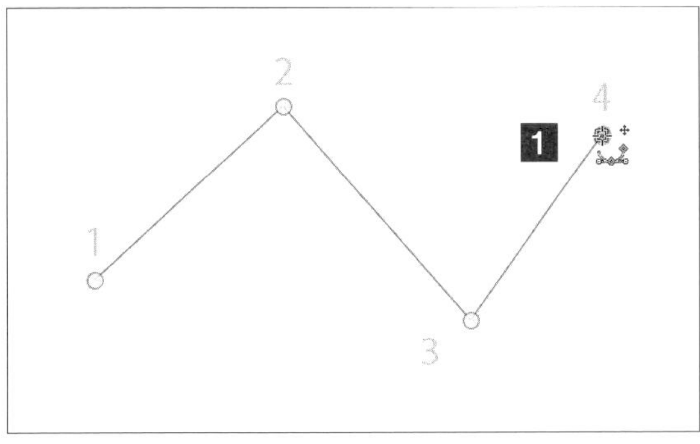

3 続きのセグメントを作成する

4番の●をクリックして1、続きの直線セグメントを作成します。

端点を連結してパスを閉じる

端点同士のアンカーポイントをセグメントで連結するときは、Ctrl キーを押しながら[編集モード]を[編集]にして、鎖アイコンの表示を確認してからクリックします。

サンプルファイル 9-13.xcf

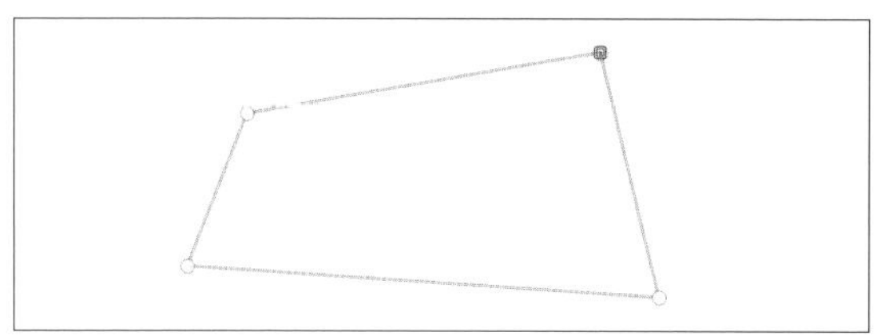

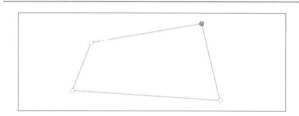

完成図

始点と終点のアンカーポイントをつないだ閉じたパスを作成します。

[編集]で始点のアンカーポイントをクリックする

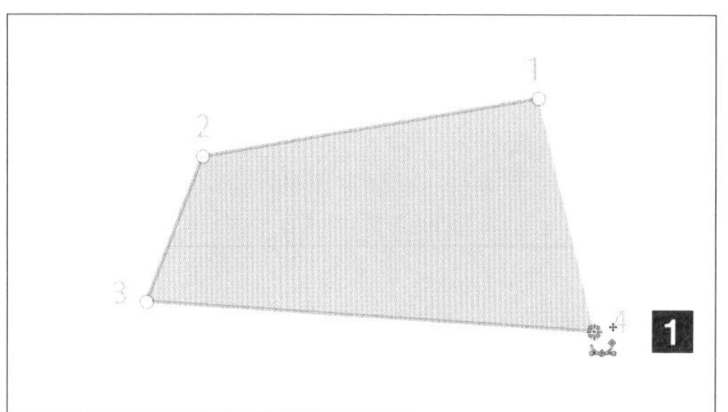

1 下絵の輪郭に沿ってクリックする

パスツールで下絵の輪郭に合わせて、1番から4番まで順番にクリックします1。

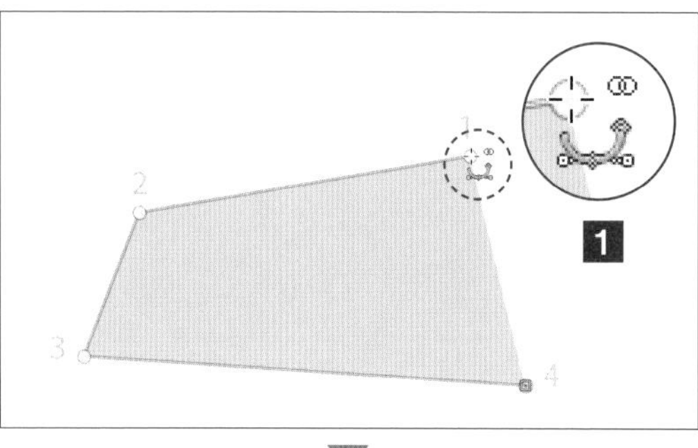

2 [編集モード]を[編集]にしてカーソルを始点に重ねる

Ctrl キーを押しながら、[編集モード]を[編集]にしてカーソルを始点のアンカーポイントに重ねます1。カーソルの右上に連結を意味する鎖アイコンが表示されたら、クリックしてパスを閉じます2。

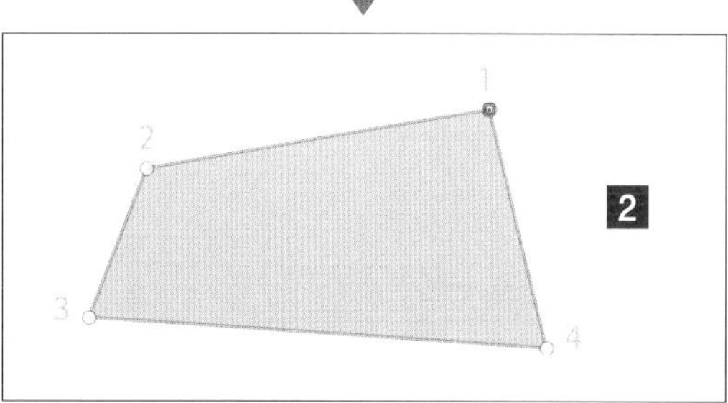

POINT

パスを閉じるときに終点側のハンドルは作成できません。始点のアンカーポイントに終点側のハンドルがあるときは、クリックしたときそのハンドルが適用されます。

水平／垂直のセグメントを作成する

GIMPのパスツールには、セグメントの角度を固定してアンカーポイントを作成する修飾キーがありません。水平／垂直のパスを作成するときは、グリッドやガイドのスナップ機能を利用します。

サンプルファイル 9-14.xcf

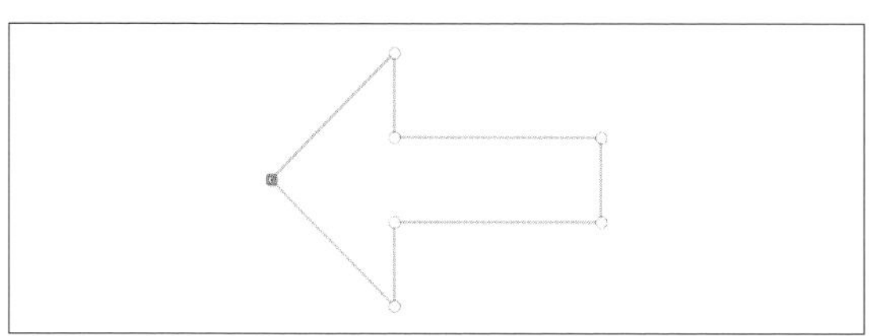

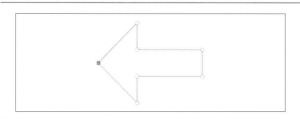

完成図

グリッドにスナップさせて、矢印型のパスを作成します。

グリッドにスナップさせてパスを作成する

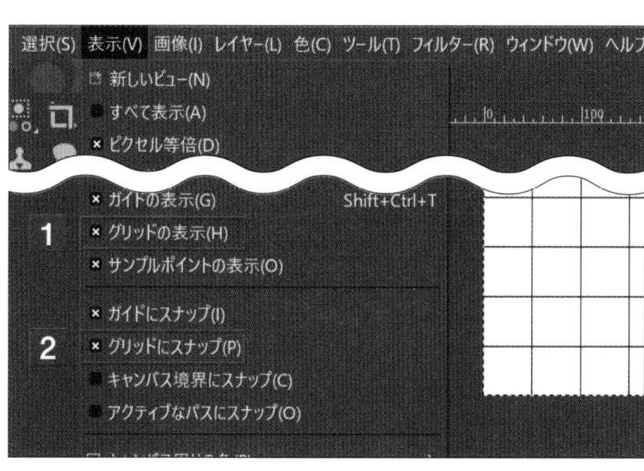

1 グリッドの表示とスナップを有効にする

［表示］メニュー→［グリッドの表示］**1**と［グリッドにスナップ］**2**にチェックをつけます。

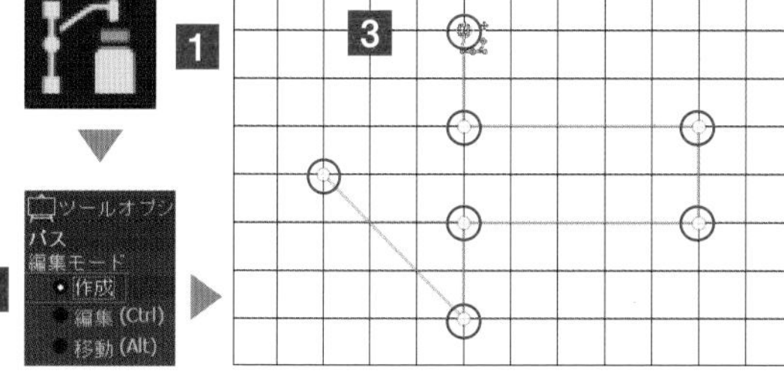

2 グリッドに合わせてアンカーポイントを作成する

パスツールを選択して**1**、［ツールオプション］ダイアログ［編集モード］を［作成］にします**2**。グリッドの線が交差する位置でクリックすれば**3**、水平線と垂直線のセグメントを作成できます。

3 パスを閉じる

［編集モード］は［作成］のままでCtrlキーを押しながら、カーソルを始点のアンカーポイントに重ねます。カーソルの右上に連結を意味する鎖が表示されたら、クリックしてパスを閉じます**1**。

15 パスを移動する

パス全体を移動するときは、パスツールの[編集モード]を[移動]にして操作します。[作成]のモードのままでも Alt キーを押している間は一時的に[移動]のモードになります。

サンプルファイル 9-15.xcf

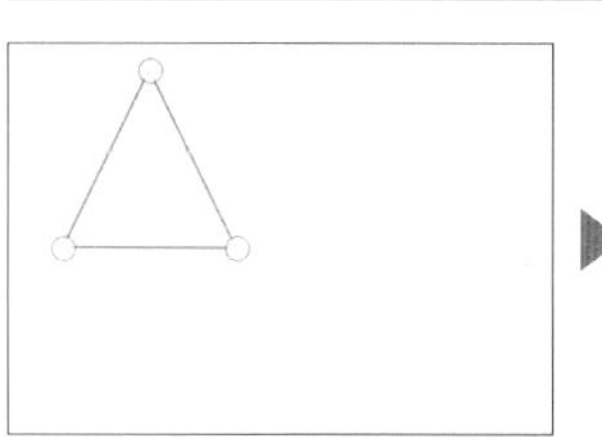

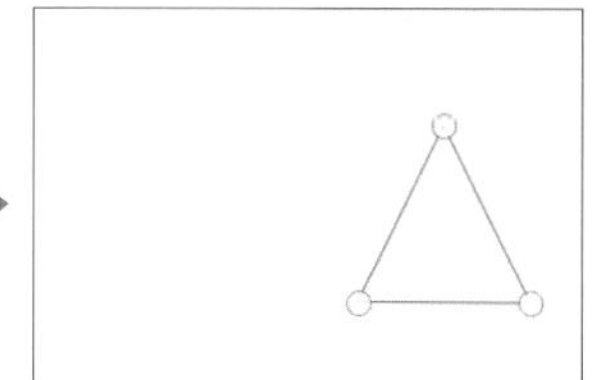

完成図

パスを右下に移動します。

移動モードでパスをドラッグする

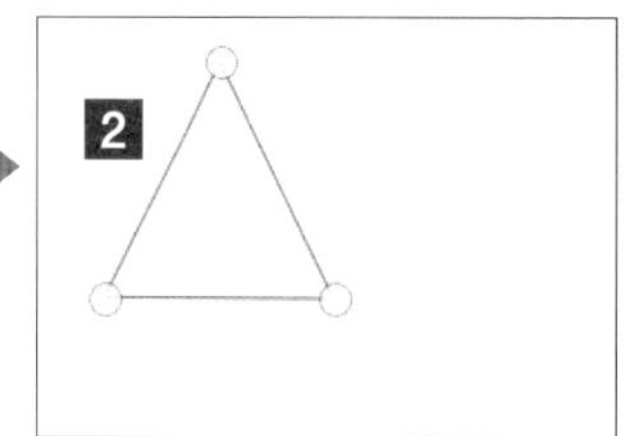

1 パスを選択する

[パス] ダイアログの「パス」のプレビューをダブルクリックして1、パスを選択します2。

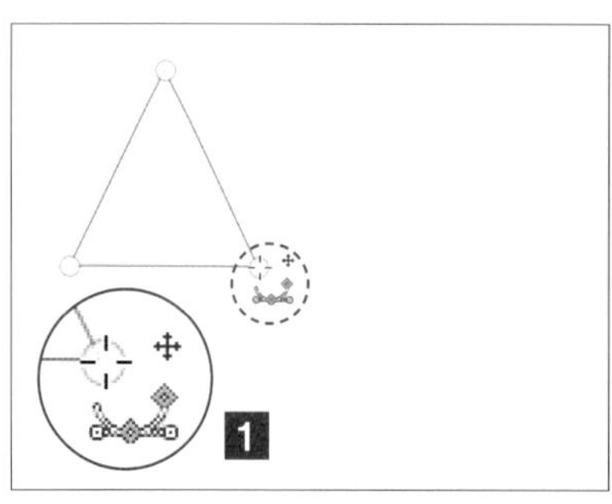

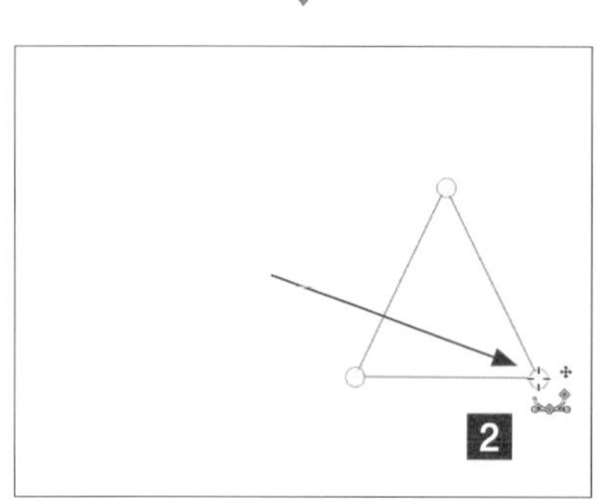

2 Alt キーでモードを[移動]にしてパスを移動する

[ツールオプション] ダイアログの [編集モード] は [作成] のまま、Alt キーを押してカーソルに✥のアイコンが表示されたら1、パスをドラッグして移動します2。

POINT

移動ツール1でパスを移動するときは、[ツールオプション] ダイアログで [移動対象] を [パス] に設定して2、[機能の切り替え] を [つかんだパスを移動] か [アクティブなパスを移動] を選択します3。移動ツールは方向キーで水平・垂直方向に移動することもできます。

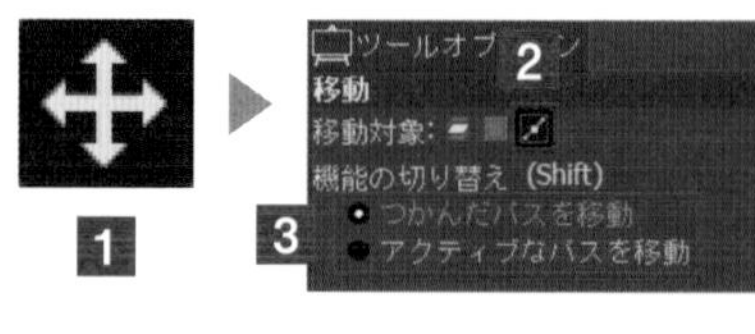

セグメントに新しいアンカーポイントを追加する

パスツールの[編集モード]を[編集]にして、セグメントの上をクリックします。アンカーポイントを追加してもパスの形は変わりません。

サンプルファイル ▶ 9-16.xcf

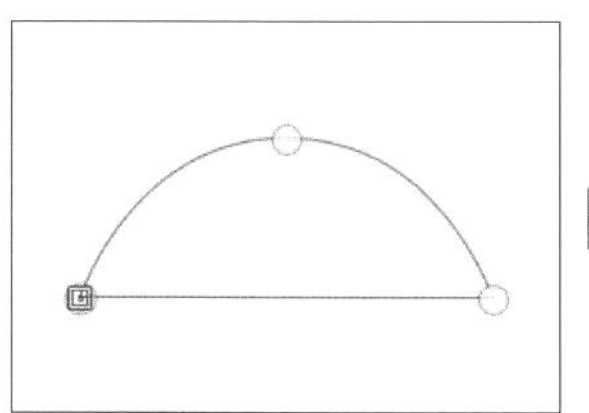

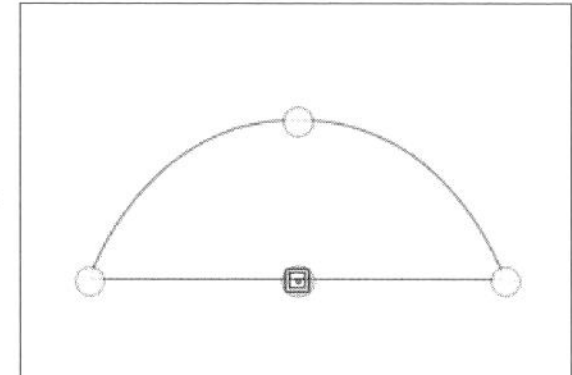

完成図

直線セグメントにハンドルのないアンカーポイントを追加します。

[編集]のモードでセグメント上をクリックする

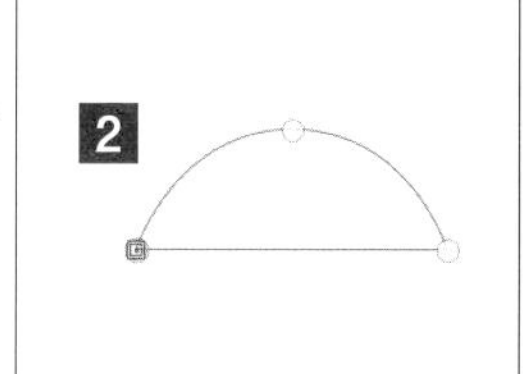

1 パスを選択する

[パス] ダイアログの「パス」のプレビューをダブルクリックして1、パスを選択します2。

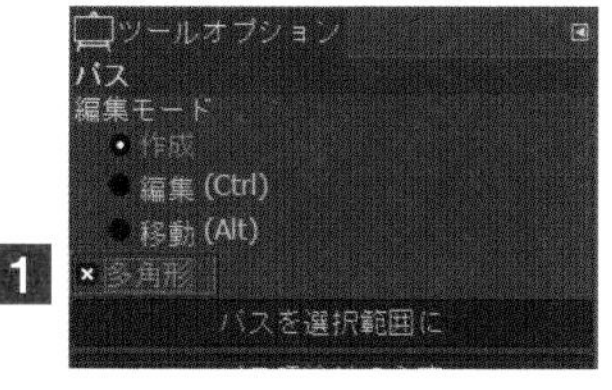

2 [多角形]オプションを有効にする

直線セグメントにハンドルのないアンカーポイントを追加したいので、[ツールオプション] ダイアログの [多角形] オプションにチェックをつけます1。

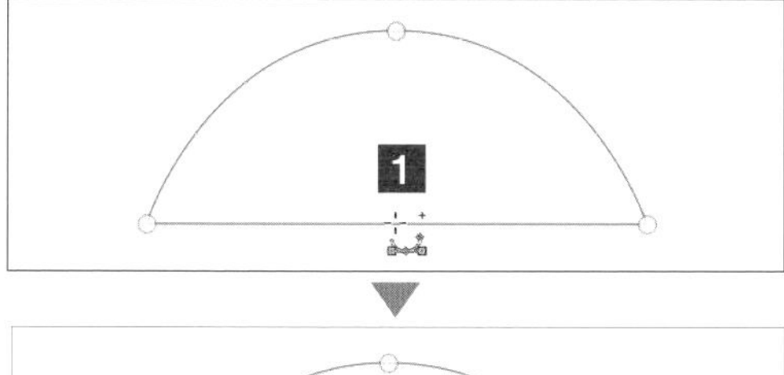

3 Ctrl キーでモードを[編集]にしてセグメント上をクリックする

[編集モード] は [作成] のまま、Ctrl キーを押しながらアンカーポイント追加したいセグメント上をクリックします1。アンカーポイントを追加したら2、[多角形]のチェックを外します3。

CHECK

[多角形] のチェックを外して直線セグメントの上をクリックすると、ハンドルつきのアンカーポイントが追加されます。チェックをつけて曲線セグメントの上をクリックすると、ハンドルのないアンカーポイントが追加されます。

アンカーポイントを削除する

パスツールの[編集モード]を[編集]にして、Shift キーを押しながら削除したいアンカーポイントをクリックします。アンカーポイントを削除してもパスは途切れません。

サンプルファイル 9-17.xcf

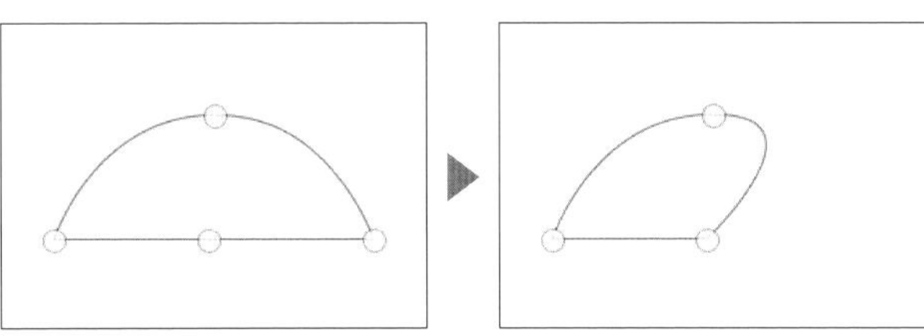

完成図

アンカーポイントの数を減らします。

Shift キーを押しながらアンカーポイントをクリックする

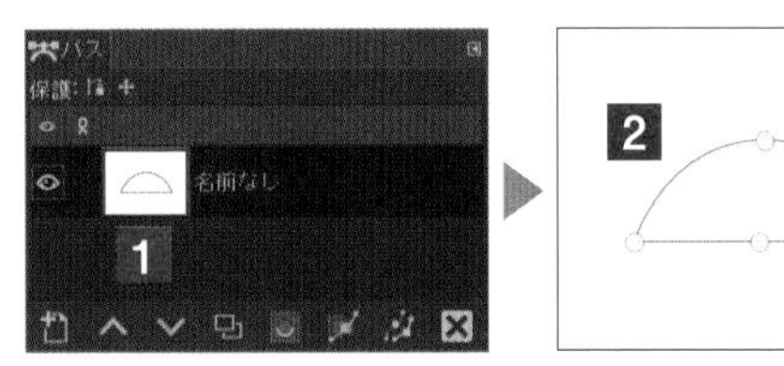

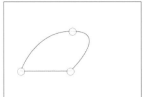

1 パスを選択する

[パス] ダイアログの「名前なし」のプレビューをダブルクリックして1、パスを選択します2。

ツールオプション
パス
編集モード
作成
編集 (Ctrl)
移動 (Alt)
多角形
パスを選択範囲に
パスで塗りつぶす
パスの境界線を描画
1

2 パスツールの[編集モード]を[編集]にする

[ツールオプション] ダイアログの [編集モード] を [編集] にするか、[作成] のまま Ctrl キーを押したままにして一時的に [編集] にします1。

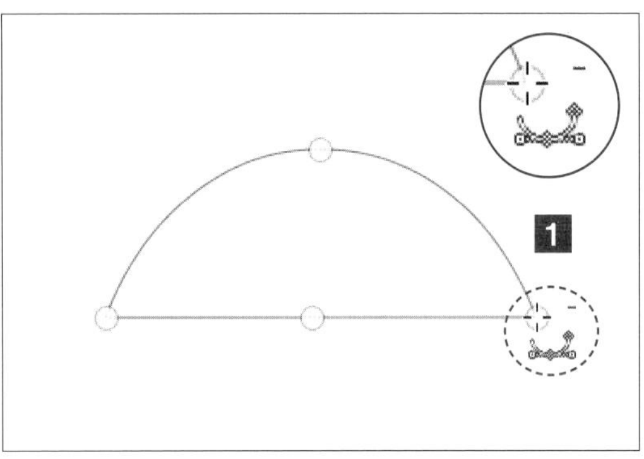

3 Shift キーを押しながらアンカーポイントをクリックする

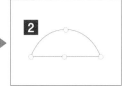

パスツールで Shift キーを押しながら削除したいアンカーポイントにカーソルを重ねて、「–」(マイナス)がついたアイコンに変わったらクリックします1。

CHECK

Ctrl キーを押して [編集] にしている場合は、Ctrl キーと Shift キーを押しながらクリックします。

セグメントを削除する

セグメントを削除するときは、パスツールの[編集モード]を[編集]にして、Shift キーを押しながら削除したいセグメントをクリックします。

サンプルファイル 9-18.xcf

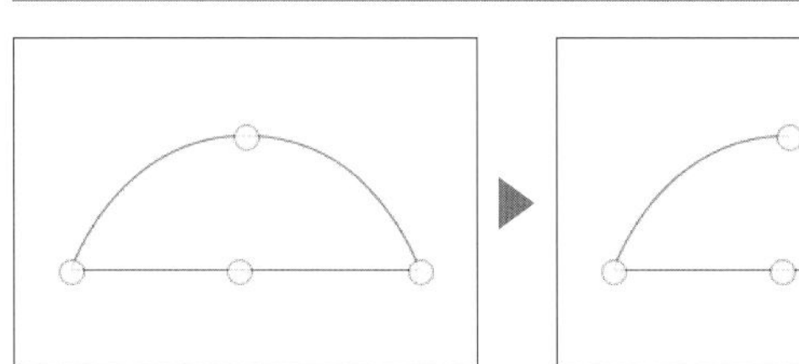

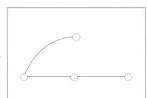

完成図

パスからセグメントを削除します。

[編集モード]でセグメント上をクリックする

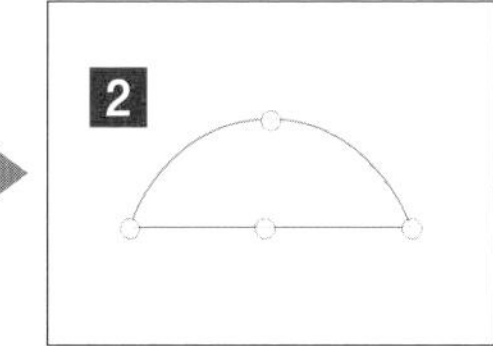

1 パスを選択する

[パス] ダイアログの「名前なし」のプレビューをダブルクリックして1、パスを選択します2。

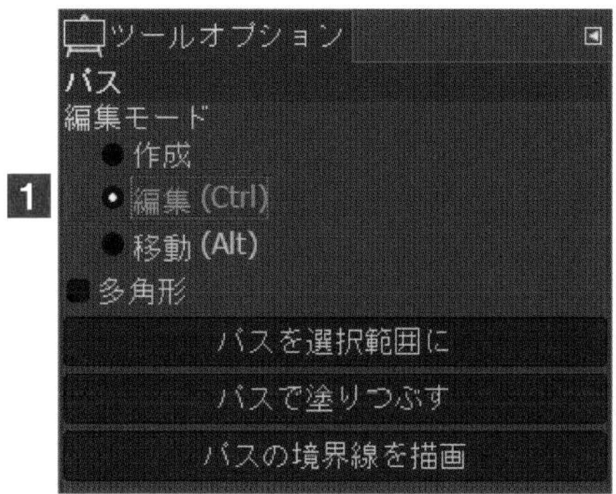

2 パスツールの[編集モード]を[編集]にする

[ツールオプション] ダイアログの [編集モード] を [編集] にするか、[作成] のまま Ctrl キーを押したままにして一時的に [編集] にします1。

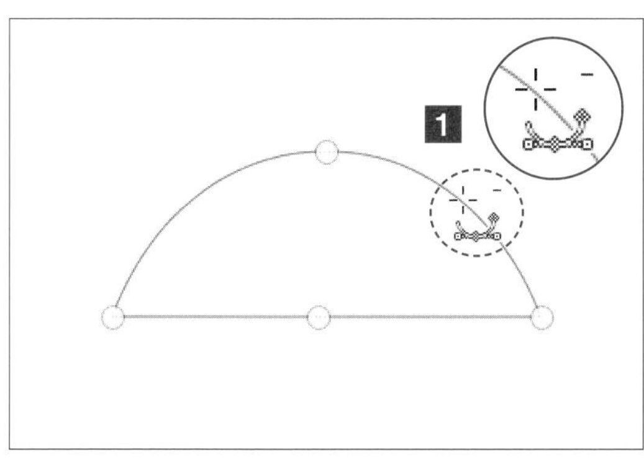

3 Shift キーを押しながらセグメントをクリックする

パスツールで Shift キーを押しながら削除したいセグメントにカーソルを重ねて、「–」(マイナス) がついたアイコンに変わったらクリックします1。

CHECK

Ctrl キーを押して [編集] にしている場合は、Ctrl キーと Shift キーを押しながらクリックします。

パスを削除する

パスを削除するときは、[パス]ダイアログで操作します。複数のパスをまとめて削除できないので、ひとつずつパスを選択して削除します。

サンプルファイル 9-19.xcf

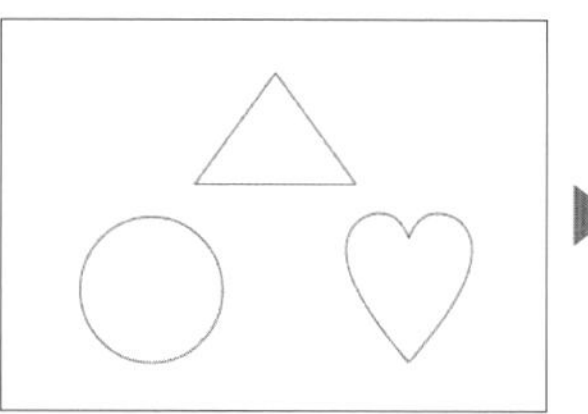

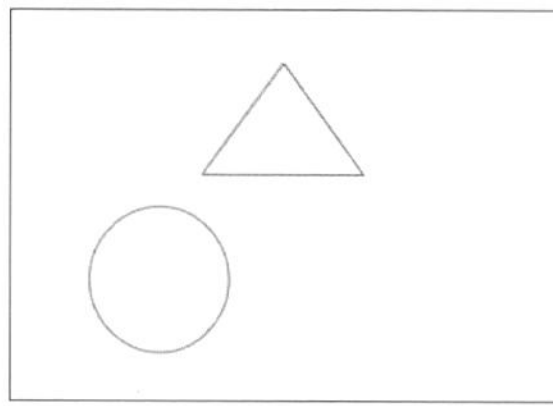

完成図

ハート型のパスを削除します。

[パス]ダイアログでパスを削除する

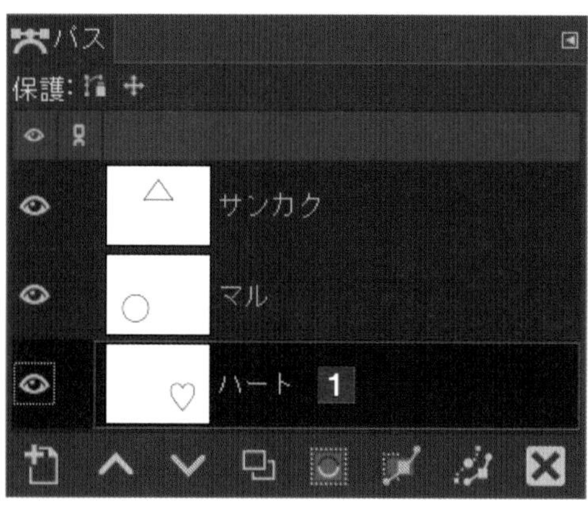

1 パスをアクティブにする

[パス] ダイアログの「ハート」をクリックして1、アクティブにします。ハート型のパスが赤い線になっているのを確認します2。

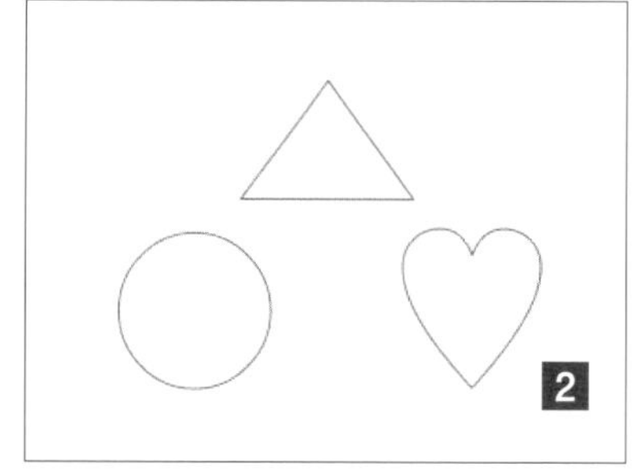

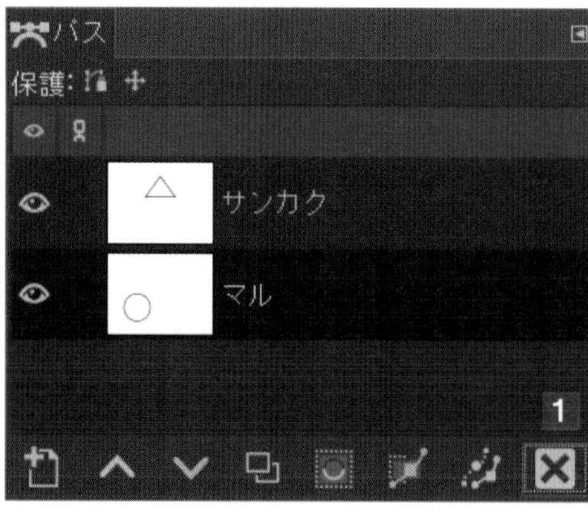

2 パスを削除する

[パス] ダイアログの下にある [パスの削除] ☒をクリックします1。

CHECK

複数のパスをアクティブにできないので、パスはひとつずつしか削除できません。

直線セグメントを曲線にする

パスツールの[編集モード]が[作成]のとき、直線セグメントをドラッグするとアンカーポイントからハンドルが伸びて曲線になります。ドラッグを開始する位置でハンドルの長さが変わります。

サンプルファイル 9-20.xcf

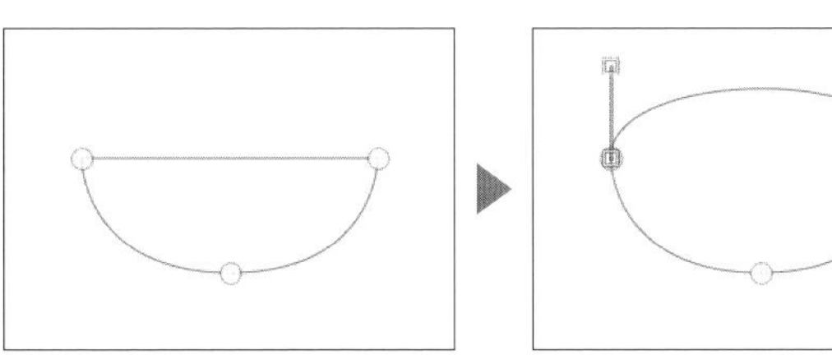

完成図

直線セグメントの両端のアンカーポイントからハンドルを伸ばして曲線にします。

直線セグメントをドラッグして曲線にする

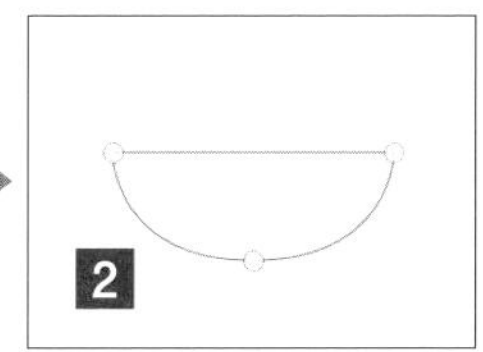

1 パスを選択する

[パス] ダイアログの「名前なし」のプレビューをダブルクリックして1、パスを選択します2。

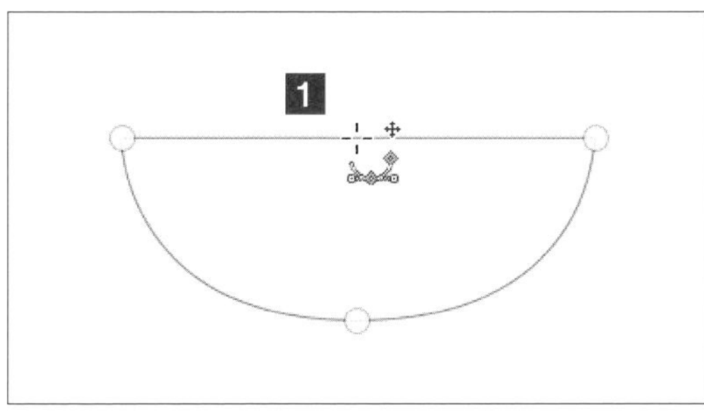

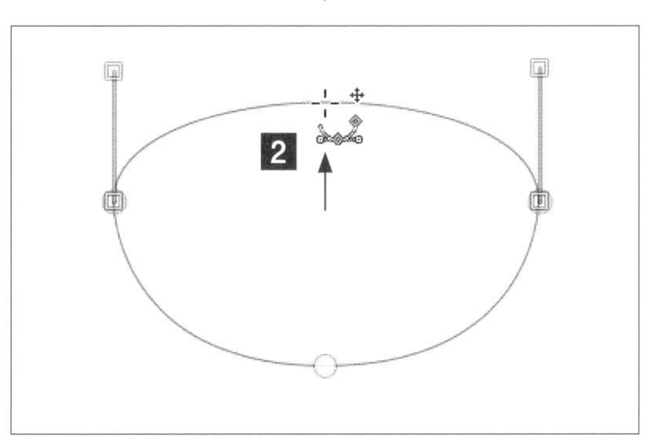

2 直線セグメントをドラッグして曲線セグメントにする

パスツールの [編集モード] を [作成] にして、直線セグメントの上にカーソルを置き1、セグメントを曲げたい方向にドラッグします2。

CHECK

セグメントの中央でドラッグすると、両端のアンカーポイントから同じ長さのハンドルが伸び、片方のアンカーポイントに寄せてドラッグすると、近い方のハンドルが長く伸びます。アンカーポイントに近い位置からドラッグすると、反対側のハンドルは伸びません。

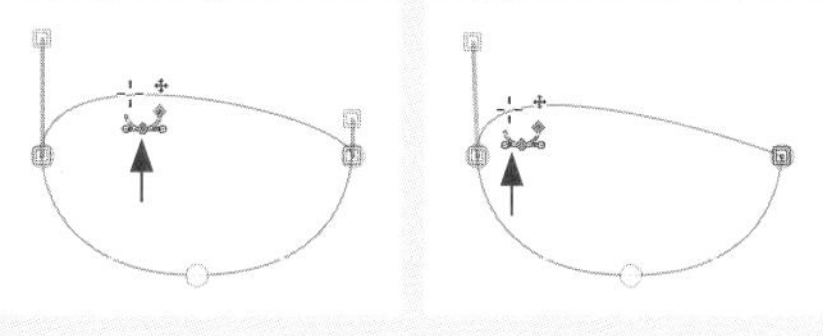

パスを変形する

拡大・縮小ツールや回転ツールなどの変形ツールは、[変形対象]を[パス]に設定して、選択したパスを変形します。ここでは、パスを回転する例で解説します。

サンプルファイル 9-21.xcf

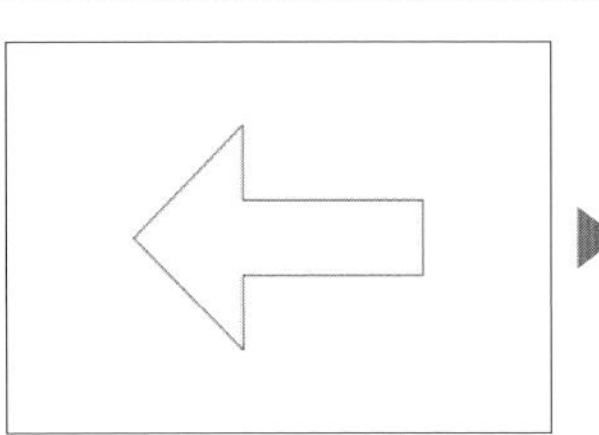

完成図

回転ツールを使ってパスを45°時計回りに回転します。

パスを回転する

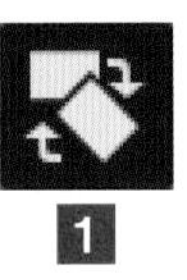

1

1 回転ツールを選択して[変形対象]を[パス]に設定する

回転ツールを選択して1、[ツールオプション]ダイアログの[変形対象]を[パス]に設定します2。

CHECK

切り抜き、ケージ変形、ワープ変形は、パスを対象に変形できません。

1

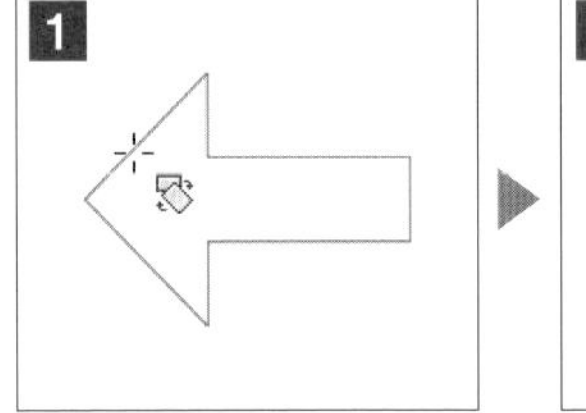

2

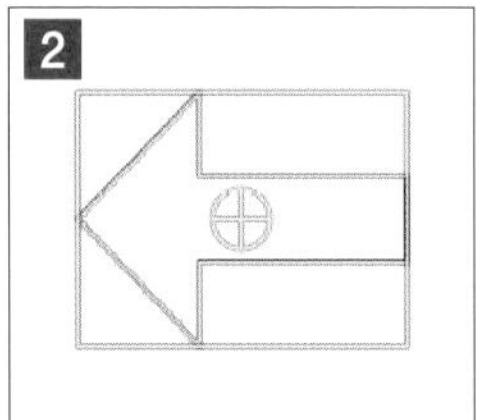

2 パスを選択する

回転ツールでパスをクリックします1。パスを囲むボックスと回転の軸となる中心点が表示されます2。

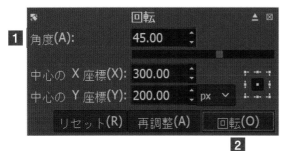

回転
1 角度(A): 45.00
中心の X 座標(X): 300.00
中心の Y 座標(Y): 200.00 px
リセット(R) 再調整(A) 回転(O)
2

3 パスを回転する

表示された[回転]ダイアログの[角度]を「45」に設定して1、[回転]をクリックします2。

CHECK

パスの周りをドラッグして回転することもできます。

パスに穴を空ける

選択範囲の場合はモードを切り替えて穴を開けますが、パスの場合は、パスで囲んだ内側にあるパスは自動的に穴が空きます。ひとつのパスの場合でも穴が空きます。

サンプルファイル 9-22.xcf

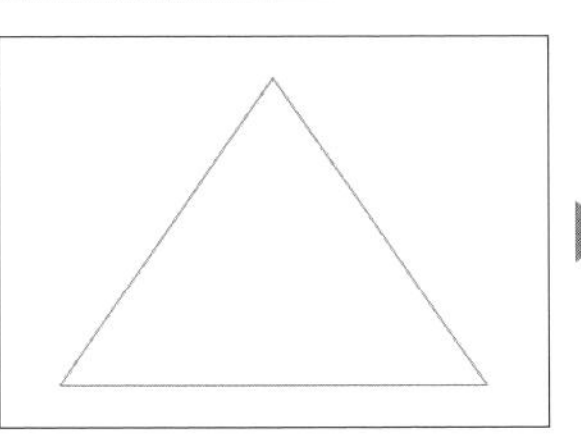

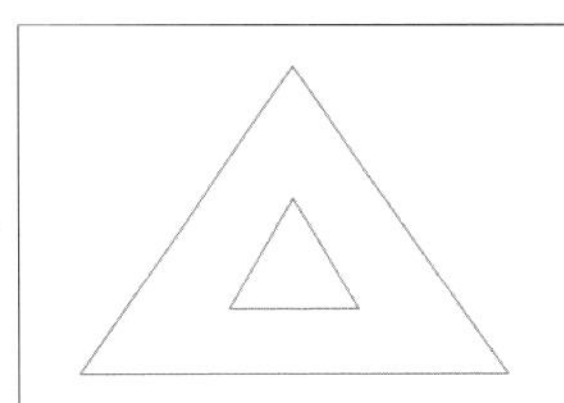

完成図

パスの内側に新しいパスを追加して、穴の空いたパスを作成します。

パスの内側にパスを作成する

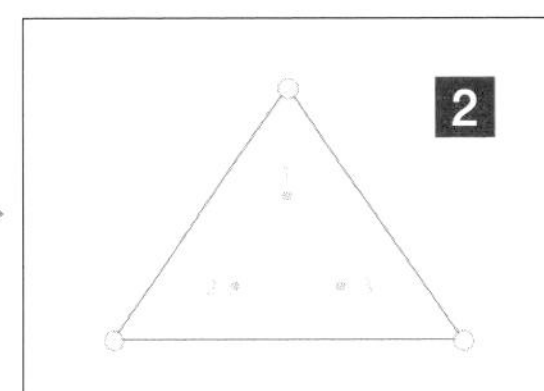

1 パスを選択する

［パス］ダイアログの「名前なし」をダブルクリックして**1**、パスを選択します**2**。

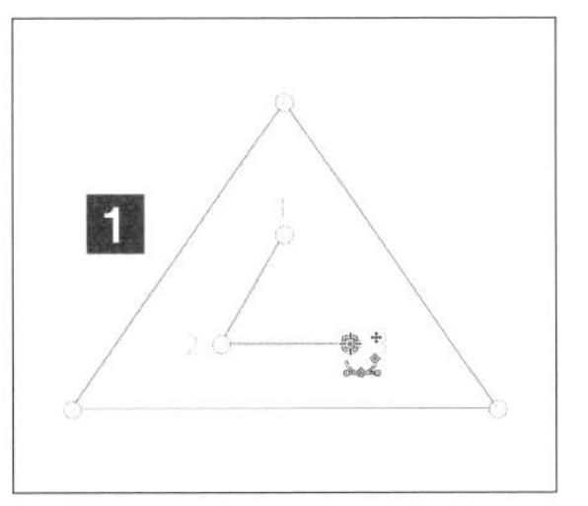

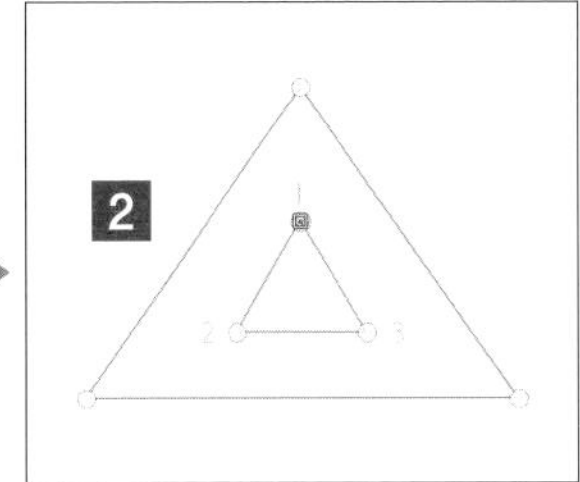

2 パスの内側に新しいパスを作成する

パスツールの［ツールオプション］ダイアログで［編集モード］を［作成］にして、1番から3番までクリックします**1**。［編集モード］は［作成］のまま、Ctrl キーを押しながら始点（1番）のアンカーポイントをクリックして**2**、パスを閉じます。

POINT

パスだけでは、どこに穴が空いているかよくわかりません。作成したパスで選択範囲を作成して（330ページ参照）、［選択範囲エディター］ダイアログを見ると、パスの穴を確認できます。

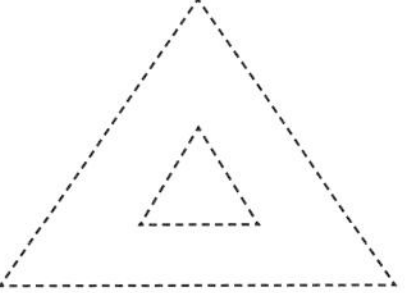

POINT

パスが交差したり、ひとつのパスでも穴が空きます。

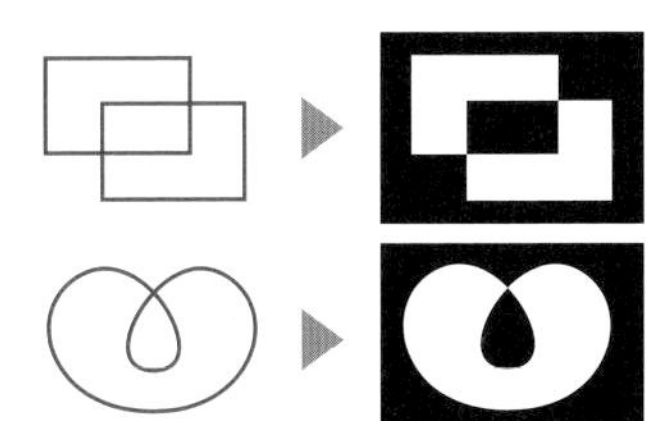

23 選択範囲をパスにする

選択範囲の境界線と同じ形状のパスを作成します。矩形や楕円のパスが簡単に作成できます。水平・垂直以外の選択範囲は、アンカーポインの位置が不均等になります。

サンプルファイル 9-23.xcf

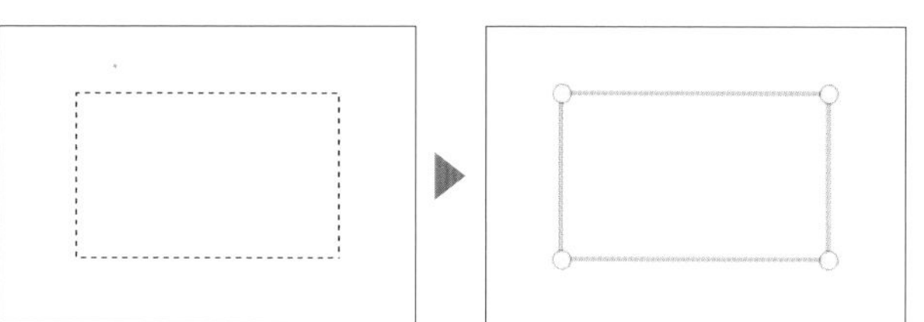

完成図

矩形の選択範囲をパスに変換します。

選択範囲を作成して[選択範囲をパスに]を実行する

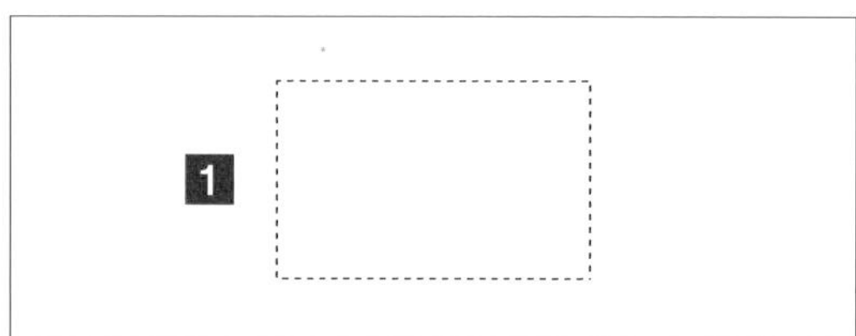

1 選択範囲を作成する

選択ツールで選択範囲を作成します（サンプルファイルは作成済み）1。

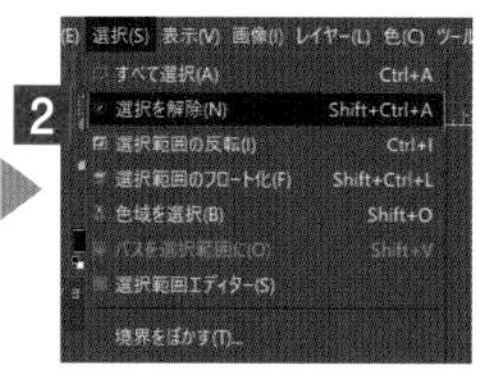

2 [選択範囲をパスに]を実行する

[パス] ダイアログの下にある [選択範囲をパスに] をクリックします1。[選択] メニュー→ [選択を解除] をクリックして2、選択範囲を解除します。

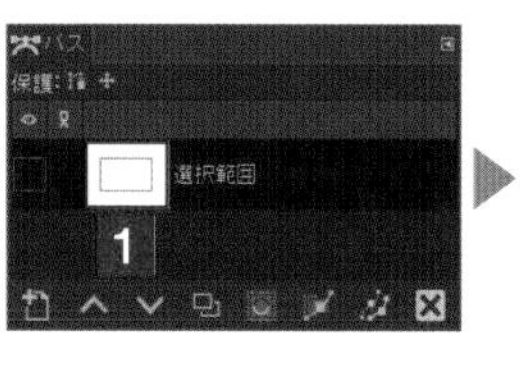

3 作成したパスを確認する

[パス] ダイアログの「選択範囲」のプレビューをダブルクリックして1、パスを表示します2。

POINT

楕円や正円の選択範囲をパスにした場合、アンカーポイントの位置は不規則な位置で作成されます。

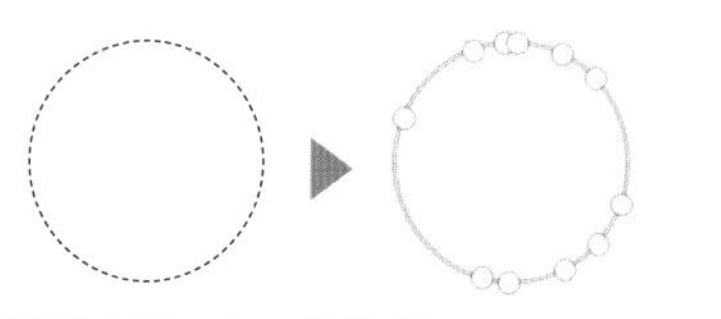

テキストと同じ形のパスを作成する

テキストと同じ形状のパスを作成します。「●」や「★」などの記号文字もパスに変換できるので、簡単な図形を作成したいときにも活用できます。

サンプルファイル 9-24.xcf

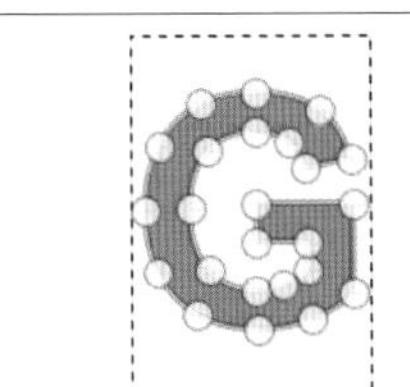

完成図

テキストで入力した「G」をパスに変換します。

[テキストをパスに]を実行する

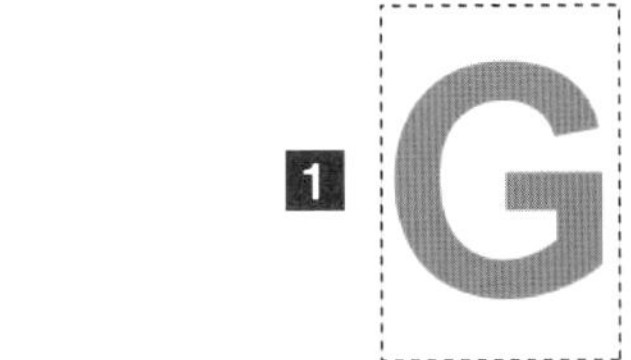

1 テキストを入力する

テキストツールで文字を入力します（サンプルファイルは作成済み）1。

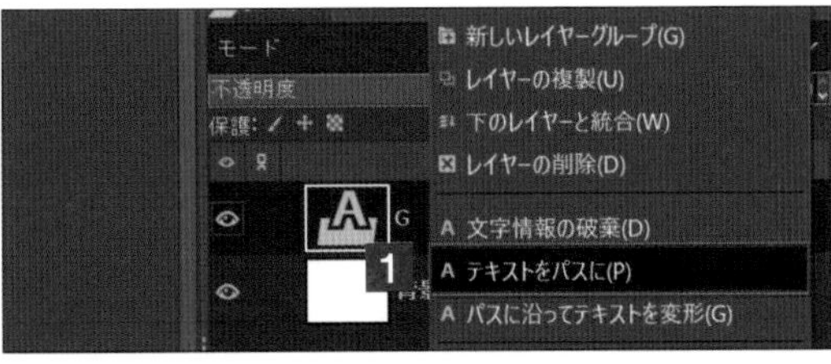

2 [テキストをパスに]を実行する

[レイヤー] ダイアログの「G」レイヤーを右クリックして [テキストをパスに] をクリックします1。

3 作成したパスを確認する

[パス] ダイアログの「G」のプレビューをダブルクリックして1、パスを表示します2。

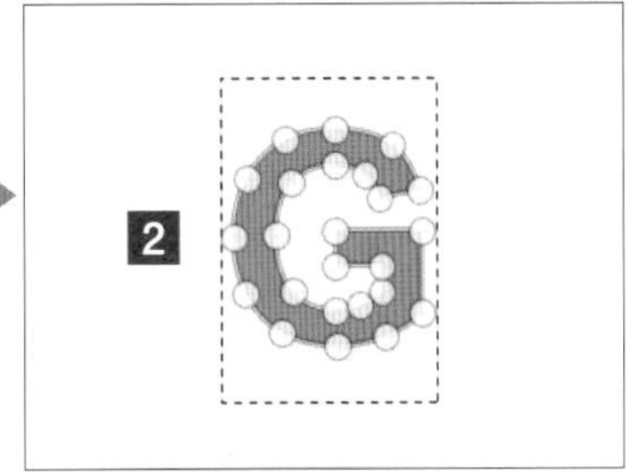

パスを複製する

パスの複製は、パスを選択しなくても、[パス]ダイアログのプレビューを画像にドラッグ&ドロップするだけで複製できます。コピーしたパスは同じ位置に作成されます。

サンプルファイル ▸ 9-25.xcf

完成図

「★」レイヤーを複製して、「★コピー」レイヤーを作成します。

[パス]ダイアログのパスを画像にドラッグ&ドロップする

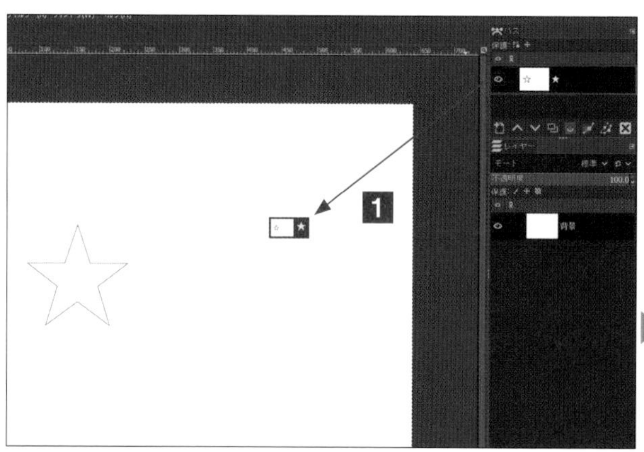

1 パスを画像にドラッグ&ドロップする

[パス] ダイアログの「★」を画像にドラッグ&ドロップします1。同じ位置に複製するので、画像は変化しませんが、[パス] ダイアログには「★コピー」が追加されます2。

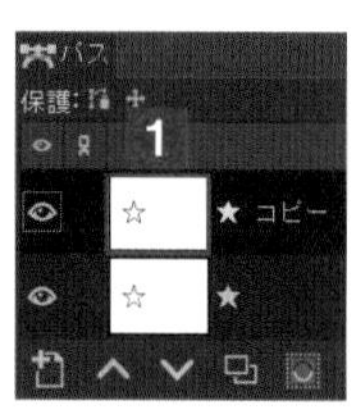

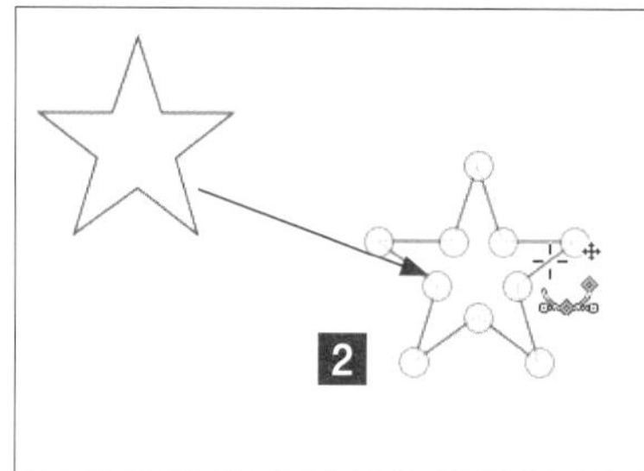

2 パスを移動する

[パス] ダイアログの「★コピー」プレビューをダブルクリックしてパスを選択します1。パスツールの [[ツールオプション] ダイアログの [編集モード] は [作成] のまま、Alt キーを押してパスを移動します2。パスが複製されているのが確認できます。

POINT

[パス] ダイアログのプレビューを画像にドラッグ&ドロップする方法は、ほかに開いてる画像にもパスを複製できます。同じ画像に複製するときは、[パス] ダイアログの下にある [パスの複製] ボタンでも OK です。

パスを整列する

整列ツールを使うと、指定した基準に合わせて複数のパスを正確に揃えます。基準を[最初のアイテム]にすると、最初に選択したパスを固定して、他のパスの位置を変更します。

サンプルファイル 9-26.xcf

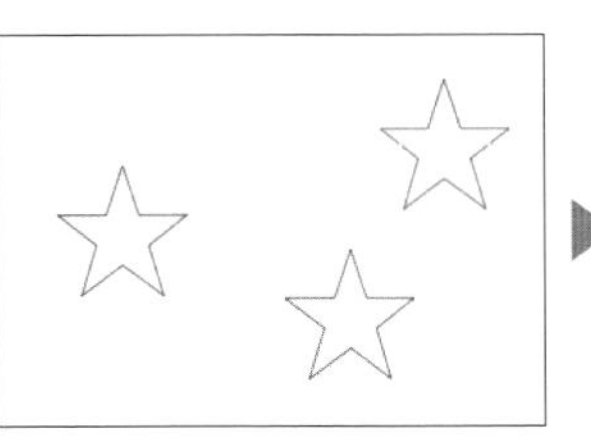

完成図

3つのパスを中央揃えにしてから、中央を基準に等間隔に並べます。

[パス]ダイアログのパスを画像にドラッグ&ドロップする

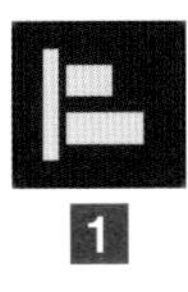

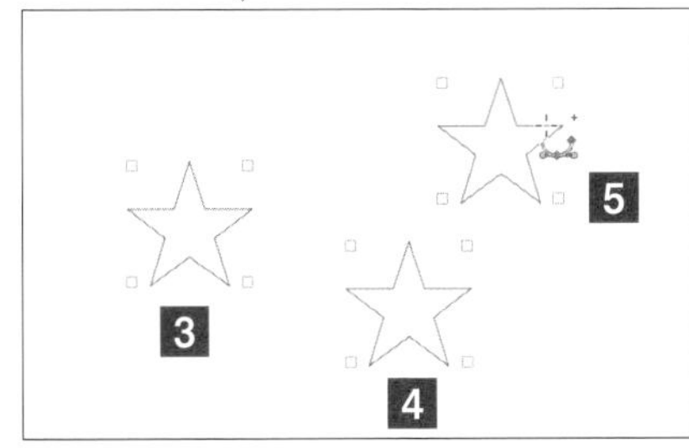

1 整列ツールの基準を設定する

整列ツールを選択して1、[ツールオプション]ダイアログの［基準］を［最初のアイテム］に設定します2。左のパスをクリックして選択したら3、Shift キーを押しながら残りのパスを追加選択します45。

CHECK

最初にクリックするパスが、整列の基準となる［最初のアイテム］になります。

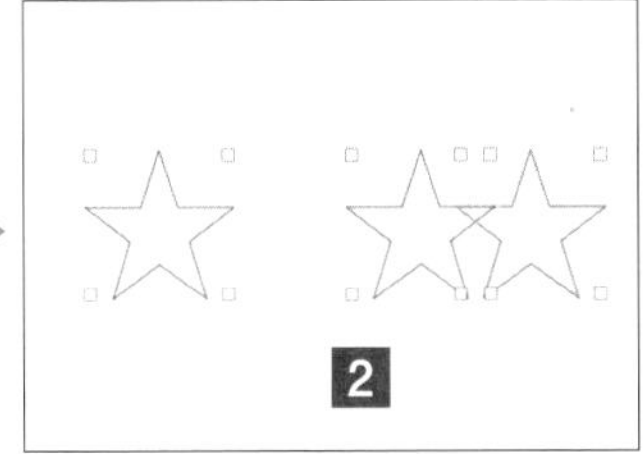

2 [中央揃え(垂直方向の)]を実行する

[中央揃え(垂直方向の)]をクリックします1。左のパスの中央に合わせて他のパスが移動します2。

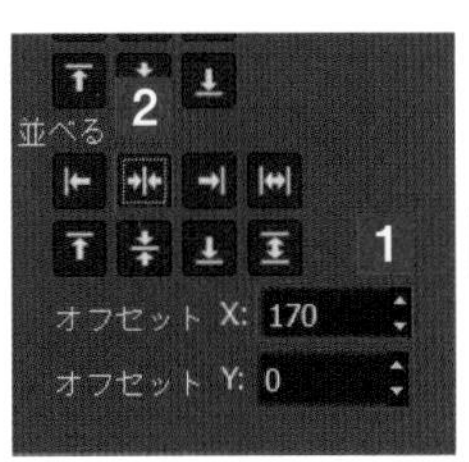

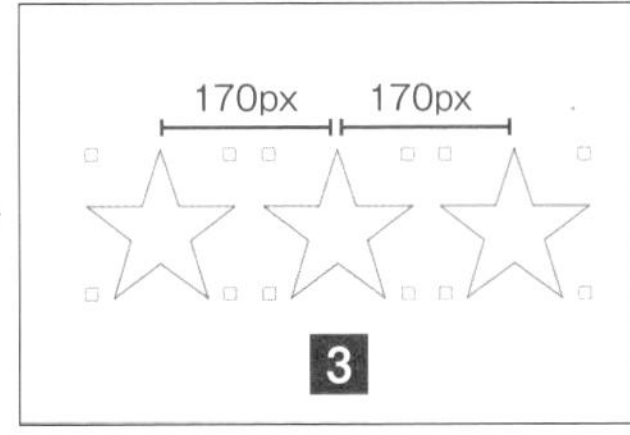

3 [中央(水平方向)を基準に並べる]を実行する

［オフセット］の［X］を「170」に設定して1、［中央（水平方向）を基準に並べる］をクリックすると2、左のパスの中央を基準に、各パスの中央が170ピクセルの間隔で並びます3。

パスを選択範囲にする

アクティブなパスの選択範囲を作成します。パスが閉じていない場合は、端点を直線でつないだ領域の選択範囲になります。選択範囲の内側にある選択範囲は穴になります。

サンプルファイル 9-27.xcf

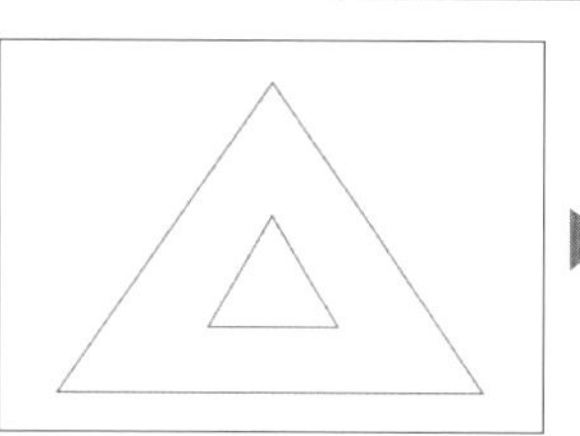

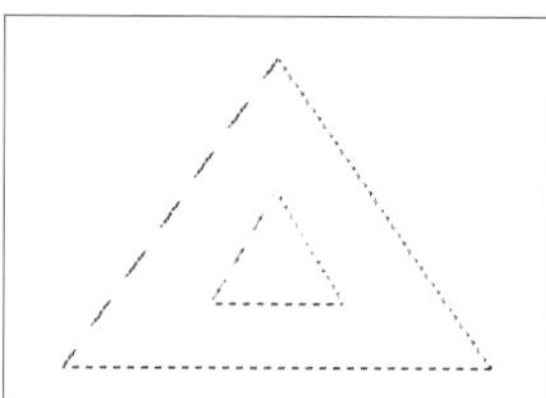

完成図

パスと同じ形の選択範囲を作成します。

[パスを選択範囲に]を実行する

1 [パスを選択範囲に]を実行する

[パス]ダイアログの「名前なし」をクリックしてアクティブにしたら1、[パスを選択範囲に] をクリックします2。

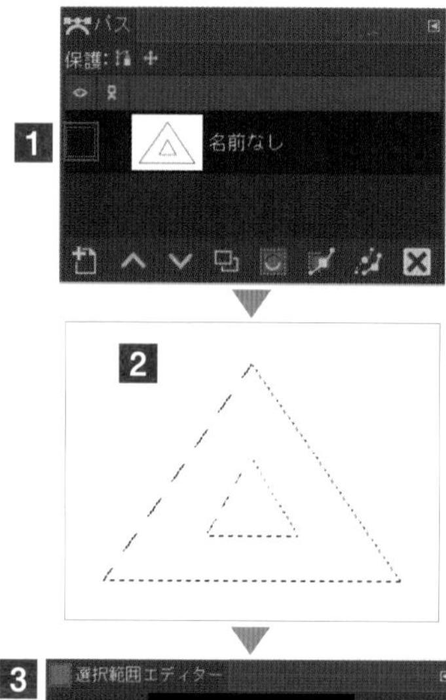

2 パスを非表示にして選択範囲を確認する

「パス」の目アイコンをクリックして1、パスを非表示にします。パスと同じ形の選択範囲が作成されているのが確認できます2。穴を空けたパスは[選択範囲エディター]ダイアログで状態を確認できます3。

POINT

パスが閉じていない場合は、端点を直線でつないだ領域の選択範囲になります。

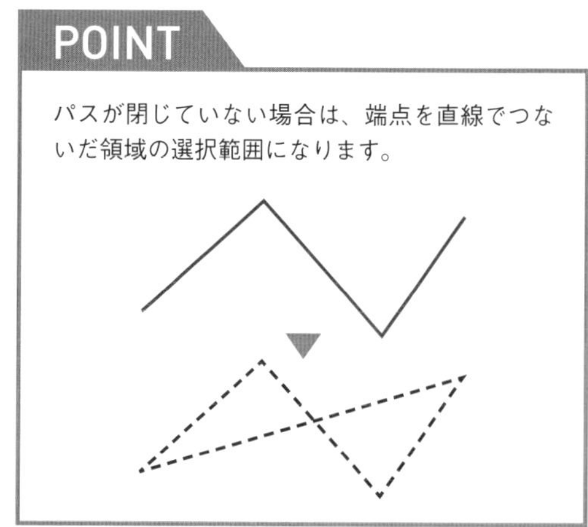

既存の選択範囲にパスの選択範囲を合成する

選択範囲を作成したあとに、別のパスの選択範囲を追加や削除、交差した範囲を残す合成ができます。[パスを選択範囲に]をクリックするときに押す修飾キーの違いで合成方法が変わります。

修飾キーで合成方法を変えて選択範囲を作成する

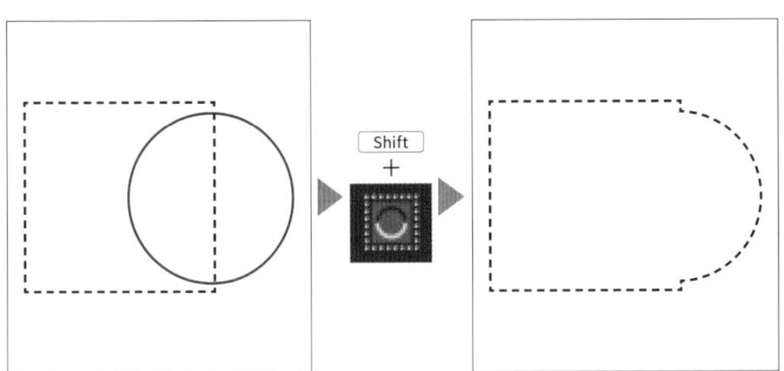

既存の選択範囲に追加する

[パス] ダイアログでパスをアクティブにして、Shift キーを押しながら [パスを選択範囲に] をクリックします。

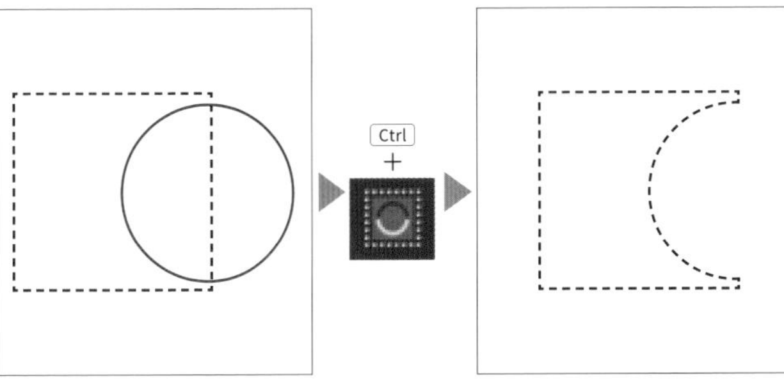

既存の選択範囲から削除する

[パス] ダイアログでパスをアクティブにして、Ctrl キーを押しながら [パスを選択範囲に] をクリックします。

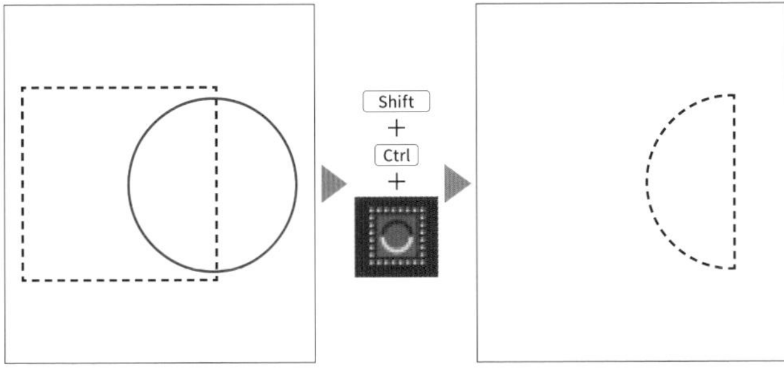

既存の選択範囲と交差する範囲を残す

[パス] ダイアログでパスをアクティブにして、Shift + Ctrl キーを押しながら [パスを選択範囲に] をクリックします。

POINT

合成方法を変える修飾キーを忘れたときは、[パス] ダイアログのパスを右クリックして、表示されたメニューから [選択範囲に加える] [選択範囲から引く] [選択範囲との交わり] 選んで合成してください。

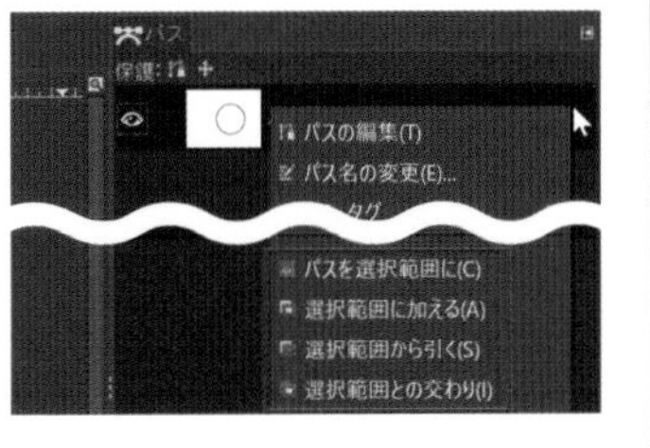

パスで囲んだ領域を塗りつぶす

選択範囲を作成しなくても、パスで囲んだ範囲を描画色やパターンで塗りつぶすことができます。フリーハンドで塗りつぶすよりも、滑らかでシャープなイメージになります。

サンプルファイル 9-29.xcf

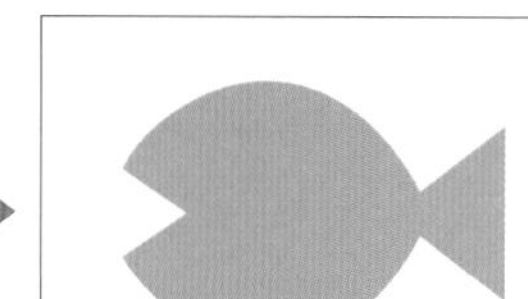

完成図

パスで囲んだ領域を描画色で塗りつぶします。

[パスで塗りつぶす]を実行する

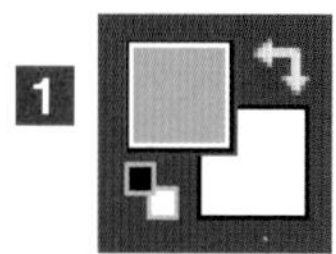

1 描画色を設定する

描画色（ここでは［0..100］で「R:43 G:73 B:17」）を設定します**1**。

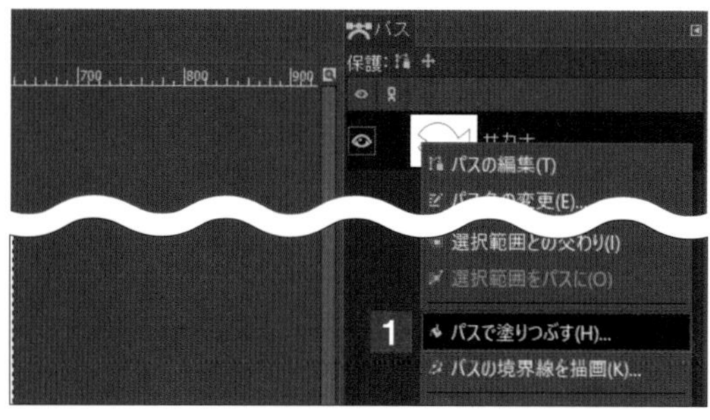

2 [パスで塗りつぶす]を実行する

［パス］ダイアログの「サカナ」を右クリックして、表示されたメニューから［パスで塗りつぶす］をクリックします**1**。［パスで塗りつぶす］ダイアログが表示されます。

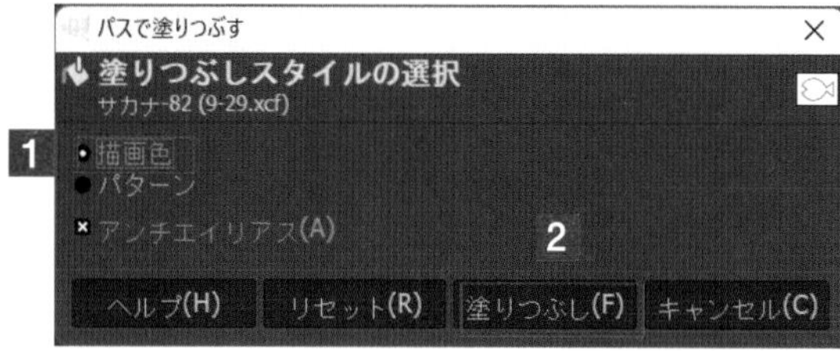

3 描画色でぬりつぶす

[描画色]にチェックをつけて**1**、[塗りつぶし]をクリックします**2**。

CHECK

パターンで塗りつぶすときは、［パスで塗りつぶす］を実行する前に、［パターン］ダイアログで塗りつぶしたいパターンをクリックしてアクティブにしておきます。

30 パスの境界線に沿って線を描く

パスのセグメントに沿って線を描画します。ここでは、描画ツールを用いないで、均等な線幅で描く方法を解説します。フリーハンドのようなブレがない綺麗な曲線が描けます。

サンプルファイル 9-30.xcf

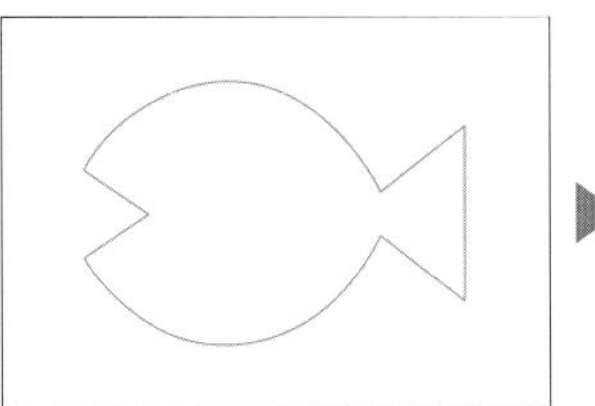

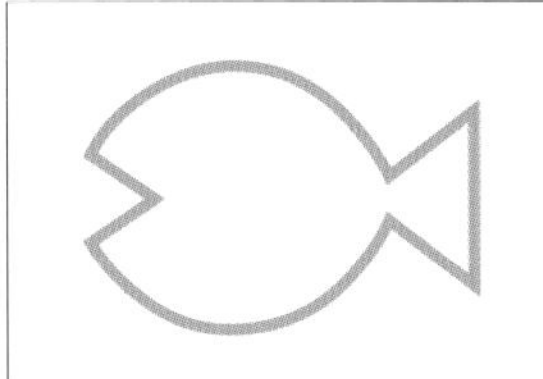

完成図

パスの境界線に沿って、均等な線幅15ピクセルの線をペイントします。

[パスの境界線を描画]を実行する

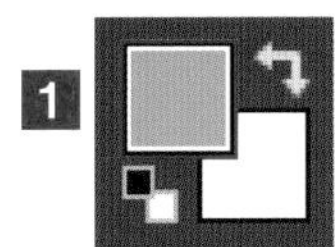

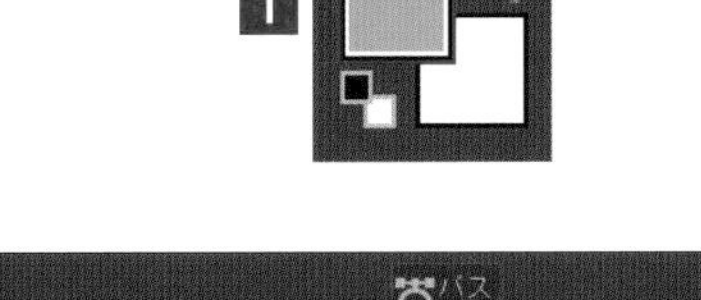

1 描画色を設定する

描画色（ここでは［0..100］で「R:43 G:73 B:17」）を設定します1。

2 [パスの境界線を描画]を実行する

［パス］ダイアログの「サカナ」を右クリックして、表示されたメニューから［パスの境界線を描画］をクリックします1。［パスの境界線を描画］ダイアログが表示されます。

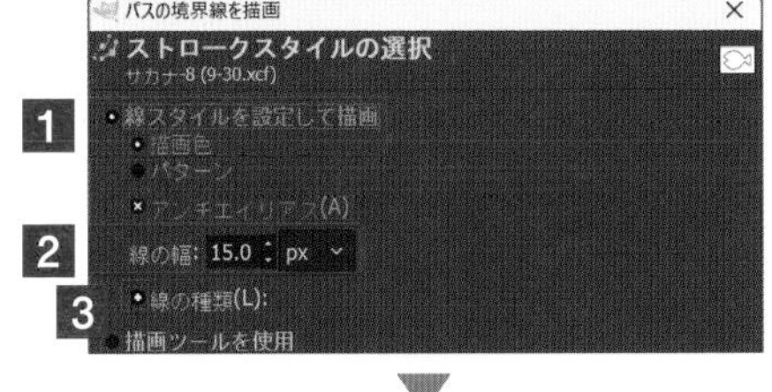

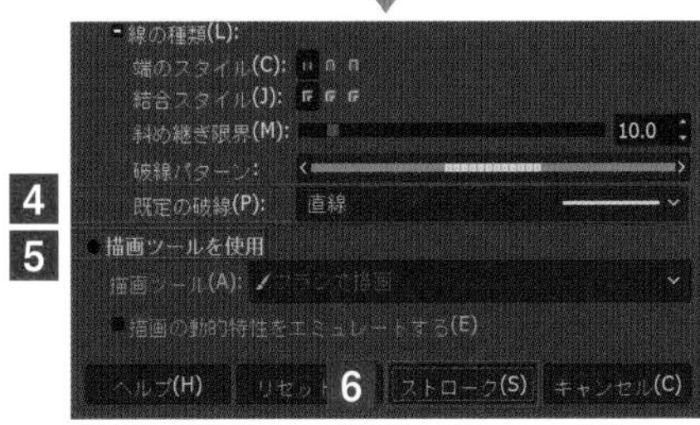

3 線スタイルを設定して描画する

［線スタイルを設定して描画］にチェックをつけて、［描画色］にチェックをつけます1。［線の幅］は「15」(px)に設定して2、［線の種類］の+をクリックして3、展開表示します。［規定の破線］を［直線］に設定し4、［描画ツールを使用］はチェックを外したら5、［ストローク］をクリックします6。

CHECK

［描画ツールを使用］にチェックをつけて、指定する描画ツールで線を描くときは、あらかじめ、使用する描画ツールのブラシやサイズを設定してください。

SECTION 31 パスに沿って テキストを配置する

テキストをパスに沿って配置します。ただし、テキストはパスに変換されるので、フォントや文章などを編集することはできません。

サンプルファイル 9-31.xcf

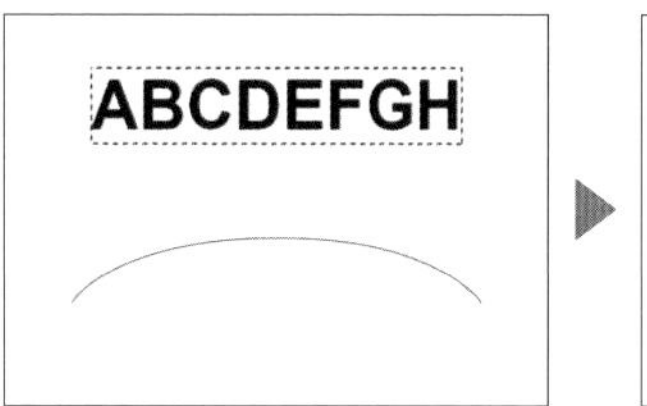

完成図

パスに沿ってテキストを配置します。配置した文字はパスになります。

[パスに沿ってテキストを変形]を実行する

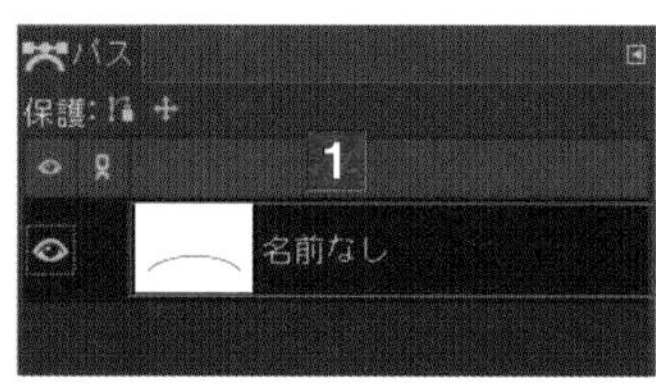

1 テキストを添わせるパスをアクティブにする

[パス] ダイアログでテキストを沿わせる「名前なし」パスをクリックしてアクティブにします**1**。

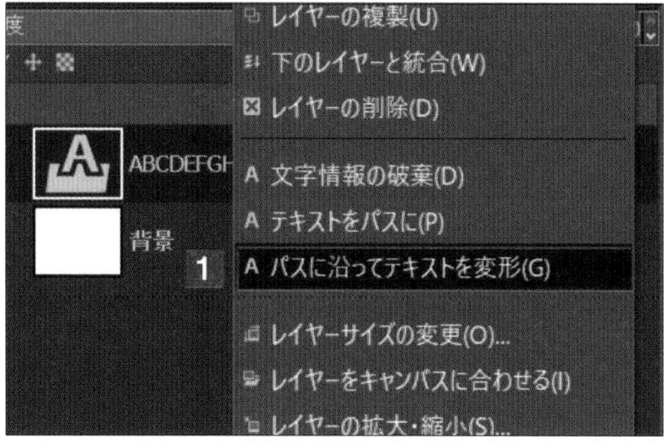

2 [パスに沿ってテキストを変形]を実行する

[レイヤー] ダイアログの「ABCDEFGH」レイヤーを右クリックして表示されたメニューで [パスに沿ってテキストを変形] をクリックします**1**。パスのカーブに沿って変形したテキストと同じ形のパスが作成されます**2**。

CHECK

パスの始点から終点に向かってパスになったテキストが配置されます。

POINT

ここではパスに沿って偏諱したテキストのパスが作成されただけなので、このパスを使って塗りつぶす操作が必要です。パスで塗りつぶす方法は 332 ページを参照してください。

CHAPTER 09 パスの操作

32 パスをSVGファイルでエクスポートする

GIMPで作成したパスをSVG形式でエクスポートすると、ドロー系のソフトでパスとして利用したり、ブラウザで解像度に依存しないグラフィックとして表示できます。

サンプルファイル 9-32.xcf

完成図

パスをSVGファイルにエクスポートします。

[パスのエクスポート]を実行する

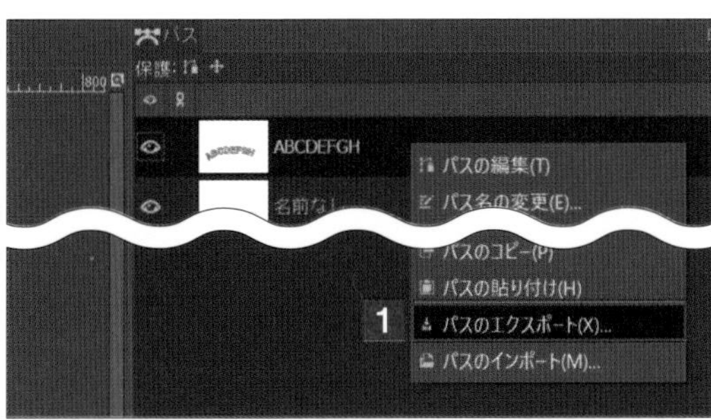

1 [パスのエクスポート]を実行する

[パス]ダイアログで「ABCDEFGH」のパスを右クリックして表示されたメニューから[パスのエクスポート]をクリックします1。

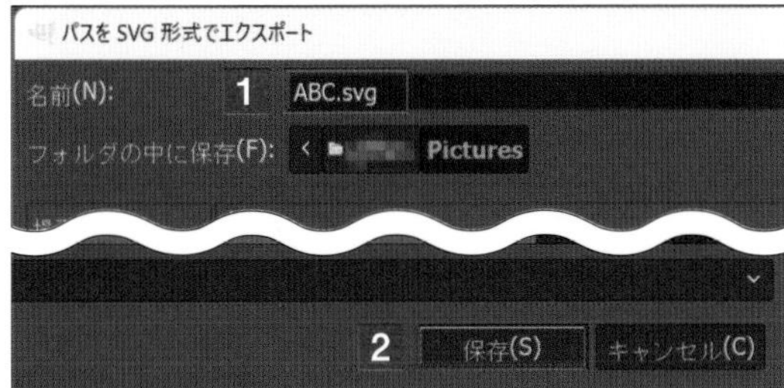

2 ファイル名に「.svg」の拡張子をつけて保存する

表示された[パスを SVG 形式でエクスポート]ダイアログで保存場所を指定して、ファイルの名前(ここでは「ABC」)の最後に「.svg」の拡張子をつけます1。[保存]をクリックします2。

POINT

エクスポートしたSVGファイルは、InkscapeやIllustratorなどのドロー系ソフトで開けば、パスオブジェクトのまま開いて編集することができます。ドロー系ソフトをインストールしていない場合は、SVGファイルをWebブラウザにドラッグ&ドロップしてください。SVGファイルは、ブラウザでも表示できる画像ファイルです。

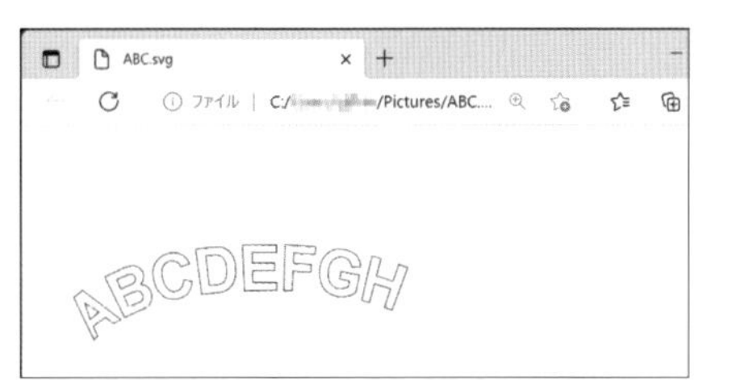

SVGファイルのパスをインポートする

複雑なパスを作成するときは、Inkscapeなどのドロー系ソフトを使うのが効率的です。SVG形式のファイルをインポートできるので、そのままパスとして利用できます。

サンプルファイル 9-33.xcf　9-33Ink.svg

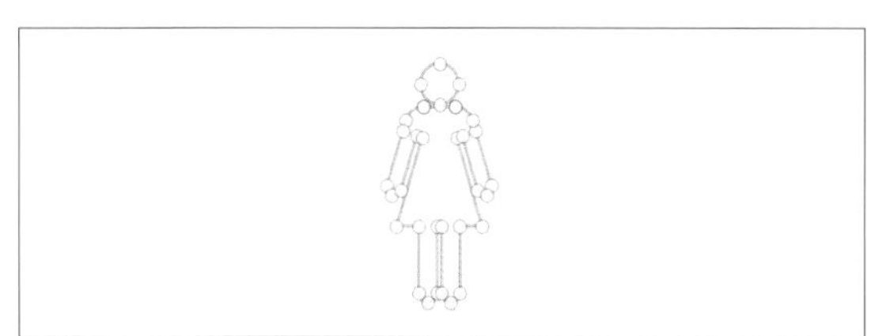

完成図

Inkscapeで作成したSVGファイルをインポートします。

[パスのインポート]を実行する

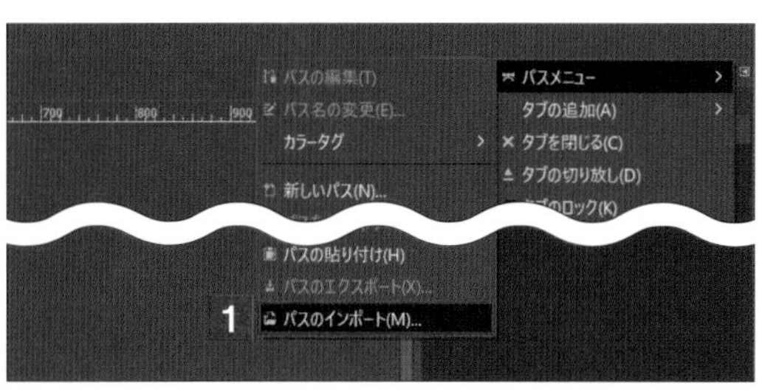

1 [パスのインポート]を実行する

サンプルファイルの「9-33.xcf」を開いたら、[パス] ダイアログの [パスメニュー] の [パスのインポート] をクリックします1。

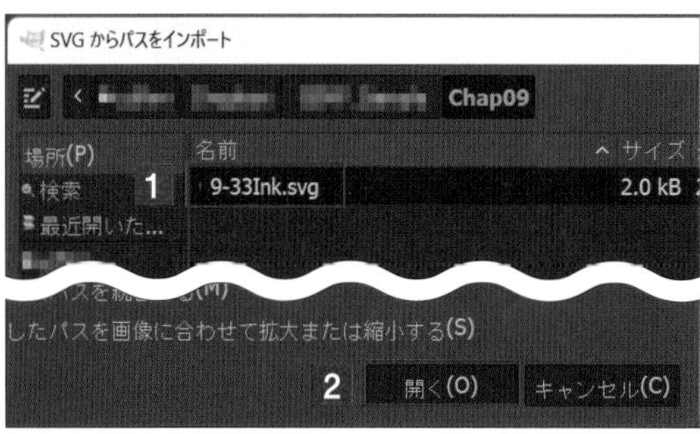

2 SVGファイルを開く

[SVG からパスをインポート] ダイアログでサンプルファイルの「9-33Ink.svg」を選択して1、[開く] をクリックします2。

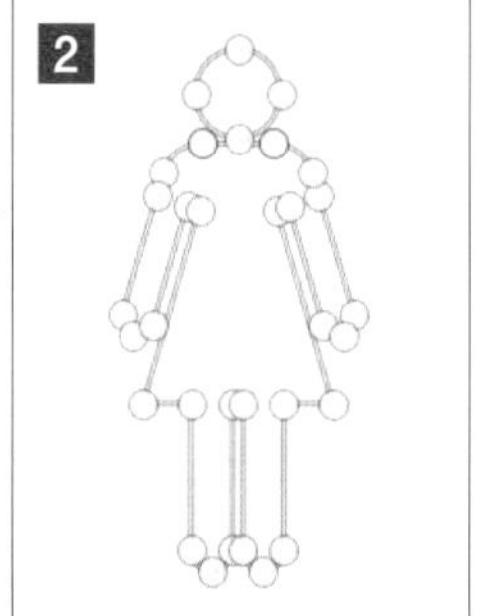

3 パスを選択して確認する

[パス] ダイアログの「Path33」のプレビューをダブルクリックして1、パスを確認します2。

CHAPTER

▼

10

保存と出力

画像を保存する

「保存」はGIMP専用のXCF形式のファイルを作成することで、他の形式(JPEGなど)のファイルを作成することは「エクスポート」と呼びます。

サンプルファイル 10-1.jpg

画像を保存する

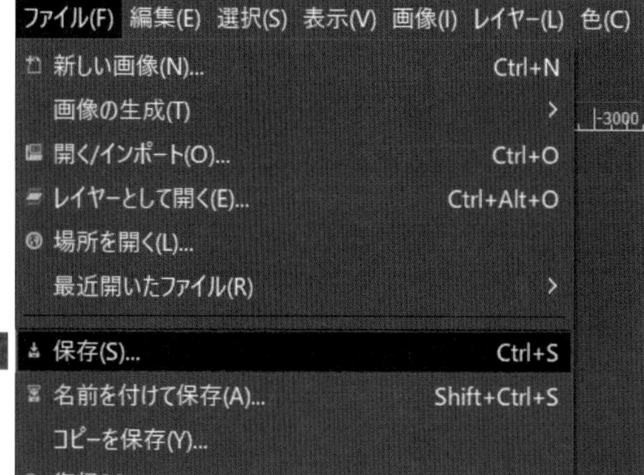

1 [保存]を実行する

[ファイル] メニュー→ [保存] をクリックしします1。

CHECK

ショートカットキーで操作するときは、Ctrl+Sキーを押します。

2 名前と保存場所を設定する

[画像の保存] ダイアログが表示されたら、名前1と保存先のフォルダ2を設定して、[保存] をクリックします3。

POINT

現在開いている保存済みのXCF形式の画像の名前を変更して保存するときは、[ファイル] メニュー→[名前を付けて保存]をクリックします。保存したあとは、名前をつけたファイルが編集できる状態になります。

POINT

インポートした画像をXCF形式に保存しないまま編集して、インポート元のファイルに上書き保存するときは、[●●に上書きエクスポート] をクリックします。元画像のファイル形式に対応したオプションのダイアログが表示されます。[エクスポート]をクリックすると保存(エクスポート)されます。

POINT

編集の途中をキープ案として保存するときは、[ファイル] メニューの [コピーを保存] をクリックします。 例えば、「ABC」という名前の画像を「ABCの補正前」に設定してコピーを保存した場合、「ABC」を開いたまま編集を続行できます。

画像をエクスポートする

XCF以外のファイル形式に書き出す(保存)することを、GIMPでは「エクスポート」と呼びます。設定したファイル形式ごとに異なるダイアログが表示されます。

サンプルファイル 10-2.xcf

画像をエクスポートする

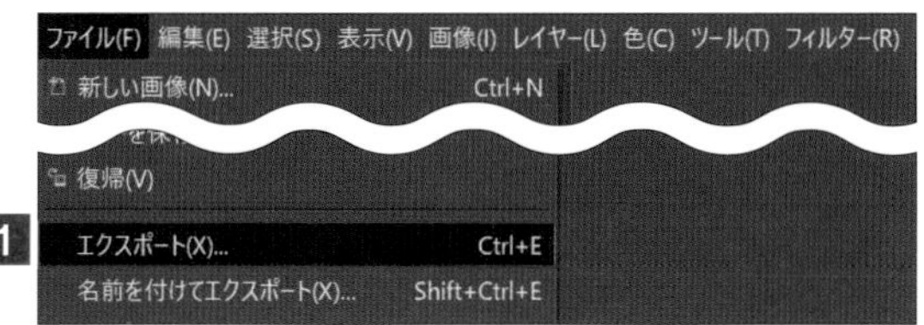

1 [エクスポート]を実行する

[ファイル] メニュー→ [エクスポート] をクリックします1。

2 ファイル名と保存先とファイル形式を設定する

[画像をエクスポート] ダイアログが表示されたら、[ファイル形式の選択] の左にある⊞をクリックして1、リストからエクスポートするファイル形式（ここでは[JPEG画像]）をクリックします2。ファイル名3と保存先のフォルダ4を設定して、[エクスポート] をクリックします5。

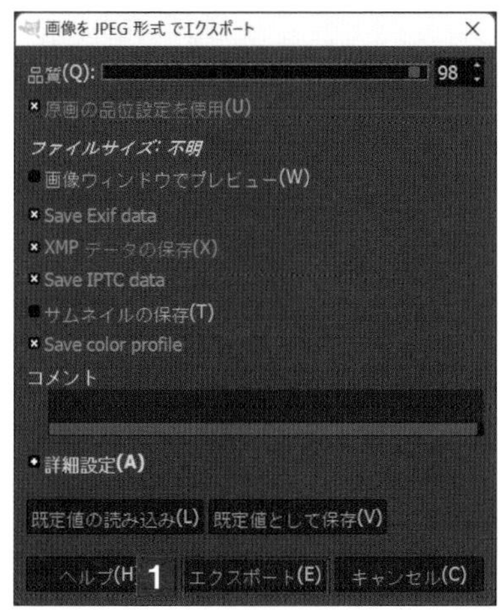

3 オプションを設定する

選択したファイル形式のオプションを設定するダイアログが表示されるので、オプションを設定したら [エクスポート] をクリックします1。

CHECK

オプションを設定するダイアログは、ファイル形式ごとに異なります。340 ～ 343 ページでJPEG、PNG，GIF、PDF形式のオプションについて解説しているので参照してください。

JPEG形式のオプションを設定する

画像ファイルの代表的な形式であるJPEGは、圧縮による画質の低下を最小限に抑えながらファイルサイズを小さくできる形式です。

▶ 画像をJPEG形式でエクスポートするオプション設定

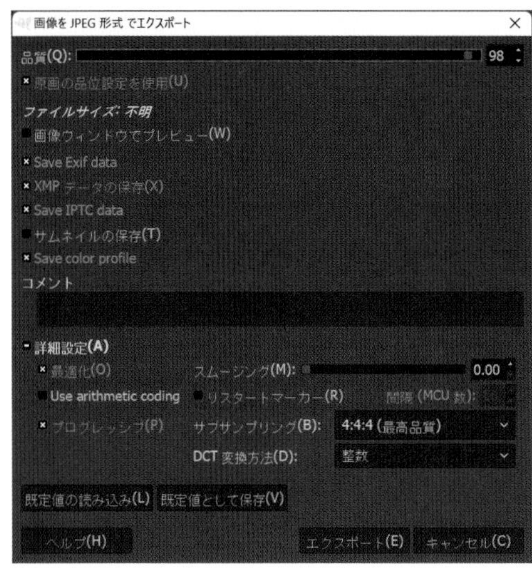

品質

画像の状態に合わせて［品質］の値と［原画の品位設定を使用］のチェックが自動的に設定されます。ファイルサイズを小さくしたい理由で品質を下げるときは、［画像ウィンドウでプレビュー］にチェックをつけて画質を確認してください。

Save Exif data/XMPデータの保存/Save IPCT data

元の画像に含まれている Exif、XMP、IPCT の 3 種類のメタデータ（カメラの設定、日時、撮影場所、著作権などの情報）をそれぞれ保持するか選択します。

サムネイルの保存

他のアプリケーションでプレビュー表示を素早くできるように、小さなサムネイル画像をファイルに保存します。

Save color profile

カラープロファイルを保存します。正しい色を表示するための大切な情報です。

コメント

入力したコメントがファイルに保存されます。あらかじめ、新しい画像を作成するときの［詳細設定］で入力しておくか、［画像］メニュー→［画像の情報］ダイアログの［コメント］タブに入力できます。

最適化

時間をかけて最適な圧縮処理を行います。

スムージング

圧縮によるノイズが目立たないようにぼかしをかけます。画像はぼやけます。

Use arithmetic coding

5～10％圧縮できますが、古いアプリケーションでは開くことができない場合があります。

プログレッシブ

ブラウザに表示するとき、画像全体をいったん低解像度で表示してから徐々に解像度を上げて表示します。

リスタートマーカー

ブラウザで表示中に回線が切れても、途中から読み込みを再開できるマーカーをつけることができます。

サンプリング

最高品質はクロマ（彩度）を間引かないで保存します。「1/2」や「1/4」で彩度を間引けばファイルサイズを小さくできますが、色のディテールが失われます。

DTC変換方法

圧縮を行うためにどの情報を削除するかを決める精度が変わります。［浮動小数］は［整数］よりわずかに正確ですが、速度も結果もFPU（浮動小数点演算処理装置）のスペックに依存します。

PNG形式のオプションを設定する

PNGは、レイヤーマスクやアルファチャンネルで設定した透明なピクセルを維持して保存できます。圧縮しても画質が下がることはありません。

画像をPNG形式でエクスポートするオプション設定

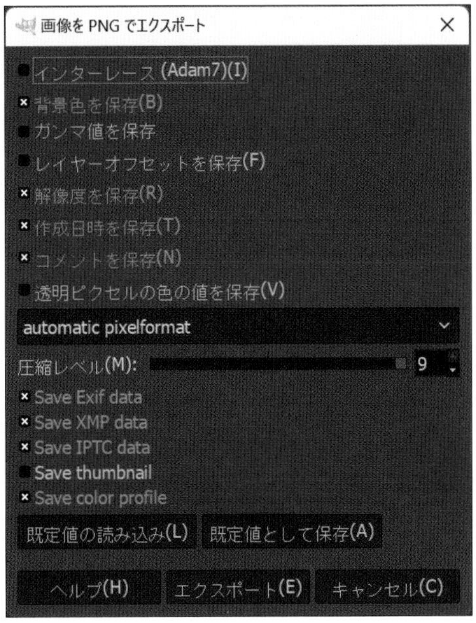

作成日時を保存

作成した日時を保存します。

透明ピクセルの色の値を保存

マスク処理して透明にしたイメージも残して保存するため、ファイルサイズが大きくなります（。エクスポートした画像をGIMPで開いて［逆消しゴム］のオプションを有効にした消しゴムツールで透明部分をドラッグすると、元のイメージに戻せます。

圧縮レベル

エクスポートに時間がかかる場合、数値を下げると改善されます。

Save Exif data/Save XMP data/Save IPCT data

元の画像に含まれているExif、XMP、IPCTの3種類のメタデータ（カメラの設定、日時、撮影場所、著作権などの情報）をそれぞれ保持するか選択します。

インターレース

ブラウザに表示するとき、編み物のように上から順次表示します。回線速度が遅かった時代に使われていた技術です。

背景色を保存

透明なピクセルに対応していないブラウザーで表示するとき、背景色を代わりに表示します。

ガンマ値を保存

環境に合わせて表示する明るさを補正するためのガンマ情報を保存します。

レイヤーオフセットを保存

このオプションは不具合があるので使用しません。

解像度を保存

設定された解像度で保存します。

コメントを保存

新しい画像を作成するときの［詳細設定］で入力したり、［画像］メニュー→［画像の情報］ダイアログの［コメント］の内容を保存します。

ピクセルフォーマット

色深度設定を変更できます。［automatic pixelfomat］を選択している場合、元画像に設定しているカラーモードとビット深度で保存します。ただし32bitは16bitに変換されます。

Save thumbnail

他のアプリケーションでプレビュー表示を素早くできるように、小さなサムネイル画像をファイルに保存します。

Save color profile

カラープロファイルを保存します。正しい色を表示するための大切な情報です。

05 GIF形式のオプションを設定する

GIFは色数を最大256色しか使用できない制限ありますが、ファイルサイズを小さくしたりアニメーション表示ができる便利なファイル形式です。

画像をGIF形式でエクスポートするオプション設定

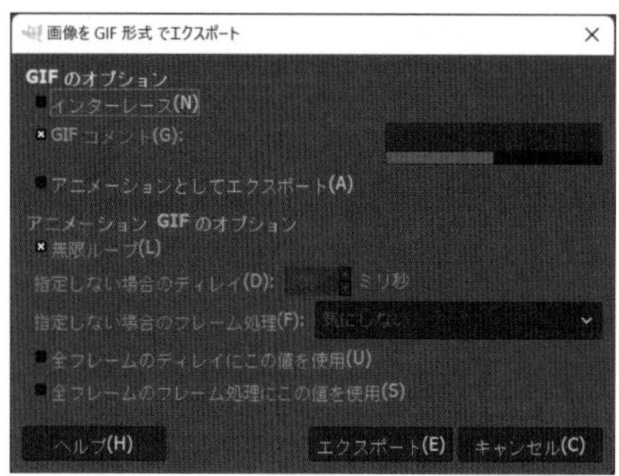

インターレース

ブラウザに表示するとき、編み物のように上から順次表示します。回線速度が遅かった時代に使われていた技術です。

GIFコメント

［画像］メニュー→［画像の情報］ダイアログの［コメント］の内容を保存します。ただし7bit ASCIIコードで入力した文字しか保存できません。

アニメーションとしてエクスポート

チェックをつけると、アニメーション用のオプションが設定できます。

無限ループ

停止するまでアニメーションを繰り返し再生します。

指定しない場合のディレイ

ディレイ（次のコマに切り替える時間）をレイヤー名で設定していない場合、ここで設定できます。［全フレームのディレイにこの値を使用］にチェックをつけると、全フレームに同じ値を適用します。100ミリ秒（ms）は0.100秒です。

指定しない場合のフレーム処理

コマを切り替えるとき直前のコマの表示を残すか消すかをレイヤー名で設定していない場合、ここで設定できます。［気にしない］は透明なピクセルがなくて、すべてが書き換わるとき選択します。［累積レイヤー（結合）］は、前のコマのイメージが残ります。［レイヤー毎に1フレーム（書換）］は、前のコマのイメージを消します。［全フレームのフレーム処理にこの値を使用］にチェックをつけると、全フレームに同じ処理を適用します。

POINT

サンプルファイルの「10-2.xcf」を下記の設定でGIFアニメーションとしてエクスポートした場合、保存したファイルをブラウザにドラッグ＆ドロップすると、東京タワーの写真が表示された2秒後に「Tokyo Tower」の文字が重なって再生を停止します。

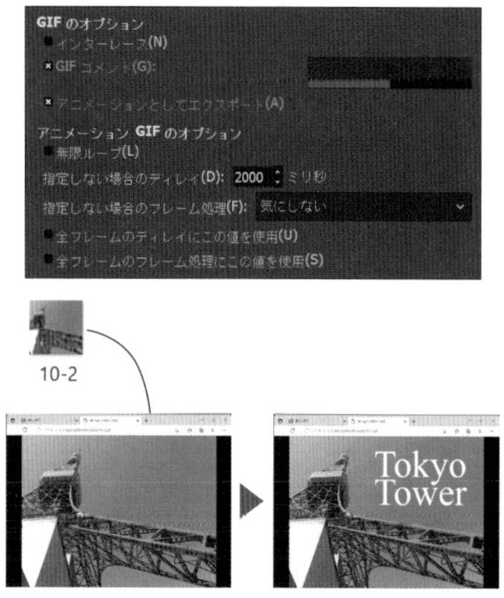

POINT

レイヤーの名前でディレイとフレーム処理を設定するときは、「レイヤー名（ディレイの値）（処理方法）」に設定します。例えば、ディレイが1秒で書換の指定をするときは、「レイヤー1 (1000ms) (replace)」です。結合にするときは「(combine)」に設定します。

PDF形式のオプションを設定する

PDFは画像とテキストデータを一緒に保存できる電子文書ファイルのフォーマットです。複数のレイヤーをページに分けることができます。

画像をPDF形式でエクスポートするオプション設定

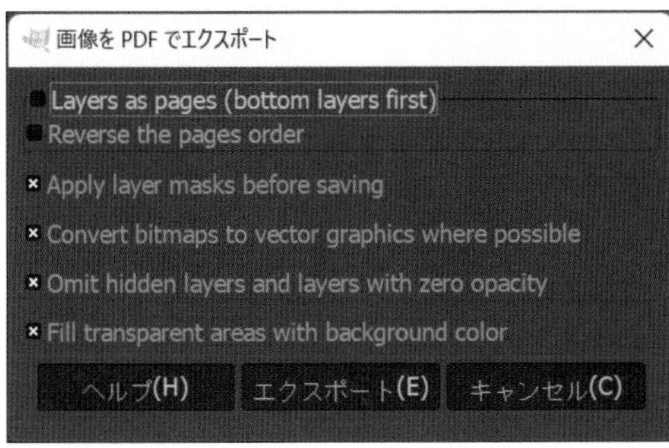

Layers as Pages(bottom layers first)

レイヤーをページにして保存します。一番下のレイヤーが１ページめになります。

Reverse the pages order

一番上のレイヤーを１ページめにします。

Apply layer masks before saving

レイヤーマスクを使用しているときは必ずチェックします。背面にイメージがない透明ピクセルは背景色で塗りつぶされます。

Convert bitmaps to vector graphics where possible

可能であれば、ビットマップをベクターに変換します。

Omit hidden layers and leyers with zero opacity

非表示レイヤーと不透明度「0」のレイヤーを削除します。

Fill transparent areas with background color

透明な領域を背景色で塗りつぶします。

POINT

サンプルファイルの「10-2.xcf」のように、テキストレイヤーを含む画像をPDFでエクスポートすると、画像と一緒にテキストをラスタライズするのではなく、ベクトル情報を保持したテキストデータのまま保存します。画像の解像度に依存しないので、ジャギー（ピクセルのギザギザ）のないきれいな文字で印刷できます。ただし、PDFのファイルをGIMPにインポートした場合は、テキストと画像を一緒にラスタライズした状態でインポートします。

POINT

PDFは基本的に印刷を目的とした電子文書ファイルです。［画像］メニュー→［印刷サイズ］をクリックして表示する［画像印刷解像度の設定］ダイアログで設定した印刷サイズのドキュメントになります。新しい画像を作成するとき、PDFにするのが目的であれば、［テンプレート］から🗎のアイコンがある用紙サイズを選ぶと、自動で印刷サイズが設定されます。

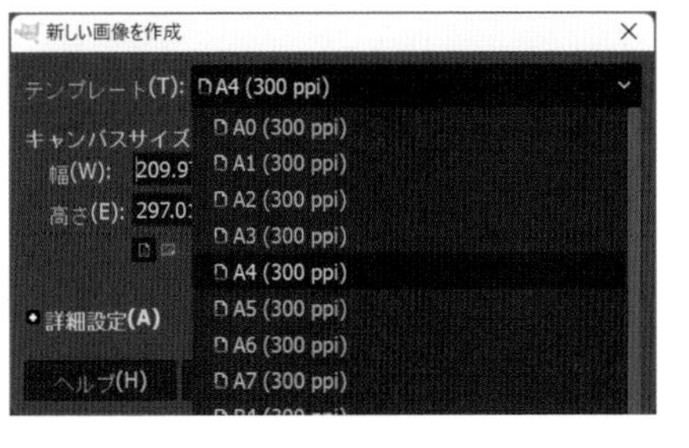

新しいテンプレートを作成する

よく使う設定で新しいテンプレートを作成すれば、次回から設定の手間を省くことができます。プリセットは用紙サイズぴったりなので、塗り足し分を広げた設定を作っておくと便利です。

新しいテンプレートを作成する

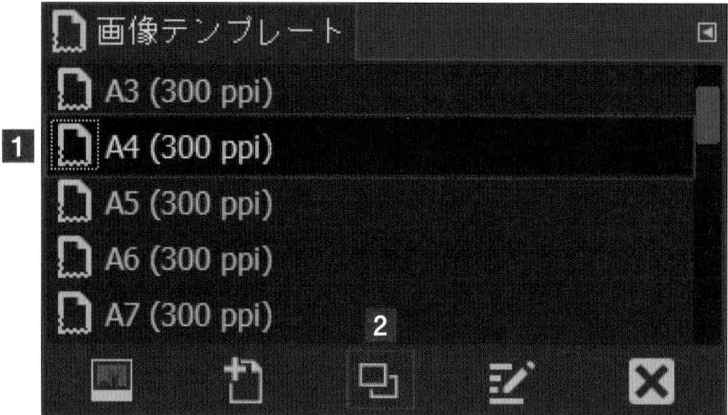

1 [A4(300ppi)]のテンプレートを複製する

[画像テンプレート] ダイアログの [A4(300ppi)] をクリックして1、[テンプレートの複製] をクリックします2。

CHECK

ダイアログのタブには [画像テンプレート] と表示されますが、[ウィンドウ] メニューの名前は [テンプレート] です。

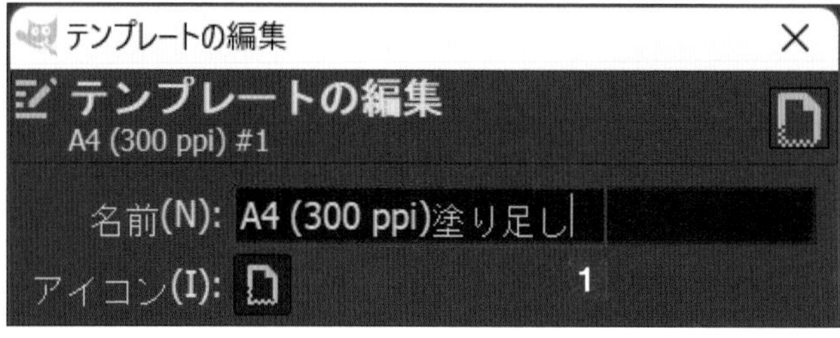

2 テンプレートの名前を設定する

[テンプレートの編集] ダイアログが表示されたら、[名前] を「A4 (300ppi) 塗り足し」に設定します1。

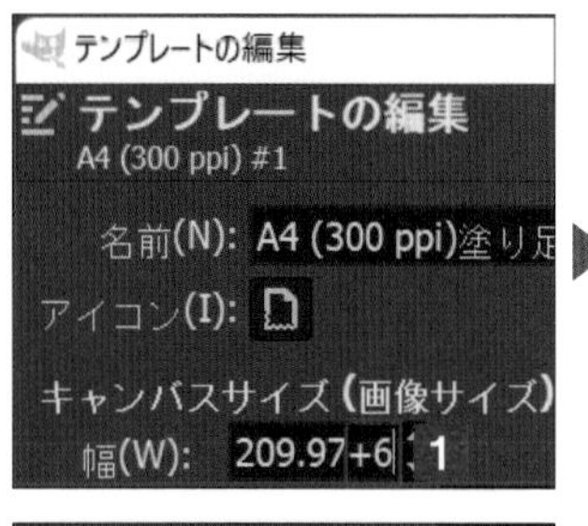

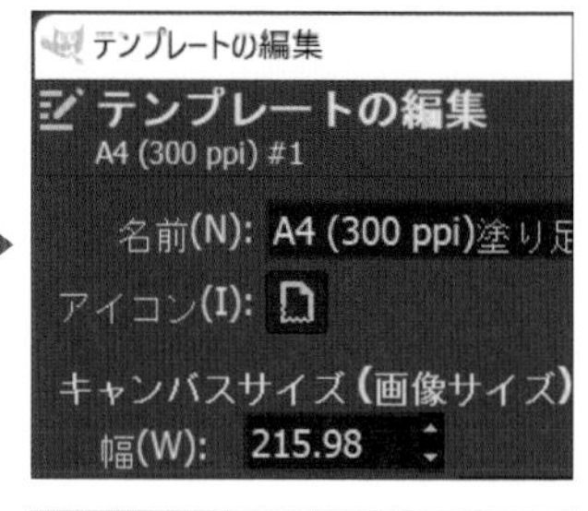

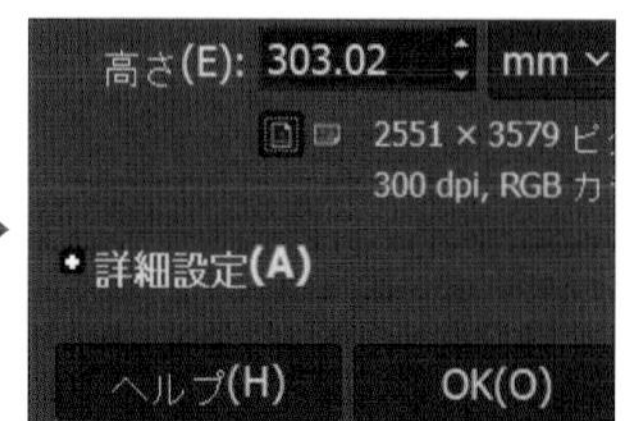

3 幅と高さに塗り足しの6mmを追加する

[幅] と [高さ] の値の最後に、それぞれ「+6」を入力して Enter キーを押します12。

CHECK

ミリ単位は、解像度に応じたピクセル数の近似値になります。整数に設定できなくても問題ありません。

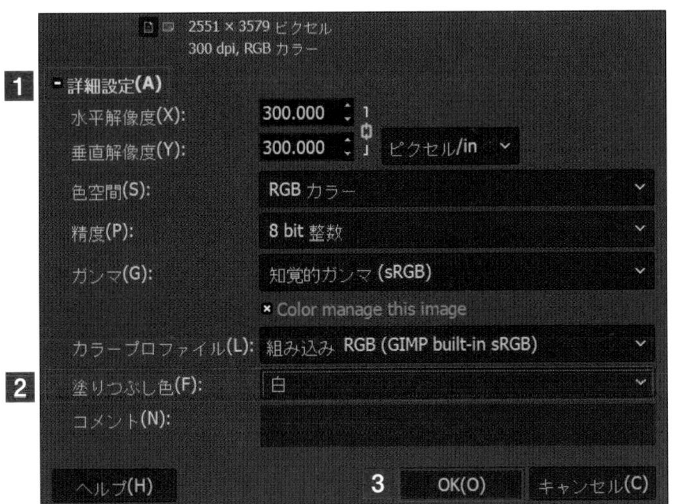

4 [塗りつぶし色]を設定する

[詳細設定] をクリックして❶、[塗りつぶし色] を [白] に設定します❷。[OK] をクリックします❸。

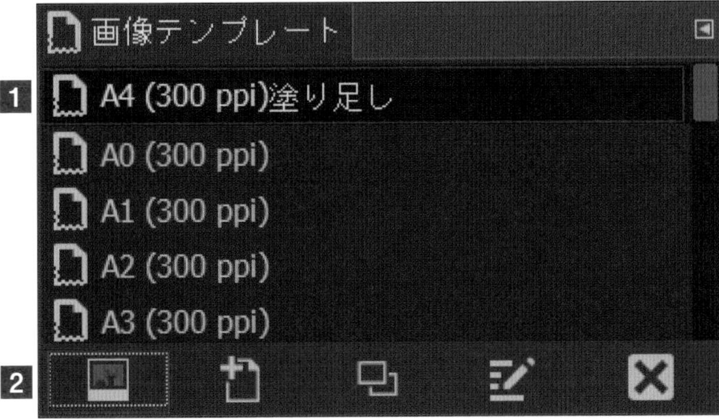

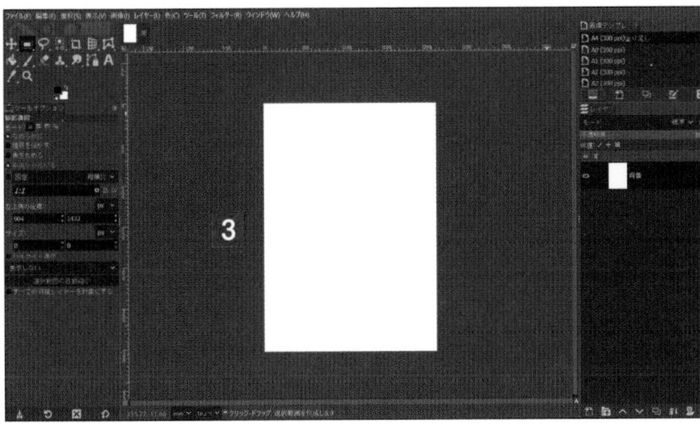

5 作成したテンプレートで新しい画像を作成する

[画像テンプレート] ダイアログの一番上にある「A4 (300ppi) 塗り足し」をクリックし❶、[テンプレートで画像を] をクリックすると❷、新しい画像が作成されます❸。

CHECK

新しく作成したテンプレートは [テンプレート] ダイアログの一番上に表示されます。テンプレート名の左にあるアイコンをダブルクリックしても画像を作成できます。

POINT

[画像テンプレート] ダイアログの [テンプレートの編集] ❶、をクリックして、[テンプレートの編集] ダイアログで設定を編集することができます。プリセットのテンプレートも編集や削除ができます。

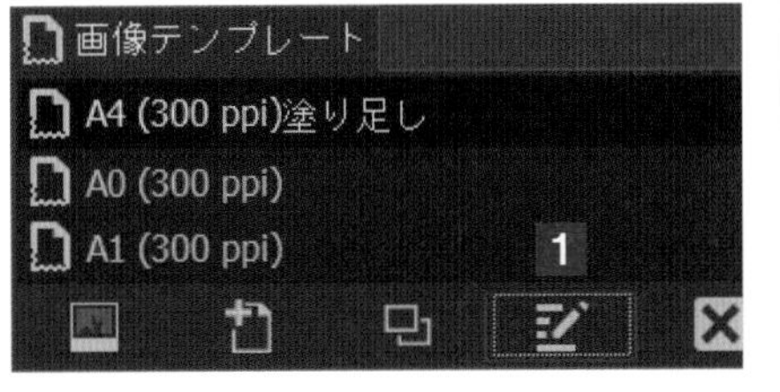

A4サイズで画像を印刷する

画像をプリンターで印刷するとき、[ページ設定]ダイアログに余白の設定があると、余白のエリアに印刷できません。余白を「0」にしておけば安心です。

サンプルファイル 10-8.xcf

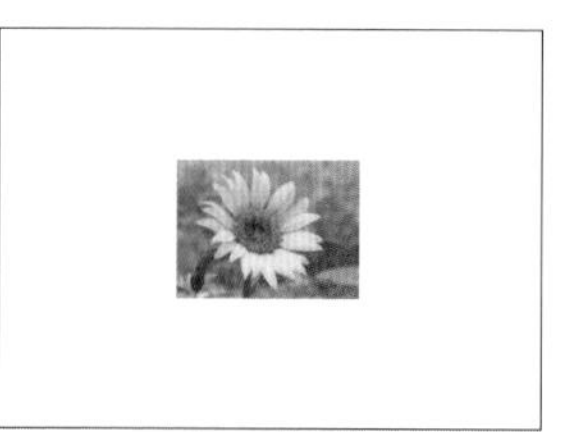

完成図

A4サイズの用紙に幅100mmの大きさで画像を印刷します。

印刷サイズを設定して印刷する

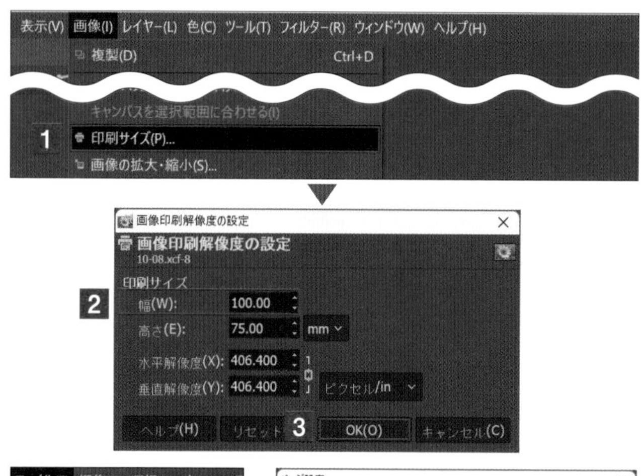

1 印刷サイズの幅を設定する

[画像] メニュー→ [印刷サイズ] をクリックします**1**。[画像印刷解像度の設定] ダイアログが表示されたら、[幅] を「100」に設定します**2**。[OK] をクリックします**3**。

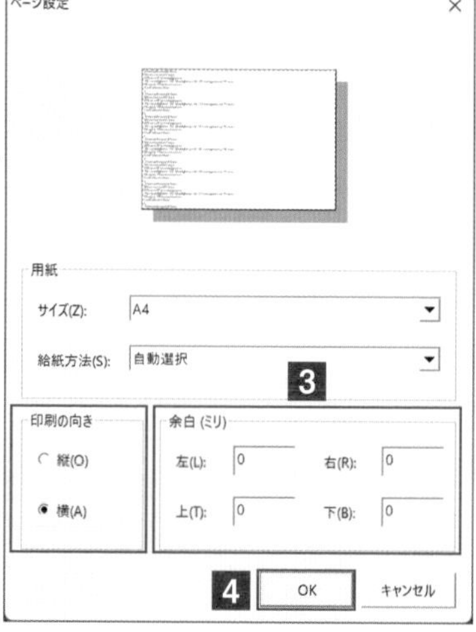

2 余白を「0」に設定する

[ファイル] メニュー→ [Page Setup] をクリックします**1**。[ページ設定] ダイアログが表示されたら、[印刷の向き] を [横] **2**、[余白] をすべて「0」に設定して**3**、[OK] をクリックします**4**。

CHECK

[画像印刷解像度の設定] ダイアログで設定したサイズを等倍で印刷できるのは、用紙サイズの余白を除いた印刷可能領域に収まるときだけです。

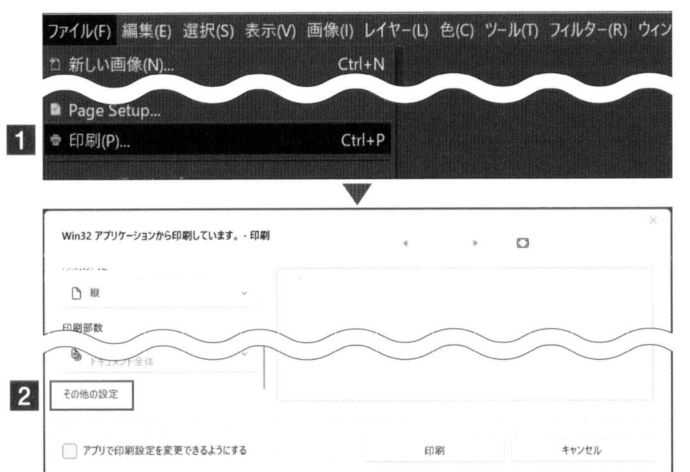

3 [印刷]を実行する

[ファイル] メニュー→ [印刷] をクリックして1、ダイアログが表示されたら、[その他の設定] をクリックします2。

CHECK

ショートカットキーで操作するときは、Ctrl+P キーを押します。

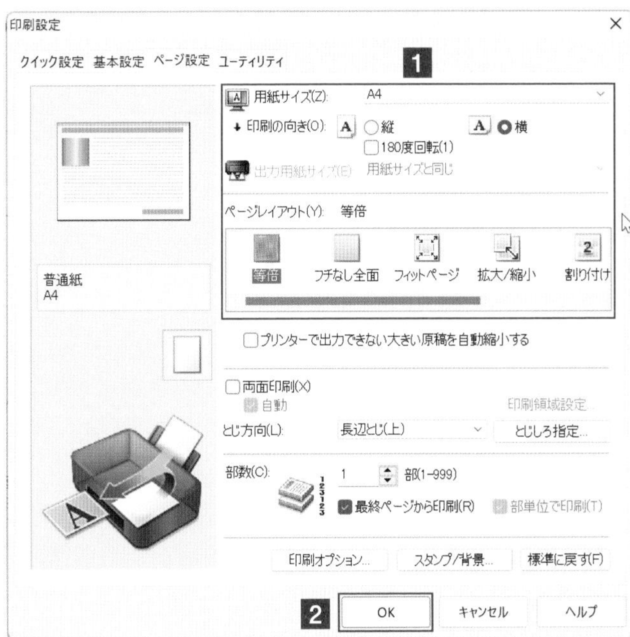

4 プリンターのドライバーを設定する

使用しているプリンターのダイアログ（ここでは [印刷設定]）が表示されたら、紙の種類、用紙サイズ（A4）、印刷の向き（横）、サイズを自動調整しない等倍に設定して1、[OK] をクリックします2。

CHECK

この設定画面は使用しているプリンターによってオプションの設定方法が異なります。

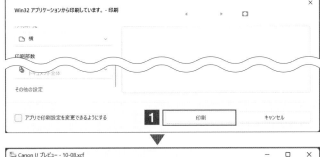

5 印刷する

[印刷] をクリックします1。使用しているプリンターによっては、まだ操作2が続く場合もあります。

INDEX【索引】

ち

つ

て

と

な

に

は

ひ

ふ

■著者略歴

広田正康(ひろた まさやす)

1967年生まれ。武蔵野美術大学工芸工業デザイン学科卒業後、2度転職して1997年に独立。フリーランスデザイナーとして書籍のカバーデザイン、DTP制作に携わる。

本文デザイン
株式会社ライラック

カバーデザイン
田邉恵里香

DTP
広田正康

編集
竹内仁志(技術評論社)

■お問い合わせについて

本書の内容に関するご質問は、下記の宛先までFAXまたは書面にてお送りいただくか、弊社Webサイトの質問フォームよりお送りください。お電話によるご質問、および本書に記載されている内容以外のご質問には、一切お答えできません。あらかじめご了承ください。

〒162-0846
新宿区市谷左内町21-13
株式会社技術評論社　書籍編集部
「GIMP　パーフェクトガイド」質問係

FAX番号　03-3513-6167
技術評論社ホームページ　https://book.gihyo.jp/116

なお、ご質問の際に記載いただいた個人情報は質問の返答以外の目的には使用いたしません。また、質問の返答後は速やかに破棄させていただきます。

GIMP(ギンプ)　パーフェクトガイド

2023年7月7日　初版　第1刷発行

著者　広田正康(ひろた まさやす)
発行者　片岡　巌
発行所　株式会社技術評論社
東京都新宿区市谷左内町21-13
電話　03-3513-6150　販売促進部
03-3513-6160　書籍編集部
印刷／製本　株式会社加藤文明社

定価はカバーに表示してあります。

造本には細心の注意を払っておりますが、万一、乱丁(ページの乱れ)や落丁(ページの抜け)がございましたら、小社販売促進部までお送りください。送料小社負担にてお取り替えいたします。

ISBN978-4-297-13549-2　C3055
Printed in Japan